北京市高等教育精品教材立项项目

测 量 学

（第二版）

杨松林　主编

U0261202

中国铁道出版社有限公司

2 0 2 3 年·北 京

内 容 简 介

本书共分16章。前10章为基础部分,包括测量学的基本概念和基础理论,水准测量、角度测量、距离测量与直线定向及各种测量仪器的构造和使用方法,测量误差的基本知识,小地区控制测量,GPS测量,大比例尺地形图的测绘方法及应用,测设的基本工作等内容。第11~16章主要讲述工业与民用建筑、铁路、公路、桥梁、隧道及管道等工程的测量工作。

本书前10章的基础部分,可作为土建、交通、环境、建筑学类各专业本科生的教学用书。第11章以后为工程测量的实用部分,可根据上述不同专业的教学需要选用。本书也可作为其他相关专业及有关工程技术人员的参考用书

图书在版编目(CIP)数据

测量学/杨松林主编. —2版. —北京:中国铁道出版社,2013.12(2023.1重印)

北京市高等教育精品教材立项项目

ISBN 978-7-113-16795-0

Ⅰ.①测… Ⅱ.①杨… Ⅲ.①测量学–高等学校–教材 Ⅳ.①P2

中国版本图书馆 CIP 数据核字(2013)第 200802 号

书　　名:测量学

作　　者:杨松林

责任编辑:李丽娟　　　编辑部电话:(010)51873240　　　电子信箱:992462528@qq.com

封面设计:崔丽芳

责任校对:王　杰

责任印制:高春晓

出版发行:中国铁道出版社有限公司(100054,北京市西城区右安门西街8号)

网　　址:http://www.tdpress.com

印　　刷:三河市宏盛印务有限公司

版　　次:2002年2月第1版　2013年12月第2版　2023年1月第6次印刷

开　　本:787 mm×960 mm　1/16　印张:25.25　字数:540 千

书　　号:ISBN 978-7-113-16795-0

定　　价:69.00 元

第二版前言

本书第一版于 2002 年 2 月出版,转眼 10 余年了,在这期间,随着科学技术的发展,教材中原作为新技术介绍的 GPS、全站仪等已得到广泛应用,而用常规经纬仪、水准仪的一些施工测量方法也已显得陈旧,并被 GPS、全站仪测量方法所取代。为了更好地反映新技术的应用,有必要对第一版教材进行修订。修订时力求在保持第一版特色的基础上,更新内容,并在强调基本理论和方法的同时,兼顾教材的实践性和通用性。

第二版对第一版的章节内容进行了调整和精简,删除了原第 17 章地理信息系统简介,这部分内容将在地理信息课程中学习。对原第 16 章全球卫星定位系统简介在内容上进行了加强和修改,增加了 GPS 控制网、GPS 测量的实施等内容,调整为现在的第 7 章,为后续章节中增加 GPS 测量内容奠定了基础。在大比例尺地形图测绘、测设的基本工作、线路曲线测设、铁路及公路线路测量等章节中,增加了相应的全站仪、GPS RTK 测量方法和实例。对铁路及公路线路测量一章进行了较大的删改,增加了高速铁路工程测量的内容。修改后的教材共 16 章。前 10 章为测量学的基础部分,其内容可作为土木工程、交通工程、环境工程、建筑学等专业领域本科生教学之用;第 11 章以后为工程测量的实用部分,其内容可供上述专业领域中各不同专业方向的本科生教学选用。

第二版教材中,各章编修人员与第一版基本相同,北京交通大学巩惠参加了第 2、9 章的编修工作,中铁一局谯生有参加了第 11 章的编修工作,最后由主编杨松林统稿、定稿。

第二版编修工作还得到了中铁一局彭万平的大力支持,谨在此表示感谢。本书在修编过程中继续得到了北京交通大学土建学院和石家庄铁道大学土木学院领导及其他许多老师的支持,在此一并表示感谢。

由于编者水平所限,书中仍难免存在缺点和疏漏之处,恳请读者及专家批评指正,不吝赐教。

编　者
2013 年 9 月

第一版前言

　　本书是为了适应高等学校教学改革拓宽专业面,顾及不同专业领域中各专业方向对测量学的要求,总结编者多年的教学经验而编写的。编写本书的指导思想是使学生掌握测量学的基本理论和基本测量方法,注重学生创新能力、动手能力的培养。在内容的编写上力求做到先进性和实用性、理论与实践相结合,由浅入深,循序渐进,突出重点。为此,第一章绪论中即着重指出,测量的实质是测定点位的空间位置,测量工作的各种方法及其目的,都是围绕着这一主题而进行的。书中每章的开头均有本章的内容提要,章后附有习题,以便读者学习。

　　本书前9章为测量学的基础部分,第10章以后为工程测量的实用部分。前9章的内容可作为土木建筑工程、交通工程、建筑学等专业领域本科生的教学用书。第10章以后的内容可供上述专业领域中各不同专业方向的本科生教学选用。本教材也可作为其他相关专业的教学用书,以及有关工程技术人员的参考用书。

　　本书由北方交通大学杨松林任主编,杨腾峰、师红云任副主编。杨松林、师红云、杨腾锋完成全书的统稿和审校工作。参加编写的人员有北方交通大学杨松林(第1、11、12、15章),师红云(第2、5、8、16章),王斌(第9章),王斌、胡吉平(第10章),石家庄铁道学院杜建刚(第3章),高北辰(第4章),李少元(第6章),杨腾峰(第7章),王国辉、马莉(第13章),侯永会(第14章)。

　　承蒙朱成燐教授为本书作序,对编者给予了极大的支持和鼓励,谨在此表示衷心感谢。本书在编写过程中还得到了北方交通大学土建学院领导和其他许多老师及同行的支持,在此一并表示感谢。

　　由于编者水平所限,书中难免存在缺点和疏漏之处,恳请读者批评指正。

编　者

2001 年 12 月于北京

目　　录

绪 论

1

本章介绍测量学的基本概念、任务及作用,地面点位的表示方法及用水平面代替水准面的范围,测量工作的原则和程序,这些重要概念是学习本书后续各章必备的基本知识。

测量学

☞ 1.1
测量学的任务及作用

测量学是测绘科学的重要组成部分,是研究地球形状和大小以及确定地球表面(含空中、地表、地下和海洋)物体的空间位置,并对这些空间位置信息进行处理、储存、管理的科学。

测绘科学是一门既古老而又在不断发展中的学科。按照研究范围和对象及采用技术的不同,可以分为以下多个学科:

(1)**大地测量学**:研究和测定地球形状、大小和地球重力场,以及建立大地区控制网的理论、技术和方法的学科。在大地测量学中,必须考虑地球的曲率。由于空间技术的发展,大地测量学正在从常规大地测量学向空间大地测量学和卫星大地测量学方向发展。

(2)**普通测量学**:不顾及地球曲率的影响,研究在地球表面局部区域内测绘工作的理论、技术和方法的学科。

(3)**摄影测量学**:研究利用摄影或遥感技术获取被测物体的信息,以确定其形状、大小和空间位置的学科。根据获得像片的方式不同,摄影测量学又可以分为航空摄影测量学、航天摄影测量学、地面摄影测量学和水下摄影测量学等。

(4)**海洋测量学**:研究以海洋和陆地水域为对象所进行的测量和海图编制工作的学科。

(5)**工程测量学**:研究工程建设在设计、施工和管理各阶段进行测量工作的理论、技术和方法的学科。

(6)**地图制图学**:利用测量、采集和计算所得的成果资料,研究各种地图的制图理论、原理、工艺技术和应用的学科。研究内容包括地图编制、地图投影学、地图整饰、印刷等。这门学科正在向制图自动化、电子地图制作及地理信息系统方向发展。

本教材主要介绍普通测量学及部分工程测量学的基本知识。它主要包括两个方面的内容——**测定**和**测设**。前者是指按一定的手段和方法,使用测量仪器和工具,通过测量和计算,得到一系列测量数据,或把地球表面的地形缩绘成地形图,供经济建设、规划设计、科学研究和国防建设使用,是认识自然的过程;后者是指把图纸上规划好的建筑物或设计数据标定在地面上,是改造自然的过程。

在国民经济和社会发展规划中,测绘信息是最重要的基础信息之一,各种规划及地籍管理,首先要有地形图和地籍图。在国防建设中,军事测量和军用地图是现代大规模诸兵种协同作战不可缺少的重要保障。至于远程导弹、空间武器、人造卫星或航天器的发射,要保证它精确入轨,随时校正轨道和命中目标,除了应测算出发射点和目标点的精确坐标、方位、距离外,还必须掌握地球形状、大小的精确数据和有关地域的重力场资料。在科学实验方面,诸如空间科学技术的研究、地壳的形变、地震预报以及地极周期性运动的研究等,都要应用测绘资料。此外,在海底资源勘测,海上油井钻探等方面,也都需要提供测量资料。

在工农业建设、各类土木工程建设中,从勘测设计阶段到施工、竣工阶段,都需要进行大量的测绘工作。例如,铁路、公路在建造之前,为了确定一条最经济合理的路线,事先必须进行该地带的测量工作,由测量的成果绘制带状地形图,在地形图上进行线路设计,然后将设计路线的位置标定在地面上以便进行施工;在路线跨越河流时必须建造桥梁,建造之前,要绘制河流两岸的地形图,以及测定河流的水位、流速、流量和桥梁轴线长度等,为桥梁设计提供必要的资料,最后将设计的桥台、桥墩位置用测量的方法在实地标定;路线穿过山地需要开挖隧道,开挖之前,也必须在地形图上确定隧道的位置,并由测量数据来计算隧道的长度和方向,在隧道施工期间,通常从隧道两端开挖,这就需要根据测量的成果指示开挖方向等,使之符合设计要求。又例如,城市规划、给水排水、煤气管道等市政工程建设,工业厂房和高层建筑建造,在设计阶段,要测绘各种比例尺的地形图,供建筑物设计用;在施工阶段,要将设计的建筑物的平面位置和高程在实地标定出来,作为施工的依据;待施工结束后,还要测绘竣工图,供日后扩建、改建和维修之用。对某些重要的建筑物在建成以后需要进行变形观测,以保证建筑物安全使用。可见,测量工作贯穿于土木工程建设的整个过程。因此,学习和掌握测量学的基本知识和技能是涉及土木工程建设各专业的一门技术基础课。

☞ 1.2
测量学的发展概况

测量学的发展与社会生产及其他科学的发展紧密相关。测量学的起源可远溯到上古时代,在人类与自然的斗争中,如我国古代大禹治理洪水,以及古埃及尼罗河泛滥后在整理土地的边界时,就已运用了测量。

我国历史悠久,文化灿烂,测量在我国很早已得到发展。公元前7世纪春秋时期,管仲著《管子》一书中已有关于地图的论著和早期的地图。公元前4世纪战国时期,我国就有用磁石制成的世界上最早的定向工具"司南"。公元前2世纪东汉张衡创造了"浑天仪"和"地动仪",这是世界上最早的天球仪和地震仪。公元3世纪三国时期的刘徽著有《海岛算经》一书,论述了有关测量海岛距离和高度的方法。西晋裴秀编绘了《禹贡地域图》和《地形方丈图》,总结了前人的制图经验,提出了绘制地图的六条原则——制图六体,即分率(比例尺)、准望(方位)、道理(距离)、高下(高程)、方斜(形状)、迂直(曲直),这是世界上最早的编制地图的规范。公元400年中国发明了测量距离的记里鼓车。公元742年唐张遂、南宫说等人自河南滑县到上蔡丈量了300 km的子午线弧长,并用日晷测定纬度,得出纬距每度长351里50步,这是世界上最早的子午线弧度测量。11世纪北宋沈括在他的《梦溪笔谈》中记载了磁偏角现象,他曾绘制了《天下州县图》,是当时最好的地图,并用罗盘和水平尺测量地形。13世纪元代郭守敬在全国进行了大规模的纬度测量,共测了27个点。17世纪末(清康熙二十三年)开始了全国性的测图工作,到1718年完成了《皇舆全览图》,在此基础上于1761年(清乾隆二十六年)又编成了《大清一统舆图》。

在国外,17世纪初测量学在欧洲得到较大发展。1617年荷兰人斯纳留斯首次进行了三角测量。1608年荷兰的汉斯发明了望远镜,随后被应用到测量仪器上,使测绘科学产生了巨大变革。随着第一次产业革命的兴起,测量的理论和方法不断得到发展。1687年牛顿发表了万有引力,提出了地球是一个旋转椭圆体。1794年高斯提出的最小二乘法理论,以及随后提出的横圆柱投影,对测绘科学理论的发展起到了重要的推动作用。在19世纪中许多国家都进行了精确的全国地形测量。20世纪初随着飞机的出现和摄影测量理论的发展,产生了航空摄影测量,给测绘科学又一次带来巨大的变革。

20世纪50年代起,电子学、计算机、激光技术和空间技术的兴起,使测绘科学又得到新的发展。如自动安平水准仪、光电测距仪、电子经纬仪、电子全站仪、三维激光扫描仪、陀螺经纬仪、GPS接收机等新型测绘仪器的不断出现,以及电子计算机、遥感技术、惯性测量、卫星大地测量和近景摄影测量等新技术的应用,使测绘科学发展到一个新的阶段,并正向自动化、数字化的方向继续前进。

近几十年,我国测绘事业有了很大发展。建立和统一了全国坐标系统和高程系统;建立了遍及全国的大地控制网、国家水准网、基本重力网和卫星多普勒网;完成了国家大地网和水准网的整体平差、国家基本图的测绘工作;完成了珠穆朗玛峰和南极长城站的地理位置和高程测量;配合国民经济建设进行了大量的测绘工作,例如进行了南京长江大桥、葛洲坝水电站、宝山钢铁厂、北京正负电子对撞机等工程的精确放样和设备安装测量。在测绘仪器制造方面,现在不仅能生产系列的光学测量仪器,还研制成功各种测程的光电测距仪、全站仪、卫星激光测距仪和数字摄影测量系统等先进仪器设备。在测绘人才培养方面,已培养出各类测绘技术人员数万名,大大提高了我国测绘科技水平。近年来,GPS全球定位系统已得到广泛应用,北斗测量卫星系统、数字摄影测量系统及国产GIS软件日愈成熟,我国的测绘科技水平正在迅速赶上并在某些方面开始领先于国际测绘科技水平。

☞ 1.3
地面点位的表示方法

1.3.1 地球的形状与大小

地球自然表面是极不规则的曲面,有高山、丘陵、平原和海洋。其中最高的珠穆朗玛峰高出海水面达8 848.13 m,最低的马里亚纳海沟低于海水面达11 022 m。但是这样的高低起伏,相对于地球半径6 371 km而言还是很微小的。顾及到海洋约占整个地球表面的71%,陆地面积仅约占29%,习惯上把海水面所包围的地球形体看作地球的形状。

地球上任一点都同时受到离心力和地球引力的双重作用,这两个力的合力称为重力,重力的方向线称为铅垂线。铅垂线是测量工作的基准线。处处与重力方向垂直的连续曲面称为**水准面**,水准面是受地球重力影响而形成的,是一个重力等位面,它们之间因重力不同,不会相交。与水准面相切的平面称为**水平面**。水准面因其高度不同而有无穷多个,其中与平均海水面吻合并向大陆、岛屿内延伸而形成的闭合曲面,称为**大地水准面**。大地水准面是测量工作的基准面。由大地水准面所包围的地球形体,称为**大地体**。

用大地体表示地球的形状是恰当的,但由于地球内部质量分布不均匀,引起铅垂线的方向产生不规则的变化,致使大地水准面成为一个复杂的曲面[图1.1(a)],无法在这曲面上进行测量数据处理。为了使用方便,通常用一个非常接近于大地水准面,并可用数学式表示的几何形体(即地球椭球)来代替地球的形状[如图1.1(b)]作为测量计算工作的基准面。地球椭球是一个椭圆绕其短轴旋转而成的形体,故又称**旋转椭球**。如图1.2所示,旋转椭球体由长半径 a(或短半径 b)和扁率 α 所决定。我国目前采用的元素值为长半径 $a=6\ 378\ 137$ m(短半径 $b=6\ 356\ 752$ m),扁率 $\alpha=1:298.257$。其中

$$\alpha = \frac{a-b}{b}$$

并选择陕西泾阳县永乐镇某点为大地原点进行大地定位。由此建立起来的全国统一坐标系,就是"1980年国家大地坐标系"。

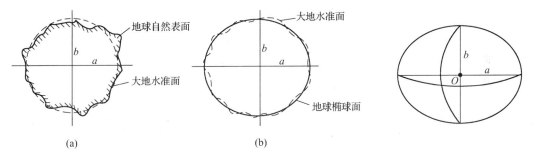

图1.1　地球自然表面、大地水准面和地球椭球面　　　　图1.2　旋转椭球体

由于地球椭球的扁率很小,当测区范围不大时,可近似地把地球椭球作为圆球,其半径 R 按下式计算:

$$R = (2a+b)/3$$

其近似值为6 371 km。

1.3.2　地面点位的确定

测量工作的中心任务是确定地面点的空间位置,通常是求出该点的二维球面坐标或投影到

平面上的二维平面坐标以及该点到大地水准面的铅垂距离,也就是确定地面点的坐标和高程。

1.3.2.1 地面点的坐标

地面点的坐标根据实际情况,通常可以选用下列三种坐标系统中的一种来确定。

1. 地理坐标

地面点在球面上的位置用经纬度表示,称为**地理坐标**。地理坐标又按坐标所依据的基准线和基准面的不同以及求坐标的方法不同,分为**天文坐标**和**大地坐标**两种。

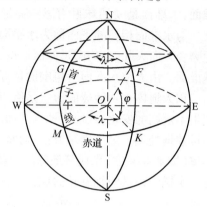

图 1.3 天文坐标

（1）天文坐标

天文坐标又称天文地理坐标,是表示地面点在大地水准面上的位置,用天文经度 λ 和天文纬度 φ 表示。

如图 1.3 所示,NS 为地球的自转轴(或称地轴)。N 为北极,S 为南极。过地面任一点与地轴 NS 所组成的平面称为该点的子午面,子午面与地面的交线称为子午线(或称经线)。F 点的天文经度 λ,是过 F 点的子午面 NFKSO 与首子午面 NGMSO(即通过英国格林尼治天文台的子午面)所成的夹角。它自首子午线向东或向西从 0°起算至 180°,在首子午线以东者为东经,以西者为西经。同一子午线上各点的经度相同。

垂直于地轴的平面与球面的交线称为纬线,垂直于地轴的平面并通过球心 O 与球面相交的纬线称为赤道。经过 F 点的铅垂线和赤道平面的夹角,称为 F 点的纬度,常以 φ 表示。由于地球是椭球体,所以地面点的铅垂线不一定经过地球中心。纬度从赤道向北或向南自 0°起算至 90°,分别称为北纬或南纬。

（2）大地坐标

大地坐标又称大地地理坐标,是表示地面点在旋转椭球面上的位置,用大地经度 L 和大地纬度 B 表示。F 点的大地经度 L 就是包含 F 点的子午面和首子午面所夹的两面角;F 点的大地纬度 B 就是过 F 点的法线(与旋转椭球面垂直的线)与赤道面的交角。

天文经纬度是用天文测量的方法直接测定的,而大地经纬度是根据按大地测量所得的数据推算而得的。地面上一点的天文坐标和大地坐标之所以不同,是因为各自根据的基准面和基准线不同,前者依据的是大地水准面和铅垂线,后者是旋转椭球面和法线。

2. 高斯平面直角坐标

地理坐标是球面上的坐标,常用于大地测量问题的解算。但若将其直接应用于工程建设、规划、设计、施工等,则很不方便。故需将球面上的元素按一定条件投影到平面上建立平面直角坐标系。地图投影学中有多种投影方法,我国通常采用高斯横圆柱投影的方法,简称**高斯投影**。

高斯投影的方法是将地球划分成若干带,然后将每带投影到平面上。如图 1.4 所示,投影带是从首子午线(通过英国格林尼治天文台的子午线)起,每经差 6°划一带(称为**六度带**),自西向东将整个地球划分成经差相等的 60 个带。带号从首子午线起自西向东编,用阿拉伯数字 1、2、3、…、60 表示。位于各带边上的子午线称为**分带午线**,位于各带中央的子午线,称为**中央子午线**或轴子午线。第一个六度带的中央子午线的经度为 3°,任意带的中央子午线经度 L_0,可按式(1.1a)计算:

$$L_0 = 6N - 3 \qquad (1.1a)$$

式中 N——投影带的编号数。

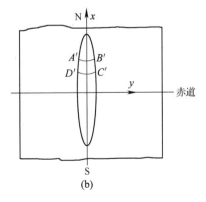

图 1.4 高斯投影

若已知地面上任意一点的经度 L,则计算该点所在 6°带编号的公式为

$$N = \text{Int}\left(\frac{L + 3}{6} + 0.5\right) \qquad (1.1b)$$

式中 Int 为取整函数。

如图 1.5(a)所示,高斯投影属于一种正形投影,即投影后角度大小不变,长度会发生变化。其方法是设想用一个平面卷成一个空心椭圆柱,把它横着套在地球椭球外面,使椭圆柱的中心轴线位于赤道面内并且通过球心,使地球椭球上某六度带的中央子午线与椭圆柱面相切,在椭球面上的图形与椭圆柱面上的图形保持等角的条件下,将整个六度带投影到椭圆柱面上,然后将椭圆柱沿着通过南北极的母线切开并展开成平面,便得到六度带在平面上的投影[图 1.5(b)]。中央子午线经投影展开后是一条直线,其长度不变形。以此直线作为纵轴,即 x 轴;赤道经投影展开后是一条与中央子午线相正交的直线,将它作为横轴,即 y 轴;两直线的交点作为原点,则组成**高斯平面直角坐标系**。纬圈 AB、DC 投影在高斯平面直角坐标系内仍为

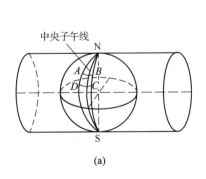

(a)

(b)

图 1.5 高斯投影方法

曲线（$A'B'$、$D'C'$）。将投影后具有高斯平面直角坐标系的六度带一个个拼起来，便得到图 1.6 所示图形。

我国位于北半球，x 纵坐标均为正值，y 横坐标值有正有负，中央子午线以东为正，以西为负。这种以中央子午线为纵轴的坐标值，称为**自然值**，如图 1.7（a）所示，$y_A = +137\ 680.00$ m，$y_B = -274\ 240.00$ m。为避免横坐标出现负值，规定把坐标纵轴向西平移 500 km。坐标纵轴西移后［图 1.7（b）］，$y_A = 500\ 000 + 137\ 680 = 637\ 680.00$ m；$y_B = 500\ 000 - 274\ 240 = 225\ 760.00$ m。这样，无论横坐标自然值为正为负，加上 500 km 后均为正值。为了根据横坐标能确定该点位于哪一个六度带内，还规定在横坐标值前冠以投影带号。例如，A、B 点均位于第 20 带内，则其横坐标分别为 $y_A = 20\ 637\ 680.00$ m，$y_B = 20\ 225\ 760.00$ m。这种由带号、坐标纵轴西移500 km 和自然值三部分组成的横坐标值称为坐标的**通用值**或**统一值**。

由通用值可以看出，以米为单位，当小数点前 6 位数字小于 500 km 时，表示该点位于中央子午线以西，该点的自然值为负，如图 1.7（a）中的 B 点；大于 500 km 时，位于中央子午线以东，该点的自然值为正，如图 1.7（a）所示的 A 点。

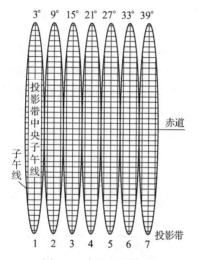

图 1.6　高斯投影结果

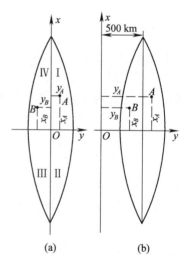

图 1.7　坐标纵轴西移

高斯投影中，离中央子午线近的部分变形小，离中央子午线愈远变形愈大，两侧对称。当测绘大比例尺图要求投影变形更小时，可采用**三度带投影法**。它是从东经 1°30′起，每经差 3°划分一带，将整个地球划分为 120 个带（图 1.8），每带中央子午线的经度 L_0' 可按式（1.2）计算：

$$L_0' = 3n \tag{1.2}$$

式中　n——三度带的号数。

由于我国境内 6°带带号在 13～23 之间，而 3°带带号在 24～45 之间，如图 1.8 所示，没有重叠带号，所以根据某点的坐标通用值，可以知道该点所在的投影带是 6°带或 3°带。

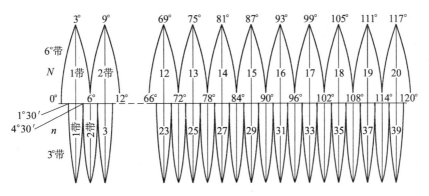

图 1.8　6°、3°带投影

3. 独立平面直角坐标

大地水准面虽是曲面,但当测量区域(如半径小于 10 km 的范围)较小时,可以用测区中心点 a 的切平面来代替曲面(图 1.9),地面点在投影面上的位置就可以用**独立平面直角坐标**来确定。如图 1.10 所示,规定南北方向为纵轴,记为 x 轴,轴向北为正,向南为负;以东西方向为横轴,记为 y 轴,轴向东为正,向西为负。地面上某点 P 的位置可用 x_P 和 y_P 来表示。坐标系中象限按顺时针方向编号,x 轴与 y 轴互换,这与数学上的规定是不同的,目的是为了定向方便,而且可以将数学中的公式直接应用到测量计算中。原点 O 一般选在测区的西南角(图 1.9),使测区内各点均处于第一象限,坐标均为正值,以方便测量和计算。

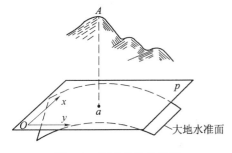

图 1.9　地面点位的确定

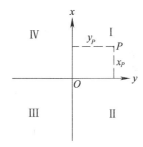

图 1.10　平面直角坐标系

1.3.2.2　地面点的高程

地面点到大地水准面的铅垂距离,称为**绝对高程**,又称**海拔**。图 1.11 中 A、B 两点的绝对高程分别为 H_A、H_B。

由于海水面受潮汐、风浪等影响,它的高低时刻在变化,是个动态的曲面。我国在青岛设立验潮站,长期观察和记录黄海海水面的高低变化,取其平均值作为大地水准面的位置(其高程为零),并在青岛建立了水准原点。目前,我国采用“1985 年高程基准”,青岛水准原点的高程为 72.260 m(1956 年高程基准和青岛原水准原点高程为 72.289 m,已由国测发〔1987〕198

号文件通告废止)。全国各地的高程都以它为基准进行测算。1987 年以前使用的是 1956 年高程基准,利用旧的高程测量成果时,要注意高程基准的统一和换算。

当个别地区引用绝对高程有困难时,可采用假定高程系统,即采用任意假定的水准面为起算高程的基准面。图 1.11 中,地面点到某一假定水准面的铅垂距离称为假定高程或**相对高程**。例如,A、B 点的相对高程分别为 H'_A、

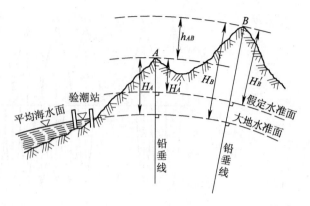

图 1.11　高程和高差

H'_B。地面两点间绝对或相对高程之差称为**高差**,用 h 表示。如图 1.11 中,A、B 两点高差为

$$h_{AB} = H_B - H_A = H'_B - H'_A \qquad (1.3)$$

可见两点间的高差与高程起算面无关。

☞ 1.4
水平面代替水准面的范围

水准面是一个曲面,曲面上的图形投影到平面上,总会产生一定的变形。实际上如果把一小块水准面当做平面看待,其产生的变形不超过测量和制图误差的容许范围时,即可在局部范围内用水平面代替水准面,使测量和绘图工作大大简化。

以下讨论以水平面代替水准面对距离和高程测量的影响,以便明确可以代替的范围或必要时加以改正。

1.4.1　以水平面代替水准面对距离的影响

如图 1.12 所示,A、B、C 是地面点,它们在大地水准面上的投影点是 a、b、c,用该区域中心点的切平面代替大地水准面后,地面点在水平面上的投影点是 a、b' 和 c'。设 A、B 两点在大地水准面上的距离为 D,在水平面上的距离为 D',两者之差 ΔD 即是用水平面代替水准面所引起的距离差异。将大地水准面近似地视为半径为 R 的球面,则有

$$\Delta D = D' - D = R(\tan \theta - \theta) \qquad (1.4)$$

已知 $\tan \theta = \theta + \dfrac{1}{3}\theta^3 + \dfrac{2}{15}\theta^5 + \cdots$,因 θ 角很小,只取其前两项代入式(1.4),得

$$\Delta D = R\left(\theta + \frac{1}{3}\theta^3 - \theta\right)$$

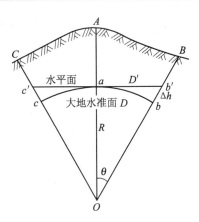

图 1.12 水平面代替水准面
对距离和高程的影响

因

$$\theta = \frac{D}{R}$$

故

$$\Delta D = \frac{D^3}{3R^2} \qquad (1.5)$$

$$\frac{\Delta D}{D} = \frac{D^2}{3R^2} \qquad (1.6)$$

式中 $\Delta D/D$ 称为**相对误差**,用 $1/M$ 形式表示,M 愈大,精度愈高。

取地球半径 $R = 6\ 371$ km,以不同的距离 D 代入式(1.5)和式(1.6),得到表 1.1,从表中的结果可以看出,当 $D = 10$ km 时,所产生的相对误差为 1∶1 220 000,在测量工作中,通常要求距离丈量的相对误差最高为 1/1 000 000,一般丈量仅要求 1/4 000 ~ 1/2 000。因此,在 10 km 为半径的圆面积之内进行距离测量时,可以把水准面当做水平面看待,而不需考虑地球曲率对距离的影响。

表 1.1　水平面代替水准面引起的距离误差

$D(\text{km})$	10	20	50	100
$\Delta D(\text{cm})$	0.8	6.6	102.6	821.2
$\Delta D/D$	1/1 220 000	1/300 000	1/49 000	1/12 000

1.4.2　以水平面代替水准面对高程的影响

如图 1.12 所示,地面点 B 的高程应是铅垂距离 bB,用水平面代替水准面后,B 点的高程为 $b'B$,两者之差 Δh 即为对高程的影响,由图得

$$\Delta h = bB - b'B = Ob' - Ob = R\sec\theta - R = R(\sec\theta - 1) \qquad (1.7)$$

已知 $\sec\theta = 1 + \frac{\theta^2}{2} + \frac{5}{24}\theta^4 + \cdots$ 因 θ 值很小,仅取前两项代入式(1.7),另外 $\theta = \frac{D}{R}$,故有

$$\Delta h = R\left(1 + \frac{\theta^2}{2} - 1\right) = \frac{D^2}{2R} \qquad (1.8)$$

用不同的距离代入式(1.8),便得表 1.2 所列的结果。从表中可以看出,用水平面代替水准面对高程的影响是很大的,距离为 0.2 km 时,就有 0.31 cm 的高程误差,这在高程测量中是不允许的。因此,进行高程测量,即使距离很短,也应用水准面作为测量的基准面,即应顾及地球曲率对高程的影响。

表 1.2　水平面代替水准面引起的高程误差

D(km)	0.2	0.5	1	2	3	4	5
Δh(cm)	0.31	2	8	31	71	125	196

☞ 1.5
测量工作的程序和原则

1.5.1　基本概念

地球表面的外形是复杂多样的,在测量工作中将其分为地物和地貌两大类:地面上的物体如河流、道路、房屋等称为**地物**;地面高低起伏的形态称为**地貌**。地物和地貌统称为**地形**。

地形图由为数众多的地形特征点所组成。如何测量这些点呢? 一般是先精确地测量出少数点的位置,如图 1.13(a)所示的 1、2、3 等点,这些点在测区中构成一个骨架,起着控制的作用,可以将它们称为控制点,测量控制点的工作称为**控制测量**。然后以控制点为基础,测量它周围的地形,也就是测量每一控制点周围各地形特征点的位置,这一工作称为**碎部测量**。利用各控制点已测定的位置关系,将它们投影到水平面上就能把各个局部测得的地形连成一个整体,得到完整的地形图,如图 1.13(b)所示。

1.5.2　测量工作的程序和原则

测量工作的程序通常分为两步:第一步为控制测量,如图 1.13(a)所示,先在测区内选择若干具有控制意义的点 1、2、3…作为控制点,用较精确的仪器和方法测定各控制点之间的距离 D、各控制边之间的水平夹角 β、某一条边[如图 1.13(a)所示的 2—3 边]的方位角 α。设点 2 的坐标已知,则可计算出其他控制点的坐标,以确定其平面位置。同时还要测出各控制点之间的高差,设点 2 的高程为已知,即可求出其他控制点的高程。第二步为碎部测量,即根据控制点测定碎部点的位置 A、B 等的平面位置和高程。这种"**从整体到局部**"、"**先控制后碎部**"的方法是组织测量工作应遵循的原则,它可以减少误差积累,保证测图精度,而且可以分幅测绘,加快测图进度。

另外,从上述可知,当测定控制点的相对位置有错误时,以其为基础所测定的碎部点位也就有错误,碎部测量中有错误时,以此资料绘制的地形图也就有错误。因此,测量工作必须严格进行检核工作,故"**步步有检核**"是组织测量工作应遵循的又一个原则,它可以防止错漏发生,保证测量成果的正确性。

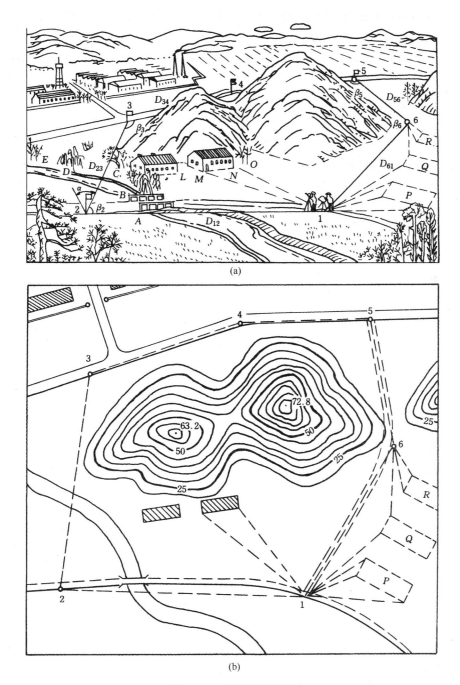

(a)

(b)

图 1.13 地形和地形图

测量工作的程序和原则,不仅适用于测定工作,也适用于测设工作。如图 1. 13(b)所示,欲将图上设计好的建筑物 P、Q、R 测设于实地作为施工的依据,须先于实地进行控制测量,然后安置仪器于控制点 1 和 6 上,再进行建筑物测设。在测设工作中也要严格进行检核,以防出错。

1.5.3　确定地面点位的三要素

如上所述,无论控制测量、碎部测量和施工测设,其实质都是确定地面点的空间位置,而地面点间的相互位置关系是以水平角(方向)、距离和高程来确定的,因此,高程测量、水平角测量和距离测量是测量的三项基本工作。通常,将水平角(方向)、距离和高程称为**确定地面点位的三要素**。测量工作中,可以根据实际需要和可能的条件,选用不同的仪器和合理的方法来完成相应的测量工作。

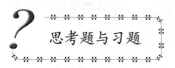

思考题与习题

1. 测量学包括哪两大部分内容,两者有何区别?

2. 何谓大地水准面? 它在测量工作中的作用是什么?

3. 何谓绝对高程和相对高程? 两点之间绝对高程之差与相对高程之差是否相等?

4. 测量工作中所用的平面直角坐标系与数学中的平面直角坐标系有哪些不同之处?

5. 高斯平面直角坐标系是怎样建立的?

6. 某地的经度为 116°23′,试计算它所在的六度带和三度带号,相应六度带和三度带的中央子午线的经度是多少?

7. 用水平面代替水准面对距离和高程有何影响?

8. 测量工作中的两个原则及其作用是什么?

9. 确定地面点位的三项基本测量工作是什么?

水准测量

本章主要介绍水准测量的原理、方法、成果计算、误差分析以及微倾式水准仪、自动安平水准仪的构造、使用、检验和校正方法;还介绍了精密水准仪和电子水准仪的基本构造及使用。

2

测量学

☞ 2.1
高程测量概述

2.1.1 高程测量的定义

高程是确定地面点位置的基本要素之一,所以高程测量是测量的基本工作之一。测量地面上各点高程的工作称为**高程测量**。高程测量的目的是获得未知点的高程,但一般是通过测出已知点和未知点之间的高差,再根据已知点的高程推算出未知点的高程。

2.1.2 高程测量的方法

进行高程测量的主要方法有水准测量和三角高程测量。**水准测量**是利用水平视线来测量两点之间的高差。由于此方法施测简单,且精度较高,所以是高程测量中最主要的方法,被广泛应用于高程控制测量、工程勘测和各项施工测量中。**三角高程测量**是通过测量两点之间的水平距离或倾斜距离和倾斜角,然后利用三角公式计算出两点间的高差。此方法的精度受各种条件的限制,一般只在适当的条件下才被采用。除了上述两种方法以外,还有利用大气压力的变化测量高差的气压高程测量,利用液体的物理性质测量高差的液体静力高程测量,以及利用摄影测量的测高等方法,但这些方法较少采用。

本章着重介绍水准测量的原理、水准测量的仪器——水准仪的结构及使用、水准测量的施测方法及成果计算等内容。三角高程测量将在以后章节中具体介绍。

2.1.3 水准点及其等级

高程测量也是按照"从整体到局部,先控制后碎部"的原则来进行。就是先在测区内设立一些高程控制点,用水准测量的方法精确测出它们的高程,然后根据这些高程控制点测量附近其他点的高程。这些高程控制点称为**水准点**(Bench Mark),工程上常用 BM 来标记。

水准点的位置应选在土质坚硬、便于长期保存和使用方便的地点。水准点按其精度分为不同的等级。国家水准点分为四个等级,即一、二、三、四等水准点,按规范要求埋设永久性标石标记。一般用混凝土标石制成,深埋到地面冻结线以下,在标石的顶面设有用不锈钢或其他不易锈蚀的材料制成的半球状标志[图 2.1(a)]。有些水准点也可设置在稳定的墙脚上,称为墙上水准点[图 2.1(b)]。地形测量中的图根水准点和一些施工测量使用的水准点,常采用临时性标志,一般用更简便的方法来设立,例如将木桩(桩顶钉一半圆球状铁钉)或大铁钉打入地面,也可在地面上突出的坚硬岩石或房屋四周水泥面、台阶等处用红油漆标记。

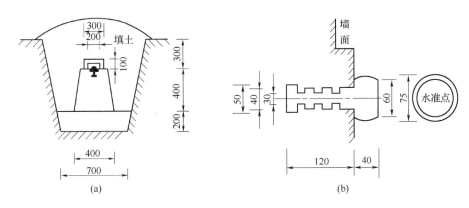

(a)　　　　　　　　　　　　　　(b)

图 2.1　二、三等水准点标石埋设图(单位:mm)

　　埋设水准点后,应绘出水准点与附近固定建筑物或其他固定地物的关系图,在图上还要标明水准点的编号和高程,称为**点之记**,以便于日后寻找水准点的位置。

☞ 2.2
水准测量原理

2.2.1　基本原理

　　水准测量的实质是测量两点之间的高差,它是利用水准仪所提供的一条水平视线来实现的。

　　如图 2.2 所示,欲测定 A、B 两点间的高差 h_{AB},可在 A、B 两点分别竖立带有分划的标尺——**水准尺**,并在 A、B 之间安置可提供水平视线的仪器——**水准仪**。利用水准仪提供的水平视线,分别读取 A 点水准尺上的读数 a 和 B 点水准尺上的读数 b,则 A、B 两点的高差为

$$h_{AB} = a - b \qquad (2.1)$$

　　如果 A 点是已知高程点,B 点是待求高程点,则 B 点高程为

$$H_B = H_A + h_{AB} = H_A + (a - b) \qquad (2.2)$$

　　如果水准测量是从 A 到 B 进行的,如图 2.2 中的箭头所示,读数 a 是在已知高程点

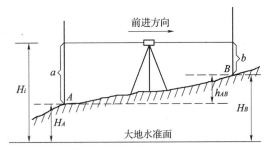

图 2.2　水准测量基本原理

上的水准尺读数,称为"后视读数",A 点称为后视点;b 是在待求高程点上的水准尺读数,称为"前视读数",B 点称为前视点;则高差等于后视读数减去前视读数。高差 h_{AB} 的值可正可负,正值表示待测点 B 高于已知点 A,负值表示待测点 B 低于已知点 A。此外,高差的正负号又与测量前进的方向有关,测量由 A 向 B 进行,高差用 h_{AB} 表示;反之由 B 向 A 进行,高差用 h_{BA} 表示,高差 h_{AB} 与 h_{BA} 正负相反。所以说明高差时必须表明其正负号,同时要说明测量进行的方向。

当两点相距较远或高差太大时,可进行分段连续测量,如图 2.3 所示,此时:

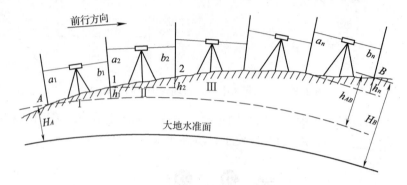

图 2.3　连续水准测量原理

$$h_1 = a_1 - b_1$$
$$h_2 = a_2 - b_2$$
$$\vdots$$
$$h_n = a_n - b_n$$
$$\overline{h_{AB} = \sum h = \sum a - \sum b} \qquad (2.3)$$

即两点的高差等于连续各段高差的代数和,也等于后视读数之和减去前视读数之和。通常要同时用两式分别进行计算,用来检核计算是否有误。

图 2.3 中置仪器的点 Ⅰ 、Ⅱ …称为**测站**。立标尺的点 1、2…称为**转点**(Turning Point),常简写为 TP,它们在上一测站先作为待测高程的点,在下一测站又作为已知高程的点,可见转点起传递高程的作用。转点非常重要,在转点上产生任何差错,都会影响以后所有点的高程。

从以上可见:**水准测量的基本原理是利用水准仪建立一条水平视线,借助水准尺来测定两点间的高差,从而由已知点的高程推算出未知点的高程。**

2.2.2　仪高法测量

由图 2.2 可看出,B 点高程还可通过仪器视线的高程 H_i 来计算,即

$$H_i = H_A + a \\ H_B = H_i - b = (H_A + a) - b \left.\right\}$$ (2.4)

式(2.2)直接用 A 点高程 H_A 和高差计算 B 点的高程,称为"高差法"。式(2.4)是利用仪器视线高程 H_i 来计算 B 点的高程,称为"仪高法"。当水准测量的目的不仅仅是为了获得两点间的高差,而是要求得一系列点的高程时,例如要测量沿某一线路前进方向的地面起伏情况时,水准测量可按图2.4进行。此时,水准仪在每一测站上除了要读出后视和前视读数外,同时要在这一测站范围内其他所有需要测量高程的点上立尺读出读数,如图中在 P_1、P_2 等点上的读数 c_1、c_2 等,则各点的高程如下:

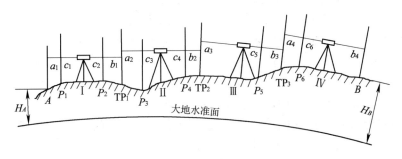

图 2.4 仪高法线路水准测量

仪器在测站 I:仪器高 $H_I = H_A + a_1$

$$H_{P_1} = H_I - c_1 \\ H_{P_2} = H_I - c_2 \\ H_{TP_1} = H_I - b_1 \left.\right\}$$ (2.5a)

同理,仪器在测站 II:仪器高 $H_{II} = H_{TP_1} + a_2$

$$H_{P_3} = H_{II} - c_3 \\ H_{P_4} = H_{II} - c_4 \\ H_{TP_2} = H_{II} - b_2 \left.\right\}$$ (2.5b)

式中,H_I、H_{II} 为仪器视线的高程,简称仪器高。图中 TP_1、TP_2… 为传递高程的转点,在转点上既有前视读数又有后视读数;P_1、P_2… 称为中间点,是沿线上需要求出高程的点,这些点上只有一个前视读数,也称"中视读数"。

要根据一个后视点的高程同时测定多个前视点的高程,这时用仪高法较为简便。

2.3 水准测量的仪器及其使用

2.3.1 水准仪的种类

水准仪是进行水准测量的主要仪器,它可以提供水准测量所必需的水平视线。目前常用的光学水准仪从构造上可分为两大类:利用水准管来获得水平视线的"微倾式水准仪"和利用补偿器来获得水平视线的"自动安平水准仪"。此外,还有一种新型的水准仪——"电子水准仪",它配合条形码标尺,利用数字化图像处理的方法,可自动显示高程和距离,使水准测量实现了自动化。本节主要讲述前两种水准仪的构造及其使用,电子水准仪将在 2.9 节中介绍。

我国的水准仪按仪器精度分有 DS_{05}、DS_1、DS_3、DS_{10} 四个等级。D、S 分别是"大地测量"和"水准仪"汉语拼音的第一个字母,数字 05、1、3、10 表示该仪器的精度。如 DS_3 型水准仪,表示该型号仪器进行水准测量每公里往返测高差精度可达±3 mm。DS_{05} 和 DS_1 用于精密水准测量,DS_3 用于一般水准测量,DS_{10} 则用于简易水准测量。一般土木、建筑工程中常用 DS_3 水准仪,本节主要介绍此种型号水准仪的结构及其使用。

2.3.2 水准尺和尺垫

水准尺是水准测量时使用的标尺,其质量好坏直接影响水准测量的精度。因此,水准尺一般用优质木材或铝合金制成,要求尺长稳定,刻划准确。最常用的有双面尺和塔尺两种。双面尺[图 2.5(a)]的长度一般为 3 m,每两根为一对。尺的两面均有刻划,一面为黑白相间称"黑面尺",另一面为红白相间称"红面尺",两面的刻划间隔均为 1 cm,并在分米处注记。两根尺的黑面都以尺底为零,而红面的尺底分别为 4.687 m 和 4.787 m,利用双面尺读数可对结果进行检核。双面尺多用于三、四等及以下精度的水准测量。塔尺[图 2.5(b)]用两节或三节套接在一起,能伸缩,携带方便。一般尺长为 5 m,尺的底部为零点,尺面绘有 1 cm 或 5 mm 黑白相间的分格,米和分米处注有数字。因接合处容易产生误差,故多用于等外水准测量。

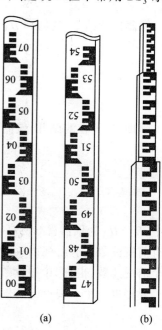

(a)　　　　(b)

图 2.5　水准尺

尺垫是在转点上放置水准尺用的,用钢板或铸铁制成,一般为三角形,中央有一突出的半球体,下方有三个支脚,如图2.6所示。用时把三个尖脚踩入土中,把水准尺立在突出的圆顶上。尺垫可使转点稳固,防止下沉。

图2.6 尺垫

2.3.3 DS₃ 微倾式水准仪的构造及使用

2.3.3.1 DS₃ 微倾式水准仪的构造

图2.7是一般工程中使用较广的 DS_3 型微倾式水准仪,水准仪的各部分名称如图2.7所示。它由下列三个主要部分组成。

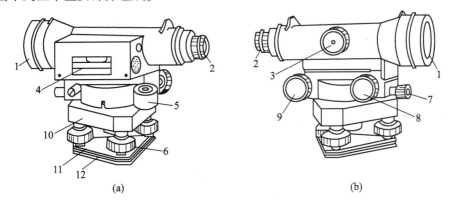

图2.7 DS₃ 微倾式水准仪

1—物镜;2—目镜;3—物镜对光螺旋;4—管水准器;5—圆水准器;6—脚螺旋;
7—制动螺旋;8—微动螺旋;9—微倾螺旋;10—轴座;11—三角压板;12—底板

1. 望远镜

它可以提供视线,并可读出远处水准尺上的读数。图2.8是 DS_3 水准仪望远镜的构造图,它主要由物镜、目镜、对光透镜和十字丝分划板组成。物镜和目镜多采用复合透镜组,十字丝分划板上刻有两条互相垂直的长线,竖直的一条称为竖丝,横的一条称为中丝或横丝(有的仪器十字丝横丝为楔形丝),是为了瞄准目标和读取读数用的。在中丝的上下还对称地刻有两条与中丝平行的短横线,是用来测定距离的,称为视距丝。十字丝分划板是由平行玻璃圆片制成的,平行玻璃片装在分划板座上,分划板座由止头螺丝固定在望远镜筒上。

十字丝交点与物镜光心的连线称为**视准轴**,即视线(图2.8中的 $C—C$),它是水准仪的主要轴线之一。水准测量是在视准轴水平时,用十字丝的中丝截取水准尺上的刻划进行读数的。

为了能准确地照准目标或读数,望远镜内必须能看到清晰的物像和十字丝。为此必须使物像落在十字丝分划板平面上。为了使离仪器不同距离的目标能成像于十字丝分划板平面上,望远镜内还必须安装一个对光透镜。观测不同距离的目标时,可旋转物镜对光螺旋改变对

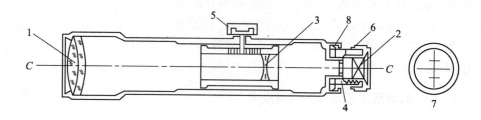

图 2.8　望远镜构造

1—物镜;2—目镜;3—对光凹透镜;4—十字丝分划板;5—物镜对光螺旋;

6—目镜对光螺旋;7—十字丝放大像;8—分划板座螺丝

光透镜的位置,从而能在望远镜内清晰地看到十字丝和要观测的目标。

　　望远镜的成像原理如图 2.9 所示,目标 AB 经过物镜和对光透镜的作用后,在十字丝平面上形成一倒立缩小的实像 ab,通过目镜,便可看清同时放大了的十字丝和目标影像 $a'b'$。

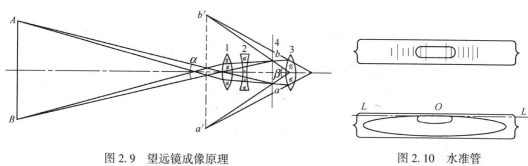

图 2.9　望远镜成像原理

1—物镜;2—对光凹透镜;3—目镜;4—十字丝平面

图 2.10　水准管

　　通过目镜看到的目标影像的视角 β 与未通过望远镜直接观察该目标的视角 α 之比,称为望远镜的放大率 V,即 $V=\beta/\alpha$。DS$_3$ 水准仪望远镜放大率一般为 28 倍。

　　2. 水准器

　　水准器用来指示仪器视线是否水平或竖轴是否竖直。有管水准器和圆水准器两种。

　　(1) 管水准器。管水准器又称**水准管**,是一个封闭的玻璃管,管的内壁在纵向磨成圆弧形,内盛酒精和乙醚的混合液,加热融闭后管内留有一个气泡(图 2.10)。管面上刻有间隔为 2 mm 的分划线,分划线的中点 O 称为**水准管的零点**。过零点与管内壁在纵向相切的直线 LL 称为**水准管轴**。当气泡的中心点与零点重合时,称气泡居中,此时水准管轴位于水平位置;若气泡不居中,则水准管轴处于倾斜位置。水准管 2 mm 的弧长所对圆心角 τ 称为**水准管分划值**(图 2.11),即气泡每移动一格时,水准管轴所倾斜的角值。用公式表示为

$$\tau=\frac{2}{R}\rho''$$

　　　　　　　　　　　　　　　　　　　　　　　　　　　　　　(2.6)

式中　R——水准管圆弧半径,mm;

　　　ρ''——206 265"。

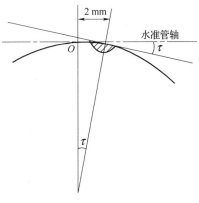

图 2.11　水准管分划值

水准管分划值的大小反映了仪器置平精度的高低。R 越大,τ 值越小,则水准管灵敏度越高。DS_3 型水准管分划值一般为 20"/2 mm。

为了提高调整气泡居中的精度和速度,微倾式水准仪在水准管的上方安有符合棱镜系统,如图 2.12(a)所示。通过符合棱镜的折光作用,将气泡各半个影像反映在望远镜的观察窗中。当气泡居中时,两端气泡的影像就能符合,故这种水准器称为符合水准器,它是微倾式水准仪上普遍采用的水准器。如果两端影像错开[图 2.12(b)、(c)],则表示气泡不居中,这时可旋转微倾螺旋使气泡影像符合[图 2.12(d)]。

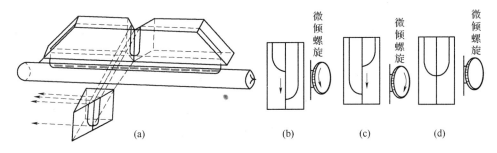

图 2.12　符合水准器

（2）圆水准器。如图 2.13 所示,圆水准器是一个封闭的圆形玻璃容器,顶面内壁是球面,球面中央有一圆圈,其圆心称为**水准器零点**。通过零点的球面法线称为**圆水准器轴**。当圆水准器气泡居中时,圆水准器轴处于竖直位置。当气泡不居中时,气泡中心偏离零点 2 mm 的弧长所对圆心角的大小,称为**圆水准器的分划值**。DS_3 水准仪圆水准器分划值一般为(8' ~ 10')/2mm。由于它的精度较低,故只用于仪器的粗略整平。

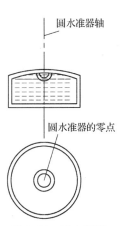

图 2.13　圆水准器

3. 基座

基座用于置平仪器,它支撑仪器的上部使其在水平方向上转动,并通过连接螺旋与三脚架连接。基座主要由轴座、脚螺旋、三角压板和底板构成(图 2.7)。调节三个脚螺旋可使圆水准器的气泡居中,使仪器粗略整平。

2.3.3.2　DS_3 微倾式水准仪的使用

微倾式水准仪的使用包括安置仪器、粗略整平、瞄准水准尺、精平与读数等操作步骤。

1. 安置仪器

在测站上打开三脚架,调节架腿使高度适中,目估使架头大致水平,检查脚架腿是否安置稳固,脚架伸缩螺旋是否拧紧,然后打开仪器箱取出水准仪,置于三脚架头上,一只手扶住仪器,以防仪器从架头滑落,另一只手用连接螺旋将仪器牢固地连接在三脚架头上。

2. 粗略整平

粗平是用脚螺旋使圆水准器的气泡居中,使仪器竖轴大致铅直,从而视准轴粗略水平。先用任意两个脚螺旋使气泡移到通过水准器零点并垂直于这两个脚螺旋连线的方向上[图 2.14(a)],若气泡未居中而位于 a 处,则先按图上箭头所指的方向用两手相对转动脚螺旋①和②,使气泡移到 b 的位置[图 2.14(b)]。然后单独转动脚螺旋③使气泡居中。如有偏差可重复进行。在整平的过程中,气泡的移动方向与左手大拇指运动的方向一致。

3. 瞄准水准尺

首先进行目镜对光,即把望远镜对着明亮的背景,转动目镜对光螺旋,使十字丝清晰。再松开制动螺旋,转动望远镜,用望远镜筒上的照门和准星瞄准水准尺,拧紧制动螺旋。然后从望远镜中观察,转动物镜对光螺旋进行对光,使目标清晰。最后转动微动螺旋,使竖丝对准水准尺,也可使尺像稍微偏离竖丝一些。当照准不同距离外的水准尺时,需重新调焦以使尺像清晰,十字丝可不必再调。

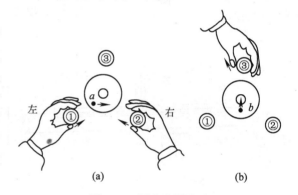

图 2.14　圆水准器整平

瞄准水准尺时必须消除**视差**。当眼睛在目镜端上下微微移动时,若发现十字丝与尺像有相对运动,即读数有改变,则表示有视差存在。产生视差的原因是目标成像的平面和十字丝平面不重合,即尺像没有落在十字丝平面上[图 2.15(a)、(b)]。由于视差存在会影响到读数的正确性,必须加以消除。消除的方法是重新仔细地进行目镜和物镜对光。直到眼睛上下移动,读数不变为止[图 2.15(c)]。此时,从目镜端看到十字丝与目标的像都十分清晰。

4. 精平与读数

由于圆水准器的灵敏度较低,所以用圆水准器只能使仪器粗略整平。因此在每次读数前还必须用微倾螺旋使水准管气泡符合,使视线精确整平。方法是通过位于目镜左方的符合气泡观察窗看水准管气泡,右手转动微倾螺旋,使气泡两端的像吻合,即表示水准仪的视准轴已精确水平。这时,即可用十字丝的中丝在尺上读数。从尺上可直接读出米、分米和厘米数,并估读出毫米数,保证每个读数均为 4 位数,即使某位数是零也不可省略。不管是倒像望远镜还是正像望远镜,读数前都应先认清各种水准尺的分划特点,特别应注意与注记相对应的分米分划线的位置。从小往大,先估读毫米数,然后报出全部读数,如图 2.16 所示的水准尺中丝读数为 1.256 m。

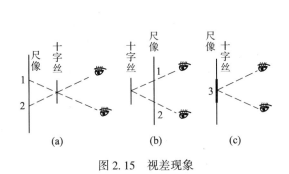

图 2.15 视差现象

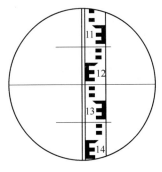

图 2.16 水准尺的瞄准与读数

精平和读数虽是两项不同的操作步骤,但在水准测量的实施过程中,两项操作应视为一个整体。即精平后再读数,读数后还要检查水准管气泡是否完全符合。

2.3.4 自动安平水准仪的构造及使用

自动安平水准仪是一种不用水准管而能自动获得水平视线的水准仪。由于微倾式水准仪在用微倾螺旋使气泡符合时要花一定的时间,且水准管灵敏度越高,整平需要的时间越长。在松软的土地上安置水准仪时,还要随时注意气泡有无变动。而自动安平水准仪用设置在望远镜内的自动补偿器代替水准管,观测时,在用圆水准器使仪器粗略整平后,经过 1~2 s,即可直接读取水平视线读数。当仪器有微小的倾斜变化时,补偿器能随时调整,始终给出正确的水平视线读数。因此,它具有观测速度快、精度高等优点,被广泛应用在各种等级的水准测量中。

1. 自动安平原理

如图 2.17(a)所示,当视准轴线水平时,物镜位于 O,十字丝交点位于 A_0,读到的水平视线读数为 a_0。当望远镜视准轴倾斜了一个小角 α 时,十字丝交点由 A_0 移到 A,读数变为 a。显然,$AA_0 = f\alpha$(f 为物镜的等效焦距)。

若在距十字丝分划板 s 处安装一个光学补偿器 K,使水平光线偏转 β 角,以通过十字丝中心 A,则有 $AA_0 = s\beta$。故有

$$f \cdot \alpha = s \cdot \beta \tag{2.7}$$

若上式的条件能得到保证,虽然视准轴有微小倾斜(一般倾斜角限值为 $\pm 10'$),但十字丝中心 A 仍能读出视线水平时的读数 a_0,从而达到自动补偿的目的。

还有另一种补偿器[图 2.17(b)],借助补偿器 K 将 A 移至 A_0 处,这时视准轴所截取尺上的读数仍为 a_0。这种补偿器是将十字丝分划板悬吊起来,借助重力,在仪器微倾的情况下,十

字丝分划板回到原来的位置,安平的条件仍为式(2.7)。

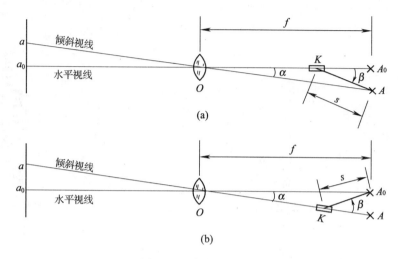

图 2.17　自动安平原理

2. 自动安平补偿器

自动安平水准仪的核心部分是补偿器。图 2.18 是我国生产的 DS_3-Z 型自动安平水准仪的补偿器结构示意图,这种结构属于轴承式补偿器,是采用上述第一种方法实现自动安平的。

图中补偿棱镜 3 被固定在摆臂 2 的下端,摆臂的上端为轴承 1,通过一个小轴被悬挂在仪器的支架上,使得三棱镜 3 和摆臂能在视线方向内自由摆动。事实上三棱镜起到一个反射镜的作用。水平光线进入物镜后,经三棱镜和固定在望远镜上的反射镜 6 两次反射后,就能通过十字丝交点 7,达到自动安平的目的。三棱镜下面有一个空气阻尼器,由固定在摆臂下端的活塞 4 和固定在仪器支架上的气缸 5 组成。阻尼器的作用是使三棱镜在 1~2 s 内迅速处于静止状态。

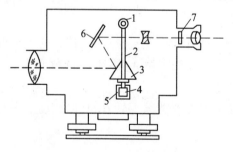

图 2.18　DS_3-Z 型自动安平
水准仪的补偿器结构

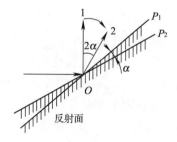

图 2.19　平面镜全反射原理图

根据光线全反射的特性可知,在入射线方向不变的条件下,当反射面旋转一个角度 α 时,反射线将从原来的行进方向偏转 2α 的角度,如图 2.19 所示。补偿器的补偿光路即是根据这一光学原理设计的。

　　自动安平水准仪补偿器的工作原理如图 2.20 所示，O 代表物镜，b 代表三棱镜的反射面，c 为固定的反射镜。当望远镜水平时，三棱镜的反射面位于 b_1b_1'，反射镜位于 c_1c_1'，水平光线经 Ob_1c_1 到达十字丝交点 A_0（图中细线所示）。当望远镜倾斜了一个小角 α 时，三棱镜的反射面移到 b_2b_2'（假定补偿器尚未起作用），反射镜移到 c_2c_2'，十字丝交点由 A_0 移到 A，十字丝的读数将为 a 而非水平视线读数 a_0（图中虚线所示）。当补偿器起作用时，摆臂将逆时针旋转 α 角，三棱镜反射面则由 b_2b_2' 移至 b_3b_3'，显然 $b_3b_3' \parallel b_1b_1'$，而反射镜仍在 c_2c_2'。由于反射面 c_2c_2' 相对于原来位置变动了 α 角，所以水平光线经 c_2c_2' 反射后将变动 2α 角，即 $\beta = 2\alpha$。要使通过补偿器偏转后的光线经过十字丝交点 A，只要将补偿器安置在距十字丝交点 A 为 $f/2$ 处（将 $\beta = 2\alpha$ 代入式（2.7）得，$s = f/2$），即可使水平视线的读数 a_0 经 Ob_3c_3（图中粗线所示）而正好落在十字丝交点 A 上，从而达到自动安平的目的。

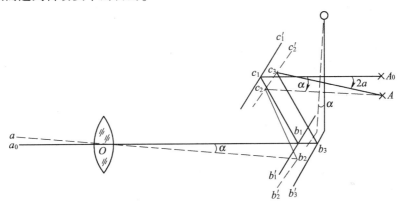

图 2.20　补偿器的工作原理

　　除了上面介绍的轴承式补偿器外，目前采用的补偿器还有吊丝式、簧片式和液体式等。

3. 自动安平水准仪的使用

　　自动安平水准仪的使用方法较微倾式水准仪简便。安置好仪器后，只需用脚螺旋使圆水准器气泡居中，完成仪器的粗略整平，即可用望远镜照准水准尺直接读数。由于补偿器有一定的补偿范围，所以使用自动安平水准仪时，要防止补偿器贴靠周围的部件，保证其处于自由悬挂状态。有的仪器在目镜旁有一按钮，它可以直接触动补偿器。读数前可轻按此按钮，以检查补偿器是否处于正常工作状态，也可以消除补偿器有轻微的贴靠现象。如果每次触动按钮后，水准尺读数变动后又能恢复原有读数，则表示工作正常。如果仪器上没有这种检查按钮，则可用脚螺旋使仪器竖轴在视线方向稍作倾斜，若读数不变则表示补偿器工作正常。由于要确保补偿器处于工作范围内，使用自动安平水准仪时应特别注意圆水准器的气泡居中。

☞ 2.4
水准测量的方法

2.4.1 水准路线的布设形式

水准测量的任务是从已知高程的水准点开始测量待定的其他水准点或地面点的高程。测量前应根据要求选定水准点的位置,埋设好水准点标石,拟定水准测量进行的路线。水准路线有以下几种布设形式:

（1）**附合水准路线**。从一个已知高程的水准点开始,沿各待定高程的水准点进行水准测量,最后连测到另一个已知高程的水准点的水准路线。这种形式的水准路线可使测量成果得到可靠的检核[图 2.21(a)]。

（2）**闭合水准路线**。从一个已知高程的水准点开始,沿各待定高程的水准点进行环形水准测量,最后测回到起始点上的水准路线。这种形式的水准路线也可使测量成果得到检核[图 2.21(b)]。

（3）**支水准路线**。从一个已知高程的水准点开始,沿各待定高程的水准点进行水准测量,最后既不连测到另一个已知高程的水准点上,也未形成闭合的水准路线。由于这种形式的水准路线不能对测量成果自行检核,因此必须进行往返测,或用两组仪器进行并测[图 2.21(c)]。

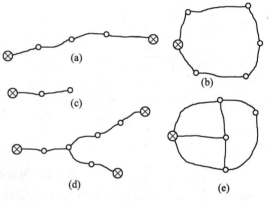

图 2.21 水准路线的布设形式

（4）**水准网**。当几条附合水准路线或闭合水准路线连接在一起时,就形成了水准网[图 2.21(d)、(e)]。水准网可使检核成果的条件增多,因而可提高成果的精度。

2.4.2 水准测量的施测方法

水准测量施测方法如图 2.22 所示,图中水准点 A 为已知点,高程为 51.903 m,B 为待定高程的点。施测步骤如下:首先在已知高程的起始点 A 上竖立水准尺,在测量前进方向离起点适当距离处选择第一个转点 TP_1,必要时可放置尺垫,并竖立水准尺,在离这两点大致等距离处 I 点安置水准仪。仪器粗略整平后,先照准起始点 A 上的水准尺,精平后读得后视读数 a_1 为 1.339 m,记入水准测量记录手簿(表 2.1)。然后照准转点 TP_1 上的水准尺,精平后读得前视

读数 b_1 为 1.402 m,记入手簿,并计算出这两点间的高差为 $h_1 = a_1 - b_1 = -0.063$ m。此为一个测站的工作。

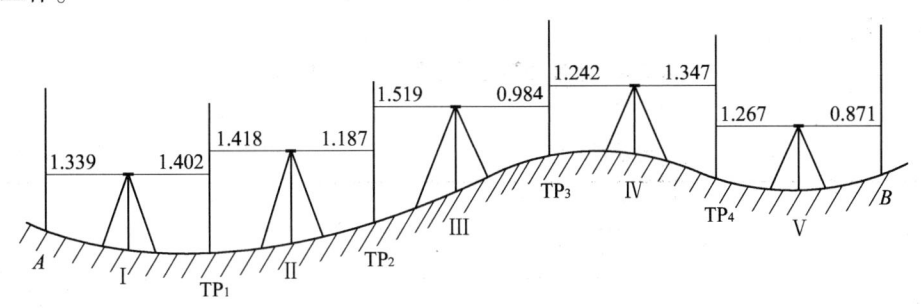

图 2.22 水准测量的施测方法(单位:m)

表 2.1 水准测量记录手簿(一)(单位:m)

观测日期 　　　　　　　　　天气状况 　　　　　　　　　仪器编号

观测者 　　　　　　　　　　记录者 　　　　　　　　　　校核者

测站	测点	水准尺读数		高　差		高　程	备　注
		后　视	前　视	+	−		
Ⅰ	BM_A TP_1	1.339	1.402		0.063	51.903	已知 A 点高程
Ⅱ	TP_1 TP_2	1.418	1.187	0.231			
Ⅲ	TP_2 TP_3	1.519	0.984	0.535			
Ⅳ	TP_3 TP_4	1.242	1.347		0.105		
Ⅴ	TP_4 BM_B	1.267	0.871	0.396		52.897	
Σ		6.785	5.791	0.994			
计算检核		$\sum a - \sum b = +0.994$		$\sum h = +0.994$		$H_B - H_A = +0.994$	

然后在 TP_1 上的水准尺不动,仅把尺面转向前进方向,在 A 点的水准尺和立于 Ⅰ 点的水准仪则向前转移,水准尺安置在合适的转点 TP_2 上,而水准仪则安置在离 TP_1、TP_2 两转点等距离的测站 Ⅱ 处。按与第 Ⅰ 站同样的步骤和方法读取后视读数和前视读数,并计算出高差。如此继续进行直到待定高程点 B。

每一测站可测前、后视两点间的高差,各测站所得的高差代数和 $\sum h$ 就是从起点 A 到终点 B 总的高差。终点 B 的高程用高差法计算,等于起点 A 的高程加上 A、B 间的高差。各转点的高程不需要计算。

为了节省手簿的篇幅,在实际工作中常把水准手簿格式简化成表2.2。这种格式实际上是把同一转点的后视读数和前视读数合并填在同一行内,两点间的高差则一律填写在该测站前视读数的同一行内。

表2.2 水准测量记录手簿(二)(单位:m)

观测日期　　　　　　　　　天气状况　　　　　　　　　仪器编号

观测者　　　　　　　　　　记录者　　　　　　　　　　校核者

测　点	水准尺读数		高　差		高　程	备　注
	后　视	前　视	+	−		
BM$_A$	1.339				51.903	已知A点高程
TP$_1$	1.418	1.402		0.063		
TP$_2$	1.519	1.187	0.231			
TP$_3$	1.242	0.984	0.535			
TP$_4$	1.267	1.347		0.105		
BM$_B$		0.871	0.396		52.897	
Σ	6.785	5.791	0.994			
计算检核	$\sum a-\sum b=+0.994$　　　$\sum h=+0.994$　　　$H_B-H_A=+0.994$					

2.4.3 水准测量的检核

为了保证水准测量成果的正确可靠,必须进行检核。检核的方法主要有以下几种:

1. 计算检核

在每一测段结束后或手簿上每一页之末,必须进行计算检核。式(2.3)说明了两点的高差等于连续各段高差的代数和,也等于后视读数之和减去前视读数之和。此式可作为计算检核之用。表2.2中:

$$\sum h = +0.994 \text{ m}$$

$$\sum a-\sum b = 6.785-5.791 = +0.994(\text{m})$$

这说明高差的计算是正确的。

$$H_B-H_A = 52.897-51.903 = +0.994(\text{m})$$

这说明高程的计算也是正确的。

如不相等,则计算中必有错误,应进行检查。但这种检核只能检查计算工作有无错误,并不能检查出测量过程中如观测和记录等环节所发生的错误。

2. 测站检核

为防止在一个测站上发生错误而导致所测的高差不正确,可在每个测站上对测站结果进

行检核,通常采用以下两种方法:

(1)变动仪器高法。在同一个测站上用两次不同的仪器高度,测得两次高差以相互比较进行检核。即测得第一次高差后,改变仪器高度(一般应大于 10 cm)重新安置,再测一次高差。两次所得高差之差不超过容许值(例如图根水准测量容许值为±6 mm),则认为符合要求,并取其平均值作为最后结果,否则必须重测。

(2)双面尺法。指仪器的高度不变,而立在前视点和后视点上的水准尺分别用黑面和红面各进行一次读数,测得两次高差,相互比较进行检核。若同一水准尺红面与黑面读数(加常数后)之差,以及两红面尺高差与黑面尺高差之差,均在容许值范围内,则取其平均值作为该测站观测高差。否则,需要检查原因,重新观测。

3. 成果检核

测站检核只能检核一个测站的观测数据是否存在错误或误差超限,但有些误差,例如在转点时转点的位置被移动,测站检核是查不出来的。此外,由于温度、风力、大气折光等外界条件引起的误差,尺子倾斜和估读的误差以及水准仪本身的误差等,虽然在一个测站上反映不很明显,但随着测站数的增多使误差积累,有可能使高差总和的误差积累过大而超过规定的限值。因此,还必须进行整个水准路线的成果检核,以保证测量资料满足使用要求。其方法是将水准路线布设成一定的形式,分不同条件进行检核。

(1)附合水准路线。此种布设形式可以使成果得到可靠的检核。附合水准路线中,理论上在两已知高程水准点间所测得的各段高差的代数和,应等于两水准点间的已知高差。由于实测中存在误差,使两者往往不完全相等,两者之差称为**高差闭合差**,用 f_h 表示,即

$$f_h = \sum h - (H_终 - H_起) \tag{2.8}$$

式中 $H_终$——终点高程;

$H_起$——起点高程。

(2)闭合水准路线。此种布设形式亦可对成果进行可靠的检核。闭合水准路线中,因为起讫于同一点,理论上所测各段高差的代数和应为零,但实测高差总和不一定为零,从而产生闭合差 f_h,即

$$f_h = \sum h \tag{2.9}$$

(3)支水准路线。此种布设形式因没有可靠的成果检核条件,必须在起、终点间进行往返测,理论上往测高差总和与返测高差总和应大小相等符号相反,或往返测高差的代数和应等于零。但实际上两高差总和不一定为零,形成闭合差 f_h,即

$$f_h = \sum h_往 + \sum h_返 \tag{2.10}$$

有时也可用两组并测来代替一组的往返测以加快进度,这时闭合差应是两组实测高差的差值,即

$$f_h = \sum h_1 - \sum h_2 \tag{2.11}$$

高差闭合差的大小在一定程度上反映了测量成果的质量。由于闭合差是各种因素产生的

测量误差,故闭合差的数值应该在容许值范围内,否则应检查原因,返工重测。在不同等级的水准测量中,都规定了高差闭合差的限值即**高差闭合差的容许值**或**容许高差闭合差**,一般用 $f_{h容}$ 表示。

图根水准测量:

$$
\left.\begin{array}{ll}
平地 & f_{h容} = \pm 40\sqrt{L} \quad (\text{mm}) \\
山地 & f_{h容} = \pm 12\sqrt{n} \quad (\text{mm})
\end{array}\right\} \tag{2.12}
$$

四等水准测量:

$$
\left.\begin{array}{ll}
平地 & f_{h容} = \pm 20\sqrt{L} \quad (\text{mm}) \\
山地 & f_{h容} = \pm 6\sqrt{n} \quad (\text{mm})
\end{array}\right\} \tag{2.13}
$$

在式(2.12)和式(2.13)中 L 为水准路线的总长(以 km 为单位), n 为总测站数。

☞ 2.5
水准测量的成果计算

在进行水准测量的成果计算时,首先要计算出高差闭合差,它是衡量水准测量精度的重要指标。当高差闭合差在容许值范围内时,再对闭合差进行调整,求出改正后的高差,最后求出待定水准点的高程。以下就几种布设形式的水准路线的计算方法进行介绍。

2.5.1 附合水准测量路线的成果计算

按图根水准测量的方法测得各测段的观测高差和水准路线的长度如图 2.23 所示,BM_A、BM_B 为已知高程的水准点,BM_1、BM_2、BM_3 为待定高程的水准点。高差闭合差的调整及各点高程的计算列于表 2.3 中。

1. 高差闭合差的计算

由式(2.8):

$$
f_h = \sum h - (H_B - H_A) = -0.853 - (45.331 - 46.216) = +0.032(\text{m})
$$

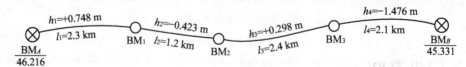

图 2.23　附合水准路线图

表 2.3 附合水准路线成果计算

测段	点号	路线长度 （km）	测站数	实测高差 （m）	改正数 （mm）	改正后高差 （m）	高 程 （m）
1	BM$_A$	2.3		+0.748	-9	+0.739	<u>46.216</u>
2	BM$_1$	1.2		-0.423	-5	-0.428	46.955
3	BM$_2$	2.4		+0.298	-10	+0.288	46.527
4	BM$_3$	2.1		-1.476	-8	-1.484	46.815
Σ	BM$_B$	8		-0.853	-32	-0.885	<u>45.331</u>
辅助计算		$f_h = +32$ mm $f_{h容} = \pm40\sqrt{8} = \pm113$（mm）					

按平地图根水准测量的精度要求计算高差闭合差容许值为：

$$f_{h容} = \pm40\sqrt{8} = \pm113（mm）$$

$|f_h| < |f_{h容}|$，精度符合要求。

2. 高差闭合差的调整

当闭合差在容许值范围内时，可把闭合差分配到各测段的高差上。在同一条水准路线上，假设观测条件相同，则可认为各站产生误差的机会是相同的，故闭合差应与测站数或水准路线的长度成正比，所以分配的原则是将闭合差以相反的符号根据测站数或水准路线的长度成比例地分配到各测段的高差上。各测段高差的改正数用公式表示为

$$v_i = -\frac{f_h}{\sum L} \cdot L_i \qquad (2.14)$$

或

$$v_i = -\frac{f_h}{\sum n} \cdot n_i \qquad (2.15)$$

式中　v_i——分配给第 i 测段高差上的改正数；

L_i, n_i——第 i 测段路线的长度和测站数；

$\sum L, \sum n$——水准路线的总长度和总测站数。

如表 2.3 中，第 BM$_A$ ~ BM$_1$ 段的改正数为

$$v_1 = -\frac{32}{8} \times 2.3 = -9（mm）$$

各段改正数的总和应与高差闭合差的大小相等且符号相反,如果绝对值不等则说明计算有误。每测段的实测高差加相应的改正数便得到改正后的高差值。

3. 各待定点高程的计算

根据检验过的改正后高差,由起点 BM_A 开始,逐点计算出各点的高程,最后算得的 BM_B 点高程应与已知值相等,否则说明高程的计算有误。

2.5.2 闭合水准测量路线的成果计算

闭合水准路线的高差闭合差按式(2.9)计算,若闭合差在容许值范围内,按与上述相同的方法调整闭合差并计算高程。

2.5.3 支水准测量路线的成果计算

支水准路线的高差闭合差按式(2.10)或式(2.11)计算,若闭合差在容许值范围内,应将闭合差按相反的符号平均分配在往测和返测的实测高差值上。

【例2.1】 在 A、B 间进行往返水准测量,已知 $H_A = 53.218$ m,$\sum h_{往} = +0.165$ m,$\sum h_{返} = -0.183$ m,A、B 间往返路线长 $L = 2$ km,求改正后 B 点的高程(按图根水准测量精度要求计算)。

【解】 根据式(2.10)得高差闭合差 $f_h = \sum h_{往} + \sum h_{返} = 0.165 - 0.183 = -0.018$(m)。

根据式(2.12)得容许高差闭合差: $f_{h容} = \pm 40\sqrt{2} = \pm 57$ mm,$|f_h| < |f_{h容}|$,故精度符合要求。

改正后往测高差 $\sum h'_{往} = \sum h_{往} + \left(-\dfrac{f_h}{2}\right) = 0.165 + 0.009 = +0.174$(m)。

改正后返测高差 $\sum h'_{返} = \sum h_{返} + \left(-\dfrac{f_h}{2}\right) = -0.183 + 0.009 = -0.174$(m)。

故 B 点高程

$$H_B = H_A + \sum h'_{往} = 53.218 + 0.174 = 53.392 \text{(m)}$$

或

$$H_B = H_A - \sum h'_{返} = 53.218 - (-0.174) = 53.392 \text{(m)}$$

☞ 2.6
水准仪的检验和校正

为保证测量工作能得出正确的成果,工作前必须对所使用的仪器进行检验,如不满足要求,应对仪器加以校正。

2.6.1 微倾式水准仪的检验和校正

微倾式水准仪的轴线主要有:视准轴 CC、水准管轴 LL、仪器竖轴 VV 和圆水准器轴 $L'L'$ (图 2.24),以及十字丝横丝(中丝),为保证水准仪能提供一条水平视线,各轴线之间应满足的几何条件有:

(1) 圆水准器轴应平行于仪器的竖轴($L'L'/\!/VV$);

(2) 十字丝的横丝应垂直于仪器的竖轴(横丝 $\perp VV$);

(3) 水准管轴应平行于视准轴($LL/\!/CC$)。

检验校正的步骤和方法如下:

1. 圆水准器轴平行于仪器竖轴的检验和校正

(1) 目的。使圆水准器轴平行于仪器竖轴,圆水准器气泡居中时,竖轴便位于铅垂位置。

(2) 检验方法。旋转脚螺旋使圆水准器气泡居中,然后将仪器上部在水平方向绕竖轴旋转 180°,若气泡仍居中,则表示圆水准器轴已平行于竖轴,若气泡偏离中央,则需进行校正。

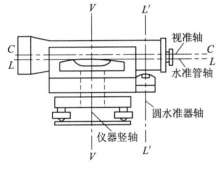

图 2.24　水准仪的主要轴线

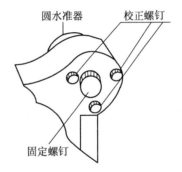

图 2.25　圆水准器的校正

(3) 校正方法。圆水准器校正如图 2.25 所示,校正前应先稍松中间的固定螺钉,用脚螺旋使气泡向中央方向移动偏离量的一半,然后拨圆水准器的三个校正螺钉使气泡居中。由于一次拨动不易使圆水准器校正得很完善,所以需重复上述的检验和校正,使仪器上部旋转到任何位置气泡都能居中为止。最后应注意旋紧固定螺钉。

(4) 检校原理。若圆水准器轴与竖轴不平行,构成一 α 角,当圆水准器的气泡居中时,竖轴与铅垂线成 α 角[图 2.26(a)]。若仪器上部绕竖轴旋转 180°,因竖轴位置不变,故圆水准器轴与铅垂线成 2α 角[图 2.26(b)]。当用脚螺旋使气泡向零点移动偏离量的一半,则竖轴将变动一 α 角而处于铅垂方向,而圆水准器轴与竖轴仍保持 α 角[图 2.26(c)]。此时拨圆水准器的校正螺钉,使圆水准器轴也处于铅垂方向,从而使它平行于竖轴[图 2.26(d)]。

2. 十字丝横丝垂直于仪器竖轴的检验和校正

(1) 目的。使十字丝的横丝垂直于竖轴,这样,当仪器粗略整平后,横丝基本水平,用横丝上任意位置所得读数均相同。

（2）检验方法。水准仪整平后，先用十字丝横丝的一端对准一个点状目标，如图2.27中的 P 点，拧紧制动螺旋，然后用微动螺旋缓缓地转动望远镜。若 P 点始终在横丝上移动［图2.27(a)］，说明横丝已与竖轴垂直；若 P 点移动的轨迹离开了横丝［图2.27(b)］，则说明横丝与竖轴不垂直，需要校正。

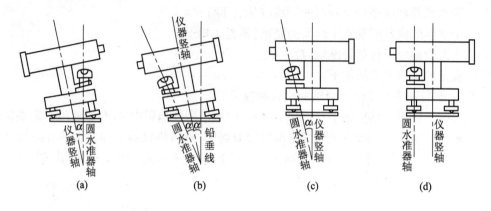

图2.26　圆水准器的检校原理

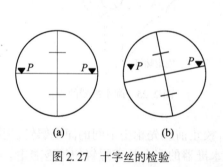

图2.27　十字丝的检验

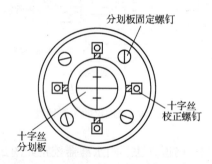

图2.28　十字丝的校正

（3）校正方法。打开十字丝分划板的护罩，可见到三个或四个分划板的固定螺钉（图2.28）。松开这些固定螺钉，用手转动十字丝分划板座，反复试验使横丝的两端都能与目标重合，则校正完成。最后旋紧所有固定螺钉。

（4）检校原理。若横丝垂直于竖轴，横丝的一端照准目标后，当望远镜绕竖轴旋转时，横丝在垂直于竖轴的平面内移动，所以目标始终与横丝重合。若横丝不垂直于竖轴，望远镜旋转时，横丝上各点不在同一平面内移动，因此目标与横丝的一端重合后，在其他位置的目标将偏离横丝。

3. 水准管轴和视准轴 i 角误差的检验和校正

为使水准管轴和视准轴平行,两轴在水平面和垂直面的投影都应平行。检验两轴在垂直面上的投影是否平行称 i **角检验**,它是水准仪检校中最重要的一项。

(1)目的。使水准管轴和视准轴在垂直面上的投影相平行,当水准管气泡符合时,视准轴就处于水平位置。

(2)检验方法。如图 2.29 所示,在平坦地面上选相距 $60 \sim 80$ m 的 A、B 两点,在两点打入木桩或设置尺垫。水准仪首先置于离 A、B 等距的 I 点,用变动仪器高法(或两面尺法)测得 A、B 两点的高差 $h_1 = a_1 - b_1$,当所得各高差之差小于 3 mm 时取其平均值作为最后结果。若视准轴与水准管轴不平行而构成 i 角,由于仪器至 A、B 两点的距离相等,因此由于视准轴倾斜而在前、后视读数所产生的误差 x 也相等,所以所得的 h_1 是 A、B 两点的正确高差。

然后把将仪器搬至距 B 点 $2 \sim 3$ m 的 II 点,仍把 A 作为后视点,再次测 A、B 两点的高差,得高差 $h_2 = a_2 - b_2$。如果 $h_2 = h_1$,说明在测站 II 所得高差也是正确的,这也说明在测站 II 观测时视准轴是水平的,故水准管轴与视准轴平行,即 $i = 0$。如果 $h_2 \neq h_1$,则说明存在 i 角误差。由于仪器离 B 点很近,两轴不平行对前视读数 b_2 的影响可忽略不计,只对 a_2 产

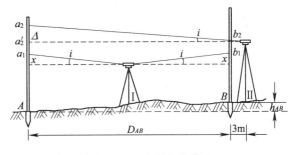

图 2.29 i 角误差的检验

生影响。根据 b_2 和 A、B 两点的正确高差 h_1 可算出在 A 点上应有读数为

$$a_2' = b_2 + h_1$$

由图中可知,i 角可按式(2.16)计算:

$$i'' = \frac{\Delta}{D_{AB}} \rho'' \tag{2.16}$$

式中 Δ——仪器分别在 II 和 I 所测高差之差;

D_{AB}——A、B 两点间的距离;

ρ''——206 265″。

$$\Delta = a_2 - a_2' = a_2 - (b_2 + h_1) = h_2 - h_1 \tag{2.17}$$

当 Δ 或 i 角为正时,视线向上倾斜,反之向下倾斜。

对于 DS$_3$ 水准仪,要求 i 角不大于 20″,否则应进行校正。

(3)校正方法。当仪器在 II 处时,用微倾螺旋使远点 A 的读数从 a_2 改变到 a_2'。此时视准轴处于水平位置,但水准管也因随之变动而气泡不再符合。用校正针拨动水准管一端的校正

螺钉使气泡符合,则水准管轴也处于水平位置,从而使水准管轴平行于视准轴。水准管的校正螺钉如图 2.30 所示,校正时先松动左右两校正螺钉,然后拨上下两校正螺钉使气泡符合。拨动上下校正螺钉时,应先松一个再紧另一个逐渐改正,当最后校正完毕时,所有校正螺钉都应适度旋紧。

以上检验校正也需要重复进行,直到 i 角小于 $20''$ 为止。

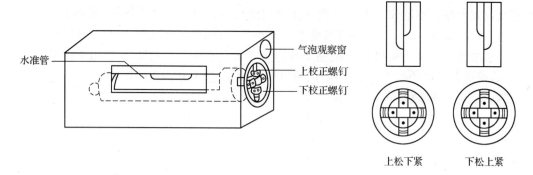

图 2.30 水准管的校正

4. 水准管轴和视准轴交叉误差的检验和校正

检验两轴在水平面上投影是否平行称**交叉误差**的校验。由于交叉误差的影响较小,所以一般工程水准测量中可不进行此项检验。但对于精密水准测量,则应进行交叉误差的检验。如果需要进行这项检验时,应安排在 i 角检验校正之前进行。因为这两项检校互相有影响,但 i 角的检校最为重要,应在最后进行。

(1) 目的。使水准管轴和视准轴在水平面上的投影相平行。

(2) 检验方法。在离水准仪约 50 m 处竖立水准尺,仪器安置成如图 2.31 所示的位置,使一个脚螺旋在视线方向上。仪器粗略整平,气泡符合后读出水准尺上读数。然后旋转在视线两侧的两个脚螺旋,按相对的方向各旋转约两周,并使水准尺读数不变,其作用就是使仪器绕视准轴向一侧倾斜。然后再按相反方向旋转位于视线两侧的脚螺旋,使仪器绕视准轴向另一侧倾斜,并保持原读数不变。注意观察仪器向两侧倾斜时气泡移动的情况,可能出现图 2.32 中的 4 种情况。图中(a)是没有交叉误差,也没有 i 角误差;(b)是没有交叉误差,但有 i 角误差;(c)是有交叉误差,但没有 i 角误差;(d)是有交叉误差,又有 i 角误差。

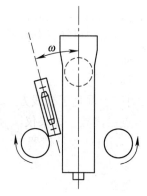

图 2.31 水准仪的安置

(3) 校正方法。拨水准管一端的横向校正螺钉。反复检验和校正,使仪器向两侧倾斜时,气泡的移动只出现图 2.32 中(a)、(b)两种情况时,说明已没有交叉误差。

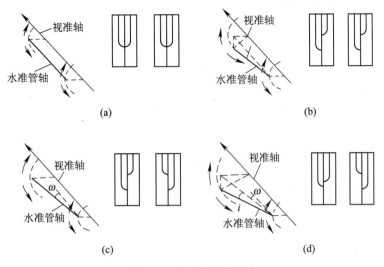

图 2.32　交叉误差的检验

2.6.2　自动安平水准仪的检验和校正

自动安平水准仪应满足的条件是：

(1)圆水准器轴平行仪器的竖轴。

(2)十字丝横丝垂直竖轴。

以上两项的检验校正方法与微倾式水准仪的检校方法完全相同。

(3)水准仪在补偿范围内,应能起到补偿作用。

在离水准仪约 50 m 处竖立水准尺,仪器安置成图 2.31 所示的位置,即使其中两个脚螺旋的连线垂直于仪器到水准尺连线的方向。用圆水准器整平仪器,读取水准尺上读数。旋转视线方向上的第三个脚螺旋,让气泡中心偏离圆水准器零点少许,使竖轴向前稍倾斜,读取水准尺上读数。然后再次旋转这个脚螺旋,使气泡中心向相反方向偏离零点并读数。重新整平仪器,用位于垂直于视线方向的两个脚螺旋,先后使仪器向左右两侧倾斜,分别在气泡中心稍偏离零点后读数。如果仪器竖轴向前后左右倾斜时所得读数与仪器整平时所得读数之差不超过 2 mm,则可认为补偿器工作正常,否则应检查原因或送工厂修理。检验时圆水准器气泡偏离的大小,应根据补偿器的工作范围及圆水准器的分划值来决定。例如补偿工作范围为±5′,圆水准器的分划值为 8′/2 mm,则气泡偏离零点不应超过 5/8×2＝1.2(mm)。补偿器工作范围和圆水准器的分划值在仪器说明书中均可查得。

(4)视准轴经过补偿后应与水平线一致。

若视准轴经补偿后不能与水平线一致,则也构成 i 角,产生读数误差。这种误差的检验方法与微倾式水准仪 i 角的检验方法相同,但校正时应校正十字丝。拨十字丝的校正螺钉(图

2.28)，使图 2.29 中 A 点的读数从 a_2 改变到 a_2'，使之得出水平视线的读数。对于 DS$_3$ 水准仪也应使 i 角不大于 20″。

☞ 2.7
水准测量的误差分析

测量工作中，由于仪器、观测者、外界条件等各种因素的影响，使测量成果中不可避免地都带有误差。为了保证测量成果的精度，需要分析研究产生误差的原因，并采取措施消除或减小误差的影响。水准测量中误差的主要来源如下。

2.7.1　仪器误差

1. 仪器校正后的残余误差

水准仪经过校正后仍残存少量误差，如视准轴与水准管轴没有绝对满足平行的条件，因而使读数产生误差。此项误差与仪器至立尺点的距离成正比。在测量中，保持前视和后视的距离相等，即可在高差计算中消除该项误差的影响。当因某种原因使某一测站的前视（或后视）距离较大时，那么就在下一测站上使后视（或前视）距离增大，可使误差得到补偿。

2. 水准尺的误差

该项误差包括尺长误差、刻划误差和零点误差等。此项误差会对水准测量的精度产生较大的影响，因此，不同精度等级的水准测量对水准尺有不同的要求。精密水准测量应对水准尺进行检定，并对读数进行尺长改正。零点误差在成对使用水准尺时，可采取设置偶数测站的方法来消除，也可在前后视中使用同一根水准尺来消除。

2.7.2　观测误差

1. 气泡居中的误差

视线水平是以气泡居中或符合为根据的，但气泡的居中或符合都是凭肉眼来判断，不可能绝对准确。气泡居中的精度即水准管的灵敏度，它主要决定于水准管的分划值。一般认为水准管居中的误差约为 $\pm 0.15\tau''$（τ 为水准管分划值），它对水准尺读数产生的误差为

$$m_\tau = \frac{0.15\tau''}{2\rho''}D \tag{2.18}$$

式中 $\rho'' = 206\,265''$，D 为视线长。符合水准器气泡居中的误差大约是直接观察气泡居中误差的 $1/5 \sim 1/2$。为了减小气泡居中误差的影响，应对视线长加以限制，观测时应尽量使气泡精确地居中或符合。

2. 读数误差

水准尺上的毫米位都是估读的,估读的误差与人眼的分辨能力、望远镜的放大率以及视线的长度有关。通常按式(2.19)计算:

$$m_V = \frac{60''}{V} \cdot \frac{D}{\rho''} \tag{2.19}$$

式中 V 是望远镜的放大率,60″是人眼能分辨的最小角度。为保证估读精度,各等级水准测量对仪器望远镜的放大率和最大视线长都有一定的要求。

3. 视差影响

视差对读数会产生较大的误差,操作中应仔细调焦,避免在成像不清晰时进行观测。

4. 水准尺倾斜误差

水准尺倾斜会使读数增大,其误差大小与尺倾斜的角度和在尺上的读数大小有关。例如尺子倾斜3°,读数为1.5 m时,会产生1.5 m×(1−cos 3°)≈2 mm的误差。为使尺能扶直,最好使用装有水准器的水准尺;没有水准器时,可采用摇尺法,读数时把尺的上端在视线方向前后来回摆动,当视线水平时,观测到的最小读数就是尺子扶直时的读数。这种误差在前后视读数中均可发生,所以在计算高差时可抵消一部分。

2.7.3 外界条件的影响

1. 仪器下沉或水准尺下沉

(1) 仪器下沉。仪器安置在土质松软的地方,在观测过程中会产生下沉。若在读取后视读数和前视读数之间仪器下沉了 Δ,由于前视读数减少了 Δ 从而使高差增大了 Δ[图 2.33(a)]。当采用双面尺法或变动仪器高法时,第二次观测时可先读前视点 B,然后读后视点 A,则可使所得高差偏小,两次高差的平均值可消除一部分仪器下沉的影响。所以,采用"后、前、前、后"的观测程序,可减弱其影响。用往返测时,也可因同样原因消除部分误差。

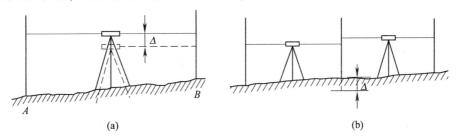

图 2.33 仪器及水准尺下沉的误差

(2) 水准尺下沉。在仪器从一个测站搬到下一个测站的过程中,若转点下沉了 Δ,则使下一测站的后视读数偏大,使高差也增大 Δ[图 2.33(b)],这将引起误差。在同样情况下返测,则可使高差的绝对值减小,所以取往返测的平均高差,可以减弱水准尺下沉的影响。

当然，在水准测量时，应选择坚实的地面做测站和转点，并将脚架和尺垫踩实，以避免仪器和尺子的下沉。

2. 地球曲率和大气折光的影响

（1）地球曲率的影响。理论上，水准测量应根据水准面来求出两点的高差（图 2.34），但视准轴是一直线，因此使读数中含有由地球曲率引起的误差 p，由 1.4 节公式（1.8）可知：

$$p = \frac{D^2}{2R}$$

式中 D 为视线长，R 为地球半径，取 6 371 km。

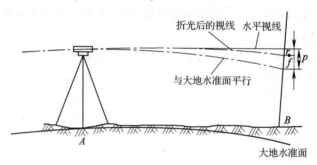

图 2.34　地球曲率及大气折光的影响

（2）大气折光的影响。事实上，水平视线经过密度不同的空气层被折射，一般情况下形成一向下弯曲的曲线，它与理论水平线所得读数之差，就是大气折光引起的误差 r。实验得出，在一般大气情况下，大气折光误差是地球曲率误差的 1/7，故

$$r = \frac{p}{7} = \frac{D^2}{14R} \tag{2.20}$$

地球曲率和大气折光的影响是同时存在的，两者对读数总的影响值 f 为

$$f = p - r = 0.43\frac{D^2}{R} \tag{2.21}$$

当前、后视距相等时，这种误差可在计算高差时自行消除。但是离近地面的大气折光变化十分复杂，在同一测站的前视和后视距离上就可能不同，所以即使保持前后视距相等，大气折光误差也不能完全消除。由于 f 值与距离的平方成正比，所以限制视线的长度可大大减小这种误差，此外使视线离地面尽可能高些，也可减弱大气折光变化的影响。精密水准测量时还应选择良好的观测时间（一般认为在日出后或日落前两个小时为好）。

3. 气候的影响

除了以上各种误差来源外，气候的影响也会给水准测量带来误差。如温度的变化会引起大气折光变化，造成水准尺影像在望远镜十字丝面内上、下跳动，难以读数。烈日直晒仪器和大风的天气都会影响水准管气泡居中，造成测量误差。为了防止日光曝晒，仪器应打伞保护，

此外要尽量选择无风的阴天等对观测有利的天气进行测量。

☞ 2.8
精密水准仪和精密水准尺

2.8.1　精密水准仪

我国水准仪系列中 DS_{05}、DS_1 属于精密水准仪,精密水准仪主要用于国家一、二等水准测量,以及建筑物沉降观测、大型桥梁施工的高程控制、精密机械设备安装等精密工程测量中。图 2.35 是我国生产的 DS_1 型精密水准仪。

精密水准仪的构造和 DS_3 水准仪基本相同,也有微倾式和自动安平式的,它的不同之处主要是装有一个供读数的光学测微器。此外精密水准仪有更好的光学和结构性能,如望远镜放大率一般不小于 40 倍,符合水准管分划值为 $(6'' \sim 10'')/2 \ mm$,因此有较高的置平精度;同时具有仪器结构坚固,水准管轴与视准轴关系稳定等特点。

光学测微器的构造如图 2.36 所示。在水准仪物镜前装有一可转动的平行玻璃板 P,其转动的轴线与玻璃板的两个平面相平行,并与望远镜的视准轴正交。平行玻璃板与测微分划尺之间用带有齿条的传动杆连接。当旋转测微螺旋时,传动杆推动平行玻璃板绕其轴 O 前后倾斜,视线通过平行玻璃板产生平行移动,移动的数值由测微分划尺读数反映出来。测微分划尺有 100 个分格,与水准尺上的分划值相对应。若分划尺上的分划值为 1 cm,则测微尺能直接读到 0.1 mm;若分划尺上的分划值为 5 mm,则测微尺能直接读到 0.05 mm。

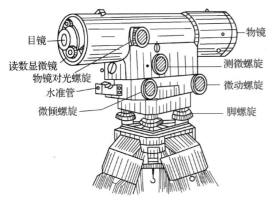

图 2.35　精密水准仪

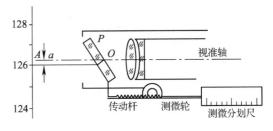

图 2.36　光学测微器的构造与读数

测微分划尺的读数原理为:当平行玻璃板与水平的视准轴垂直时,视线不受平行玻璃板的影响,对准水准尺的 A 处,即读数为 126 cm+a。为了精确读出 a 的值,需转动测微螺旋使平行玻璃板倾斜一个小角,视线经平行玻璃板的作用而上、下移动,使望远镜的楔形横丝准确对准水准尺上 126 cm 分划后,再从读数显微镜中读取测微尺上 a 的值。

2.8.2 精密水准尺

与精密水准仪配合使用的精密水准尺是铟瓦水准尺。铟瓦是一种膨胀系数极小的合金。这种尺是在木质标尺的中间槽内,装有一 3 m 长的铟瓦合金带尺,其下端固定在木标尺底部,上端连一弹簧,固定在木标尺顶部。铟瓦带上刻有左右两排相互错开的刻划,数字注在木尺上,如图 2.37 所示。精密水准仪的分划值有 1 cm 和 5 mm 两种,而数字注记因生产厂家不同有很多形式,图 2.37(a)是分划值为 1 cm 的水准尺,右边一排数字注记自 0~300 cm,称为基本分划;左边一排数字注记自 300~600 cm,称为辅助分划。基本分划与辅助分划相差一常数 K,称基辅差(K 值因厂家不同而异),以供检核读数之用。图 2.37(b)的分划值为 5 mm,该尺左右两排均为基本分划,刻划间隔为 1 cm,但两边刻划相互错开半格,即左右两相邻刻划实际间隔是 5 mm,但尺面仍按 1 cm 注记,因此尺面值为实际长度的两倍,用这种水准尺测出的高差最后应除以 2,才是实际的高差。这种尺右边注记的数字 0~5 表示米数,左边的数字注记为分米数。尺身还标有三角形标志,小三角形所指为半分米处,长三角形所指为分米的起始处。

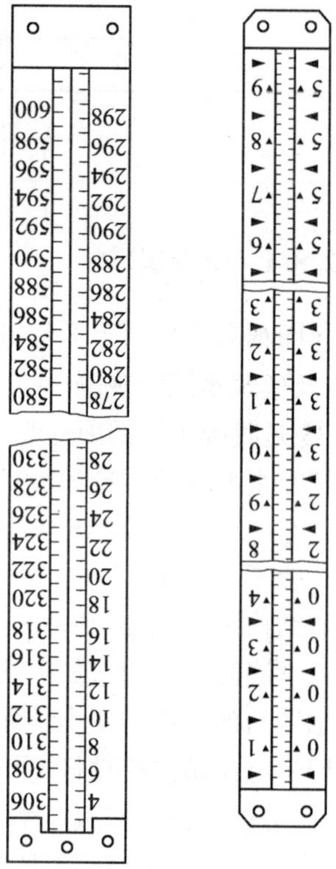

图 2.37 精密水准尺

铟瓦水准尺使用前应经过检验,检验是用一级线纹米尺进行(图 2.38)。检验的项目和要求有:

(1)每米平均真长的误差不大于 0.15 mm。

(2)每分米分划误差不大于 0.1 mm。

(3)水准尺零点差不大于 0.1 mm。

检验方法和步骤应按规范要求进行。对于木质普通水准尺,也可用同样方法进行,但上述三项误差要求分别是不大于 0.5 mm、1.0 mm 和 0.5 mm。

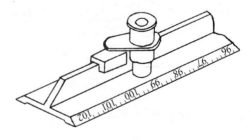

图 2.38 一级线纹米尺

2.8.3 精密水准仪的使用及读数方法

精密水准仪的操作方法与 DS₃ 水准仪基本相同,只在读数方法上有所差异。读数时,用微倾螺旋使目镜视场左边的符合水准气泡的两个半像吻合后,仪器即已精确整平。这时望远镜十字丝横丝往往不恰好对准水准尺上的某一分划线,需转动测微螺旋调整视线上下移动,使十字丝的楔形丝精确夹住水准尺上一个整分划线,如图 2.39(a)所示。从望远镜直接读出楔形丝夹住的读数为 1.98 m,再在读数显微镜内读出厘米以下的读数为 1.58 mm。所以水准尺全部读数为 1.98 m+1.58 mm=1.981 58(m),但实际读数应是 1.981 58÷2=0.990 79(m)。

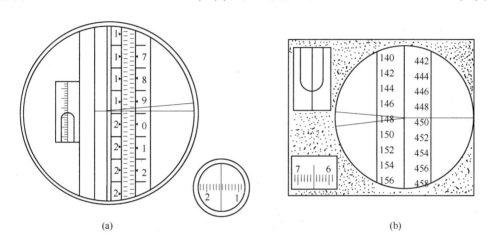

(a)   (b)

图 2.39　精密水准尺的读数

测量时无须每次将读数除以 2,只需将由读数直接算出的高差除以 2 即可换算成实际的高差。

图 2.39(b)是基辅分划尺的读数图。楔形丝夹住的水准尺基本分划读数为 1.48 m,测微尺读数为 6.50 mm,全读数为 1.486 500 m。因此,水准尺分划值为 1 cm,故读数为实际值,不需除以 2。

☞ 2.9
电子水准仪

2.9.1 电子水准仪的原理

电子水准仪又称数字水准仪,是在自动安平水准仪的基础上发展起来的。它是以自动安平水准仪为基础,在望远镜光路中增加了分光镜和探测器(CCD),并采用条形码标尺和图像处理电子系统而构成的光机电测一体化的高科技产品。它采用条形码标尺,各厂家标尺编码的条形码图案不相同,不能互换使用。人工完成照准和调焦之后,标尺条形码一方面被成像在望远镜分划板上,供目视观测,另一方面通过望远镜的分光镜,标尺条码又被成像在光电传感器(又称探测器)上,即线阵 CCD 器件上,供电子读数。因此,如果使用普通水准标尺(条形码标尺反面为普通标尺刻划),电子水准仪又可以像普通自动安平水准仪一样使用,不过这时的测量精度低于电子测量的精度。特别是精密电子水准仪,由于没有光学测微器,当成普通自动安平水准仪使用时,精度会很低。

图 2.40 是徕卡 DNA03 中文精密数字水准仪的基本构造图。仪器主要由以下几个部分组成:望远镜(包括目镜、物镜、物镜对光螺旋等);整平装置(包括圆水准器、脚螺旋等);显示窗;操作键盘(包括数字键和各种功能键);串行接口;提手等辅助装置。DNA03 的主要技术参数是:采用磁性阻尼补偿器安平视线,补偿范围为 $\pm 8'$,补偿精度为 $\pm 3''$,高差观测误差为 0.3 mm/km(采用铟瓦水准尺),最小读数为 0.01 mm,测距精度为 1 cm/20 m,测距范围为 1.8~60 m,内存可存储 1 650 组测站数据或 6 000 个测量数据,采用 6 V 镍氢电池供电,一块充满电的 GEB121 电池可供连续测量 12 h。

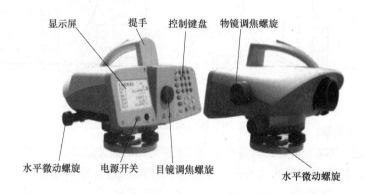

图 2.40 徕卡 DNA03 电子水准仪

2.9.2 条形码标尺

电子水准仪所使用的条形码标尺采用三种独立互相嵌套在一起的编码尺,如图 2.41 所示。这三种独立信息为参考码 R 和信息码 A 与信息码 B。参考码 R 为三道等宽的黑色码条,以中间码条的中线为准,每隔 3 cm 就有一组 R 码。信息码 A 与信息码 B 位于 R 码的上、下两边,下边 10 mm 处为 B 码,上边 10 mm 处为 A 码。A 码与 B 码宽度按正弦规律改变,其信号波长分别为 33 cm 和 30 cm,最窄的码条宽度不到 1 mm,上述三种信号的频率和相位可以通过快速傅立叶变换(FFT)获得。当标尺影像通过望远镜成像在十字丝平面上,并经过处理器译释、对比、数字化后,在显示屏上即显示中丝在标尺上的读数或视距。

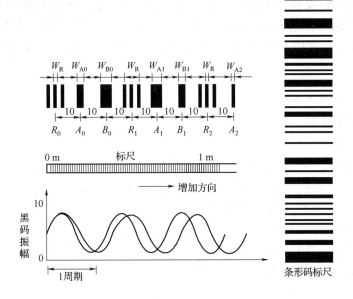

图 2.41　条形码标尺原理图

2.9.3　电子水准仪的特点及使用

2.9.3.1　电子水准仪的特点

电子水准仪与光学水准仪相比主要有以下特点:

(1)读数客观。不存在误读、误记问题,没有人为读数误差。

(2)精度高。视线高和视距读数都是采用大量条码分划图像经处理后取平均得出来的,因此削弱了标尺分划误差的影响。多数仪器都有进行多次读数取平均值的功能,可以削弱外界条件的影响。不熟练的作业人员也能进行高精度测量。

(3)速度快。由于省去了报数、听记、现场计算的时间以及人为出错的重测数量,测量时间与传统仪器相比可以节省 1/3 左右。

(4)效率高。只需调焦和按键就可以自动读数,减轻了劳动强度。视距还能自动记录、检核、处理,并能输入电子计算机进行后处理,可实现内外业一体化。

2.9.3.2　电子水准仪的使用

电子水准仪的使用操作基本上与普通水准仪相同,当用望远镜照准水准尺并调焦后,探测器将接收到的光图像先转换成模拟信号,再转换为数字信号传送到仪器的处理器,通过与机内事先存储好的水准尺条形码本源数字信息进行相关比较,当两信号处于最佳相关位置时,即获得水准尺上的水平视线读数和视距读数,最后将处理结果存储并输出到屏幕显示。

具体观测步骤为:安置仪器,粗平、瞄准条形编码水准尺,调准焦距,按下测量键即可进行测量,仪器可同时存储和显示测量结果。测量结果可储存在数字水准仪内或通过电缆连接存入机内记录器中。另外,观测中如水准标尺条形编码被局部遮挡小于30%,仍可进行观测。

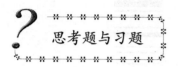

思考题与习题

1. 什么是视准轴?什么是水准管轴?

2. 什么是视差?视差产生的原因是什么?如何消除视差?

3. 地面上有 A、B 两点,A 为已知点,高程为 $H_A = 51.326$ m。以 A 为后视点、B 为前视点进行水准测量,所得后视读数为 1.216 m,前视读数为 1.392 m,问 A、B 间的高差是多少?B 点高程是多少?A、B 哪一点高?并绘图说明。

4. 水准测量时,转点起什么作用?在哪些点上需要放置尺垫?哪些点上不能放尺垫?为什么?

5. 水准测量应进行哪些检核?主要有哪些检核方法?

6. 水准路线的布设形式主要有哪几种?怎样计算它们的高差闭合差?

7. 在水准点 A、B 之间进行了往返水准测量,施测过程和读数如图 2.42 所示,已知 $H_A = 32.562$ m,两水准点相距 560 m,按图根水准测量精度要求填写数据记录手簿并计算 B 点的高程。

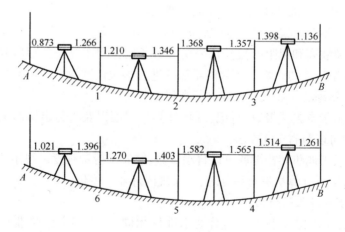

图 2.42　第 7 题图

8. 图 2.43 为闭合水准路线的观测成果,试将高差闭合差进行分配,并列表计算各待定点的高程(按图根水准测量精度要求计算)。

9. 图 2.44 为附合水准路线的观测成果,试将高差闭合差进行分配,并列表计算各待定点的高程(按图根水准测量精度要求计算)。

10. 微倾式水准仪主要有哪几条轴线?它们之间需满足什么条件?

11. 水准测量时,为什么要尽量保持前后视距相等?

12. 在图 2.29 中,设 A、B 两点相距 60 m,当水准仪在 I 点时,用两次仪器高法测得 $a_1' = 1.734$ m, $b_1' = 1.436$ m, $a_1' = 1.656$ m, $b_1' = 1.360$ m,仪器搬到 II 后,测得 A 尺读数为 $a_2 = 1.573$ m,B 尺读数为 $b_2 = 1.258$ m。

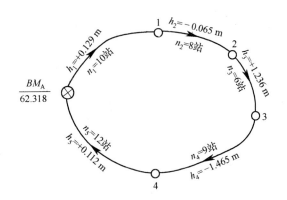

图 2.43 第 8 题图

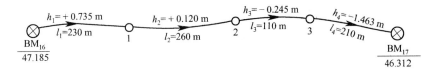

图 2.44 第 9 题图

试求:(1) A、B 两点的正确高差是多少?

(2) 该仪器的视准轴和水准管轴是否平行? 若不平行,i 角是多少?

(3) 校正时视线应照准 A 点的读数 a_2' 应该是多少?

角度测量 3

　　角度测量包括水平角测量和竖直角测量，它是三项基本测量工作的内容之一。本章主要讲述角度测量的基本原理、光学经纬仪的构造及使用、测角方法、经纬仪检验校正、经纬仪测角误差分析及测角注意事项。最后一节对电子经纬仪做了简要介绍。

测量学

☞ 3.1
角度测量原理

角度是确定点位的基本要素之一,也是测量的基本工作。角度测量的主要仪器是经纬仪,它既可测水平角,又可测竖直角。

3.1.1 角度的概念

测量中使用的角度分为水平角和竖直角。

1. 水平角

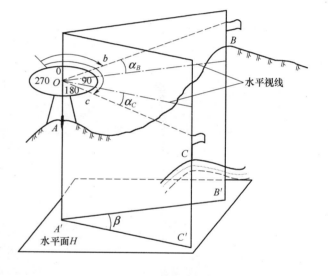

地面上某点到两目标的方向线垂直投影到水平面上所成的夹角,称为**水平角**。如图 3.1 所示,A 点到 B、C 两目标点的方向线 AB 和 AC 在某水平面 H 上的垂直投影 $A'B'$ 和 $A'C'$ 的夹角 $\angle B'A'C'$ 即称水平角 β,其角值范围为 $0° \sim 360°$。由此可见,地面上任意两直线间的水平夹角,就是通过两直线所作铅垂面间的两面角。

2. 竖直角

同一铅垂面内,某方向线的视线与水平线的夹角称为**竖直角**(又称**垂直角**),其角值范围为 $0° \sim 90°$。如图 3.1 所示,OB、OC 方向线的竖直角分别为 α_B、α_C。

图 3.1 角度测量原理

竖直角由水平线起算,视线在水平线之上为正,称仰角($\alpha_B > 0$);反之为负,称俯角($\alpha_C < 0$)。

3.1.2 角度测量原理

若在过角顶 A 点的铅垂线上任一点 O 设置一水平的、且按顺时针方向 $0° \sim 360°$ 增加的分划刻度圆盘,使刻度盘圆心正好位于过 A 点的铅垂线上。如图 3.1 所示,设 A 点到 B、C 目标方向线在水平刻度盘上的投影读数分别为 b 和 c,则水平角 $\beta = c - b$,即右目标读数减左目标读数。

　　同样的,在OB(或OC)铅垂面内放置一个竖直度盘,也使点O与刻度盘中心重合,则OB(或OC)和铅垂面内过O点的水平线在竖直度盘上的读数之差即为OB(或OC)的竖直角。

3.2
经纬仪的原理与构造

3.2.1 经纬仪的分类

　　工程上常用的经纬仪依据读数方式的不同可分为两种类型:通过光学度盘的放大来进行读数的,称为光学经纬仪;采用电子学的方法来读数的,称为电子经纬仪。

　　经纬仪按其精度分为DJ_1、DJ_2、DJ_6等几种型号,"D"和"J"分别为"大地测量"和"经纬仪"两词汉语拼音的首字母,"2""6"表示该仪器所能达到的精度指标(如DJ_6表示水平方向测量一测回的方向观测中误差不超过$\pm 6''$)。

3.2.2 光学经纬仪的基本构造

　　各种经纬仪由于生产厂商的不同而各有差异,仪器各部件和结构也不尽一致,但其主要部件的构造基本相同。表3.1中为常用经纬仪系列的技术参数。图3.2为DJ_6、DJ_2型光学经纬仪的构造示意图。根据各部件的作用,可将其划分为以下三个功能部分:

表3.1　经纬仪系列的技术参数

项　　　　目		经纬仪等级	
		DJ_2	DJ_6
水平方向测量一测回方向中误差不大于($''$)		± 2	± 6
物镜有效孔径不小于(mm)		40	35
望远镜放大倍率不小于(倍)		30	25
水准管分划值不大于	水平度盘	$20''/2$ mm	$30''/2$ mm
	竖直度盘	$20''/2$ mm	$30''/2$ mm
主要用途		三、四等三角测量及精密工程测量	一般工程测量、图根及地形测量,矿井导线测量

3.2.2.1 对中整平装置

用以将度盘中心安置在过所测角顶的铅垂线上,并使水平度盘水平,仪器各轴线处于正确位置。主要包括:基座、垂球或光学对中器、脚螺旋、水准器。

基座是支承仪器的底座,与水准仪的基座相似,上有中心连接螺旋孔(1 个)及脚螺旋(3个)。另外,还有一个轴座固定螺旋,与水平度盘相连的外轴套插入基座的套轴内时,可由该螺旋紧固。换置觇标时旋开该螺旋可将水平度盘及照准部从基座中取出,平时此螺旋必须拧紧,测量过程中一般不动该螺旋。中心连接螺旋用于将仪器和三角架相连。三个脚螺旋则用于整平仪器,使仪器竖轴处于铅垂位置。

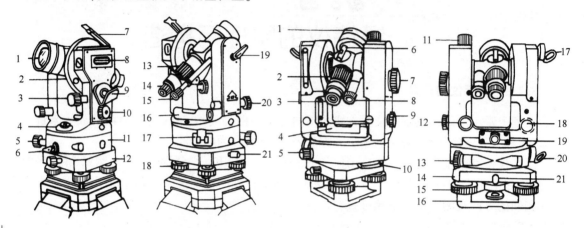

(a) DJ$_6$ 型光学经纬仪 (b) DJ$_2$ 型光学经纬仪

图 3.2 光学经纬仪构造

1—物镜;2—竖直度盘;3—竖盘指标水准管微动螺旋;4—圆水准器;5—照准部微动螺旋;6—照准部制动螺旋;7—水准管反光镜;8—竖盘指标水准管;9—度盘照明反光镜;10—测微轮;11—水平度盘;12—基座;13—望远镜调焦筒;14—目镜;15—读数显微镜目镜;16—照准部水准管;17—复测扳手;18—脚螺旋;19—望远镜制动螺旋;20—望远镜微动螺旋;21—轴座固定螺旋

1—物镜;2—望远镜调焦筒;3—目镜;4—照准部水准管;5—照准部制动螺旋;6—粗瞄器;7—测微轮;8—读数显微镜目镜;9—度盘成像手轮;10—水平度盘变换手轮;11—望远镜制动螺旋;12—望远镜微动螺旋;13—照准部微动螺旋;14—基座;15—脚螺旋;16—基座底板;17—竖盘照明反光镜;18—竖盘指标补偿器开关;19—光学对中器;20—水平度盘照明反光镜;21—轴座固定螺旋

垂球或光学对中器用于使仪器竖轴轴线铅垂地通过所测角度顶点。垂球悬挂于中心连结螺旋上,当垂球尖对准角顶时说明两者重合。有的仪器装有光学对中器,它是一个小型外调焦望远镜。当照准部水平时,对中器的视线经棱镜折射后的一段变成铅垂方向,且与竖轴中心重合,当地面标志中心与光学对中器分化板十字中心重合时,说明竖轴中心(水平度盘中心)已位于所测角顶的铅垂线上(图 3.3)。光学对中器有的装在照准部上,有的装在基座上。

水准器用来整平仪器,当气泡居中时说明仪器处于整平状态。一般有两个水准器,一个为圆水准器,位于基座上,用于粗平;一个为管水准器,位于照准部,用于精平。三个脚螺旋即用于升降基座以使气泡居中。

3.2.2.2 照准装置

照准装置包括望远镜、支架、转动控制装置。

望远镜用以照准目标,与水准仪类似。区别在于:经纬仪的调焦筒代替了水准仪的调焦螺旋;十字丝分化板有单、双丝,以适应瞄准不同形式的地面目标。

另外,为了照准不同高度的目标点,望远镜既可以随照准部在水平面内转动,也可以在竖直面内自由旋转。除仪器视准轴(或称视线)、竖轴、水准管轴外,望远镜在竖直面内的旋转轴称为**横轴**,这四条轴线构成经纬仪的四条主要轴线。

为了控制仪器各部分间的相对运动且能精确瞄准目标,仪器上一般设有两套控制装置:①照准部水平转动的制动和微动;②望远镜竖直面内转动的制动和微动。

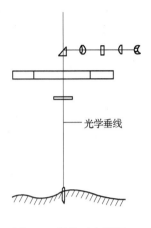

图 3.3 光学对中原理

3.2.2.3 读数装置

读数装置用于在照准某方向时读取水平度盘和竖直度盘的读数。包括水平度盘转动控制装置、水平度盘及竖直度盘、光路系统及读数显微镜、测微器。

水平转动控制装置用于控制水平度盘与照准部的位置关系。目前有两种结构:一种是采用水平度盘变换手轮,照准部与度盘均可单独转动。当照准目标后,将手轮推压进去,转动手轮,则水平度盘随之转动,待转到需要的位置后,将手松开,退出手轮,这时该方向水平度盘为某一特定数值。另一种是复测扳手,固定在照准部外壳上,随照准部一起转动。当复测扳手拨下时,由于复测机构夹紧水平度盘,因此,照准部转动时,就带动水平度盘一起转动;当复测扳手拨上时,复测机构与水平度盘分离,利用该扳手也可以使某方向水平度盘读数为一固定读数。

经纬仪度盘分为测量水平角的水平度盘和测量竖直角的竖直度盘。它们分别装在仪器纵、横旋转轴上。光学经纬仪度盘为玻璃制成的圆环,在其圆周上刻有精密的分划,由 0°~360°顺时针注记(竖直度盘有顺、逆时针之分)。度盘上相邻分划线间弧长所对圆心角,称度盘分划值,通常有 20′、30′、1°等几种。

读数显微镜位于望远镜的目镜一测。通过位于仪器内部的一系列光学组件,使水平度盘及竖直度盘及测微器的分划影像在读数显微镜内显示出来,从而得以读数。

不同的测微原理其读数方法也不一样,最常见的测微器有:分微尺测微器、单平板玻璃测微器、双平板玻璃测微器(对径符合测微器)。

1. 分微尺测微器及读数方法

该装置见于 DJ$_6$ 型光学经纬仪。除北京红旗Ⅱ型外,国产 DJ$_6$ 光学经纬仪均采用这种装置。这类仪器的度盘分化值为 1°,按顺时针方向注记,其读数设备是由一系列光学设备所组成的光学系统。图 3.4 是 DJ$_6$ 型光学经纬仪的光路图。

光路原理：外来光线分为两路，一路是水平度盘光路，另一路是竖盘光路。水平度盘光路的光线经反光镜1，进光窗2，通过照明棱镜12、13，照亮了水平度盘14及其上的分划线。水平度盘分划线经显微物镜组15和转像棱镜16成像于读数窗8的分划面上；同样地竖直度盘分划线经相似光路系统也成像于读数窗8的分划面上。分划面上刻有两条相同的分微尺，转像棱镜9把读数窗影像包括分微尺再反映到读数显微镜中，以便读数。

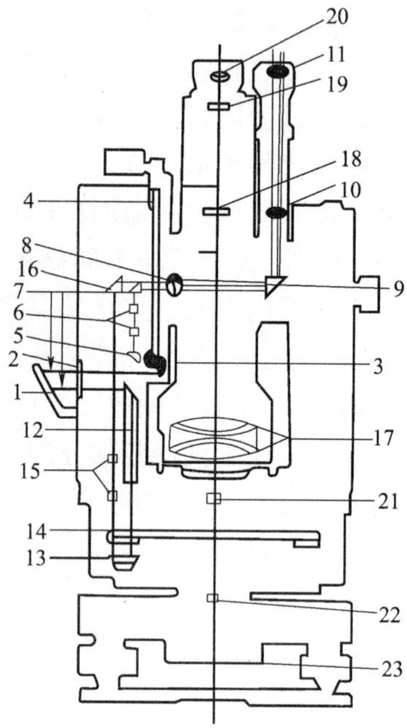

读数的主要设备为读数窗上的分微尺，如图3.5所示。水平、竖直度盘上的分划线最小间隔为1°，成像后其最小间隔正好与分微尺的全长相等。上面窗格里是水平度盘及其分微尺的影像，下面窗格里是竖直度盘及其分微尺的影像。分微尺整尺长分为60等分，格值为1′，可估读到0.1′即6″，读数时，度数由落在分微尺上的度盘分划的注记读出，小于1°的分秒细数，即分微尺零线至该度盘刻线间的角值，由分微尺上读出。图3.5中，落在分微尺上的水平度盘刻线的注记为73°，该刻线截在分微尺上的读数（从分微尺的零分划线起算）为4.5′，故水平度盘读数（H）应为73°04.5′（73°04′30″）。同理，竖直度盘读数（V）为87°06.4′（87°06′24″）。

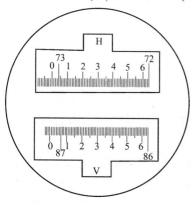

图3.5 分微尺法读数显微镜成像

2. 单平板玻璃测微器及读数方法

单平板玻璃测微器多见于DJ_6型光学经纬仪。

在光学系统中设置一平板玻璃和测微尺作为测微装置，两者通过金属结构连在一起，成为单平板玻璃测微器。其原理是依据光线以一定入射角穿过平板玻璃后，将发生平行移动现象（图3.6）。需要读取不足一个分划的度盘读数时，转动测微轮，平板玻璃即绕一固定轴旋转，度盘分划线影像也同步平移，当度盘某一刻线影像移至双指标线中间时，在测微尺上反映的移动量（分、秒数），即为不足一个分划的分秒细数。

在读数显微镜中可同时看到三个窗口（图3.7），上窗口为测微尺分划影像及指标，共分30大格，每大格1′，一大格又分三小格，每小格20″，每5′注记一数字；中间及最下窗口分别

图3.4 DJ_6型经纬仪光路图

1—反光镜；2—进光窗；3—照明棱镜；4—竖盘；5—照准棱镜；6—竖盘显微物镜组；7—竖盘转像棱镜；8—读数窗；9—转像棱镜；10—读数显微目镜组1；11—读数显微目镜组2；12—照明棱镜；13—照明棱镜；14—水平度盘；15—水平度盘显微物镜组；16—转像棱镜；17—望远镜物镜；18—调焦透镜；19—十字丝分划板；20—望远镜目镜；21—光学对点器转像棱镜；22—光学对点器物镜；23—光学对点器保护玻璃

为竖直度盘和水平度盘影像,分划值一般为30′。测微尺整尺长(0′~30′),恰为度盘分划的一格(30′)。读数时,转动测微器,使度盘分划精确夹在双指标线中,按双指标线所夹度盘分划线读出读数;不足30′的分、秒数从测微器窗口中读出(估读到秒)。图3.7中水平度盘读数为

$$149°30'+22'30''=149°52'30''$$

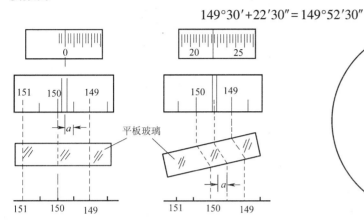

图 3.6　单平板玻璃测微原理

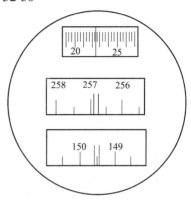

图 3.7　读数显微镜成像

3. 双平板玻璃测微器及读数方法

精度较高的 DJ$_2$ 型经纬仪都采用双光楔或双平板玻璃测微器,也称对径符合读数法。相对于前述两种读数设备,有如下特点:

(1) 直接获取度盘对径相差180°处的两个读数的平均值作为瞄准方向的读数。该方法可消除照准部偏心误差的影响(详见 3.6 节),提高了读数精度。

(2) 经纬仪读数显微镜中只能看到水平度盘或竖直度盘的一种影像,可以通过换像手轮使其分别出现。

近年来,这种读数系统中基本淘汰了传统的正倒像方法,为使读数更为方便和不易出错,均采用光学数字化的方法。如图 3.8 所示,读数显微镜中有三个窗口:

对径线窗口:显示可以相向错动的一组单(或双)短线影像表示度盘对径分划线的成像(无注记),当对径线符合(上下线对齐)时,可以读出该方向的正确读数。

度盘注记窗口:显示度盘读数及整 10′ 数。

测微尺窗口:显示 10′ 以下的分秒数,测微尺最小分划为 1″,每隔 10″ 有一注记,全程0′~10′。

读数方法:精确瞄准目标后,首先转动测微轮,使对径线符合(上下短线对齐),依次读取度盘注记窗口中的度数、整 10′ 数及测微尺窗口中 10′ 以下的分秒细数,三者相加即是所测角度。图 3.8 中所示读数为

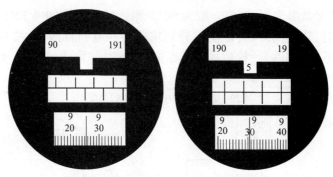

图 3.8 双平板玻璃法读数显微镜成像

度盘上度数:	190°(注:度数均为 3 位数字,仅完整出现时方可读之)
度盘上整 10′数(5×10′)	50′(该处数字为 0、1、2、3、4 或 5)
测微尺分秒细数	9′30.5″(估读到 0.1″)
全读数	190°59′30.5″

☞ 3.3
水平角观测方法

3.3.1 基本操作

基本操作包括经纬仪的安置、目标设置、瞄准及读数。

3.3.1.1 经纬仪的安置

经纬仪的安置就是将仪器安装于测站点上,使仪器的竖轴与测站点在同一铅垂线上并使水平度盘成水平位置,包括仪器安置、对中及整平等工作。

1. 安置三角架

伸开三角架于测站点上方,将仪器置于三角架头中央位置,一手握住仪器,另一手将三角架中心连接螺旋旋入仪器基座中心螺孔中并固紧。安置时要注意以下三点:

保证三角架架头尽可能水平,仪器中心尽可能处于测站点正上方;

将三角架的各螺旋适度拧紧,以防观测过程中仪器倾落;

在较大坡度处安置仪器时,宜将三角架的两条腿置于下坡方向。

2. 粗平及对中

对中的目的是使仪器的中心与测站点位于同一铅垂线上。有两种对中方式。

(1)利用垂球对中:在连接螺旋下方挂上垂球,移动脚架使垂球尖基本对准测站点,将三脚架各腿踩入地面,使之稳固。然后装上仪器,旋上连接螺旋(不必紧固),在架头上移动仪器,使垂球尖准确对准测站点,再将连接螺旋旋紧。对中误差一般可小于3 mm。

(2)利用光学对中器对中:先平移脚架,目估大致对中,架头大致水平,调节脚螺旋大致等高,调节光学对中器目镜使站点影像清晰,将架腿尖踏入土中。然后按以下三步,使架头进一步水平:①转动脚螺旋使站点影像进入对中器圆圈中心;②伸缩架腿使圆水准气泡居中;③如站点偏离圆圈中心较小,可松开连接螺旋,平移基座精确对中,重新整平仪器。否则,重复上述三步,直至圆水准气泡居中,站点位于圆圈内为止。光学对中器误差一般不大于1 mm。

3. 精平及再对中

放松照准部水平制动螺旋使水准管与一对脚螺旋的连线平行;旋转脚螺旋使管水准器气泡居中,将照准部旋转90°,调节第三个脚螺旋,使气泡居中;然后检查对中器,若圆环中心偏离测站点,则再平移照准部使之对中。

重复步骤3,直至仪器既对中且管水准气泡在任何方向都居中为止。

说明:对于光学对中器,由于整平会影响到对中器的轴线位置变化,故对中、整平须交互进行,且反复几次;对于垂球对中则可先对中后粗平、精平。

仪器放置好后,在对中、整平之前,有两种可能情况:对中器中心与角顶偏离较小但圆水准器气泡偏离较大,这时可调节某架腿关节螺旋使气泡中心居中;反之,前者较大后者较小,则可先调节脚螺旋使对中器中心与角顶基本重合,然后再从步骤2开始。

整平时气泡移动方向和左手大拇指运动方向一致,管水准器与两个脚螺旋连线平行时,可用两手同时相向转动这对脚螺旋,使气泡较快居中。在反复对中、整平过程中,每次的调节量逐渐减小,故调节时要注意适度。

在一个测站上,对中、整平完毕后,测角过程中不再调节脚螺旋的位置。若发现气泡偏离超过允许值,则须废除该测站上的所有观测数据,重新对中、整平,重新开始观测。

测角状态时,注意要将复测扳手拨上或度盘变换手轮退出。

3.3.1.2　目标设置及瞄准

1. 设置目标

测角时,一般应在目标点上设置照准标志。距离较近时,直接瞄准目标点或垂球线,也可竖立测钎;距离较远时,可垂直竖立标杆;同时测距时,设置觇标。

2. 瞄准目标

(1)松开照准部和望远镜制动螺旋(或扳手)。

(2)调节目镜——将望远镜瞄准远处天空,转动目镜环,直至十字丝分划最清晰。

(3)转动照准部,用望远镜粗瞄器瞄准目标,然后固定照准部。

(4)转动望远镜调焦环,进行望远镜调焦(对光),使望远镜十字丝及目标成像最清晰。

要注意消除视差。人眼在目镜处上下移动,检查目标影像和十字丝是否相对晃动。如有晃动现象,说明目标影像与十字丝不共面,即存在视差,视差影响瞄准精度。重新调节对光,直至无视差存在。

（5）用照准部和望远镜微动螺旋精确瞄准目标。观测水平角时用竖丝;观测竖直角时用中丝。应该注意的是,在精确瞄准目标时要求目标像与十字丝靠近中心部分相符合,实际操作时应根据目标像大小的不同,或用单丝切准目标,或用双丝夹中目标。目镜端的十字丝分划板刻划方式如图3.9所示。

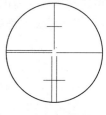

图3.9　十字丝分划板

3.3.2　水平角观测方法

由于望远镜可绕经纬仪横轴旋转360°,在角度测量时依据望远镜与竖直度盘的位置关系,望远镜位置可分为**正镜**和**倒镜**两个位置。

所谓正镜、倒镜是指观测者正对望远镜目镜时竖直度盘分别位于望远镜的左侧、右侧,有时也称作**盘左、盘右**。理论上,正、倒镜瞄准同一目标时水平度盘读数相差180°,在角度观测中,为了削弱仪器误差影响,一测回中要求正、倒镜两个盘位观测。

观测水平角的方法有测回法和方向观测法。

3.3.2.1　测　回　法

测回法适用于观测两个方向的单角。

如图3.10所示,设仪器置于O点,地面两目标为A、B,欲测定OA、OB两方向线间的水平夹角∠AOB。一测回观测过程如下:

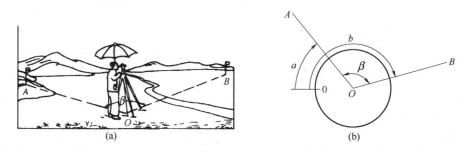

图3.10　测回法测水平角

1. 上半测回(盘左位置观测)

在O点安置仪器,对中,整平,使度盘处于测角状态。盘左依次瞄准左目标A、右目标B,读取水平度盘读数$a_左 = 0°20'48''$、$b_左 = 125°35'00''$,同时记入水平角观测记录表(表3.2)中,以上完成上半测回观测,上半测回观测所得水平角为

$$\beta_左 = b_左 - a_左 = 125°14'12'' \tag{3.1}$$

2. 下半测回(盘右位置观测)

纵转望远镜180°,使之成盘右位置。依次瞄准右目标B、左目标A,读取水平度盘读数,$b_右$

$=305°35'42''$、$a_右=180°21'24''$。以上完成下半测回观测。

下半测回观测所得水平角为

$$\beta_右 = b_右 - a_右 = 125°14'18'' \tag{3.2}$$

3. 一测回角值

$$\beta = \frac{1}{2}(\beta_左 + \beta_右) = 125°14'15'' \tag{3.3}$$

表 3.2　测回法观测记录表

日期:2001 年 3 月 16 日　　仪器号:DJ$_6$-75821　　观测:王鹏

天气:晴　　　　　　　　　　　　　　　　　记录:刘艳

测 站	目 标	竖盘位置	水平度盘读数			半测回角值			一测回角值			备 注
			°	′	″	°	′	″	°	′	″	
O	A	左	0	20	48	125	14	12	125	14	15	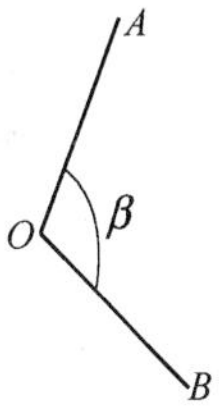
	B		125	35	00							
	A	右	180	21	24	125	14	18				
	B		305	35	42							

说明:

(1)盘左、盘右观测可作为观测中有无错误的检核,同时可以抵消一部分仪器误差的影响。

(2)上、下半测回角值较差的限差应满足有关测量规范的限差规定,对于 DJ$_6$ 经纬仪,一般为 30″或 40″。当较差小于限差时,方可取平均值作为一测回的角值,否则应重测。若精度要求较高时,可按规范要求测若干个测回,当各测回间的角值较差满足限差规定时(如 DJ$_6$ 经纬仪一般为 20″或 24″),可取其平均值作为最后结果。

(3)由于水平度盘为顺时针刻划,故计算角值时始终为"右侧目标-左侧目标"。所谓"左""右"是指站在测站面向所测角时两目标的方位,在角度接近 180°时尤其注意这一点。若"右-左"其差值小于或等于 0°时,则结果应加 360°。

3.3.2.2　方向观测法(全圆测回法)

在一个测站上,当观测方向在三个以上,且需要测得数个水平角时,需用方向观测法进行角度测量。如图 3.11 所示,O 点为测站点,A、B、C、D 为四个目标点。

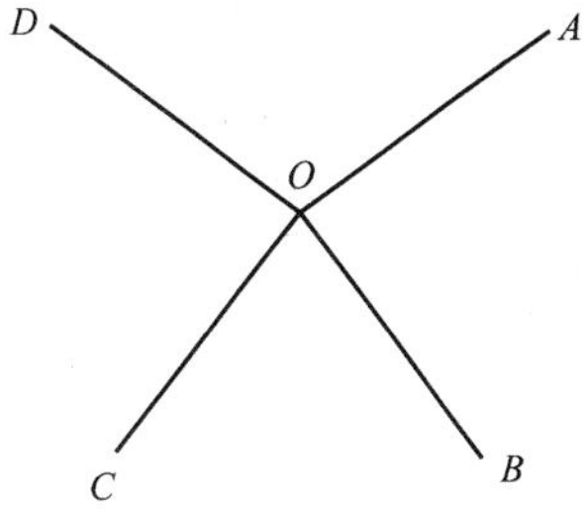

方向观测法观测步骤为:

图 3.11　方向观测法测水平角

1. 上半测回(盘左位置)

(1) 选择起始方向(称为零方向),设为 A。该方向处置水平度盘读数略大于 $0°$。

(2) 由零方向 A 起始,按顺时针依次精确瞄准 $A \to B \to C \to D \to A$ 各点(即所谓"全圆")读数:$a_左$、$b_左$、$c_左$、$d_左$、$a'_左$,并记入方向观测法记录表中(如表 3.3)。

2. 下半测回(盘右位置)

(1) 纵转望远镜 $180°$,使仪器为盘右位置。

(2) 按逆时针顺序依次精确瞄准 $A \to D \to C \to B \to A$ 各点,读数 $a_右$、$d_右$、$c_右$、$b_右$、$a'_右$,并记入方向观测法记录表 3.3 中(注:$a_右$ 应记入下半测回的最后一行)。

表 3.3 方向观测法观测记录表

日期:2013 年 3 月 12 日　　天气:晴　　　　仪器号:DJ$_2$-967992　　观测:马海东　　记录:薛　贵

测回序数	测站	目标	水平度盘读数						2c	平均方向值			归零方向值			各测回归零方向值之平均值		
			盘　左			盘　右												
			°	′	″	°	′	″	″	°	′	″	°	′	″	°	′	″
1	2		3			4			5	6			7			8		
1	O	A	0	02	06	180	02	00	+6	(0	02	06)	0	00	00			
										0	02	03						
		B	51	15	42	231	15	30	+12	51	15	36	51	13	30			
		C	131	54	12	311	54	00	+12	131	54	06	131	52	00			
		D	182	02	24	2	02	24	0	182	02	24	182	00	18			
		A	0	02	12	180	02	06	+6	0	02	09						
2		A	90	03	30	270	03	24	+6	(90	03	32)	0	00	00	0	00	00
										90	03	27						
		B	141	17	00	321	16	54	+6	141	16	57	51	13	25	51	13	28
		C	221	55	42	41	55	30	+12	221	55	36	131	52	04	131	52	02
		D	272	04	00	92	03	54	+6	272	03	57	182	00	25	182	00	22
		A	90	03	36	270	03	36	0	90	03	36						

3. 计算与检验

方向观测法中计算工作较多,在观测及计算过程中尚需检查各项限差是否满足规范要求。现结合《工程测量标准》(GB 50026—2020,以下简称《测规》)和记录表 3.3 将有关名词及计算方法加以介绍(各项限差见表 3.4)。

(1) 光学测微器两次重合读数之差:瞄准目标后要进行两次测微、两次读数,且两次读数之差不超限。

(2) 半测回归零差:即上、下半测回中零方向两次读数之差($a_左 - a'_左$;$a_右 - a'_右$,本表中分别为 $-6″$ 和 $6″$)。若归零差超限,说明经纬仪的基座或三角架在观测过程中可能有变动,或者是对 A 点的观测有错,此时该半测回须重测;若未超限,则可继续下半测回。

（3）各测回同方向 $2c$ 值互差：$2c$ 值是指上下半测回中，同一方向盘左、盘右水平度盘读数之差，即 $2c=$ 盘左读数－（盘右读数±180°）（当"盘右读数">180°时，取"－"，否则取"+"。下同）。它主要反映了 2 倍的视准轴误差（参见 3.5 视准轴检校），而各测回同方向的 $2c$ 值互差，则反映了方向观测中的偶然误差，偶然误差应不超过一定的范围，《测规》对此限差的规定见表 3.4。

（4）平均方向值：指各测回中同一方向盘左和盘右读数的平均值，平均方向值=1/2[盘左读数+（盘右读数±180°）]。

（5）归零方向值：为将各测回的方向值进行比较和最后取平均值，在各个测回中将起始方向的方向值[见表 3.3 中第一测回中起始方向值=（0°02′03″+0°02′09″）/2]化为 0°00′00″，并把其他各方向值与之相减即得各方向的归零方向值，两方向值之差即为相应水平角。《测规》对此限差的规定见表 3.4。

以上第（3）、（5）项是指多个测回时的限差检验。

表 3.4 方向观测法各项限差（″）

仪器型号	光学测微两次重合读数之差	半测回归零差	各测回同方向 $2c$ 值互差	各测回同方向归零方向值互差
DJ$_1$	1	6	9	6
DJ$_2$	3	8	13	9
DJ$_6$		18		24

3.3.3 水平角观测注意事项

仪器高度适宜，三角架要踩实，中心连接螺旋固紧，操作时勿手扶三角架，旋动各螺旋要有手感，用力适度。观测时应特别注意以下几点：

（1）尽量使仪器不受烈日直接曝晒或选择有利时间观测。

（2）要精确对中和瞄准，尤其对短边测角时对中要求更严格；瞄准时尽可能地用十字丝交点瞄准目标点或其他对中物底部。

（3）观测目标间高差较大时，须注意仪器的整平。

（4）记录计算要及时、清楚，发现问题，立即重测。

（5）观测过程中，不得再调整照准部水准管，若气泡偏离中央较大（>1.5 格），须重新整平仪器，重新观测。

（6）方向观测法中，在选择零方向时，应考虑通视良好，距离适中，成像清晰，竖角较小的目标。

（7）方向观测法中，若需多个测回，为消除度盘及测微器分划不均匀误差的影响，各测回间零方向的读数应均匀分配在度盘及测微器的不同位置上。根据《测规》：各测回间零方向读数的变动值应以下列公式计算：

DJ$_1$ 型仪器：
$$\frac{180°}{m}+i'+\frac{i''}{m}$$

DJ$_2$ 型仪器：
$$\frac{180°}{m}+\frac{i'}{2}+\frac{i''}{m}$$

式中：m 为总测回数；i' 为度盘最小分划值（DJ$_1$ 为 $4'$，DJ$_2$ 为 $20'$）；i'' 为测微器秒格的全分划数（DJ$_1$ 为 $60''$，DJ$_2$ 为 $600''$）。

对于 DJ$_2$ 仪器在作精密测角时可按：

$$R=\frac{180°}{m}(j-1)+10'(j-1)+\frac{600''}{m}\left(j-\frac{1}{2}\right)$$

计算各测回间零方向的度盘读数（其中 j 为测回序数）。

(8)方向观测法中，测微螺旋及微动螺旋尽可能以"旋进"对齐或瞄准，以避免隙动误差。

☞ 3.4
竖直角观测方法

3.4.1 竖直角观测的用途

在以下场合需要进行竖直角观测,如图3.12 所示。

(1)由 A、B 两点间的视线斜距 S 化为水平距离 D，$D=S\cdot\cos\alpha$。

(2)根据 A、B 两点间的视线斜距 S，通过测定竖直角 α、量仪器高 i、目高程 v，依下式确定 A、B 两点间的高差 h_{AB}：

$$h_{AB}=D\cdot\tan\alpha+i-v$$

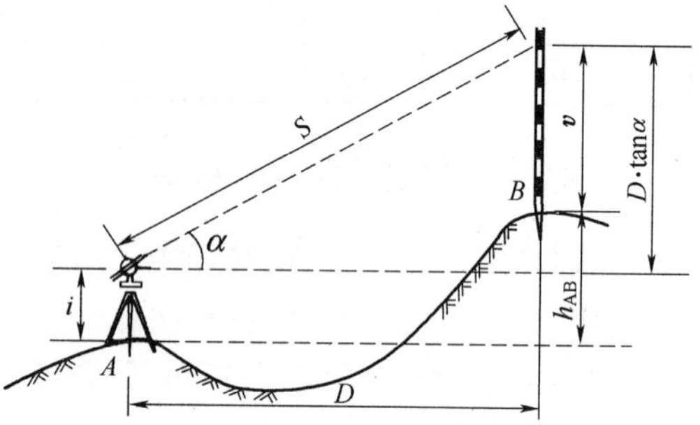

确定 B 点的高程 H_B：

$$H_B=H_A+h_{AB}=H_A+D\cdot\tan\alpha+i-v$$

图 3.12　三角高程测量

上述测量高程的方法称为**三角高程测量**，这种方法在视距地形测量中广泛应用。

3.4.2 竖盘结构

与水平度盘一样，竖盘也是全圆 360° 分划，不同之处在于其注字方式有顺、逆时针之分，且 0°～180° 的对径线位于水平方向。这样，在正常状态下，视线水平时与竖盘刻划中心在同一铅垂线上的竖盘读数应为 90° 或 270°，如图 3.13 所示。

经纬仪的竖盘安装在望远镜横轴一端,竖盘随望远镜在竖直面内旋转而旋转,其平面与横轴相垂直,当横轴水平时,竖盘位于竖直面内。度盘刻划中心与横轴旋转中心相重合。另外,在竖盘结构中还有一个位于铅垂位置的竖盘指标,用以指示竖盘在不同位置时的度盘读数。竖盘读数也是通过一系列光学组件传至读数显微镜内读取的。需要指出的是,只有竖盘指标处于正确位置时,才能读得正确的竖盘读数。

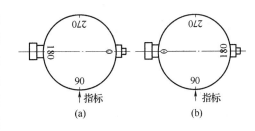

图 3.13 不同注记方式的竖盘

竖盘指标装置主要有两种结构形式。

1. 竖盘指标水准管装置

竖盘指标与竖盘指标水准管固连在一起,可绕横轴微动,通过调整指标水准管微动螺旋可使两者作微小转动,正常情况下,当竖盘指标水准管气泡居中时,即表示竖盘指标处于正确位置。一般当望远镜视线水平,指标水准管气泡居中时,竖盘指标指示的竖盘读数应该为90°或270°,如图 3.14 所示。

2. 竖盘指标自动补偿装置

采用竖盘指标自动补偿器代替竖盘指标水准管,简化了操作程序。即使仪器稍有倾斜,也能读得相当于水准管气泡居中时的竖盘读数。

自动补偿装置的原理是借助重力作用,如在竖直度盘与指标线之间,用柔丝悬吊一块可小幅自由摆动的平行玻璃板,如图 3.15 所示。当仪器竖轴铅垂、视线水平时,指标处于铅垂位置,光线通过平板玻璃,不产生折射,指标读数为 90°;当仪器有微小倾斜时(在仪器整平精度范围内,一般为±1′内),悬于柔丝上的平板玻璃由于重力作用随之转动一 β 角度,光线通过转动后的平板玻璃产生了一段平移,从而使指标读数仍为 90°(当视线水平时),达到自动补偿的目的。

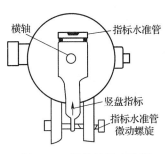

图 3.14 竖盘指标水准管

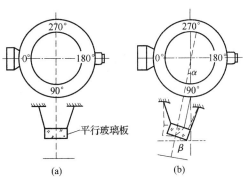

图 3.15 自动补偿器构造原理图

3.4.3 竖直角观测方法

竖直角观测与水平角一样,都是依据度盘上两个方向读数之差来实现的。不同之处在于该两方向中,必有一个是水平线方向,而水平方向竖盘指标指示的竖盘读数是一固定值(如90°或270°)。竖直角观测只需照准倾斜目标,读取竖直度盘读数。根据相应公式,即可计算出竖直角 α。

1. 计算公式

竖直角的计算公式,因竖盘刻划的方式不同而异,现以顺时针注记、视线水平时、盘左竖盘读数为90°的仪器为例,说明其计算公式(图3.16)。

盘左位置且视线水平时,竖盘读数为90°[图3.16(a)],视线向上倾斜照准高处某点 A 得读数 L[图3.16(b)],因仰视竖角为正,故盘左时竖角公式:

$$\alpha_{左} = 90° - L \tag{3.4}$$

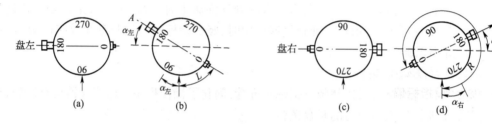

图 3.16 竖直角测量

盘右位置且视线水平时,竖盘读数为270°[图3.16(c)],视线向上倾斜照准高处某点 A 得读数 R[图3.16(d)],因仰视竖角为正,故盘右时竖角公式:

$$\alpha_{右} = R - 270° \tag{3.5}$$

上、下半测回角值较差不超过规定限值时(DJ$_2$ 为30″,DJ$_6$ 为60″),取平均值作为一测回的竖直角值:

$$\alpha = \frac{1}{2}(\alpha_{左} + \alpha_{右}) \tag{3.6}$$

观测结果及时记入相应记录表,并进行有关计算,见表3.5。

表 3.5 竖直角观测记录表

测站	测点	盘位	竖盘读数			竖直角			平均角值			备注
			°	′	″	°	′	″	°	′	″	
O	A	左	79	04	10	10	55	50	10	55	40	
		右	280	55	30	10	55	30				

事实上,因为视线上仰时竖直角为正,下俯时竖直角为负,竖盘起始读数(望远镜水平,竖

盘指标水准管气泡居中时,指标所指的竖盘读数)通常为 90°或 270°,根据目标读数与起始读数之差及其应有的正负号,便可判断仪器竖盘刻划方式及其计算公式。

2. 观测步骤

(1) 在测站上安置仪器,对中,整平,以盘左位置瞄准目标,用望远镜微动螺旋使望远镜十字丝中丝精确切准目标。

(2) 转动竖盘指标水准管微动螺旋,使指标水准管气泡居中(若用自动补偿归零装置,则应把自动补偿器功能开关或旋钮置于"ON"位置)。

(3) 确认望远镜中丝切准目标,读取竖直度盘读数,并记入记录表格(表 3.5)。

(4) 纵转望远镜,盘右位置切准目标同一点,与盘左相同操作顺序,读记竖直度盘读数。至此即完成一测回竖直角观测。

3.4.4　竖盘指标差

从以上介绍竖盘构造及竖直角计算中可以知道:竖盘指标水准管居中(或自动归零装置打开)且望远镜视线水平时,竖盘读数应为某一固定读数(如 90°或 270°)。但是实际上往往由于竖盘指标位置不正确或自动归零装置存在误差,使视线水平时的读数与应有读数之间存在一个微小的角度误差 x,称为**竖盘指标差**,如图 3.17 所示。因该指标差的存在,使得竖直角的正确值应该为(设指标偏向注字增加的方向):

$$\alpha = 90° - (L - x) = \alpha_{左} + x \tag{3.7}$$

或

$$\alpha = (R - x) - 270° = \alpha_{右} - x \tag{3.8}$$

解上两式得

$$\alpha = \frac{1}{2}(\alpha_{右} + \alpha_{左}) = \frac{1}{2}(R - L - 180°) \tag{3.9}$$

$$x = \frac{1}{2}(\alpha_{右} - \alpha_{左}) = \frac{1}{2}(R + L - 360°) \tag{3.10}$$

式(3.10)是按顺时针注字的竖盘推导公式,逆时针方向注字的公式可类似推出。

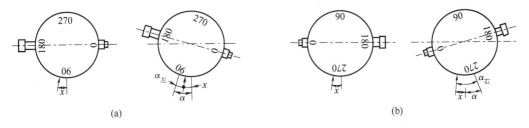

(a)　　　　　　　　　　　　　　　　　　　　(b)

图 3.17　竖盘存在指标差时的情况

说明:从以上公式可知:

1. 取盘左、盘右(一个测回)观测的方法可自动消除指标差的影响;若 x 为正,则视线水平时的读数大于 90°或 270°,否则,情况相反。

2. 在多测回竖直角测量中,常用指标差来检验竖直角观测的质量。在观测同一目标的不同测回中或同测站的不同目标时,各指标各较差不应超过一定限值,如在经纬仪一般竖角测量中,指标差较差应小于10″。

☞ 3.5
经纬仪的检验与校正

根据水平角和竖直角观测的原理,经纬仪的设计制造有严格的要求。如经纬仪旋转轴应铅垂,水平度盘应水平,望远镜纵向旋转时应划过一铅垂面等。如图 3.18 所示,经纬仪有四条主要轴线。

（1）**水准管轴**（LL）:通过水准管内壁圆弧中点的切线。

（2）**竖轴**（VV）:经纬仪在水平面内的旋转轴。

（3）**视准轴**（CC）:望远镜物镜光心与十字丝中心的连线。

（4）**横轴**（HH）:望远镜的旋转轴（又称水平轴）。

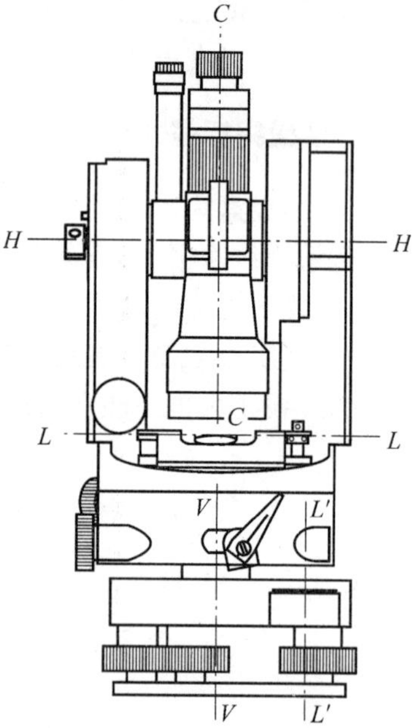

经纬仪在使用过程中,由于外界条件、磨损、振动等因素影响,其状态会发生变化。仪器质量直接关系到测量成果的好坏,按照计量法的要求,经纬仪与其他测绘仪器一样,必须定期去法定检测机构进行相关检测。

经纬仪应满足的主要条件列于表3.6 中。

图 3.18 经纬仪主要轴线

表 3.6 经纬仪应满足的主要条件

应满足条件	目 的	备 注
$LL \perp VV$	当气泡居中时,LL 水平,VV 铅垂,水平度盘水平	VV 铅垂是前提
$CC \perp HH$	望远镜绕 HH 纵转时,CC 移动轨迹为一平面	否则是一圆锥面
$HH \perp VV$	LL 水平时,HH 也水平,使 CC 移动轨迹为一铅垂面	否则为一倾斜面
"｜"$\perp HH$	望远镜绕 HH 纵转时,"｜"位于铅垂面内,可检查目标是否倾斜或照准位于该铅垂面内任意位置的目标	"｜"指十字丝竖丝

续上表

应满足条件	目 的	备 注
光学对中器的视线与 VV 重合	使竖轴旋转中心(水平度盘中心)位于过测站的铅垂线上	
$x=0$	便于竖直角测量	

3.5.1 $LL \perp VV$ 的检校

1. 检验

粗平经纬仪,转动照准部使水准管平行于任意两个脚螺旋,调节脚螺旋使水准管气泡居中。旋转照准部 180°,检查水准管气泡是否居中,若气泡仍居中(或 ≤0.5 格),则 $LL \perp VV$,否则,说明两者不垂直,需校正,如图 3.19 所示。

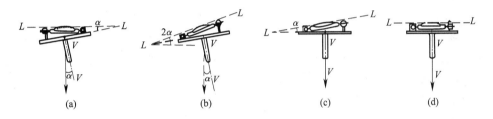

图 3.19　照准部水准管轴检校

2. 校正

目前状态下,调节与水准管平行的脚螺旋,使气泡回移总偏移量之半。用校正针拨动水准管一端的校正螺丝,使气泡居中。反复检校几次,直至满足要求。

说明:若 LL 不垂直于 VV,则气泡居中(LL 水平)时,VV 不铅垂,它与铅垂线有一夹角 α;当绕倾斜的 VV 旋转 180°后,LL 便与水平线形成 2α 的夹角,它反映为气泡的总偏移量。当用脚螺旋调回总偏移量之半时,VV 已铅垂,另一半则是由水准管轴不水平所致,可调整水准管一端的校正螺丝使水准管水平。

3.5.2 "l" $\perp HH$ 的检校

1. 检验

(1)整平仪器,使竖丝清晰地照准远处点状目标,并重合在竖丝上端。

(2)旋转望远镜微动螺旋,将目标点移向竖丝下端,检查此时竖丝是否与点目标重合,若明显偏离,则需校正(图 3.20)。

2. 校正

拧开望远镜目镜端十字丝分划板的护盖,用校正针微微旋松分划板固定螺丝;然后微微转

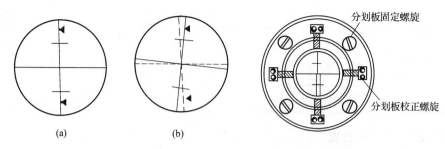

图 3.20　十字丝竖丝检校

动十字丝分划板,至竖丝与点状目标始终重合;最后拧紧分划板固定螺丝,并上好护盖。

说明:若"|"⊥HH,则竖丝的移动轨迹在视准轴所划过的平面内。

3.5.3　$CC \perp HH$ 的检校

如图 3.21 所示,某水平面上 A、O、B 为一直线上三点,经纬仪盘左瞄准点 A 时,若 $CC \perp HH$,则倒镜后视线应过 B 点;若两者不垂直,则倒镜后视线为 OB'[图 3.21(a)]。设 HH' 为横轴的实际位置,视准轴(OA 方向)与横轴方向(HH')的交角为($90°-c$),c 称为**视准轴误差**。若有 c 存在,则从图(a)中可看出倒镜后∠$B'OB = 2c$,$2c$ 即为 2 倍的视准轴误差,它意味着盘左盘右瞄准同一点时,水平度盘读数相差 $180° \pm 2c$。盘右重复上述工作时,视线瞄准 B'',B' 与 B'' 关于 OB 对称,∠$B'OB'' = 4c$。

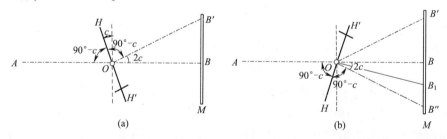

图 3.21　视准轴检校

1. 检验

(1)结合图 3.21,选择一平坦场地,安置仪器于 A、B 中点 O,在 B 点垂直于 AB 横置一刻有毫米分划的直尺 M,并使 A、O、直尺约位于同一水平面。整平仪器后,先以盘左位置照准远处目标 A,保持照准部不动,纵转望远镜,于 M 尺上读得 B'。

(2)以盘右位置仍照准目标 A,同法在 M 尺上读取读数 B''。

(3)若 $B' = B''$,则 $CC \perp HH$;若 $B' \neq B''$,则需校正。

2. 校正

(1)在盘右状态下,旋转水平微动螺旋,使十字丝竖丝瞄准 B_1,使 $B_1B'' = B'B''/4$,此时 $OB_1 \perp HH'$。

（2）拧开十字丝分划板护盖,用校正针微微拨动十字丝分划板左右校正螺丝,如图 3.20 所示,一松一紧,使十字丝中心对准目标 B_1 即可。

3.5.4　*HH⊥VV* 的检校

当竖轴铅垂、$CC⊥HH$ 时,若 $HH⊥VV$ 不满足,则望远镜绕 HH 旋转时,CC 所划过的是一倾斜的平面,如图 3.22 所示。依据这一特点,检验时可先整平仪器,分别以盘左、盘右瞄准远处墙壁上一较高目标点 A,再将望远镜转至水平视线方向。这时沿视线在墙壁上作的两点 B、C 将不会重合。

1. 检验

（1）整平仪器后,盘左瞄准约 20～50 m 处墙壁目标 A(仰角>30°)。

（2）固定照准部,纵转望远镜,照准墙上与仪器同高点 B,并标记。

（3）纵转望远镜 180°,盘右位置同法在墙上作点 C。

（4）如果 B 与 C 重合,则 $HH⊥VV$,否则,横轴不水平。

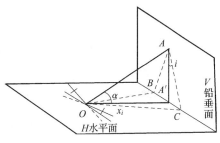

图 3.22　横轴检校

2. 校正

横轴不水平是由于支承横轴的两侧支架不等高而引起的。由于横轴是密封的,因此横轴与支架之间的几何关系由制造装配时给予保证,测量人员只需进行此项检验;如需校正,应送仪器维修部门。

3.5.5　竖盘指标正确性检校

1. 检验

用盘左、盘右观测同一目标,按公式(3.10)计算出仪器的指标差值。

2. 校正(带竖盘指标水准管经纬仪)

（1）保持盘右位置瞄准原目标,用竖盘指标水准管微动螺旋,使竖盘读数调整到 $R-x$,这时竖直度盘指标水准管气泡不居中。

（2）用校正针拨动竖盘指标水准管上、下校正螺丝,使气泡居中。

（3）重复上述操作,直至满足要求为止。

3.5.6　光学对点器的视线与竖轴重合性检验

若这一关系不满足,仪器整平后,光学对点器绕竖轴旋转时,视线在地面上的移动轨迹是一个圆圈,而不是一点。

检验方法：

(1)安置仪器于平坦地上，严格整平，在地面脚架中央固定一张白纸。

(2)光学对点器调焦，在纸上标记出视线的位置。

(3)将光学对点器旋转180°，观察视线是否离开原来位置或偏离超限。若是，则需进行校正。

3.5.7 检校说明

(1)上述各项校正，一般都需反复进行几次，直至在允许范围之内。其中视准轴的检校是主要一项。

(2)校正时，应遵循先松后紧的原则。

(3)若前一项未校正会影响到下一项的检验时，校正次序不宜颠倒。

(4)同时校正一个部位的两项，宜将重要的置于后面。

☞ 3.6
水平角观测的误差分析

由于多种原因，任何测量结果中都不可避免地会含有误差。影响测量误差的因素可分为三类：仪器误差、观测误差、外界条件影响。分析各因素对误差的影响，有助于在测量过程中尽可能减弱误差影响、预估影响大小，进而判定成果的可靠性。

3.6.1 仪器误差

虽然仪器经过校正，各轴线处于理想状态，但由于长时间的使用和测量作业的特点，残余误差总会存在。前者是相对的，后者是绝对的。

主要仪器误差有以下几项：

1. 视准轴误差

由视准轴不垂直于横轴引起。如图3.23所示，A、A'两点位于同一铅垂线，若 CC 不垂直于 HH 而存在一夹角 c，则视线水平时瞄准 A' 点后，当照准部不动、望远镜纵转 α 角时，视线并不能瞄准 A 点。由于有 c 角的存在，视线划过一圆弧后瞄准 C 点，也即 A' 与 C 两点水平度盘读数一样。这有悖于水平角的定义。

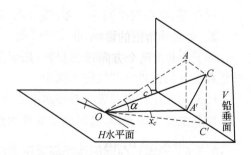

图 3.23　视准轴误差

（1）分析

① c 对方向读数的影响：

$$\tan x_c = \frac{A'C'}{OA'} = \frac{AC}{OA\cos\alpha} = \tan c \cdot \sec\alpha$$

由于 x_c、c 均很小，可认为 $\tan x_c \approx x_c$，$\tan c \approx c$，故

$$x_c = c \cdot \sec\alpha \tag{3.11}$$

② c 对水平角值的影响：

由于角度由两个方向构成，设两目标点 A、B 的竖直角分别为 α_A、α_B，则 c 对水平角值的影响为

$$\Delta x_c = x_{cB} - x_{cA} = c(\sec\alpha_B - \sec\alpha_A) \tag{3.12}$$

③ 由上式可知：视准轴误差与 c 角及目标点的竖直角有关：c 角越大、两目标点高差越大，则 Δx_c 越大，当 $\alpha_A = \alpha_B$ 时，$\Delta x_c = 0$。

（2）消减措施

一个测回中，盘左、盘右观测水平角时，x_c 值大小相等而符号相反，所以盘左、盘右观测取平均值，可自动抵消横轴误差的影响。

2. 横轴误差

如图 3.22 所示，当横轴不垂直于竖轴时，与视准轴误差对水平角测量的影响类似。仪器整平后竖轴处于铅垂，而横轴必然倾斜，视线绕横轴旋转时形成一垂直于横轴的倾斜面 OAC，而非铅垂面 OAA'。它对水平度盘读数的影响为 x_i。设横轴对于水平线的倾角为 i，则 $\angle A'AC = i$。

（1）分析

① i 对方向读数的影响：

$$\tan x_i = \frac{A'C}{OA'} = \frac{AA'\tan i}{OA'} = \tan i \cdot \tan\alpha$$

由于 x_i、i 均很小，可认为 $\tan x_i \approx x_i$，$\tan i \approx i$，故

$$x_i = i \cdot \tan\alpha \tag{3.13}$$

② i 对水平角值的影响：

由于角度由两个方向构成，设两目标点 A、B 的竖直角分别为 α_A、α_B，则 i 对水平角值的影响为

$$\Delta x_i = x_{iB} - x_{iA} = i(\tan\alpha_B - \tan\alpha_A) \tag{3.14}$$

③ 由式（3.14）可知：横轴误差与 i 角及目标点的竖直角有关：i 角越大、两目标点高差越大，则 Δx_i 越大，当 $\alpha_A = \alpha_B$ 时，$\Delta x_i = 0$。

（2）消减措施

一个测回中，盘左、盘右观测水平角时，x_i 值大小相等而符号相反，所以盘左、盘右观测取平均值，可自动抵消横轴误差的影响。

3. 竖轴误差

（1）分析

若水准管轴与竖轴不垂直,则使 $CC \perp HH$, $HH \perp VV$,当水准气泡居中时,VV 并不垂直,HH 也不水平。但它与横轴误差的区别在于,因 VV 不垂直,盘左、盘右观测水平角时,HH 总是向一个方向倾斜,盘左、盘右观测取平均值并不能消除水准管轴的误差影响。

（2）消减措施

关键是保证竖轴铅垂。在某方向上使水准管气泡居中,然后使照准部旋转 $180°$,记录偏移量。用经纬仪整平的方法,使照准部在任何位置时,气泡偏移量总是总偏移量的 $1/2$,这时 VV 即处于铅垂状态(其原理参见 3.5.1)。

4. 度盘偏心误差

度盘偏心是指水平度盘中心与照准部旋转中心不重合。如图 3.24 所示,度盘偏心影响的大小及符号随偏心方向与视线的关系而变化。若两者方向一致,则影响为零;若两者互相垂直,则影响最大。由于一测回中盘左、盘右读取的读数是度盘上对径方向的两数值,两读数中度盘偏心误差的影响值大小相等而符号相反。

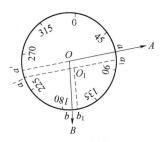

图 3.24　度盘偏心误差

由上分析可知:盘左、盘右取平均值可自动抵消度盘的偏心误差。

采用对径符合法读数的仪器,此误差在读数中可自行消除。

5. 光学对中器视线与竖轴不重合误差

该误差导致测站偏心,其影响在观测误差中详述。

3.6.2　观测误差

由于操作仪器不够细心以及眼睛分辨率及仪器性能的客观限制,不可避免地在观测中会带有误差。

1. 测站偏心误差

观测水平角时,对中不准确使得仪器中心与测站点的标志中心不在同一铅垂线上,造成测站偏心。

如图 3.25 所示,设 O 为地面点,O' 为仪器中心,e 为测站偏心距,β 为实际水平角,β' 为所测水平角,过 O 点分别做平行于 $O'A$、$O'B$ 的平行线,则

$$\Delta\beta = \beta' - \beta = \delta_1 + \delta_2$$

因 δ_1、δ_2 很小,则 $\quad \delta_1 \approx \sin\delta_1 = \dfrac{e\sin\theta}{S_{OA}}\rho''$

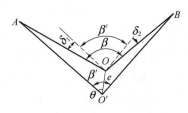

图 3.25　测站偏心差

$$\delta_2 \approx \sin \delta_2 = \frac{e\sin(\beta'-\theta)}{S_{OB}}\rho''$$

因此
$$\Delta\beta = e\left(\frac{\sin\theta}{S_{OA}}+\frac{\sin(\beta'-\theta)}{S_{OB}}\right)\rho''$$
(3.15)

根据式(3.15)可知：

当 β'、θ 一定时，$\Delta\beta \propto e$；

当 e、θ 一定时，边长 S 愈短，$\Delta\beta$ 则愈大；

当 e、S 一定时，若 β' 接近 $180°$，θ 接近 $90°$，则 $\Delta\beta$ 为最大。

由此可知：目标点较近或水平角接近于 $180°$ 时，应尤其注意仔细对中。

2. 目标偏心误差

造成目标偏心的原因是观测标志与地面点未在同一铅垂线上，致使视线偏移。其影响类似于测站偏心。

不难理解，目标偏心距愈大，误差也愈大。在目标点较近时，观测标志应尽可能使用垂球，并仔细瞄准，尽量瞄准目标底部。

3. 照准及读数误差

照准目标时应仔细操作，用单丝切取目标中央，或用双丝夹中目标。读数时应仔细测微，认真估读，J_6 级经纬仪估读时宜特别注意。

3.6.3　外界条件的影响

松软的地面会使仪器下沉，曝晒会使水准管变形，大风会使仪器抖动以及旁折光会使视线变弯等等。外界条件的因素比较复杂，观测时，应尽量选择较好的条件。

☞ 3.7
电子经纬仪

电子经纬仪问世于 20 世纪 60 年代末，它为测量工作自动化创作了有利条件，大大降低了测量外业的劳动强度，同时也提高了观测精度，堪称方便、快捷、精确。图 3.26 是电子经纬仪的一种。

电子经纬仪在结构及外观上与光学经纬仪类似，主要区别在于其读数系统，电子经纬仪是利用光电扫描和电子元器件进行自动读数并液晶显示。根据光电读数原理的不同，电子经纬仪又分为度盘编码法、增量法和动态法三种测角系统。其中动态法是一种比较好的测角系统。

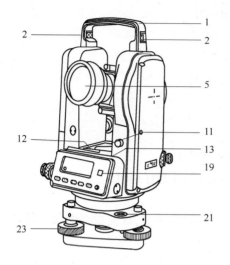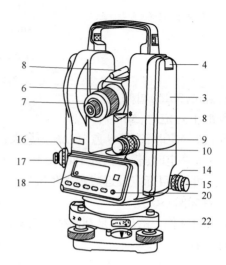

图 3.26　电子经纬仪

1—手柄;2—手柄固定螺丝;3—电池盒;4—电池盒按钮;5—物镜;6—物镜调焦螺旋;7—目镜调焦螺旋;8—光学瞄准器;9—望远镜制动螺旋;10—望远镜微动螺旋;11—光电测距仪数据接口;12—管水准器;13—管水准器校正螺旋;14—水平制动螺旋;15—水平微动螺旋;16—光学对中器物镜调焦螺旋;17—光学对中器目镜调焦螺旋;18—显示窗;19—电源开关键;20—显示窗照明开关键;21—圆水准器;22—轴套锁定钮;23—脚螺旋

3.7.1　电子经纬仪动态法测角原理

如图 3.27 所示,玻璃圆环度盘刻有 1 024 个分划,每一分划由一对不透光和透光的黑、白条纹组成,两条分划条纹间的角距 ϕ_0 称为光栅盘的单位角度,$\phi_0 = \dfrac{360°}{1\ 024} = 21'05.625''$。在度盘的内外缘,分别有一对对径设置的活动光栏 L_R 和固定光栏 L_S,前者固定于基座,相当于光学度盘的指标;后者固定于照准部,相当于光学度盘的零分划。对径设置是为了消除度盘的偏心差(图中仅绘出其中的一个)。

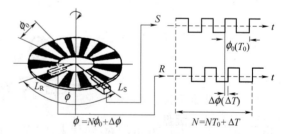

图 3.27　动态法测角原理

每对光栏的上、下侧都装有发光二极管和光电二极管,前者用于发射红外光线,后者用于接收并将透出的红外线的变化量转换成正弦波,经过整形输出方波。

在测角时,度盘由马达驱动绕中心轴匀速旋转,同时记取通过活动光栏和固定光栏的分划信息。若用 ϕ 表示望远镜瞄准某方向后 L_R 和 L_S 之间的角值,则

$$\phi = N\phi_0 + \Delta\phi \tag{3.16}$$

式中,N 为 ϕ 中所包含的整条纹间隔(即单位角度)数;$\Delta\phi$ 为不足一个条纹间隔的零数。

1. 粗测

即求出 ϕ_0 的整个数 N。马达匀速转动时,度盘上某特殊标志一经被活动光栏 L_R 和固定光栏 L_S 中的一个识别,脉冲计数器即开始计数,直至该标志到达另一光栏,计数器停止计数。由于脉冲频率、马达转速已知,故相应于 ϕ、ϕ_0 的时间 T_i、T_0 已知。将 T_i/T_0 取整即得 N。由于 L_R、L_S 识别标志的先后不同,所测角可能是 ϕ 或 $360°-\phi$,这可由角度处理器做出正确判断。

2. 精测

即求出 $\Delta\phi$。当度盘上某一条纹通过 L_S 时脉冲计数器即开始计数,直至 L_R 遇到条纹分界为止。设经历时间为 ΔT,则 $\Delta\phi = \dfrac{\Delta T}{T_0} \cdot \phi_0$。实际上,度盘有 1 024 个条纹,则度盘转一周可测得 1 024 个 $\Delta\phi$,取其平均值作为最后结果。测角精度取决于精测精度。

粗测、精测信号由微处理器进行衔接处理后即得角度值,然后由液晶显示器显示或送至记录终端。动态测角系统直接测得的是时间 T、ΔT,因此,微型马达的转速必须均匀、稳定,这是十分重要的。

电子经纬仪、光电测距仪和数字记录器组合后,即成电子速测仪,即所谓的全站仪。

3.7.2　电子经纬仪的特点

电子经纬仪与光学经纬仪相比有如下特点:

(1) 仅需对准目标,若仪器内置有驱动马达及 CCD 系统,还可自动搜寻目标。

(2) 水平度盘和竖直度盘读数同时显示,省却了估读过程;通过接口可直接将数据输入计算机,不需手工记入手簿。消除了读数、记录时的误差或人为错误。

(3) 采用双轴倾斜传感器来检测仪器倾斜状态,由仪器倾斜所造成的水平角和竖直角误差,可通过电子系统进行自动补偿。

(4) 角度计量单位(360°六十进制、十进制,400 格度,6 400 密位)可自动换算。

(5) 带有输入键盘,且有若干功能键。如水平度盘读数置零或锁定,水平角左、右角转换,坡度显示等。

(6) 可单次测量(精度较高),也可动态跟踪目标连续测量(精度较低,用于施工放样),且可选择不同的最小角度单位。

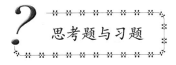
思考题与习题

1. 何谓水平角？用经纬仪照准同一竖直面内不同高度的两目标点时,其水平度盘的读数是否一样?

2. 何谓竖直角?照准某一目标点时,若经纬仪高度不一样,则该点的竖直角是否一样?

3. 经纬仪对中的目的是什么?设 O 为角顶,欲测出 $\angle AOC$ (近似90°)(图3.28),因对中有误差,实际对中点在 CO 的延长线上偏离 O 点15 mm的 O' 处,试问由于对中误差而引起的水平角值误差是多少?

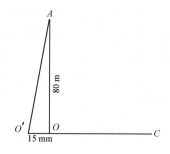

图3.28 第3题图

4. 整平的目的是什么?如何使管水准气泡居中?

5. 简述 DJ_6 型光学经纬仪的分微尺读数方法和单平板玻璃读数方法,其测微系统的最小分划分别是多少?

6. 照准目标后,转动测微轮时度盘读数会发生变化。试问这时望远镜位置是否也随之移动?为什么?

7. 为什么将盘左、盘右两个盘位的观测作为确定一个角值的基本测回,对水平角观测可消减哪些误差?

8. 经纬仪有哪些主要轴线?根据角度测量原理,它们应是怎样的理想关系?如何检验视准轴的理想关系?

9. 简述影响水平角观测精度的因素及消减误差的方法。

10. 经纬仪上复测机构的作用是什么?欲使瞄准目标 A 时水平度盘读数为30°30′30″,应如何操作(以单平板玻璃测微器为例,如图3.6所示)?

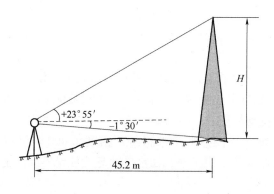

图3.29 第14题图

11. 完成上半测回后发现管水准气泡偏离较大,这时能否重新整平仪器而仅测下半测回计算结果?为什么?

12. 使用中若发现水准管轴不垂直于竖轴而相应校正螺钉已失效,能否将仪器整平?如何做?

13. 精确延长直线时为什么要采取正、倒镜分中的方法?

14. 如图 3.29 所示,设已测得从经纬仪到铁塔中心的水平距离为 45.2 m,对塔顶的仰角为+23°55′,对塔底中心的俯角为−1°30′,试计算铁塔的高度 H。

15. 表3.7 和表3.8 分别是两种水平角观测方法的观测记录,试进行有关计算。

表 3.7　水平角观测记录(J₆ 测回法)

测　站	目　标	竖盘位置	水平度盘读数 ° ′	角　值 ° ′	平均角值 ° ′	备　注
O	A	左	130　08.1			
	B		190　15.4			
	B	右	10　16.2			
	A		310　08.7			

表 3.8　水平角观测记录(J₂ 方向观测法)

测回序数	测站	目标	水平度盘读数 盘　左 ° ′ ″	水平度盘读数 盘　右 ° ′ ″	2c ″	平均方向值 ° ′ ″	归零方向值 ° ′ ″	各测回归零方向值之平均值 ° ′ ″
1	O	A	0　00　20.4	180　00　16.9				A:
		B	60　58　17.1	240　58　13.7				B:
		C	109　33　41.0	289　33　43.9				C:
		D	155　53　38.5	335　53　39.2				D:
		A	0　00　19.0	180　00　23.0				
2		A	45　12　44.7	225　12　48.9				
		B	106　10　44.7	286　10　45.6				
		C	154　46　01.3	334　46　09.4				
		D	201　06　05.8	21　06　11.3				
		A	45　12　47.6	225　12　48.2				

16. 表3.9 是一竖直角观测记录,试计算目标 A、B 的竖直角及仪器的竖盘指标差。

表 3.9　竖直角观测记录

测　站	测　点	盘　位	竖盘读数 ° ′ ″	半测回角值 ° ′ ″	一测回角值 ° ′ ″	指标差(x) (″)
O	A	左	87　14　23			
		右	272　46　03			
	B	左	98　27　33			
		右	261　32　57			

注:竖盘为全圆逆时针注记,盘左视线水平时竖盘指标在90°附近。

4

距离测量与直线定向

　　本章介绍两个相对较为独立的问题:距离测量和直线定向。距离测量介绍测量距离的仪器和方法,包括钢尺量距、视距测量、光电测距、全站仪及其使用,并介绍了光电测距仪的检验以及测距成果的计算等;直线定向介绍了与直线定向有关的概念以及方位角的传递。

测量学

☞ 4.1
距离测量概述

距离测量是确定地面点相对位置的三项基本外业工作之一，也就是确定空间两点在某基准面（参考椭球面或水平面）上的投影长度，即**水平距离**。

距离测量的方法与采用的仪器和工具有关。测量中经常采用的方法有：①钢尺量距，其精度约为1/1 000至几万分之一，若用钢瓦基线尺量距，精度可达几十万分之一；②视距测量，其测距精度约为1/300～1/200；③光电测距，其精度在几千分之一到几十万分之一。采用何种仪器与工具测距取决于测量工作的性质、要求和条件。

☞ 4.2
钢尺量距

测量上用的钢尺名义长度有 20 m、30 m 和 50 m 等几种规格。通常，钢尺量距分为直线定线和距离丈量两个步骤。

4.2.1 直线定线

当距离较长时，一般要分段丈量。为了不使距离丈量偏离直线方向，通常要在直线方向上设立若干标记点（例如插上花杆或测钎），这项工作称**直线定线**。直线定线一般可采用下面两种方法：

（1）**目估法**。如图 4.1 所示，欲测 A、B 两点之间的距离，在 A、B 两点上各设一根花杆，观测者位于 A 点之后 1～2 m 处单眼目估 AB 视线，指挥中间持花杆者左右移动花杆至直线上，同法定位其他各点。此法多用于普通精度的钢尺量距。

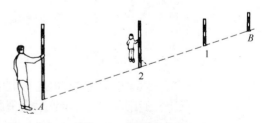

图 4.1　目估法定线

（2）**经纬仪法**。在一点上架设经纬仪，用经纬仪照准另一点，将照准部水平方向制动，然后用经纬仪指挥在视线上定点。此法多用于精密钢尺量距。

4.2.2　距离丈量

1. 一般量距方法

当量距精度要求在 1/3 000~1/2 000 时用**一般量距**方法。首先用目估法进行直线定线,当地面平坦时,可将钢尺拉平,直接量测水平距离。对于倾斜地面,一般可采用所谓"平量法",即丈量时保持钢尺水平;在坡度较大的地区,可将一整尺段分为几小段丈量,将钢尺一端抬起以保持钢尺水平,如图 4.2 所示。当地面两点之间坡度均匀时也可采用"斜量法",即先丈量沿地面两点之间的斜距,然后将其换算为水平距离。丈量时钢尺两端应施加一定拉力(一般 30 m 长的钢尺标准拉力为 10 kg)。为保证精度,提高观测结果的可靠性,通常采用往返丈量的方法,例如由 A 测至 B 为往测 $D_往$,由 B 测至 A 为返测 $D_返$,往返测均值为 $D_均$,其相对误差 K 为

$$K=\frac{|D_往-D_返|}{D_均}\qquad(4.1)$$

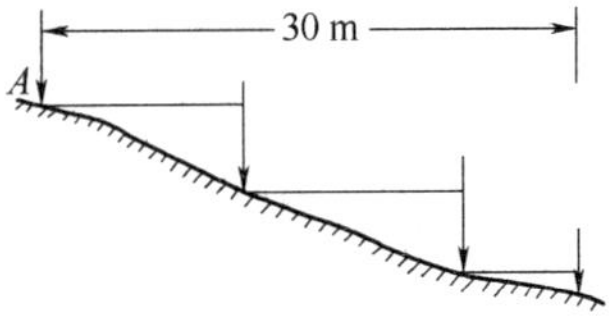

图 4.2　分段丈量

若 K 不超过限差要求,则取往返测均值作为最后结果,相对误差作为成果的精度;若相对误差超过限差要求,则应重新观测。

2. 精密量距方法

（1）丈量方法

当量距要求达到 1/250 000~1/10 000 的精度时需采用**精密量距**方法。首先用经纬仪法进行直线定线,沿丈量方向先用钢尺概量,打下一系列木桩,用经纬仪在桩顶标出直线方向线及其垂直方向线,交点作为丈量各尺段距离的标志。用水准仪测出相邻两桩顶之间的高差,以便进行倾斜改正。量距时每一测段均需在尺的两端用弹簧秤施加标准拉力,并记录丈量时的温度。

（2）尺长方程式

钢尺在制造时尺长往往有误差,使用时由于拉力不同及温度等的影响,致使钢尺的实际长度与其上标注的名义长度往往不一致。因此,钢尺的实际长度需用尺长方程式来表示。尺长方程式的一般形式为

$$l_t=l_0+\Delta l+\alpha l_0(t-t_0)\qquad(4.2)$$

式中　l_t——钢尺在温度 t℃的实际长度;

　　　l_0——钢尺上标注的长度,即名义长度;

　　　Δl——在标准温度 t_0℃时的尺长改正数;

　　　t——丈量时的温度;

　　　t_0——钢尺的标准温度,一般为 20 ℃;

　　　α——钢尺的线膨胀系数,一般采用 1.25×10^{-5}/℃。

钢尺在使用前一般需要经过检定,可由计量单位或测绘单位检定,也可将待检钢尺与标准

长度比长进行检查,并得出尺长方程式,以便计算钢尺在不同条件下的实际长度。

(3)成果处理

精密量距的结果必须根据尺长方程式改正到标准温度、标准拉力下的实际长度,并把斜距改化成水平距离。所以量得的长度应加上尺长改正数、温度改正数和倾斜改正数。设用钢尺实际丈量两点的距离结果为 l,对其应进行的三项改正为

① 尺长改正

$$\Delta l_d = \frac{\Delta l}{l_0} \cdot l \tag{4.3}$$

② 温度改正

$$\Delta l_t = \alpha l(t-t_0) \tag{4.4}$$

③ 倾斜改正

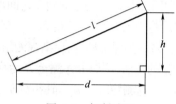

图 4.3 倾斜改正

如图 4.3 所示,当采用"斜量法"时,应将倾斜距离换算为水平距离,此项改正称为倾斜改正。设丈量两点的斜距为 l,测得地面两点的高差为 h,则水平距离 d 为

$$d = \sqrt{l^2 - h^2} = l\left[1-\left(\frac{h}{l}\right)^2\right]^{\frac{1}{2}} \tag{4.5a}$$

将 $\left[1-\left(\frac{h}{l}\right)^2\right]^{\frac{1}{2}}$ 展开为级数,则

$$\left[1-\left(\frac{h}{l}\right)^2\right]^{\frac{1}{2}} = 1 - \frac{h^2}{2l^2} - \frac{h^4}{8l^4} - \cdots$$

若 $\frac{h}{l}$ 很小,可将上式略去高次项后代入式(4.5a),得

$$d = l - \frac{h^2}{2l}$$

故倾斜改正数为

$$\Delta l_h = d - l = -\frac{h^2}{2l} \tag{4.5b}$$

经改正后的尺段长度即为该尺段的水平距离,即

$$d = l + \Delta l_d + \Delta l_t + \Delta l_h \tag{4.6}$$

则总长度为

$$D = \sum d$$

精密量距需进行往返丈量,其相对精度按式(4.1)计算。

☞ 4.3
视 距 测 量

视距测量是利用普通光学经纬仪或水准仪的视距丝进行的简易测距方法,其精度较低。

4.3.1 视线水平时的视距公式

如图 4.4 所示,M 为仪器中心,N 为视距尺,O_1 为望远镜的物镜,O_2 为调焦透镜,它们的焦距分别为 f_1、f_2,视距丝位于十字丝分划板上的 a 和 b 处,上下视距丝之间的距离为 p。

当望远镜视线水平时,瞄准视距尺,此时视准轴与视距尺互相垂直,调焦后,尺上 A、B 两点分别成像于 a 和 b,与上下视距丝重合。望远镜中读得上下视距丝间尺上 AB 这一段称"视距读数",用 l 表示。仪器中心 M 至立尺点 N 的距离为

$$D = E + f_1 + \delta \qquad (a)$$

上式中仅 E 为变量,f_1、δ 均为常数。

由物镜成像原理可知

$$\frac{E}{l} = \frac{f_1}{p'} \qquad (b)$$

即

$$E = \frac{f_1}{p'} \cdot l \qquad (c)$$

由调焦镜成像原理可知

$$\frac{p'}{p} = \frac{s}{t} \quad 或 \quad p' = \frac{s}{t} p \qquad (d)$$

由透镜成像公式(不考虑变量的符号)得

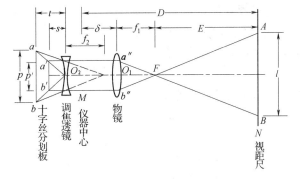

图 4.4 视距测量原理

$$\frac{1}{s} - \frac{1}{t} = \frac{1}{f_2} \qquad (e)$$

即

$$s = \frac{t \cdot f_2}{f_2 + t} \qquad (f)$$

将上式代入式(d),得

$$p' = \frac{p \cdot f_2}{f_2 + t} \qquad (g)$$

令 $t = t_\infty + \Delta t$,式中 t_∞ 为当 D 为无穷大时的 t 值(为常数),Δt 随 D 而变化,为负值,则

$$D = \frac{f_1(f_2+t_\infty)}{p \cdot f_2} \cdot l + \frac{f_1 \Delta t}{p \cdot f_2} \cdot l + f_1 + \delta \tag{4.7}$$

令 $K = \dfrac{f_1(f_2+t_\infty)}{p \cdot f_2}$，$C = \dfrac{f_1 \cdot \Delta t}{p \cdot f_2} \cdot l + f_1 + \delta$，则

$$D = K \cdot l + C \tag{4.8}$$

式中，K 称为"视距乘常数"；C 称为"视距加常数"。

设计望远镜时，适当选择参数 f_1、f_2 及 p 值，可使 $K=100$，且使 $\dfrac{f_1 \cdot \Delta t}{p \cdot f_2} \cdot l$ 与 $f_1 + \delta$ 大小基本相等，即 $C \approx 0$，于是式(4.8)变为

$$D = K \cdot l = 100l \tag{4.9}$$

4.3.2　视线倾斜时的视距公式

当视线倾斜时，视准轴不再与视距尺垂直，上面推导的公式不再适用。如图 4.5 所示，当十字丝横丝截尺上 Q 点时，视准轴与水平线成 α 角，视距读数 $l=AB$。为求出视线倾斜时的视距公式，设想视距尺绕 Q 点旋转 α 角，使尺垂直于视准轴 PQ，则在倾斜的尺上将得出视距读数 l'。这时 P、Q 之间的斜距为

$$S = K \cdot l'$$

显然，l 和 l' 的近似关系为

$$l' = l\cos \alpha$$

所以

$$S = K \cdot l' = K \cdot l\cos \alpha$$

M、N 两点的水平距离为

$$D = S\cos \alpha = K \cdot l\cos^2 \alpha \tag{4.10}$$

而 M、N 两点的高差为

$$h = D\tan \alpha + i - v \tag{4.11}$$

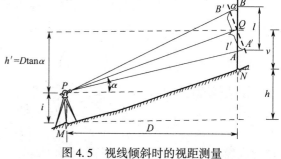

图 4.5　视线倾斜时的视距测量

式中　i——仪器高；

　　　v——中丝读数。

式(4.11)称为三角高程测量公式。

☞ 4.4
光电测距

传统的测距方法如钢尺测距、视距测量等，存在着或是精度低，或是效率低并受地形限制

等缺点,因此需要研制高精度、高效率、自动化、不受地形限制的测距仪器。1946 年瑞典物理学家 Bergstrand 测量了光速的值,并于 1948 年研制成了第一台用白炽灯作光源的测距仪,这就是第一代光电测距仪。第一代测距仪测程短、自重大(第一台测距仪自重 94 kg)、耗电多。目前,由于光电技术,特别是微电子技术的飞速发展,光电测距仪正向小型化、多功能、智能化方向发展,现在光电测距已成为测量距离的主要方法。

4.4.1 测距仪分类

光电测距仪有多种分类方法,以下介绍常用的三种方法。

1. 按测程分类

(1)短程光电测距仪:测程小于 3 km,用于工程测量。

(2)中程光电测距仪:测程为 3~15 km,通常用于一般等级控制测量。

(3)远程光电测距仪:测程大于 15 km,通常用于国家三角网及特级导线。

2. 按测距精度分类

光电测距仪精度可按 1 km 测距中误差(即 $m_D = A + B \cdot D$,当 $D = 1$ km 时)划分为 3 级:Ⅰ级测距中误差 $m_D \leq 5$ mm;Ⅱ级测距中误差 5 mm$< m_D \leq 10$ mm;Ⅲ级测距中误差 10 mm$< m_D \leq 20$ mm。在 $m_D = A + B \cdot D$ 式中,A 为仪器标称精度中的固定误差,以 mm 为单位;B 为仪器标称精度中的比例误差系数,以 mm/km 为单位;D 为测距边长度,以 km 为单位。

3. 按载波分类

测距仪按所采用的载波不同可分为:①用微波段无线电波作为载波的微波测距仪;②用激光作为载波的激光测距仪;③用红外光作为载波的红外测距仪。后两者又统称为光电测距仪。微波和激光测距仪多属于长程测距,测程可达 60 km,一般用于大地测量,红外测距仪属于中、短程测距仪(测程为 15 km 以下),通常用于小地区控制测量、地形测量及工程测量等。

4.4.2 光电测距原理

如图 4.6 所示,欲测 A、B 两点的距离,在 A 点置测距仪,在 B 点置反光镜。由测距仪在 A 点发出的测距电磁波信号至反光镜经反射回到仪器。如果电磁波信号往返所需时间为 t,设信号的传播速度为 c,则 A、B 之间的距离为

$$D = \frac{1}{2}ct \qquad (4.12)$$

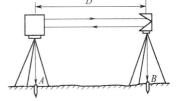

图 4.6 光电测距基本原理

式中,c 为电磁波信号在大气中的传播速度,其值约为 3×10^8 m/s。由此可见,测出信号往返 A、B 所需时间即可测量出 A、B 两点的距离。

由式(4.12)可以看出测量距离的精度主要取决于测量时间的精度。在电子测距中,测量

时间一般采用两种方法:**直接测时**和**间接测时**。对于第一种方法,若要求测距误差 $\Delta D \leqslant$ 10 mm,则要求时间 t 的测定误差 $\Delta t \leqslant \dfrac{2}{3} \times 10^{-10}$ s,要达到这样的精度是非常困难的。因此,对于精密测距,多采用后者。目前用的最多的是通过测量电磁波信号往返传播所产生的相位移来间接测时,即相位法。

图 4.7 为测距仪发出经调制的按正弦波变化的调制信号的往返传播情况。信号的周期为 T,一个周期信号的相位变化为 2π,信号往返所产生的相位移为

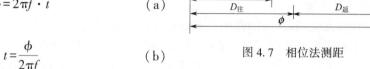

$$\phi = 2\pi f \cdot t \qquad (a)$$

则

$$t = \frac{\phi}{2\pi f} \qquad (b)$$

图 4.7 相位法测距

故

$$D = \frac{1}{2}c \cdot t = \frac{1}{2}c \cdot \frac{\phi}{2\pi f} = \frac{1}{2} \cdot \frac{c}{f} \cdot \frac{\phi}{2\pi} \qquad (c)$$

式中 f——调制信号的频率;

   t——调制信号往返传播的时间;

   c——调制信号在大气中的传播速度。

信号往返所产生的相位移为

$$\phi = N \cdot 2\pi + \Delta\phi = 2\pi\left(N + \frac{\Delta\phi}{2\pi}\right) \qquad (d)$$

式中,N 为相位移的整周期数;$\dfrac{\Delta\phi}{2\pi}$ 为不足一周期的尾数。将其代入式(c),得

$$D = \frac{1}{2} \cdot \frac{c}{f} \cdot \left(N + \frac{\Delta\phi}{2\pi}\right) = \frac{\lambda}{2} \cdot (N + \Delta N) \qquad (4.13)$$

式中,$\lambda = \dfrac{c}{f}$,为调制正弦波信号的波长;$\Delta N = \dfrac{\Delta\phi}{2\pi}$。令 $\dfrac{\lambda}{2} = u$,式(4.13)可写成

$$D = u(N + \Delta N) \qquad (4.14)$$

上式可以理解为用一把测尺长度为 u 的"光尺"量距,N 为整尺段数,ΔN 为不足一整尺段的尾数。但仪器用于测量相位的装置(称相位计)只能测量出尺段尾数 ΔN,而不能测量整周数 N,例如当测尺长度 $u = 10$ m 时,要测量距离为 835.486 m 时,测量出的距离只能为 5.486 m,即此时只能测量小于 10 m 的距离。为此,要增大测程则要增大测尺长度,但相位计的测相误差和测尺长度成正比,由测相误差所引起的测距误差约为测尺长度的 1/1 000,增大测尺长度会使测距误差增大。为了兼顾测程和精度,仪器中采用不同的测尺长度,即所谓"**粗测尺**"(长度较大的尺)和"**精测**

尺"(长度较小的尺)同时测距,然后将粗测结果和精测结果组合得最后结果,这样,既保证了测程,又保证了精度。例如测量距离时采用 $u_1 = 10$ m 测尺和 $u_2 = 1\ 000$ m 测尺,测量结果如下:

精测结果	5.486
粗测结果	835.4
仪器显示	835.486

4.4.3 测距仪的检验

测距成果受到多种因素的影响,其中一部分和仪器本身有关。为了顺利地获取正确的观测数据,对新购置的仪器或经过修理的测距仪,在使用前,一般要进行全面检验。检验的项目很多,其中**加常数**、**乘常数**是仪器的两项主要系统误差。

1. 加常数 K 及简易测定

加常数是由于仪器电子中心与其机械中心不重合而形成的,是电磁波信号往返传播路程的 1/2 与所测距离的差值。可采用以下方法简易测定:在地面上用木桩标出一直线 ABC,桩顶用小钉表示点位。用测距仪分别测量出 AB、BC、AC 的长度,则

$$AC+K=(AB+K)+(BC+K)$$
$$K=AC-(AB+BC) \tag{4.15}$$

这种方法简便,但精度不高,只能用于粗略测定或检查加常数的变动情况。

2. 乘常数 R 的概念

乘常数主要是由于测距频率偏移而产生的,下面说明其意义。

由相位法测距公式(4.14)有

$$D=u(N+\Delta N)$$

$$u=\frac{\lambda}{2}=\frac{c}{2f}=\frac{c_0}{2nf}$$

设 $f_标$ 为标准频率,$f_实$ 为实际工作频率,令 $f_实 - f_标 = \Delta f$,即频率偏差;$u_标=\frac{c_0}{2nf_标}$,即与 $f_标$ 相应的尺长;$u_实=\frac{c_0}{2nf_实}$,即与 $f_实$ 相应的尺长,则

$$u_标=\frac{c_0}{2n(f_实-\Delta f)}=\frac{c_0}{2nf_实\left(1-\frac{\Delta f}{f_实}\right)}\approx\frac{c_0}{2nf_实}\left(1+\frac{\Delta f}{f_实}\right)$$

令 $\frac{\Delta f}{f_实}=R$,则

$$u_标=u_实(1+R)$$

设用 $u_标$ 测得的距离值为 $D_标$,用 $u_实$ 测得的距离值为 $D_实$,则

$$D_标 = D_实(1+R) = D_实 - D_实 R$$

由此可见,所谓乘常数,就是当频率偏离其标准值而引起一个计算改正数的乘系数,也称比例因子。

3. 加常数和乘常数的同时测定

为了确定加常数和乘常数,最常用的方法是六段基线全组合比较法,对观测数据采用一元回归拟合法处理。

如图4.8所示,将一条长度接近于仪器测程(或大多数测距边长度)的高精度(1/100万)基线,分为长度不等的六段,观测时组合成21段,每一段观测时都要记录温度、气压、竖直角、斜距,以便进行各项改正,改化成平距。

根据各段距离观测得出的平距 D_i 和其相应段的基线长度 D_i^0 之差 y_i,用一元线性回归方程

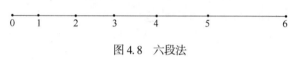

图4.8 六段法

$$y = K + Rx$$

可以计算加常数及乘常数,其公式如下:

$$\left.\begin{array}{l} K = \dfrac{[x_i \cdot y_i] - n \cdot \bar{x} \cdot \bar{y}}{[x_i^2] - n \cdot \bar{x}^2} \\[3mm] R = \bar{y} - K\bar{x} \end{array}\right\} \tag{4.16}$$

式中　K——加常数;

　　　R——乘常数;

　　　x_i——各段的基线长度 D_i^0;

　　　y_i——各观测值与基线长度之差,$y_i = D_i^0 - D_i$;

　　　n——测段数;

　　　$\bar{x},\bar{y}$——x_i、y_i 的平均值。

4.4.4　测距成果计算

测距成果化算包括气象改正、加常数改正、乘常数改正、倾斜改正等。

1. 气象改正

测距公式中测尺长度 $u = \dfrac{\lambda}{2} = \dfrac{c}{2f}$,式中电磁波在大气中的传播速度 c 随气象条件变化而变化,而仪器中只能按一个固定值计算测距值。因此应根据测距时的气象条件对测距成果进行改正,此项改正称气象改正。

不同的仪器给出的气象改正公式也不尽相同,一般在其使用说明书中给出。日本产

TOPCON 品牌的测距仪给出的气象改正公式为

$$K_a = \left(279.66 - \frac{7.95 \times p}{273.15 + t}\right) \times 10^{-6} \qquad (4.17)$$

式中　p——大气压力（Pa）；

　　　t——大气温度（℃）。

有的仪器说明书上还给出了大气改正图,根据大气改正图可方便地查取气象改正值。

2. 加、乘常数改正

加常数与距离的长短无关,因此加常数改正值就是加常数本身。

乘常数一般以 mm/100 m 或 mm/km 表示,乘常数改正值等于乘常数乘以距离。

3. 倾斜改正

倾斜改正为将所测斜距化算为测站所在水准面上的距离,倾斜改正公式为

$$D = S \cdot \cos \alpha \qquad (4.18)$$

式中　S——斜距;

　　　α——竖直角。

当考虑到地球曲率及大气折光的影响时,式（4.18）变为

$$D = S \cdot \cos \alpha - \frac{2-K}{2R} \cdot S^2 \cdot \sin \alpha \cdot \cos \alpha \qquad (4.19)$$

式中　K——大气折光系数,一般取 0.13;

　　　R——地球半径。

应注意上式所求为测站的发射器所在的水准面上的距离。

【例 4.1】　某台测距仪测得 AB 两点的斜距为 $S' = 1\,578.567$ m,测量时的气压 $p = 121.323$ kPa,$t = 25$ ℃,竖直角 $\alpha = +15°30'00''$,仪器加常数 $K = +2$ mm,乘常数 $R = +2.5 \times 10^{-6}$。求 AB 的水平距离。其气象改正公式为

$$K_\alpha = \left(281.8 - \frac{2.18 \times 10^{-3} \times p}{1 + 0.003\,66t}\right) \times 10^{-6}$$

【解】　（1）气象改正

$$\Delta D_1 = K_\alpha \times S'$$
$$= \left(281.8 - \frac{2.18 \times 10^{-3} \times 121.323 \times 10^3}{1 + 0.003\,66 \times 25}\right) \times 1.578\,567 = 62.3\,(\text{mm})$$

（2）加常数改正

$$\Delta D_2 = +2\,(\text{mm})$$

（3）乘常数改正

$$\Delta D_3 = +2.5 \times 1.578\,567 = +3.9\,(\text{mm})$$

（4）改正后斜距

$$S = S' + \Delta D_1 + \Delta D_2 + \Delta D_3 = 1\,578.635\,(\text{m})$$

(5)AB 的水平距离 D

$$D = S \cdot \cos \alpha = 1\,578.635 \times \cos 15°30'00'' = 1\,521.221(\text{m})$$

4.4.5 误差分析和精度分析

1. 误差分析

根据测距公式(4.13),并考虑大气中的电磁波的传播速度 $c = \dfrac{c_0}{n}$ 及仪器加常数 K,则式(4.13)可写成

$$D = \frac{c_0}{2nf}\left(N + \frac{\Delta\phi}{2\pi}\right) + K \qquad (4.20)$$

由式(4.20)可以看出,式中的 c_0、f、n、$\Delta\phi$ 和 K 的测定误差及变化,都将导致距离测量产生误差。对式(4.20)全微分得

$$\text{d}D = \frac{D}{c_0}\text{d}c_0 - \frac{D}{n}\text{d}n - \frac{D}{f}\text{d}f + \frac{\lambda}{4\pi}\text{d}\Delta\phi + \text{d}K \qquad (4.21)$$

将式(4.21)转化为中误差

$$m_D^2 = \left(\frac{m_{c0}^2}{c_0^2} + \frac{m_n^2}{n^2} + \frac{m_f^2}{f^2}\right)D^2 + \left(\frac{\lambda}{4\pi}\right)^2 m_{\Delta\phi}^2 + m_K^2 \qquad (4.22)$$

由式(4.22)可以看出第一项和距离成正比,称比例误差,后两项与距离无关,称固定误差。

测定真空光速 c_0 的相对精度已达 1×10^{-9},按照测距仪的精度,其影响可略而不计。

折射率 n 引起的误差决定于气象参数的精度。如果大气改正达到 10^{-6} 的精度,则空气温度须测量到 1 ℃,大气压力测量到 300 Pa。

调制频率引起的误差是由于安置频率的不准以及由于晶体老化而产生的频率漂移引起的误差,这项误差对于短程测距仪一般可不予考虑。

测相误差不仅与测相方式有关,还包括照准误差、幅相误差以及噪声引起的误差。产生照准误差的原因是由于发光二极管所发射的光束相位不均匀。幅相误差是由于接受信号的强弱不同而产生的。在测距时按规定的信号强度范围作业,就可基本消除幅相误差的影响。由于大气抖动以及工作电路本身产生的噪声也能引起测相误差,这种误差是随机性的,符合高斯分布规律。为了消弱噪声的影响,必须增大信号强度,并采用多次检相取平均的办法(一般一次测相结果是几百至上万次检相的平均值)。

加常数误差是由于加常数测定不准确而产生的剩余值。这项误差与检测精度有关。

实践表明除上述误差外,还包括由测距仪光电系统产生的干扰信号而引起的按距离成周期变化的周期误差。由于周期误差相对较小,所以估计精度时不予考虑。

综上所述,测距仪的测距误差主要有三类:①与距离无关的误差(**固定误差**);②与距离成

比例的误差(**比例误差**);③按距离成周期变化的误差(**周期误差**)。

此外测距误差还包括仪器和反光镜的对中误差。

2. 精度评定

经过以上分析知电磁波测距的误差主要为两类:一类为固定误差;另一类为比例误差。周期误差由于很小,一般不予考虑。因此电磁波测距仪出厂时的**标称精度**为

$$m_D = A + B \times 10^{-6} \times D \tag{4.23}$$

式中,A 为固定误差(mm),B 为比例误差系数(mm/km),D 为实测距离(km)。

标称精度系指仪器的精度限额。即仪器的实际精度若不低于此值,该仪器即合格,它并不是该仪器的实际精度。仪器经过检定后,成果经过各种常数改正,其精度要高于此值。经检定后的实际精度为

$$m_D = \sqrt{m_d^2 + m_K^2 + m_R^2} \tag{4.24}$$

式中 m_D——测距中误差;

m_K——加常数 K 的检测中误差;

m_R——乘常数 R 的检测中误差;

m_d——和距离无关的测距中误差。m_d 可按式(4.25)计算:

$$m_d = \pm \sqrt{\frac{[vv]}{n-1}} \tag{4.25}$$

式中,v 为对某一距离重复观测,其算术平均值与各观测值的差。若在已知距离基线上观测,m_d 亦可按式(4.26)计算:

$$m_d = \pm \sqrt{\frac{[\Delta\Delta]}{n}} \tag{4.26}$$

式中,Δ 为各观测值与真值之差。

根据实验统计表明,按照现在测距仪的检测水平,测距成果经各项改正后,基本可消除系统误差(加常数和乘常数)的影响,测距误差以偶然误差为主,因此测距成果经各项改正后其实际精度评定应按式(4.24)计算。

4.4.6　测距仪使用注意事项

(1)测距时应注意严禁将测距头对准太阳和强光源,以免损坏仪器的光电系统。在阳光下必须撑伞以遮阳光。

(2)测距仪不要在高压线下附近设站,以免受强磁场影响。

(3)测距仪在使用及保管过程中注意防震、防潮、防高温。

(4)蓄电池应注意及时充电。仪器不用时,电池要充电保存。

☞ 4.5
全 站 仪

所谓**全站仪**(全称为全站型电子速测仪)是指能完成一个测站上的全部测量工作的仪器。在野外测量中,水平角、竖直角和倾斜距离是测量的三种基本数据,因此,全站仪必须具备采集这些数据的基本功能。此外,还需要坐标、方位角、高差、高程等数据,这些数据由采集的三种基本数据经仪器内部的微处理器计算处理得到。由此看来,全站仪实际上是一种将光电测距仪和电子经纬仪合为一体的仪器,是由光电测距仪、电子经纬仪和数据处理系统组成的。

全站仪实现了观测结果的完全信息化、观测信息处理的自动化和实时化,并可实现观测数据的野外实时存储以及内业输出等,和以往单一的电子测角和电子测距相比,全站仪的以上特点极大地方便了测量工作,这是全站仪的突出优点。

目前国内外全站仪有多种品牌和型号。需要指出的是不同型号的仪器,其功能、观测程序及操作有一些差别,可参阅随机携带的使用说明书。现以日本 TOPCON 公司生产的 GTS-700 为例说明全站仪的构造、功能和使用。

4.5.1 GTS-700 的构造与性能

1. GTS-700 的构造

图 4.9 为 GTS-700 全站仪,它主要由主机、电池、反光镜等几部分组成。

(1) 主机

主机包括望远镜、显示窗及控制键盘、外部电源接口、串行信号接口等。

(2) 电池

全站仪使用的电源为可以多次充电的镍镉电池。这种电池性能稳定,寿命长,一般无需维修。每次充电大约需要十余个小时(时间要求并不非常严格)。电池耗尽而又长期不用时,则会使电池容量变小,长期下去甚至会充不进电,因此需对

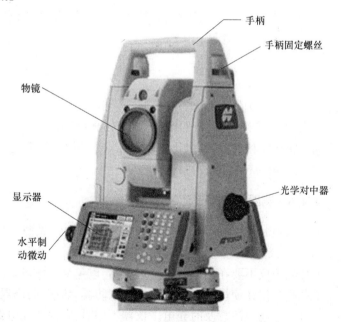

图 4.9 GTS-700 全站仪

电池定期充电、放电。GTS-700 全站仪使用的为手柄式电池和 BT-3Q 型电池组。

（3）反光镜

反光镜的作用是使经主机发出的测距信号经反光镜反射后返回到主机的接收系统。反光镜的基本反射单元——棱镜犹如从立方体玻璃上切下的一个角，其三个反射面互相垂直。这样无论光线以何种角度进入，其出射光线均与入射光线平行，如图 4.10 所示。一组反光镜由一块或几块这样的棱镜组成。GTS-700 的反光镜包括倾斜式单棱镜组、固定式三棱镜组及固定式多棱镜组，可根据所测距离的远近予以选择。图 4.11 为单棱镜组。

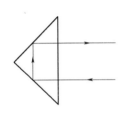

图 4.10　棱镜

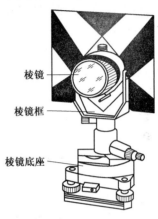

图 4.11　单棱镜组

（4）附属设备

附属设备包括空盒气压计、干湿温度计等。测距时应同时记取温度、气压，以便对观测成果进行气象改正。

2. GTS-700 的主要性能指标

（1）精度：测角精度 $2''$；测距精度 $\pm(2+2\times10^{-6})$ mm。

（2）最大测程：2.8 km。

（3）工作环境温度：$-20\sim+50$ ℃。

4.5.2　GTS-700 的程序功能

1. 主菜单

接通电源开关，纵转望远镜，让竖盘读数过 0°，使仪器初始化，此时显示屏上将显示程序主菜单。主菜单为六个模块，对应 6 个功能模式（对应软键 $F_1\sim F_6$），这 6 个模式几乎包含了全站仪的所有功能。

（1）程序模式（Prog）

本模式用于设置水平方向的方向角、导线测量、对边测量等。

（2）标准测量模式（Std）

本模式用于角度测量、距离测量、坐标测量等。

（3）存储管理模式（Mem）

本模式用于文件的管理等。

（4）数据通信模式（Comm）

本模式用于设置与外部仪器进行数据通信、数据文件的输入/输出、读入应用程序等。

（5）校正模式（Adj）

本模式用于检验与校正,如仪器补偿系统误差的校正、设置仪器常数等。

（6）参数设置模式（Para）

本模式用于设置与观测和显示的内容有关的参数。

2. 角度、距离测量

角度、距离测量在标准测量（Std）的模式下。

（1）水平角测量

开机后出现主菜单,按 F_2 键后进入标准测量模式,操作程序如下:照准第一个目标（A）,将 A 目标的水平度盘读数置零[按 F_4（OSET）键]。照准第二个目标（B）,仪器显示水平角和 B 目标的竖直角。

（2）距离测量

照准棱镜中心,按 F_1 键,显示距离、竖直角等。

全站仪的其他功能操作,可参阅随机的使用手册。

☞ 4.6
直 线 定 向

地面两点的相对位置,不仅与两点之间的距离有关,还与两点连成的直线方向有关。确定直线的方向称**直线定向**,即确定直线和某一参照方向（称标准方向）的关系。

4.6.1 标准方向的种类

标准方向应有明确的定义并在一定区域的每一点上能够唯一确定。在测量中经常采用的标准方向有三种,即**真子午线方向**、**磁子午线方向**和**坐标纵轴方向**。

1. 真子午线方向

过地球上某点及地球的北极和南极的半个大圆为该点的真子午线,通过该点真子午线的切线方向称为该点的**真子午线方向**,它指出地面上某点的真北和真南方向。真子午线方向是用天文测量方法或用陀螺经纬仪来测定的。

由于地球上各点的真子午线都收敛于两极,所以地面上不同经度的两点,其真子午线方向是不平行的。两点真子午线方向间的夹角称为**子午线收敛角**。如图 4.12 所示,设 A、B 为位于同一纬度 φ 上的两点,其子午线收敛角可用式(4.27)近似计算

$$\gamma = \rho \cdot \frac{s}{R} \tan \varphi \qquad (4.27)$$

式中 ρ——1 弧度对应秒值或分值,取 206 265″ 或 3 438′;

R——地球的半径,取 6 371 km;

s——高斯平面直角坐标系中两点的横坐标(y)之差;

φ——两点的平均纬度。

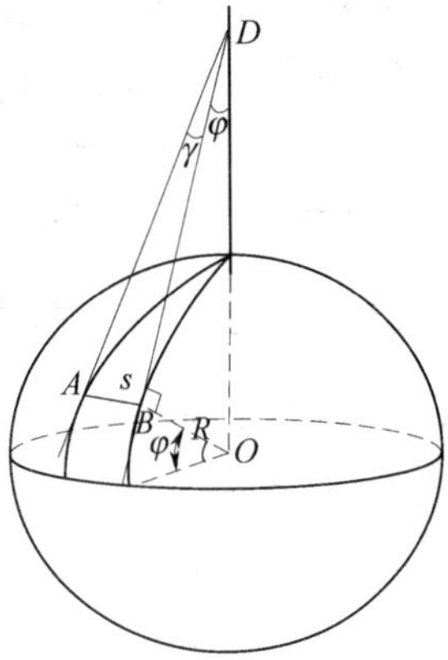

2. 磁子午线方向

自由悬浮的磁针静止时,磁针北极所指的方向是**磁子午线方向**,又称磁北方向。磁子午线方向可用罗盘仪来测定。

由于地球南北极与地磁场南北极不重合,故真子午线方向与磁子午线方向也不重合,它们之间的夹角为 δ,称为**磁偏角**,如图 4.13 所示。磁子午线北端在真子午线以东为东偏,其符号为正;在西时为西偏,其符号为负。磁偏角 δ 的符号和大小因地而异,在我国,磁偏角 δ 的变化约在+6°(西北地区)到-10°(东北地区)之间。

3. 坐标纵轴方向

由于地面上任何两点的真子午线方向和磁子午线方向都不平行,这会给直线方向的计算带来不便。采用坐标纵轴作为标准方向,在同一坐标系中任何点的坐标纵轴方向都是平行的,这给使用上带来极大方便。因此,在平面直角坐标系中,一般采用坐标纵轴作为标准方向,称**坐标纵轴方向**,又称坐标北方向。

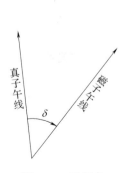

图 4.13 磁偏角

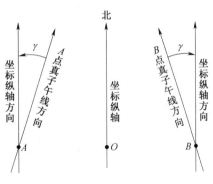

图 4.14 坐标纵轴

图 4.12 子午线收敛角

前已述及，我国采用高斯平面直角坐标系，在每个 6°带或 3°带内都以该带的中央子午线作为坐标纵轴。如采用假定坐标系，则用假定的坐标纵轴（x 轴）。如图 4.14 所示，以过 O 点的真子午线作为坐标纵轴，任意点 A 或 B 的真子午线方向与坐标纵轴方向间的夹角就是任意点与 O 点间的子午线收敛角 γ，当坐标纵轴方向的北端偏向真子午线方向以东时，γ 定为正值，偏向西时 γ 定为负值。

4.6.2 方位角、象限角

直线定向是确定直线和标准方向的关系，这一关系常用方位角或象限角来描述。

1. 方位角

（1）方位角的定义

从标准方向的北端量起，沿着顺时针方向量到直线的水平角称为该直线的**方位角**，如图 4.15 所示。方位角的取值范围为 0°～360°。

当标准方向取为真子午线时，方位角称**真方位角**，用 $A_{真}$ 来表示。当标准方向取为磁子午线时，方位角称**磁方位角**，用 $A_{磁}$ 来表示。真方位角和磁方位角的关系为

$$A_{真} = A_{磁} + \delta \tag{4.28}$$

在平面直角坐标系中，当标准方向取为坐标纵轴时，称**坐标方位角**，用 α 来表示，如图 4.16 所示。真方位角和坐标方位角的关系为

$$A_{真} = \alpha + \gamma \tag{4.29}$$

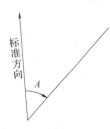

图 4.15　方位角定义

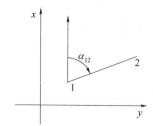

图 4.16　坐标方位角定义

（2）正反方位角

若规定直线一端量得的方位角为正方位角，则直线另一端量得的方位角为**反方位角**，正反方位角是不相等的。

对于真方位角，其正反方位角的关系为

$$A_{12} = A_{21} + \gamma \pm 180° \tag{4.30}$$

式中，γ 为直线两端点的子午线收敛角。

对于坐标方位角，由于在同一坐标系内坐标纵轴方向都是平行的，如图 4.17 所示，所以正

反坐标方位角的关系为

$$\alpha_{12} = \alpha_{21} \pm 180° \tag{4.31}$$

（3）坐标方位角的传递

测量工作中一般不是直接测定每条边的方位角,而是通过与已知方向的连测,推算出各边的坐标方位角。如图 4.18 所示,A、B 为已知坐标的点,则 AB 边的坐标方位角 α_{AB} 可以通过 A、B 的坐标计算求得,通过连测 AB 边与 $A1$ 边的连接角 β,并测出其余各点处的左角或右角(指以编号顺序为前进方向各点处位于左边或右边的角度,图中为右角)β_A、β_1、β_2、β_3,即可利用 α_{AB} 和已测出的角度计算 $A1$、12、23、$3A$ 边的坐标方位角,计算公式推导如下。

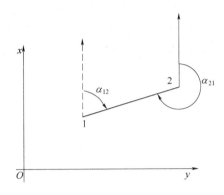

图 4.17　正反坐标方位角定义

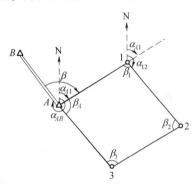

图 4.18　坐标方位角的推算

由图 4.18 可以看出,$\alpha_{A1} = \alpha_{AB} + \beta - 360°$,所以

$$\alpha_{12} = \alpha_{1A} - \beta_{1(右)} = \alpha_{A1} + 180° - \beta_{1(右)}$$

$$\alpha_{23} = \alpha_{12} + 180° - \beta_{2(右)}$$

$$\alpha_{3A} = \alpha_{23} + 180° - \beta_{3(右)}$$

$$\alpha_{A1} = \alpha_{3A} + 180° - \beta_{A(右)}$$

将算得的 α_{A1} 值与其已知值进行比较,可用来检核计算中有无错误。

如果用左角推算坐标方位角,则计算公式变为

$$\alpha_{12} = \alpha_{A1} + 180° - \beta_{1(右)} = \alpha_{A1} + 180° - (360° - \beta_{1(左)}) = \alpha_{A1} - 180° + \beta_{1(左)}$$

由上述可知,推算坐标方位角的一般公式为

$$\left.\begin{array}{l} \alpha_{前} = \alpha_{后} + 180° - \beta_{(右)} \\ \alpha_{前} = \alpha_{后} - 180° + \beta_{(左)} \end{array}\right\} \tag{4.32}$$

用式(4.32)推算方位角,当计算结果出现负值时,则加上 360°;当计算结果大于 360°时,则减去 360°。

2. 象限角

直线与标准方向所夹的锐角称**象限角**,象限角由标准方向的指北端或指南端开始向东或向西计量,其取值范围为 0°~90°,以角值前加上直线所指的象限的名称来表示,例如北东41°,如图 4.19 所示。象限角与坐标方位角之间的互换关系见表 4.1。

4.6.3 真方位角的测量

测量直线的真方位角常用的方法有两种:天文测量法和陀螺经纬仪法。常用的天文测量方法是用太阳高度法测量直线的真方位角,它可用普通经纬仪进行观测,易于实现,所以是铁路、公路等工程测量中常用的方法。但这种方法易受到天气、时间和地点等许多条件的限制,观测和计算也较繁琐。用陀螺经纬仪测量真方位角可避免这些缺点,特别适合于某些地下工程。用太阳高度法测量直线真方位角的方法可参阅有关实用天文测量方面的书籍。以下介绍用陀螺经纬仪测量真方位角的方法。

1. 陀螺经纬仪的原理

表 4.1　象限角与坐标方位角关系

象　限	象限角与坐标方位角的关系
象限 I	北东 $R=\alpha$
象限 II	南东 $R=180°-\alpha$
象限 III	南西 $R=\alpha-180°$
象限 IV	北西 $R=360°-\alpha$

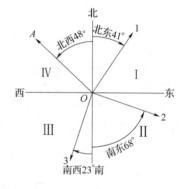

图 4.19　象限角定义

陀螺经纬仪是由陀螺仪和经纬仪组合而成的一种定向仪器。陀螺是一个高速旋转的转子(陀螺仪上的转子其旋转的角速度方向为水平方向)。当转子高速旋转时,陀螺仪有两个重要特性:一是定轴性,即在无外力作用下,陀螺轴的方向保持不变;另一是进动性,即在外力矩作用下陀螺轴将按一定规律产生进动。因此在转子高速旋转和地球自转的共同作用下,陀螺轴以真北方向为对称轴进行有规律的往复运动,从而可得出测站的真北方向。

2. 陀螺经纬仪的构造

陀螺经纬仪由经纬仪、陀螺仪、电源箱三部分组成。图 4.20 是国产 JT-15 型陀螺经纬仪,其方位角的测定精度为 ±15″,经纬仪属 DJ₆ 级。陀螺仪的构造由灵敏部、光学观测系统及锁紧和限幅装置几部分组成,如图 4.21 所示。

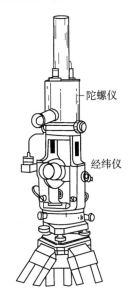

陀螺仪

经纬仪

图 4.20 国产 JT-15 型陀螺经纬仪

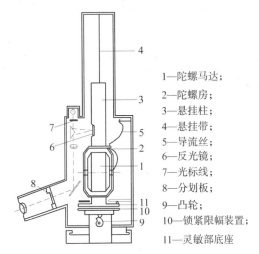

4
3
7
6
5
2
1
8
11
10
9

1—陀螺马达；

2—陀螺房；

3—悬挂柱；

4—悬挂带；

5—导流丝；

6—反光镜；

7—光标线；

8—分划板；

9—凸轮；

10—锁紧限幅装置；

11—灵敏部底座

图 4.21 陀螺经纬仪的构造

3. 陀螺真北方向值的测定

（1）准备工作

安置陀螺经纬仪于测线的一端,对中、整平,利用罗盘使望远镜指向近似北方,陀螺仪的观测目镜和望远镜的目镜应安置在同一侧。打开电源箱,接好电缆,把操作钮旋到"照明"位置,检查电池电压,电表指针应在红区内,如此即可开始工作。

（2）粗略定向

粗略定向可用罗盘进行,使视线大致指向北方。也可用陀螺经纬仪按下述方法进行:

操作钮旋向"启动",陀螺马达启动,指示灯亮。当马达达到额定转速时,指示灯灭。再稍等约 1 min,即可缓慢地放下陀螺灵敏部,在观测目镜中可看到光标像在摆动。旋转经纬仪照准部进行跟踪,使摆动的光标保持与分划板零线重合。当出现光标短暂的停顿时,表示已达到逆转点,使光标与分划板零线精确重合后,读取经纬仪水平度盘读数 u_1'。此后光标将作反方向移动,继续跟踪,到另一逆转点时,读出水平度盘读数 u_2'。此时观测完毕,可托起灵敏部,制动陀螺。取两次读数 u_1'、u_2' 的平均值,将照准部旋转到读数为平均值的位置上,视线即指向近似北方。此法精度为 ±3′ 左右。

（3）精密定向

经纬仪望远镜指向粗略定向得出的近似北方,固定照准部,启动陀螺马达,达到额定转速后缓慢地放下灵敏部,并进行限幅。然后用微动螺旋跟踪,使分划板零线紧跟光标移动。跟踪时要平稳连续,不能忽快忽慢,避免使悬挂带产生扭力。当到达逆转点时,光标会停留片刻,此时使零线准确地与光标线重合,读出第一个逆转点的水平盘读数 u_1。当光标作反向移动时继续跟踪,连续得出 5 个逆转点的度数后观测完毕,即可锁紧灵敏部,制动陀螺马达。

陀螺在子午面的左右摆动,呈略有衰减的正弦波形(图 4.22)。所以取 5 个逆转点读数的平均值,就可以得出陀螺轴摆动的中心位置,也就是陀螺的北方向值 N_T,平均值 N_T 按式(4.33)和式(4.34)计算:

$$\left.\begin{array}{l} N_1 = \dfrac{1}{2}\left(\dfrac{u_1+u_3}{2}+u_2\right) \\[2mm] N_2 = \dfrac{1}{2}\left(\dfrac{u_2+u_4}{2}+u_3\right) \\[2mm] N_3 = \dfrac{1}{2}\left(\dfrac{u_3+u_5}{2}+u_4\right) \end{array}\right\} \tag{4.33}$$

$$N_T = \dfrac{1}{3}(N_1+N_2+N_3) \tag{4.34}$$

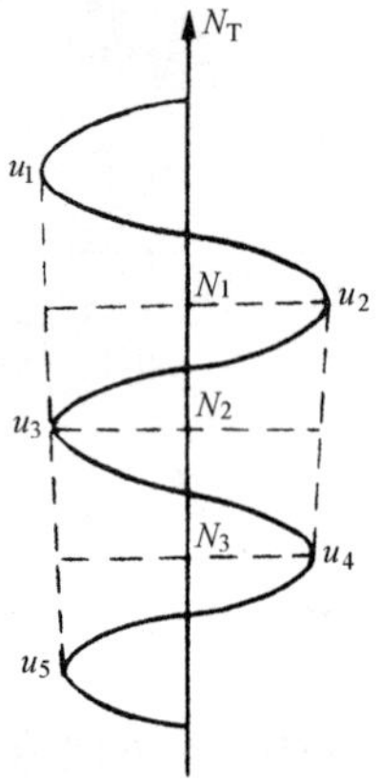

图 4.22 逆转点法

这种测定陀螺真北方向值的方法称为"逆转点法"。

4. 陀螺经纬仪的检验和校正

(1)灵敏部零位的检验和校正。

在陀螺马达没有启动的情况下放下灵敏部,灵敏部因受悬挂带的扭力和在导流丝的弹性作用下也会产生摆动,其平衡位置称悬带零位。该零位应与分划板上"0"线重合,否则就存在零位偏差,使陀螺北的方向值带有误差。

零位检验如下:陀螺经纬仪整平后,固定照准部,在不启动马达时放下灵敏部。观测目镜下光标的摆动,连续读取 5 个逆转点的读数 a_1、a_2、a_3、a_4、a_5,估读到 0.1 格。按式(4.35)计算零位偏差的格数:

$$a_0 = \dfrac{1}{12}(a_1+3a_2+4a_3+3a_4+a_5) \tag{4.35}$$

零位偏差小于±0.5 格时可不予考虑,否则就应对仪器进行校正。校正时可旋下仪器上部的外罩,拨动顶端的校正螺旋,使满足要求。

一般要求在精密定向之前和之后都要进行零位的检验。

(2)仪器常数的测定

由于仪器制造时,陀螺转子的轴线和分划板零线所代表的光轴与经纬仪的视准轴不可能在同一铅垂面内,因此,所测的陀螺方位角 A_T 与真方位角 A 存在一定的差值,这个差值称仪器常数 Δ。仪器常数可在已知真方位角的直线上,测量它的陀螺方位角并进行互相比较得出。

即

$$\Delta = A - A_T \qquad (4.36)$$

如果已知仪器常数 Δ,即可根据陀螺方位角求算直线的真方位角。一般要求在测量之前和之后,在同一已知真方位角的直线上测定仪器常数,并取其平均值对测得的陀螺方位角进行改正。

5. 用陀螺经纬仪测量直线的真方位角

(1) 在直线起点安置经纬仪,对中整平,盘左盘右(一测回)测量直线的方向值 X_1。

(2) 安装陀螺仪,用陀螺经纬仪(或罗盘仪)进行粗略定向,使视线大致指北。

(3) 进行测前零位检验。

(4) 用逆转点法进行精密定向,得出陀螺的北方向值 N_T。

(5) 进行测后零位检验。

(6) 再以盘左盘右测量直线的方向值 X_2,在定向的前后两次所得直线方向值之差不超过 $\pm 20''$ 时,最后取直线的平均方向值 $X = \dfrac{X_1 + X_2}{2}$。

(7) 计算直线的陀螺方位角 A_T,$A_T = X - N_T$。

(8) 计算直线的真方位角 A,$A = A_T + \Delta$。

方位角测量一般应不少于 3 次,最后取其平均值。如果仪器常数为未知,则应在测前和测后测定仪器常数 Δ。

4.6.4　磁方位角的测量

由于地球磁极的位置不断在变动,以及磁针易受周围环境等的影响,所以磁子午线方向不宜作为精确定向的标准方向。但是由于磁方位角的测定很方便,所以在精度要求不高时仍可使用。磁方位角可用罗盘仪测定。

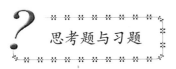
思考题与习题

1. 什么是水平距离? 为什么测量距离的结果都要化算为水平距离?

2. 影响钢尺量距精度的因素有哪些? 如何消除或减弱这些因素的影响?

3. 简述光电测距的基本原理。写出相位法测距的基本公式,并说明公式中各符号的意义。

4. 确定直线的方向时采用的标准方向有哪几种?

5. 直线的方向可用什么来表示? 解释方位角和象限角的概念。

6. 磁偏角与子午线收敛角的定义是什么? 其正负号如何确定?

7. 坐标方位角的定义是什么? 用它来确定直线的方向有什么优点?

8. 用花杆目估定线时, 在距离为 30 m 处花杆中心偏离直线方向为 0.30 m, 由此产生的量距误差为多大?

9. 第8题中, 若用 30 m 钢尺量距时, 钢尺两端高差为 0.30 m, 问由此产生多大的量距误差?

10. 有一把钢尺, 其尺长方程为:

$$l_t = 30 - 0.010 + 1.25 \times 10^{-5} \times 30 \times (t - 20 \text{ °C}) \quad (\text{m})$$

在标准拉力下, 用该尺沿 5°30′ 的斜坡地面量得的名义距离为 400.354 m, 丈量时的平均气温为 6 °C。求实际平距为多少?

11. 用某台测距仪测得某边的斜距 $S_{AB} = 895.760$ m, 测距时量得的气压 $p = 123.989$ kPa, 温度 $t = 15$ °C, 竖直角 $\alpha = 25°30′20″$, 该仪器的气象改正公式为

$$K_\alpha = \left(281.8 - \frac{2.18 \times 10^{-3} \times p}{1 + 0.003\,66t}\right) \times 10^{-6}$$

加常数 $c = +4$ mm, 乘常数 $b = +2 \times 10^{-6}$。求平距 D_{AB}。

12. 不考虑子午线收敛角的影响, 计算表 4.2 中的空白部分。

表 4.2 方位角和象限角的换算

直线名称	正方位角	反方位角	正象限角	反象限角
AB				南西 24°32′
AC			南东 52°56′	
AD		60°12′		
AE	338°14′			

13. 已知 A 点的磁偏角为 $-5°15′$, 过 A 点的真子午线与中央子午线的收敛角 $\gamma = +2′$, 直线 AC 的坐标方位角 $\alpha_{AC} = 110°16′$, 求 AC 的真方位角与磁方位角, 并绘图说明之。

14. 地面上甲乙两地东西方向相距 3 000 m, 甲地纬度为 44°28′, 乙地纬度为 45°32′, 求甲乙两地的子午线收敛角(设地球半径为 6 371 km, 取 $\rho' = 3\,438′$)。

15. 图 4.23 中, 已知 $\alpha_{12} = 65°$, β_2 及 β_3 的角值均标注于图上, 试求 2—3 边的正坐标方位角及 3—4 边的反坐标方位角。

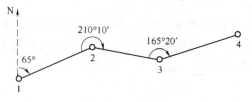

图 4.23 第15题图

5

测量误差的基本知识

本章将围绕测量误差的一些基本知识，系统讲述评定测量精度的指标、误差传播定律、等精度直接观测平差和不等精度直接观测平差等内容。

测量学

☞ 5.1
测量误差概述

5.1.1 测量误差及其来源

在实际的测量工作中,大量实践表明,当对某一未知量进行多次观测时,不论测量仪器有多精密,观测进行得多么仔细,所得的观测值之间总是不尽相同。这种差异都是由于测量中存在误差的缘故。测量所获得的数值称为**观测值**。由于观测中误差的存在而往往导致各观测值与其真实值(简称为**真值**)之间存在差异,这种差异称为**测量误差**(或观测误差)。用 L 代表观测值,X 代表真值,则误差等于观测值 L 减真值 X,即

$$\Delta = L - X \tag{5.1}$$

这种误差通常又称之为**真误差**。

由于任何测量工作都是由观测者使用某种仪器、工具,在一定的外界条件下进行的,所以,观测误差来源于以下三个方面:观测者的视觉鉴别能力和技术水平;仪器、工具的精密程度;观测时外界条件的好坏。通常我们把这三个方面综合起来称为**观测条件**。观测条件将影响观测成果的精度:若观测条件好,则测量误差小,测量的精度就高;反之,则测量误差大,精度就低。若观测条件相同,则可认为精度相同。在相同观测条件下进行的一系列观测称为**等精度观测**;在不同观测条件下进行的一系列观测称为**不等精度观测**。

由于在测量的结果中含有误差是不可避免的,因此,研究误差理论的目的就是要对误差的来源、性质及其产生和传播的规律进行研究,以便解决测量工作中遇到的实际数据处理问题。例如:在一系列的观测值中,如何确定观测量的最可靠值;如何来评定测量的精度;以及如何确定误差的限度等。所有这些问题,运用测量误差理论均可得到解决。

5.1.2 测量误差的分类

测量误差按其性质可分为系统误差和偶然误差两类。

1. 系统误差

在相同的观测条件下,对某一未知量进行一系列观测,若误差的大小和符号保持不变,或按照一定的规律变化,这种误差称为**系统误差**。例如水准仪的视准轴与水准管轴不平行而引起的读数误差,与视线的长度成正比且符号不变;经纬仪因视准轴与横轴不垂直而引起的方向误差,随视线竖直角的大小而变化且符号不变;距离测量尺长不准产生的误差随尺段数成比例增加且符号不变。这些误差都属于系统误差。

系统误差主要来源于仪器工具上的某些缺陷;来源于观测者的某些习惯,例如有些人习惯把读数估读得偏大或偏小;也有来源于外界环境的影响,如风力、温度及大气折光等的影响。

系统误差的特点是具有累积性,对测量结果影响较大,因此,应尽量设法消除或减弱它对测量成果的影响。方法有两种:一是在观测方法和观测程序上采取一定的措施来消除或减弱系统误差的影响。例如在水准测量中,保持前视和后视距离相等,以消除视准轴与水准管轴不平行所产生的误差;在测水平角时,采取盘左和盘右观测取其平均值,以消除视准轴与横轴不垂直所引起的误差。另一种是找出系统误差产生的原因和规律,对测量结果加以改正。例如在钢尺量距中,可对测量结果加尺长改正和温度改正,以消除钢尺长度的影响。

2. 偶然误差

在相同的观测条件下,对某一未知量进行一系列观测,如果观测误差的大小和符号没有明显的规律性,即从表面上看,误差的大小和符号均呈现偶然性,这种误差称为**偶然误差**。例如在水平角测量中照准目标时,可能稍偏左也可能稍偏右,偏差的大小也不一样;又如在水准测量或钢尺量距中估读毫米数时,可能偏大也可能偏小,其大小也不一样,这些都属于偶然误差。

产生偶然误差的原因很多,主要是由于仪器或人的感觉器官能力的限制,如观测者的估读误差、照准误差等,以及环境中不能控制的因素如不断变化着的温度、风力等外界环境所造成。

偶然误差在测量过程中是不可避免的,从单个误差来看,其大小和符号没有一定的规律性,但对大量的偶然误差进行统计分析,就能发现在观测值内部却隐藏着一种必然的规律,这给偶然误差的处理提供了可能性。

测量成果中除了系统误差和偶然误差以外,还可能出现**错误**(有时也称之为**粗差**)。错误产生的原因较多,可能由作业人员疏忽大意、失职而引起,如大数读错、读数被记录员记错、照错了目标等;也可能是仪器自身或受外界干扰发生故障引起的;还有可能是容许误差取值过小造成的。错误对观测成果的影响极大,所以在测量成果中绝对不允许有错误存在。发现错误的方法是:进行必要的重复观测,通过多余观测条件,进行检核验算;严格按照各种测量规范进行作业等。

在测量的成果中,错误可以发现并剔除,系统误差能够加以改正,而偶然误差是不可避免的,它在测量成果中占主导地位,所以测量误差理论主要是处理偶然误差的影响。下面详细分析偶然误差的特性。

5.1.3 偶然误差的特性

偶然误差的特点具有随机性,所以它是一种随机误差。偶然误差就单个而言具有随机性,但在总体上具有一定的统计规律,是服从于正态分布的随机变量。

在测量实践中,根据偶然误差的分布,可以明显地看出它的统计规律。例如在相同的观测条件下,观测了 217 个三角形的全部内角。已知三角形内角之和等于 180°,这是三内角之和的理论值即真值 X，实际观测所得的三内角之和即观测值 L。由于各观测值中都含有偶然误差，因此各观测值不一定等于真值，其差即真误差 Δ。以下分两种方法来分析：

1. 表格法

由式(5.1)计算可得 217 个内角和的真误差，按其大小和一定的区间(本例为 $d_\Delta = 3''$)，分别统计在各区间正负误差出现的个数 k 及其出现的频率 $k/n(n=217)$，列于表 5.1 中。

表 5.1 三角形内角和真误差统计表

误差区间 d_Δ	正 误 差		负 误 差		合 计	
	个数 k	频率 k/n	个数 k	频率 k/n	个数 k	频率 k/n
$0''\sim3''$	30	0.138	29	0.134	59	0.272
$3''\sim6''$	21	0.097	20	0.092	41	0.189
$6''\sim9''$	15	0.069	18	0.083	33	0.152
$9''\sim12''$	14	0.065	16	0.073	30	0.138
$12''\sim15''$	12	0.055	10	0.046	22	0.101
$15''\sim18''$	8	0.037	8	0.037	16	0.074
$18''\sim21''$	5	0.023	6	0.028	11	0.051
$21''\sim24''$	2	0.009	2	0.009	4	0.018
$24''\sim27''$	1	0.005	0	0	1	0.005
$27''$以上	0	0	0	0	0	0
合 计	108	0.498	109	0.502	217	1.000

从表 5.1 中可以看出，该组误差的分布表现出如下规律：小误差出现的个数比大误差多；绝对值相等的正、负误差出现的个数和频率大致相等；最大误差不超过 27″。

实践证明，对大量测量误差进行统计分析，都可以得出上述同样的规律，且观测的个数越多，这种规律就越明显。

2. 直方图法

为了更直观地表现误差的分布，可将表 5.1 的数据用较直观的频率直方图来表示。以真误差的大小为横坐标，以各区间内误差出现的频率 k/n 与区间 d_Δ 的比值为纵坐标，在每一区间上根据相应的纵坐标值画出一矩形，则各矩形的面积等于误差出现在该区间内的频率 k/n。如图 5.1 中有斜线的矩形面积表示误差出现在 $+6''\sim+9''$ 之间的频率，等于 0.069。显然，所有矩形面积的总和等于 1。

可以设想，如果在相同的条件下，所观测的三角形个数不断增加，则误差出现在各区间的频率就趋向于一个稳定值。当 $n\to\infty$ 时，各区间的频率也就趋向于一个完全确定的数值——概率。若无限缩小误差区间，即 $d_\Delta\to0$，则图 5.1 各矩形的上部折线，就趋向于一条以纵轴为对称的光滑曲线，如图 5.2 所示，该曲线称为**误差概率分布曲线**，简称误差分布曲线，在数理统

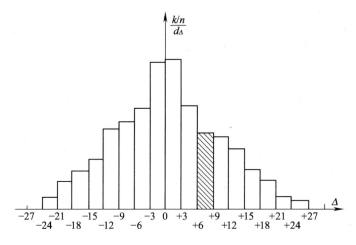

图 5.1 误差分布的频率直方图   图 5.2 误差概率分布曲线

计中,它服从于正态分布,该曲线的方程式为

$$f(\Delta) = \frac{1}{\sigma\sqrt{2\pi}} e^{-\frac{\Delta^2}{2\sigma^2}} \tag{5.2}$$

式中,Δ 为偶然误差;$\sigma(>0)$ 为与观测条件有关的一个参数,称为误差分布的**标准差**,它的大小可以反映观测精度的高低。其定义为

$$\sigma = \lim_{n\to\infty} \sqrt{\frac{[\Delta\Delta]}{n}} \tag{5.3}$$

在图 5.1 中各矩形的面积是频率 k/n。由概率统计原理可知,频率即真误差出现在区间 d_Δ 上的概率 $P(\Delta)$,记为

$$P(\Delta) = \frac{k/n}{d_\Delta} d_\Delta = f(\Delta) d_\Delta \tag{5.4}$$

根据上述图表可以总结出偶然误差具有如下四个特性:

(1) **有限性**:在一定的观测条件下,偶然误差的绝对值不会超过一定的限值。

(2) **集中性**:即绝对值较小的误差比绝对值较大的误差出现的概率大。

(3) **对称性**:绝对值相等的正误差和负误差出现的概率相同。

(4) **抵偿性**:当观测次数无限增多时,偶然误差的算术平均值趋近于零,即

$$\lim_{n\to\infty} \frac{[\Delta]}{n} = 0 \tag{5.5}$$

式中

$$[\Delta] = \Delta_1 + \Delta_2 + \cdots + \Delta_n = \sum_{i=1}^{n} \Delta_i$$

在数理统计中,也称偶然误差的数学期望为零,用公式表示为 $E(\Delta) = 0$。

图 5.2 中的误差分布曲线是对应着某一观测条件的，当观测条件不同时，其相应误差分布曲线的形状也将随之改变。例如图 5.3 所示，曲线 Ⅰ、Ⅱ 为对应着两组不同观测条件得出的两组误差分布曲线，它们均属于正态分布，但从两曲线的形状中可以看出两组观测的差异。当 $\Delta=0$ 时，$f_1(\Delta)=\dfrac{1}{\sigma_1\sqrt{2\pi}}$，$f_2(\Delta)=\dfrac{1}{\sigma_2\sqrt{2\pi}}$。$\dfrac{1}{\sigma_1\sqrt{2\pi}}$、$\dfrac{1}{\sigma_2\sqrt{2\pi}}$ 是这两误差分布曲线的峰值，其中曲线 Ⅰ 的峰值较曲线 Ⅱ 的高，即 $\sigma_1<\sigma_2$，故第 Ⅰ 组观测小误差出现的概率较第 Ⅱ 组的大。

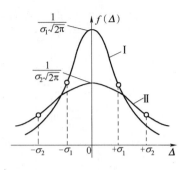

图 5.3　不同精度的误差分布曲线

由于误差分布曲线到横坐标轴之间的面积恒等于 1，所以当小误差出现的概率较大时，大误差出现的概率必然要小。因此，曲线 Ⅰ 表现为较陡峭，即分布比较集中，或称离散度较小，因而观测精度较高。而曲线 Ⅱ 相对来说较为平缓，即离散度较大，因而观测精度较低。

☞ 5.2
评定精度的指标

研究测量误差理论的主要任务之一是要评定测量成果的精度。在图 5.3 中，从两组观测的误差分布曲线可以看出：凡是分布较为密集即离散度较小的，表示该组观测精度较高；而分布较为分散即离散度较大的，则表示该组观测精度较低。用分布曲线或直方图虽然可以比较出观测精度的高低，但这种方法既不方便也不实用。因为在实际测量问题中并不需要求出它的分布情况，而需要有一个数字特征能反映误差分布的离散程度，用它来评定观测成果的精度，就是说需要有评定精度的指标。在测量中评定精度的指标有下列几种。

5.2.1　中误差

由上节可知式(5.3)定义的标准差是衡量精度的一种指标，但那是理论上的表达式。在测量实践中观测次数不可能无限多，因此实际应用中，以有限次观测个数 n 计算出标准差的估值定义为**中误差** m，作为衡量精度的一种标准，计算公式为

$$m=\pm\hat{\sigma}=\pm\sqrt{\frac{[\Delta\Delta]}{n}} \tag{5.6}$$

【例 5.1】　有甲、乙两组各自用相同的条件观测了 6 个三角形的内角，得三角形的闭合差（即三角形内角和的真误差）分别为

（甲）$+3''$、$+1''$、$-2''$、$-1''$、$0''$、$-3''$；

（乙）+6″、−5″、+1″、−4″、−3″、+5″。

试分析两组的观测精度。

【解】 用中误差公式(5.6)计算得

$$m_{甲} = \pm\sqrt{\frac{[\Delta\Delta]}{n}} = \pm\sqrt{\frac{3^2+1^2+(-2)^2+(-1)^2+0^2+(-3)^2}{6}} = \pm2.0''$$

$$m_{乙} = \pm\sqrt{\frac{[\Delta\Delta]}{n}} = \pm\sqrt{\frac{6^2+(-5)^2+1^2+(-4)^2+(-3)^2+5^2}{6}} = \pm4.3''$$

从上述两组结果中可以看出,甲组的中误差较小,所以观测精度高于乙组。而直接从观测误差的分布来看,也可看出甲组观测的小误差比较集中,离散度较小,因而观测精度高于乙组。所以在测量工作中,普遍采用中误差来评定测量成果的精度。

注意:在一组同精度的观测值中,尽管各观测值的真误差出现的大小和符号各异,而观测值的中误差却是相同的,因为中误差反映观测的精度,只要观测条件相同,则中误差不变。

在公式(5.2)中,如果令$f(\Delta)$的二阶导数等于0,可求得曲线拐点的横坐标$\Delta = \pm\sigma \approx m$。也就是说,中误差的几何意义即为偶然误差分布曲线两个拐点的横坐标。从图5.3也可看出,两个观测条件不同的误差分布曲线,其拐点的横坐标值也不同:离散度较小的曲线Ⅰ,其观测精度较高,中误差较小;反之离散度较大的曲线Ⅱ,其观测精度较低,中误差则较大。

5.2.2 相对误差

真误差和中误差都有符号,并且有与观测值相同的单位,它们被称为"绝对误差"。绝对误差可用于衡量那些诸如角度、方向等其误差与观测值大小无关的观测值的精度。但在某些测量工作中,绝对误差不能完全反映出观测的质量。例如,用钢尺丈量长度分别为 100 m 和 200 m 的两段距离,若观测值的中误差都是±2 cm,不能认为两者的精度相等,显然后者要比前者的精度高,这时采用相对误差就比较合理。**相对误差** K 等于误差的绝对值与相应观测值的比值。它是一个不名数,常用分子为 1 的分式表示,即

$$相对误差 = \frac{误差的绝对值}{观测值} = \frac{1}{T}$$

式中当误差的绝对值为中误差 m 的绝对值时,K 称为**相对中误差**。

$$K = \frac{|m|}{D} = \frac{1}{\dfrac{D}{|m|}} \tag{5.7}$$

上例用钢尺丈量长度的例子若用相对误差来衡量,则两段距离的相对误差分别为1/5 000和1/10 000,后者精度较高。在距离测量中还常用往返测量结果的**相对较差**来进行检核。相对较差定义为

$$\frac{|D_{往}-D_{返}|}{D_{平均}}=\frac{|\Delta D|}{D_{平均}}=\frac{1}{\dfrac{D_{平均}}{|\Delta D|}} \tag{5.8}$$

相对较差是真误差的相对误差，它反映的只是往返测的符合程度。显然，相对较差愈小，观测结果的精度愈好。

5.2.3 极限误差和容许误差

1. 极限误差

由偶然误差的特性一可知，在一定的观测条件下，偶然误差的绝对值不会超过一定的限值。这个限值就是极限误差。如何估计出极限误差呢？我们知道，中误差是衡量观测精度的一种指标，它并不能代表个别观测值真误差的大小，但从统计意义上来讲，它们却存在着一定的联系。根据式(5.2)和式(5.4)有

$$P(-\sigma<\Delta<\sigma)=\int_{-\sigma}^{+\sigma}f(\Delta)\mathrm{d}\Delta=\frac{1}{\sigma\sqrt{2\pi}}\int_{-\sigma}^{+\sigma}e^{-\frac{\Delta^2}{2\sigma^2}}\mathrm{d}\Delta\approx0.683$$

上式表示真误差出现在区间$(-\sigma,+\sigma)$内的概率等于0.683，或者说误差出现在该区间外的概率为0.317。

同法可得

$$P(-2\sigma<\Delta<2\sigma)=\int_{-2\sigma}^{+2\sigma}f(\Delta)\mathrm{d}\Delta=\frac{1}{\sigma\sqrt{2\pi}}\int_{-2\sigma}^{+2\sigma}e^{-\frac{\Delta^2}{2\sigma^2}}\mathrm{d}\Delta\approx0.955$$

$$P(-3\sigma<\Delta<3\sigma)=\int_{-3\sigma}^{+3\sigma}f(\Delta)\mathrm{d}\Delta=\frac{1}{\sigma\sqrt{2\pi}}\int_{-3\sigma}^{+3\sigma}e^{-\frac{\Delta^2}{2\sigma^2}}\mathrm{d}\Delta\approx0.997$$

上列三式的概率含义是：在一组等精度观测值中，绝对值大于σ的偶然误差，其出现的概率为31.7%；绝对值大于2σ的偶然误差，其出现的概率为4.5%；绝对值大于3σ的偶然误差，出现的概率仅为0.3%。

在测量工作中，要求对观测误差有一定的限值。若以σ作为观测误差的限值，则将有近32%的观测会超过限值而被认为不合格，显然这样要求过分苛刻。而大于3σ的误差出现的机会只有3‰，在有限的观测次数中，实际上不大可能出现。所以可取3σ作为偶然误差的极限值，称**极限误差**。

$$\Delta_{极}=3\sigma$$

2. 容许误差

在实际工作中，测量规范要求观测中不允许存在较大的误差，可由极限误差来确定测量误差的容许值，称为**容许误差**，并以m代替σ，即

$$\Delta_{容}=3m$$

当要求严格时,也可取两倍的中误差作为容许误差,即

$$\Delta_{容} = 2m$$

如果观测值中出现了大于所规定的容许误差的偶然误差,则认为该观测值不可靠,应舍去不用或重测。

☞ 5.3
误差传播定律

前面已经叙述了评定观测值的精度指标,并指出在测量工作中一般采用中误差作为评定精度的指标。但在实际测量工作中,往往会碰到有些未知量是不可能或者是不便于直接观测的,而可由一些可以直接观测的量,通过函数关系间接计算得出,这些量称为间接观测量。例如用水准仪测量两点间的高差 h,通过后视读数 a 和前视读数 b 来求得 h,即 h=a-b。由于直接观测值中都带有误差,因此未知量也必然受到影响而产生误差。说明观测值的中误差与其函数的中误差之间关系的定律,叫做**误差传播定律**,它在测量学中有着广泛的用途。

5.3.1 误差传播定律

设 Z 是独立观测量 $x_1, x_2, \cdots, x_n$ 的函数,即

$$Z = f(x_1, x_2, \cdots, x_n) \tag{a}$$

式中,$x_1, x_2, \cdots, x_n$ 为直接观测量,它们相应观测值的中误差分别为 $m_1, m_2, \cdots, m_n$,欲求观测值的函数 Z 的中误差 m_z。

设各独立变量 $x_i(i=1,2,\cdots,n)$ 相应的观测值为 L_i,真误差分别为 Δx_i,相应函数 Z 的真误差为 ΔZ。则

$$Z + \Delta Z = f(x_1 + \Delta x_1, x_2, +\Delta x_2, \cdots, x_n + \Delta x_n)$$

因真误差 Δx_i 均为微小的量,故可将上式按泰勒级数展开,并舍去二次及以上的各项,得

$$Z + \Delta Z = f(x_1, x_2, \cdots, x_n) + \left(\frac{\partial f}{\partial x_1} \Delta x_1 + \frac{\partial f}{\partial x_2} \Delta x_2 + \cdots + \frac{\partial f}{\partial x_n} \Delta x_n \right) \tag{b}$$

式(a)减去式(b),得

$$\Delta Z = \frac{\partial f}{\partial x_1} \Delta x_1 + \frac{\partial f}{\partial x_2} \Delta x_2 + \cdots + \frac{\partial f}{\partial x_n} \Delta x_n \tag{c}$$

上式即为函数 Z 的真误差与独立观测值 L_i 的真误差之间的关系式。式中 $\frac{\partial f}{\partial x_i}$ 为函数 Z 分别对各变量 x_i 的偏导数,因为是将观测值($x_i = L_i$)代入偏导数后的值,故均为常数。

若对各独立观测量都观测了 k 次,则可写出 k 个类似于式(c)的关系式

$$\Delta Z^{(1)} = \frac{\partial f}{\partial x_1}\Delta x_1^{(1)} + \frac{\partial f}{\partial x_2}\Delta x_2^{(1)} + \cdots + \frac{\partial f}{\partial x_n}\Delta x_n^{(1)}$$

$$\Delta Z^{(2)} = \frac{\partial f}{\partial x_1}\Delta x_1^{(2)} + \frac{\partial f}{\partial x_2}\Delta x_2^{(2)} + \cdots + \frac{\partial f}{\partial x_n}\Delta x_n^{(2)}$$

$$\vdots$$

$$\Delta Z^{(k)} = \frac{\partial f}{\partial x_1}\Delta x_1^{(k)} + \frac{\partial f}{\partial x_2}\Delta x_2^{(k)} + \cdots + \frac{\partial f}{\partial x_n}\Delta x_n^{(k)}$$

将以上各式等号两边平方后再相加,得

$$[\Delta Z^2] = \left(\frac{\partial f}{\partial x_1}\right)^2[\Delta x_1^2] + \left(\frac{\partial f}{\partial x_2}\right)^2[\Delta x_2^2] + \cdots + \left(\frac{\partial f}{\partial x_n}\right)^2[\Delta x_n^2] +$$

$$\sum_{\substack{i,j=1\\i\neq j}}^{n}\left(\frac{\partial f}{\partial x_i}\right)\left(\frac{\partial f}{\partial x_j}\right)[\Delta x_i\Delta x_j]$$

上式两端各除以 k,得

$$\frac{[\Delta Z^2]}{k} = \left(\frac{\partial f}{\partial x_1}\right)^2\frac{[\Delta x_1^2]}{k} + \left(\frac{\partial f}{\partial x_2}\right)^2\frac{[\Delta x_2^2]}{k} + \cdots + \left(\frac{\partial f}{\partial x_n}\right)^2\frac{[\Delta x_n^2]}{k} +$$

$$\sum_{\substack{i,j=1\\i\neq j}}^{n}\left(\frac{\partial f}{\partial x_i}\right)\left(\frac{\partial f}{\partial x_j}\right)\frac{[\Delta x_i\Delta x_j]}{k} \tag{d}$$

因各变量 x_i 的观测值 L_i 均为彼此独立的观测,则 $\Delta x_i\Delta x_j$ 当 $i\neq j$ 时,亦为偶然误差。根据偶然误差的第四个特性可知,式(d)的末项当 $k\rightarrow\infty$ 时趋近于 0,即

$$\lim_{k\rightarrow\infty}\frac{[\Delta x_i\Delta x_j]}{k} = 0$$

故式(d)可写为

$$\lim_{k\rightarrow\infty}\frac{[\Delta Z^2]}{k} = \lim_{k\rightarrow\infty}\left[\left(\frac{\partial f}{\partial x_1}\right)^2\frac{[\Delta x_1^2]}{k} + \left(\frac{\partial f}{\partial x_2}\right)^2\frac{[\Delta x_2^2]}{k} + \cdots + \left(\frac{\partial f}{\partial x_n}\right)^2\frac{[\Delta x_n^2]}{k}\right]$$

根据中误差的定义,上式可写成

$$\sigma_z^2 = \left(\frac{\partial f}{\partial x_1}\right)^2\sigma_1^2 + \left(\frac{\partial f}{\partial x_2}\right)^2\sigma_2^2 + \cdots + \left(\frac{\partial f}{\partial x_n}\right)^2\sigma_n^2$$

当 k 为有限值时,即

$$m_z^2 = \left(\frac{\partial f}{\partial x_1}\right)^2 m_1^2 + \left(\frac{\partial f}{\partial x_2}\right)^2 m_2^2 + \cdots + \left(\frac{\partial f}{\partial x_n}\right)^2 m_n^2 \tag{5.9}$$

或

$$m_z = \pm \sqrt{\left(\frac{\partial f}{\partial x_1}\right)^2 m_1^2 + \left(\frac{\partial f}{\partial x_2}\right)^2 m_2^2 + \cdots + \left(\frac{\partial f}{\partial x_n}\right)^2 m_n^2} \qquad (5.10)$$

公式(5.9)或(5.10)即为计算函数中误差的一般形式。

从公式的推导过程可以总结出求任意函数中误差的方法和步骤如下：

(1)列出独立观测量的函数式：

$$Z = f(x_1, x_2, \cdots, x_n)$$

(2)求出真误差关系式。对函数式进行全微分，得

$$dZ = \frac{\partial f}{\partial x_1} dx_1 + \frac{\partial f}{\partial x_2} dx_2 + \cdots + \frac{\partial f}{\partial x_n} dx_n$$

因 dZ、dx_1、dx_2、$\cdots$ 都是微小的变量，可看成是相应的真误差 ΔZ、Δx_1、Δx_2、$\cdots$，因此上式就相当于真误差关系式，系数 $\dfrac{\partial f}{\partial x_i}$ 均为常数。

(3)求出中误差关系式。只要把真误差换成中误差的平方，系数也平方，即可直接写出中误差关系式：

$$m_z^2 = \left(\frac{\partial f}{\partial x_1}\right)^2 m_1^2 + \left(\frac{\partial f}{\partial x_2}\right)^2 m_2^2 + \cdots + \left(\frac{\partial f}{\partial x_n}\right)^2 m_n^2$$

按上述方法可导出几种常用的简单函数中误差的公式，见表5.2，计算时可直接应用。

表 5.2 常用函数的中误差公式

函 数 式	函数的中误差
倍数函数 $Z = kx$	$m_z = km_x$
和差函数 $Z = x_1 \pm x_2 \pm \cdots \pm x_n$	$m_z = \pm \sqrt{m_1^2 + m_2^2 + \cdots + m_n^2}$
	若 $m_1 = m_2 = \cdots = m_n$ 时，$m_z = m\sqrt{n}$
线性函数 $Z = k_1 x_1 \pm k_2 x_2 \pm \cdots \pm k_n x_n$	$m_z = \pm \sqrt{k_1^2 m_1^2 + k_2^2 m_2^2 + \cdots + k_n^2 m_n^2}$

5.3.2 应用举例

误差传播定律在测绘领域应用十分广泛，利用它不仅可以求得观测值函数的中误差，而且还可以研究确定容许误差值。下面举例说明其应用方法。

【例 5.2】 在比例尺为 1:500 的地形图上，量得两点的长度 $d = 23.4$ mm，其中误差 $m_d = \pm 0.2$ mm，求该两点的实际距离 D 及其中误差 m_D。

【解】 函数关系式为 $D = Md$，属倍数函数，$M = 500$ 是地形图比例尺分母。

$$D = Md = 500 \times 23.4 = 11\,700 \,(\text{mm}) = 11.7\,(\text{m})$$

$$m_d = Mm_d = 500 \times (\pm 0.2) = \pm 100\,(\text{mm}) = \pm 0.1\,(\text{m})$$

两点的实际距离结果可写为 (11.7 ± 0.1) m。

【例 5.3】 水准测量中,已知后视读数 $a = 1.734$ m,前视读数 $b = 0.476$ m,中误差分别为 $m_a = \pm 0.002$ m,$m_b = \pm 0.003$ m,试求两点的高差及其中误差。

【解】 函数关系式为 $h = a - b$,属和差函数:

$$h = a - b = 1.734 - 0.476 = 1.258 \, (\text{m})$$

$$m_h = \pm \sqrt{m_a^2 + m_b^2} = \pm \sqrt{0.002^2 + 0.003^2} = \pm 0.004 \, (\text{m})$$

两点的高差结果可写为 1.258 m±0.004 m。

【例 5.4】 在斜坡上丈量距离,其斜距 $L = 247.50$ m,中误差 $m_L = \pm 0.05$ m,并测得倾斜角 $\alpha = 10°34'$,其中误差 $m_\alpha = \pm 3'$,求水平距离 D 及其中误差 m_D。

【解】 首先列出函数式

$$D = L\cos \alpha$$

水平距离

$$D = 247.50 \times \cos 10°34' = 243.303 \, (\text{m})$$

这是一个非线性函数,所以对函数式进行全微分,先求出各偏导值如下:

$$\frac{\partial D}{\partial L} = \cos 10°34' = 0.983\,0$$

$$\frac{\partial D}{\partial \alpha} = -L \cdot \sin 10°34' = -247.50 \times \sin 10°34' = -45.386\,4$$

写成中误差形式

$$m_D = \pm \sqrt{\left(\frac{\partial D}{\partial L}\right)^2 m_L^2 + \left(\frac{\partial D}{\partial \alpha}\right)^2 m_\alpha^2}$$

$$= \pm \sqrt{0.983\,0^2 \times 0.05^2 + (-45.386\,4)^2 \times \left(\frac{3'}{3\,438'}\right)^2} = \pm 0.06 \, (\text{m})$$

故得 $D = (243.30 \pm 0.06)$ m。

【例 5.5】 图根水准测量中,已知每次读水准尺的中误差 $m_i = \pm 2$ mm,假定视距平均长度为 50 m,若以 3 倍中误差为容许误差,试求在测段长度为 $L(\text{km})$ 的水准路线上,图根水准测量往返测所得高差闭合差的容许值。

【解】 已知每站观测高差为

$$h = a - b$$

则每站观测高差的中误差为

$$m_h = \sqrt{2}\, m_i = \pm 2\sqrt{2} \quad (\text{mm})$$

因视距平均长度为 50 m,则 1 km 可观测 10 个测站,$L(\text{km})$ 共观测 $10L$ 个测站,$L(\text{km})$ 高差之和为

$$\sum h = h_1 + h_2 + \cdots + h_{10L}$$

$L(\text{km})$高差和的中误差为

$$m_\Sigma = \sqrt{10L}\, m_h = \pm 4\sqrt{5L}\ (\text{mm})$$

往返高差的较差(即高差闭合差)为

$$f_h = \sum h_{往} + \sum h_{返}$$

高差闭合差的中误差为

$$m_{fh} = \sqrt{2}\, m_\Sigma = 4\sqrt{10L}\ (\text{mm})$$

以 3 倍中误差为容许误差,则高差闭合差的容许值为

$$f_{h容} = 3m_{fh} = \pm 12\sqrt{10L} \approx 38\sqrt{L}\ (\text{mm})$$

在前面水准测量的学习中,我们取 $f_{h容} = \pm 40\sqrt{L}\ (\text{mm})$ 作为闭合差的容许值是考虑了除读数误差以外的其他误差的影响(如外界环境的影响、仪器的 i 角误差等)。

5.3.3　注意事项

应用误差传播定律应注意以下两点。

(1)要正确列出函数式

例如:用长 30 m 的钢尺丈量了 10 个尺段,若每尺段的中误差 $m_l = \pm 5$ mm,求全长 D 及其中误差 m_D。全长 $D = 10l = 10 \times 30 = 300$ m,$D = 10l$ 为倍数函数。但实际上全长应是 10 个尺段之和,故函数式应为 $D = l_1 + l_2 + \cdots + l_{10}$(为和差函数)。

用和差函数式求全长中误差,因各段中误差均相等,故得全长中误差为

$$m_D = \sqrt{10}\, m_l = \pm 16\ (\text{mm})$$

若按倍数函数式求全长中误差,将得出

$$m_D = 10m_l = \pm 50\ (\text{mm})$$

按实际情况分析用和差公式是正确的,而用倍数公式则是错误的。

(2)函数式中各个观测值必须相互独立,即互不相关

例如有函数式

$$z = y_1 + 2y_2 + 1 \qquad\qquad\qquad (\text{a})$$

$$y_1 = 3x, \quad y_2 = 2x + 2 \qquad\qquad (\text{b})$$

若已知 x 的中误差为 m_x,求 z 的中误差 m_z。

若直接用公式计算,由式(a)得

$$m_z = \pm\sqrt{m_{y1}^2 + 4m_{y2}^2} \qquad\qquad (\text{c})$$

而

$$m_{y1} = 3m_x, \quad m_{y2} = 2m_x$$

将以上两式代入式(c)得

$$m_z = \pm\sqrt{(3m_x)^2 + 4(2m_x)^2} = 5m_x$$

但上面所得的结果是错误的。因为 y_1 和 y_2 都是 x 的函数,它们不是互相独立的观测值,

因此在式（a）的基础上不能应用误差传播定律。正确的做法是先把式（b）代入式（a），再把同类项合并，然后用误差传播定律计算。

$$z = 3x + 2(2x+2) + 1 = 7x + 5 \Rightarrow m_z = 7m_x$$

☞ 5.4
等精度直接观测平差

当测定一个角度、一点高程或一段距离的值时，按理说观测一次就可以获得该值。但仅有一个观测值，测的对错与否，精确与否，都无从知道。如果进行多余观测，就可以有效地解决上述问题，它可以提高观测成果的质量，也可以发现和消除错误。重复观测形成了多余观测，也就产生了观测值之间互不相等这样的矛盾。如何由这些互不相等的观测值求出观测值的最佳估值，同时对观测质量进行评估，属于"测量平差"所研究的内容。

对一个未知量的直接观测值进行平差，称为**直接观测平差**。根据观测条件，有**等精度直接观测平差**和**不等精度直接观测平差**。平差的结果是得到未知量最可靠的估值，它最接近真值，平差中一般称这个最接近真值的估值为"**最或然值**"，或"**最可靠值**"，有时也称"**最或是值**"，一般用 x 表示。本节将讨论如何求等精度直接观测值的最或然值及其精度的评定。

5.4.1 等精度直接观测值的最或然值

等精度直接观测值的最或然值即是各观测值的算术平均值。用误差理论证明如下：

设对某未知量进行了一组等精度观测，其观测值分别为 L_1、L_2、$\cdots$、L_n，该量的真值设为 X，各观测值的真误差为 Δ_1、Δ_2、$\cdots$、Δ_n，则 $\Delta_i = L_i - X (i=1,2,\cdots,n)$，将各式取和再除以次数 n，得

$$\frac{[\Delta]}{n} = \frac{[L]}{n} - X$$

即

$$\frac{[L]}{n} = \frac{[\Delta]}{n} + X$$

根据偶然误差的第四个特性有

$$\lim_{n \to \infty} \frac{[\Delta]}{n} = 0$$

所以

$$\lim_{n \to \infty} \frac{[L]}{n} = X$$

由此可见,当观测次数 n 趋近于无穷大时,算术平均值就趋向于未知量的真值。当 n 为有限值时,算术平均值最接近于真值,因此在实际测量工作中,将算术平均值作为观测的最后结果。增加观测次数则可提高观测结果的精度。

5.4.2　评定精度

5.4.2.1　观测值的中误差

1. 由真误差来计算

当观测量的真值已知时,可根据中误差的定义[即式(5.6)]

$$m = \pm \sqrt{\frac{[\Delta\Delta]}{n}}$$

由观测值的真误差来计算其中误差。

2. 由改正数来计算

在实际工作中,观测量的真值除少数情况外一般是不易求得的。因此在多数情况下,我们只能按观测值的最或然值来求观测值的中误差。

(1)改正数及其特征

最或然值 x 与各观测值 L_i 之差称为观测值的**改正数**,其表达式为

$$v_i = x - L_i \quad (i = 1, 2 \cdots, n) \tag{5.11}$$

在等精度直接观测中,最或然值 x 即是各观测值的算术平均值,即

$$x = \frac{[L]}{n}$$

显然

$$[v] = \sum_{i=1}^{n} (x - L_i) = nx - [L] = 0 \tag{5.12}$$

上式是改正数的一个重要特征,在检核计算中有用。

(2)公式推导

已知 $\Delta_i = L_i - X$,将此式与式(5.11)相加,得

$$v_i + \Delta_i = x - X \tag{a}$$

令 $x - X = \delta$,则

$$\Delta_i = -v_i + \delta \tag{b}$$

对上面各式两端取平方,再求和

$$[\Delta\Delta] = [vv] - 2\delta[v] + n\delta^2$$

由于 $[v] = 0$,故

$$[\Delta\Delta] = [vv] + n\delta^2 \tag{c}$$

而

$$\delta = x - X = \frac{[L]}{n} - X = \frac{[L-X]}{n} = \frac{[\Delta]}{n}$$

$$\delta^2 = \frac{[\Delta]^2}{n^2} = \frac{1}{n^2}(\Delta_1^2 + \Delta_2^2 + \cdots + \Delta_n^2 + 2\Delta_1\Delta_2 + 2\Delta_2\Delta_3 + \cdots + 2\Delta_{n-1}\Delta_n)$$

$$= \frac{[\Delta\Delta]}{n^2} + \frac{2(\Delta_1\Delta_2 + \Delta_2\Delta_3 + \cdots + \Delta_{n-1}\Delta_n)}{n^2}$$

根据偶然误差的特性,当 $n \to \infty$ 时,上式的第二项趋近于零;当 n 为较大的有限值时,其值远比第一项小,可忽略不计,故

$$\delta^2 = \frac{[\Delta\Delta]}{n^2}$$

代入式(c),得

$$[\Delta\Delta] = [vv] + \frac{[\Delta\Delta]}{n}$$

根据中误差的定义 $m^2 = \frac{[\Delta\Delta]}{n}$,上式可写为

$$nm^2 = [vv] + m^2$$

即

$$m = \pm\sqrt{\frac{[vv]}{n-1}} \tag{5.13}$$

式(5.13)即是等精度观测用改正数计算观测值中误差的公式,又称"白塞尔公式"。

5.4.2.2 最或然值的中误差

一组等精度观测值为 $L_1, L_2, \cdots, L_n$,其中误差相同均为 m,最或然值 x 即为各观测值的算术平均值。则有

$$x = \frac{[L]}{n} = \frac{1}{n}L_1 + \frac{1}{n}L_2 + \cdots + \frac{1}{n}L_n$$

根据误差传播定律,可得出算术平均值的中误差 M 为

$$M^2 = \left(\frac{1}{n^2}m^2\right) \cdot n = \frac{m^2}{n}$$

故

$$M = \frac{m}{\sqrt{n}} \tag{5.14}$$

顾及式(5.13),算术平均值的中误差也可表达如下:

$$M = \pm\sqrt{\frac{[vv]}{n(n-1)}} \tag{5.15}$$

【例5.6】 对某角等精度观测6次,其观测值见表5.3。试求观测值的最或然值、观测值的中误差以及最或然值的中误差。

【解】 由本节可知,等精度直接观测值的最或然值是观测值的算术平均值。

根据式(5.11)计算各观测值的改正数 v_i,利用式(5.12)进行检核,计算结果列于表5.3 中。

根据式(5.13)计算观测值的中误差为

$$m = \pm \sqrt{\frac{[vv]}{n-1}} = \pm \sqrt{\frac{17.5}{6-1}} = \pm 1.87''$$

表5.3　等精度直接观测平差计算

观 测 值	改 正 数 $v('')$	$vv(''^2)$
$L_1 = 75° \ 32' \ 13''$	2.5	6.25
$L_2 = 75° \ 32' \ 18''$	−2.5	6.25
$L_3 = 75° \ 32' \ 15''$	0.5	0.25
$L_4 = 75° \ 32' \ 17''$	−1.5	2.25
$L_5 = 75° \ 32' \ 16''$	−0.5	0.25
$L_6 = 75° \ 32' \ 14''$	1.5	2.25
$x = [L]/n = 75°32'15.5''$	$[v] = 0$	$[vv] = 17.5$

根据式(5.14)计算最或然值的中误差为

$$M = \frac{m}{\sqrt{n}} = \pm \frac{1.87''}{\sqrt{6}} = \pm 0.8''$$

一般袖珍计算器都具有统计计算功能(STAT),能很方便地进行上述计算(参考各计算器的说明书)。

由式(5.14)可以看出,算术平均值的中误差是观测值中误差的 $1/\sqrt{n}$ 倍,这说明算术平均值的精度比观测值的精度要高,且观测次数愈多,精度愈高。所以多次观测取其平均值,是减小偶然误差的影响,提高成果精度的有效方法。当观测的中误差 m 一定时,算术平均值的中误差 M 与观测次数 n 的平方根成反比,如表5.4及图5.4所示。

表5.4　观测次数与算术平均值中误差的关系

观测次数 n	算术平均值的中误差 M
2	0.71 m
4	0.50 m
6	0.41 m
10	0.32 m
20	0.22 m

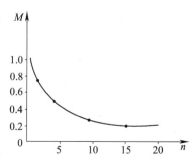

图5.4　算术平均值的中误差与观测次数的关系

从表5.4及图5.4可以看出观测次数 n 与 M 之间的变化关系。n 增加时,M 减小;当 n 达到一定数值后,再增加观测次数,工作量增加,但提高精度的效果就不太明显了。故不能单纯靠增加观测次数来提高测量成果的精度,而应设法提高单次观测的精度,如使用精度较高的仪器、提高观测技能或在较好的外界条件下进行观测。

☞ 5.5
不等精度直接观测平差

5.5.1 不等精度观测值的权

前面讨论的是等精度观测值的处理方法。若对同一个未知量进行不等精度观测时,各观测值的精度是不同的,就不能采用前面的方法即将算术平均值作为未知量的最或然值,而应该考虑到各个观测值的质量,即可靠程度。在处理不同精度的观测成果时,对于精度较高的观测值,应给予较大的信赖,反之,对于精度较低的观测值,则应给予较小的信赖。为此要对各个观测值给定一个数值,以表达它们的可靠程度,这个数值称为**权**,通常用 p 表示。精度高的观测值,权的数值就大,反之,精度低的权就小。权是衡量观测质量高低的数值。

设对某未知量分两组进行观测,第一组测 4 次,观测值为 L_1'、L_2'、L_3'、L_4',第二组测 2 次,观测值为 L_1''、L_2'',它们都是等精度观测,则其最后结果应为

$$x = \frac{L_1' + L_2' + L_3' + L_4' + L_1'' + L_2''}{6}$$

如果分组计算,两组分别取算术平均值作为各组最后观测值,即

$$x_1 = \frac{L_1' + L_2' + L_3' + L_4'}{4}, \quad x_2 = \frac{L_1'' + L_2''}{2}$$

对值 x_1、x_2 来说彼此是不等精度观测,按分组结果取加权平均值,因 x_1 是 4 次观测值的平均值,x_2 是 2 次观测值的平均值,所以 x_1 的精度比 x_2 高。如果取观测次数为 x_1、x_2 的权,则 x_1 的权为 4,x_2 的权为 2,得加权平均值为

$$x = \frac{4x_1 + 2x_2}{4 + 2} = \frac{L_1' + L_2' + L_3' + L_4' + L_1'' + L_2''}{6}$$

这说明不等精度观测值的权数如得当,则按加权平均求得的值是最合理的。若把 x_1、x_2 的权按观测次数缩小 2 倍,即 $p_1 = 2$,$p_2 = 1$,或放大两倍,即 $p_1 = 8$,$p_2 = 4$,最后的结果是不变的。所以权具有相对性,其数值可以变动,但其比值不变,如 $p_1 : p_2 = 4 : 2 = 2 : 1$。

5.5.2　权与中误差的关系

权与中误差不同。权与精度成正比,中误差与精度成反比;中误差具有绝对性,当一组观测值一经测定后,即观测精度已经确定,亦即观测值中误差的数值已经确定,而权具有相对性,它们的数值可以改变,但它们之间的比值保持不变;中误差同时带有正负号,权永为正值。

观测精度的高低既然都可以用权和中误差来表示,它们之间必可建立一定的关系,即可以根据中误差来定义观测结果的权。设不等精度观测值的中误差分别为 $m_1,m_2,\cdots,m_n$,相对应的权可用式(5.16)来定义:

$$p_1=\frac{\lambda}{m_1^2},\ p_2=\frac{\lambda}{m_2^2},\ \cdots,\ p_n=\frac{\lambda}{m_n^2} \tag{5.16}$$

其中 λ 为大于 0 的常数。

由此可见,权与中误差的平方成反比。在确定一组观测值的权时,λ 只能选用一个定值,故各观测值权的比例关系不变,即

$$p_1:p_2:\cdots:p_n=\frac{\lambda}{m_1^2}:\frac{\lambda}{m_2^2}:\cdots:\frac{\lambda}{m_n^2} \tag{5.17}$$

或

$$p_1m_1^2=p_2m_2^2=\cdots=p_1m_n^2=\lambda \tag{5.18}$$

例如设以不等精度观测某角度,各观测结果的中误差分别为:$m_1=\pm1''$,$m_2=\pm2''$,$m_3=\pm3''$,则它们的权各为

$$\lambda=1^{('')2}\ 时,\ p_1=\frac{\lambda}{m_1^2}=1,\ p_2=\frac{\lambda}{m_2^2}=\frac{1}{4},\ p_3=\frac{\lambda}{m_3^2}=\frac{1}{9}$$

$$\lambda=4^{('')2}\ 时,\ p_1=\frac{\lambda}{m_1^2}=4,\ p_2=\frac{\lambda}{m_2^2}=1,\ p_3=\frac{\lambda}{m_3^2}=\frac{4}{9}$$

$$\lambda=36^{('')2}\ 时,\ p_1=\frac{\lambda}{m_1^2}=36,\ p_2=\frac{\lambda}{m_2^2}=9,\ p_3=\frac{\lambda}{m_3^2}=4$$

上述几组权的数值不同,但权的比例关系不变。

5.5.3　单位权中误差

式(5.16)中,如果 $\lambda=m_1^2$,则 $p_1=1$,那么这个为一个单位的权称为**单位权**,与这个单位权相对应的中误差 m_1 称为**单位权中误差**,一般用 m_0 表示(有时也用 μ 表示)。对于中误差为 m_i 的观测值,其权 p_i 为

$$p_i=\frac{m_0^2}{m_i^2}\quad(i=1,2,\cdots,n) \tag{5.19}$$

则相应中误差的另一表达式可写为

$$m_i = m_0 \sqrt{\frac{1}{p_i}} \quad (i = 1, 2, \cdots, n) \tag{5.20}$$

在实际作业中，必须求出单位权中误差，若要求出某结果的中误差，只需求出某结果的权倒数，即可按式(5.20)计算出来。

定权时，通常取一次观测、一测回、1 km 长线路、1 m 长的测量误差为单位权中误差。

5.5.4 测量中常用的定权方法

1. 水准测量定权

假设在某水准路线中每测站的观测精度相同，其高差中误差设为 $m_{\text{站}}$。若第 i 段水准路线共观测了 n_i 站，由误差传播定律，得该段高差和的中误差 $m_i = m_{\text{站}} \sqrt{n_i}$。如取 C 个测站的高差中误差为单位权中误差，即 $m_0 = m_{\text{站}} \sqrt{C_i}$，则由式(5.19)得第 i 段水准路线观测高差的权为

$$p_i = \frac{m_0^2}{m_i^2} = \frac{C}{n_i} \tag{5.21}$$

上式说明，**当各测站观测值为等精度时，各水准路线的权与测站数成反比**。同理可得，**当各测站观测值为等精度时，各水准路线的权与路线长度成反比**。

2. 角度测量定权

设对某角度进行等精度观测，一测回的观测中误差为 m，则 n 测回的算术平均值的中误差 $M = \frac{m}{\sqrt{n}}$。如取 C 个测回算术平均值的中误差为单位权中误差，即 $m_0 = \frac{m}{\sqrt{C}}$，则 n_i 个测回算术平均值的权为

$$p_i = \frac{m_0^2}{m_i^2} = \frac{n_i}{C} \tag{5.22}$$

式(5.22)说明，**当每测回观测值为等精度时，角度观测值的权与测回数成正比**。

3. 距离测量定权

设距离丈量中单位距离(1 km)的丈量精度相等，其中误差设为 m，则 s(km)的丈量中误差 $m_s = m \sqrt{s}$。如取 C(km)距离丈量的中误差为单位权中误差，即 $m_0 = m \sqrt{C}$，则 s(km)距离丈量的权为

$$p_i = \frac{m_0^2}{m_i^2} = \frac{C}{s} \tag{5.23}$$

式(5.23)说明，**当每单位距离丈量为等精度时，距离丈量的权与长度成反比**。

从上述定权的方法可以看出，在定权时，无需预先确定各观测值中误差的具体数值，可根据观测方法由观测条件对精度指标做出估计后确定。

5.5.5 不等精度直接观测值的最或然值及其中误差

设对某一未知量进行了 n 次不等精度观测,观测值为 $L_1,L_2,\cdots,L_n$,其相对应的权为 p_1, $p_2,\cdots,p_n$,则加权平均值为不等精度观测值的最或然值,其计算公式可写为

$$x=\frac{[pL]}{[p]}=\frac{p_1L_1+p_2L_2+\cdots+p_nL_n}{p_1+p_2+\cdots+p_n} \tag{5.24}$$

下面计算最或然值的中误差 M。式(5.24)可写为

$$x=\frac{p_1}{[p]}L_1+\frac{p_2}{[p]}L_2+\cdots+\frac{p_n}{[p]}L_n$$

根据误差传播定律,可得 x 的中误差 M 为

$$M^2=\frac{p_1^2}{[p]^2}m_1^2+\frac{p_2^2}{[p]^2}m_2^2+\cdots+\frac{p_n^2}{[p]^2}m_n^2$$

式中,$m_1,m_2,\cdots,m_n$ 分别为 $L_1,L_2,\cdots,L_n$ 的中误差。

由于

$$p_1m_1^2=p_2m_2^2=\cdots=p_nm_n^2=m_0^2 \quad (m_0\text{ 为单位权中误差})$$

故有

$$M^2=\frac{p_1}{[p]^2}m_0^2+\frac{p_2}{[p]^2}m_0^2+\cdots+\frac{p_n}{[p]^2}m_0^2=\frac{m_0^2}{[p]}$$

即

$$M=\frac{m_0}{\sqrt{[p]}} \tag{5.25}$$

单位权中误差 m_0 可由各观测值的真误差 $\Delta_i(i=1,2,\cdots,n)$ 来计算,公式为

$$m_0=\pm\sqrt{\frac{[p\Delta\Delta]}{n}} \tag{5.26}$$

式(5.26)代入式(5.25),可得

$$M=\pm\sqrt{\frac{[p\Delta\Delta]}{[p]n}} \tag{5.27}$$

在多数情况下,真误差是不能求得的,所以常用改正数来计算单位权中误差。此时,单位权中误差可按式(5.28)计算

$$m_0=\pm\sqrt{\frac{[pv v]}{n-1}} \tag{5.28}$$

$[pv]=0$ 用于检核改正数计算是否有误。

将式(5.28)代入式(5.25),可得

$$M=\pm\sqrt{\frac{[pvv]}{[p](n-1)}} \qquad (5.29)$$

【例 5.8】 如图 5.5 所示,在水准测量中,已知从三个
已知高程点 A、B、C 出发得 O 点的三个高程观测值 H_i 及各
水准路线的长度 L_i,求 O 点高程的最或然值 H_o 及其中误
差 M。

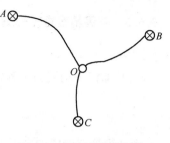

图 5.5　水准测量路线图

【解】 权与观测值的精度成正比,而在水准测量中,观
测值的精度与水准路线的长度成反比,即观测值的权与水准路线的长度成反比,所以可按水准
路线长度的倒数来确定权。取 $p_i=1/L_i$ 为各观测值的权,计算在表 5.5 中进行。

表 5.5　不等精度直接观测平差计算

测段	高程观测值 H_i(m)	路线长度 L_i(km)	权 $p_i=1/L_i$	改正数 v(mm)	pv(mm)	pvv(mm²)
$A\sim O$	16.340	5.0	0.2	0	0	0
$B\sim O$	16.345	2.5	0.4	-5	-2.0	10.0
$C\sim O$	16.336	2.0	0.5	4	2.0	8.0
	$x=16.340$		$[p]=1.1$		$[pv]=0$	$[pvv]=18.0$

根据式(5.24),O 点高程的最或然值为

$$H_o=\frac{p_1H_1+p_2H_2+p_3H_3}{p_1+p_2+p_3}=16.340(\text{m})$$

根据式(5.28),单位权中误差为

$$m_0=\pm\sqrt{\frac{[pvv]}{n-1}}=\pm\sqrt{\frac{18.0}{2}}=\pm3(\text{mm})$$

根据式(5.25)或直接用式(5.29),最或然值中误差为

$$M=\frac{m_0}{\sqrt{[p]}}=\pm\sqrt{\frac{[pvv]}{[p](n-1)}}=\pm2.86(\text{mm})$$

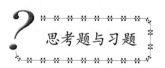

思考题与习题

1. 何谓系统误差? 系统误差有何特性? 如何减弱或消除?

2. 何谓偶然误差? 偶然误差有何特性? 如何减弱或消除?

3. 说明由下列原因所产生的各种误差的性质及消减方法:

水准测量时水准仪望远镜的视差、气泡没有精确符合,水准仪的视准轴与水准管轴不平行,估读水准尺不准,水准尺没直立,水准仪下沉,尺垫下沉;钢尺量距时钢尺尺长不准,温度变化,拉力变化,定线不准,对点及投点误差;角度测量时经纬仪的主要轴线互相不垂直,经纬仪对中不准,目标偏心,读数误差,照准误差。

4. 何谓等精度观测和不等精度观测?

5. 何谓权?其作用是什么?权和中误差有何关系?

6. 试根据偶然误差的第四个特性,说明等精度观测值的最或然值是各观测值的算术平均值。

7. 用钢尺丈量两条直线,第一条长 1 000 m,第二条长 350 m,中误差均为±30 mm,问哪一条的精度高?用经纬仪测两个角,$\angle A = 40°\ 16.3'$,$\angle B = 20°\ 16.3'$,中误差均为±0.2′,问哪个角精度高?

8. 在 $\triangle ABC$ 中,已测出 $\angle A = 40°00' \pm 3'$,$\angle B = 60°00' \pm 4'$,求 $\angle C$ 的值及其中误差。

9. 测定一水池的半径为 7.525 m,其中误差为±0.006 m,试求出该水池面积及其中误差。

10. 测定一长方形厂房基地,长为(1 000±0.012)m,宽为(100±0.008)m,试求该厂房面积及其中误差。

11. 测得两点之间的斜距 $S = (29.992 \pm 0.003)$ m,高差 $h = (2.050 \pm 0.050)$ m,试求两点间的平距 D 及其中误差。

12. 等精度观测一个 n 边形的各个内角,测角中误差 $m = \pm 20''$,若容许误差为中误差的 2 倍,求该 n 边形角度闭合差 f_β 的容许值 $f_{\beta容}$。

13. 求 100 m² 正方形的土地面积,要求准确至 0.1 m²,如果正方形的直角测量没有误差,则边长的测定值应准确到多少?

14. 等精度观测某一线段 6 次,其观测值分别为:346.535 m,346.548 m,346.524 m,346.546 m,346.550 m,346.537 m,试求该线段长度的最或然值及其中误差。

15. 对某角等精度观测 12 次,得其算术平均值的中误差为±0.57″,问再增测多少次其最或然值的精度小于±0.30″?

16. 用同一台经纬仪以不同的测回数观测某水平角,各组最后结果分别为 $\beta_1 = 23°13'36''$(4 测回),$\beta_2 = 23°13'30''$(6 测回),$\beta_3 = 23°13'26''$(8 测回),试求这个角度的最或然值及其中误差,一测回观测值的中误差。

6

小地区控制测量

控制测量是一切测量工作的基础。本章主要介绍小地区控制测量常用方法的外业工作和有关的内业计算。平面控制测量的主要内容为:导线测量、小三角测量及各种交会测量。高程控制测量的主要内容为:三、四等水准测量及三角高程测量。

测量学

☞ 6.1
控制测量概念

在绪论中已讲过,测量工作的组织原则是"从整体到局部"、"先控制后碎部"。其含义就是在测区内先建立测量控制网来控制全局,然后根据控制网测定控制点周围的地形或进行建筑施工放样。这样不仅可以保证整个测区有一个统一的、均匀的测量精度,而且可以加快测量进度。

所谓控制网,就是在测区内选择一些有控制意义的点(称为控制点)构成的几何图形。按控制网的功能可分平面控制网和高程控制网。按控制网的规模可分为国家控制网、城市控制网、小区域控制网和图根控制网。测定控制网平面坐标的工作称为平面控制测量;测量控制网高程的工作称为高程控制测量。

6.1.1 国家控制网

国家控制网又称基本控制网,即在全国范围内按统一的方案建立的控制网,它是全国各种比例尺测图的基本控制。它用精密仪器、精密方法测定,并进行严格的数据处理,最后求定控制点的平面位置和高程。

国家控制网按其精度可分为一、二、三、四等四个级别,而且是由高级向低级逐级加以控制。就平面控制网而言,先在全国范围内,沿经纬线方向布设一等网,作为平面控制骨干。在一等网内再布设二等控制网,作为全面控制的基础。为了其他工程建设的需要,再在二等网的基础上加密三、四等控制网(图6.1)。建立国家平面控制网,主要是用三角测量、精密导线测量和 GPS 测量的方法。对国家高程控制网,首先是在全国范围内布设沿纵、横方向的一等水准路线,在一等水准路线上布设二等水准闭合或附合路线,再在二等水准环路上加密三、四等闭合或附合水准路线(图6.2)。国家高程控制测量主要采用精密水准测量的方法。

国家一、二级控制网,除了作为三、四级控制网的依据外,它还为研究地球形状和大小以及其他科学提供依据。

6.1.2 城市控制网

城市控制网是在国家控制网的基础上建立起来的,目的在于为城市规划、市政建设、工业民用建筑设计和施工放样服务。城市控制网建立的方法与国家控制网相同,只是控制网的精度有所不同。为了满足不同目的及要求,城市控制网也要分级建立。

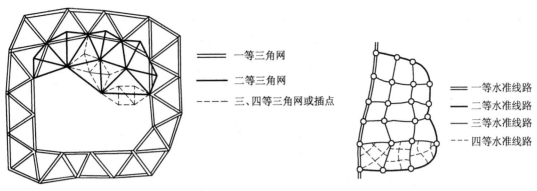

| 图 6.1　国家平面控制网 | 图 6.2　国家高程控制网 |

国家控制网和城市控制网均由专门的测绘单位承担测量。控制点的平面坐标和高程,由测绘部门统一管理,为社会各部门服务。

6.1.3　小区域控制网

所谓**小区域控制网**,是指在面积小于 15 km² 范围内建立的控制网。小区域控制网原则上应与国家或城市控制网相连,形成统一的坐标系和高程系。但当连接有困难时,为了满足建设的需要,也可以建立独立控制网。小区域控制网也要根据面积大小分级建立,主要采用一、二、三级导线测量,一、二级小三角网测量或一、二级小三边网测量,其面积和等级的关系见表 6.1。

表 6.1　小区域控制网的建立

测　区　面　积	首　级　控　制	图　根　控　制
2~15 km²	一级小三角或一级导线	二级图根控制
0.5~2 km²	二级小三角或二级导线	二级图根控制
0.5 km² 以下	图根控制	

6.1.4　图根控制网

直接为测图目的建立的控制网称**图根控制网**。图根控制网的控制点又称图根点。图根控制网也应尽可能与上述各种控制网连接,形成统一系统。个别特困难地区连接有困难时,也可建立独立图根控制网。由于图根控制专为测图而做,所以图根点的密度和精度要满足测图要求。表 6.2 是对平坦开阔地区图根点密度的规定。对山区或特别困难地区,图根点的密度可适当增大。

表6.2 开阔地区图根点的密度

测图比例尺	1∶500	1∶1 000	1∶2 000	1∶5 000
图根点个数/km²	150	50	15	5
50 cm×50 cm 图幅图根点个数	9～10	12	15	20

☞ **6.2**

导 线 测 量

6.2.1 概 述

导线测量是进行平面控制测量的主要方法之一,它适用于平坦地区、城镇建筑密集区及隐蔽地区。由于光电测距仪及全站仪的普及,导线测量的应用日益广泛。

导线就是在地面上按一定要求选择一系列控制点,将相邻点用直线连接起来构成的折线。折线的顶点称为**导线点**,相邻点间的连线称为**导线边**。导线分精密导线和普通导线,前者用于国家或城市平面控制测量,而后者多用于小区域和图根平面控制测量。

导线测量就是测量导线各边长和各转折角,然后根据已知数据和观测值计算各导线点的平面坐标。用经纬仪测角和钢尺量边的导线称为**经纬仪导线**。用光电测距仪测边的导线称为**光电测距导线**。用于测图控制的导线称**图根导线**,此时的导线点又称**图根点**。

6.2.2 导线的布设形式

根据测区的地形以及已知高级控制点的情况,导线可布设成以下几种形式。

1. 附合导线

起始于一个高级控制点,最后附合到另一高级控制点的导线称为**附合导线**(图6.3)。

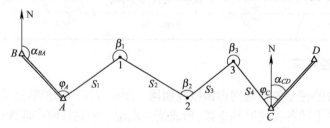

图6.3 附合导线

由于附合导线附合在两个已知点和两个已知方向上,所以具有检核条件,图形强度好,是小区域控制测量的首选方案。

2. 闭合导线

起、止于同一已知高级控制点,中间经过一系列的导线点,形成一闭合多边形,这种导线称**闭合导线**(图6.4)。闭合导线也有图形检核条件,是小区域控制测量的常用布设形式。

但由于它起、止于同一点,产生图形整体偏转不易发现,因而图形强度不及附合导线。

3. 支导线

导线从一已知控制点开始,既不附合到另一已知点,又不回到原来起始点,称**支导线**(图6.5)。支导线没有图形检核条件,因此发生错误不易发现,一般只能用在无法布设附合或闭合导线的少数特殊情况,并且要对导线边长和边数进行限制。

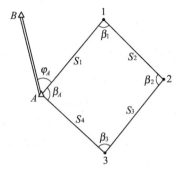

图6.4 闭合导线

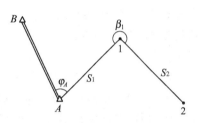

图6.5 支导线

以上三种是常用的布设形式,除此以外根据具体情况还可以布设成结点导线形式(图6.6)和环形导线形式(图6.7)。

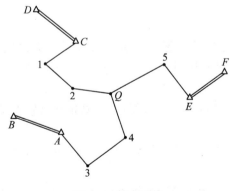

图6.6 结点导线

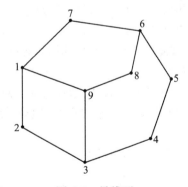

图6.7 导线环

6.2.3 导线测量的技术要求

表6.3是《工程测量标准》中对小区域和图根导线测量的技术要求。

表6.3   小区域和图根导线测量的技术要求

等级	测图比例尺	附合导线长度(m)	平均边长(m)	测距相对中误差	测角中误差(")	导线全长相对中误差	测回数 DJ₂	测回数 DJ₆	角度闭合差(")
一级		2 500	250	1/20 000	±5	1/15 000	2	4	$\pm10\sqrt{n}$
二级		1 800	180	1/15 000	±8	1/10 000	1	3	$\pm16\sqrt{n}$
三级		1 200	120	1/10 000	±12	1/5 000	1	2	$\pm24\sqrt{n}$
图根	1:500	500	75	1/3 000	±20	1/2 000		1	$\pm60\sqrt{n}$
	1:1 000	1 000	110						
	1:2 000	2 000	180						

在表6.3中,图根导线的平均边长和导线的总长度是根据测图比例尺确定的。因为图根导线点是测图时的测站点,测图中要求两相邻测站点上测定同一地物作为检核,而测1:500地形图时,规定测站到地物的最大距离为40 m,即两测站之间的最大距离为80 m,所以对应的导线边最长为80 m,表中规定平均边长为75 m。测图中又规定点位中误差不大于图上0.5 mm,对1:500地形图上0.5 mm对应的实际点位误差为0.25 m。如果把0.25 m视为导线的全长闭合差,根据全长相对闭合差则导线的全长为500 m。

6.2.4   导线测量的外业工作

导线测量工作分为外业和内业,外业工作主要是布设导线,通过实地测量获取导线的有关数据,其具体工作包括以下几方面。

6.2.4.1   选   点

导线点的选择一般是利用测区内已有地形图,先在图上选点,拟定导线布设方案,然后到实地踏勘,落实点位。当测区不大或无现成的地形图可利用时,可直接到现场,边踏勘,边选点。不论采用什么方法,选点时应注意下列几点:

(1)相邻点间通视要良好,地势平坦,视野开阔,其目的在于方便量边、测角和有较大的控制范围;

(2)点位应放在土质坚硬且安全的地方,其目的在于能稳固地安置经纬仪和有利于点位的保存;

(3)导线边长应符合表6.3的要求,导线边长应大致相等,相邻边长差不宜过大,点的密度要符合表6.2的要求,且均匀分布于整个测区。

当点位选定后,应马上建立和埋设标志。标志的形式可以是临时性标志,如图6.8所示,即在点位上打入7 cm×7 cm×40 cm的木桩,在桩顶钉一钉子或刻画"+"字,以示点位。如果需要长期保存点位,可以制成永久性标志,如图6.9所示,即埋设混凝土桩,在桩中心的钢筋顶面上刻"+"字,以示点位。

标志埋设好后,对作为导线点的标志要进行统一编号,并绘制导线点与周围固定地物的相关位置图,称为**点之记**,如图 6.10 所示,作为今后找点的依据。

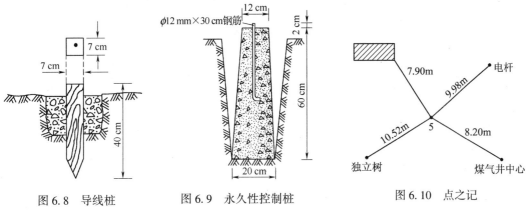

图 6.8　导线桩　　　图 6.9　永久性控制桩　　　图 6.10　点之记

6.2.4.2　测　角

测角就是测导线的转折角。转折角以导线点序号前进方向分为左角和右角。对附合导线和支导线测左角或右角均可,但全线必须统一。对闭合导线,都应测闭合多边形的内角。

对导线角度测量的有关技术要求,可参考表 6.3。图根导线测量一般用 J_6 经纬仪测一个测回。上、下半测回较差不大于 40″时,即可取平均值作为角值。

当测站上只有两个观测方向,即测单角时,用测回法观测;当测站上有三个观测方向时,用方向测回法观测,可以不归零;当观测方向超过三个时,方向测回法观测一定要归零。

6.2.4.3　量　边

导线边长一般要求用检定过的钢尺进行往、返丈量。对图根导线测量,通常也可以沿同一方向丈量两次。当尺长改正数小于尺长的万分之一,测量时的温度与钢尺检定时的温度差小于 ±10℃,边的倾斜小于 1.5% 时,可以不加三项改正,以其相对中误差不大于 1/3 000 为限差,直接取平均值即可。当然,如果有条件,可用光电测距仪测量边长,既能保证精度,又省时、省力。

6.2.4.4　连　测

导线连测目的在于把已知点的坐标系传递到导线上来,使导线点的坐标与已知点的坐标形成统一系统。由于导线与已知点和已知方向连接的形式不同,连测的内容也不相同。

在图 6.3、图 6.4、图 6.5 中只需测连接角 φ_A、φ_C,在图 6.11 中,除了测连接角 φ_A、φ_1 外还要测连接边 D_{A1}。连测工作可与导线测角、量边同时进行,精度要求相同。如果建立的是独立坐标系

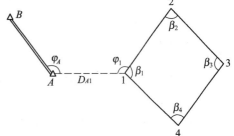

图 6.11　边、角连测

的导线,则要先假定导线某一点的坐标值和某一条边的坐标方位角,方能进行坐标计算。

6.2.5 导线测量的内业工作

导线测量的内业工作就是内业计算,又称导线平差计算,即用科学的方法处理测量数据,合理地分配测量误差,最后求出各导线点的坐标值。

为了保证计算的正确性和满足一定的精度要求,计算之前应注意两点:一是对外业测量成果进行复查,确认没有问题,方可在专用计算表格上进行计算;二是对各项测量数据和计算数据取到足够位数。对小区域和图根控制测量的所有角度观测值及其改正数取到整秒;距离、坐标增量及其改正数和坐标值均取到厘米。取舍原则:"四舍六入,五前单进双舍",即保留位后的数大于五就进,小于五就舍,等于五时则看保留位上的数是单数就进,是双数就舍。

6.2.5.1 闭合导线计算

图 6.12 是实测图根闭合导线,图中各项数据是从外业观测手簿中获得的。已知 A2 边的坐标方位角为 $97°58'08''$,$x_A = 5\ 032.70$ m,$y_A = 4\ 537.66$ m,现结合本例说明闭合导线的计算步骤如下:

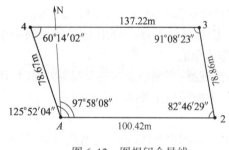

图 6.12 图根闭合导线

1. 表中填入已知数据和观测数据

将已知边 A2 的坐标方位角填入表 6.4 中第 5 栏,已知点 A 的坐标值填入表 6.4 中第 11、12 栏,并在已知数据下边用红线或双线示明。将角度和边长观测值分别填入表 6.4 中第 2、6 栏。

2. 角度闭合差的计算与调整

对于任意多边形,其内角和理论值的通项式可写成:

$$\sum \beta_{理} = (n-2) \times 180°$$

由于此闭合导线为四边形,所以其内角和的理论值为 $(4-2) \times 180° = 360°$。如果用 $\sum \beta_{测}$ 表示四边形内角实测之和,由于存在测量误差,使得 $\sum \beta_{测}$ 不等于 $\sum \beta_{理}$,二者之差称为闭合导线的**角度闭合差**,通常用 f_β 表示,即

$$f_\beta = \sum \beta_{测} - \sum \beta_{理} = \sum \beta_{测} - (n-2) \times 180° \tag{6.1}$$

根据误差理论,一般情况下,f_β 不会超过一定的界限,称之为**容许闭合差**或闭合差限差,如果用 $f_{\beta容}$ 表示这个界限值,那么当:$f_\beta \leqslant f_{\beta容}$ 时,导线的角度测量是符合要求的,否则要对计算进行全面检查,若计算没有问题,就要对角度进行重测。本例 $f_\beta = +58''$。根据表 6.3 可知,$f_{\beta容} = \pm 60'' \sqrt{n} = \pm 120''$,则有 $f_\beta < f_{\beta容}$,所以观测成果合格。

虽然 $f_\beta < f_{\beta容}$,但 f_β 的存在,就是存在矛盾。因此,要根据误差理论,设法消除 f_β 的这项工作称为角度闭合差的调整。调整前提是假定所有角的观测误差是相等的,调整的方法是将 f_β 反符号平均分配到每个观测角上,即每个观测角改正 $-f_\beta/n$ (n 为观测角的个数)。

这项计算填在表6.4中第3栏,并以改正数总和等于$-f_\beta$作为检核。再将角度观测值加改正数求得改正后的角度值,填入表6.4中第4栏,并以改正后角度总和等于理论值作为计算检核。

表 6.4　闭合导线坐标计算表

点号	观测左角 ° ′ ″	改正数 ″	改正后角值 ° ′ ″	坐标方位角 ° ′ ″	距离 (m)	坐标增量 Δx (m)	坐标增量 Δy (m)	改正后坐标增量 $\Delta x'$ (m)	改正后坐标增量 $\Delta y'$ (m)	坐标 x (m)	坐标 y (m)
1	2	3	4	5	6	7	8	9	10	11	12
A										<u>5 032.70</u>	<u>4 537.66</u>
				<u>97 58 08</u>	100.42	+3 -13.92	-3 99.45	-13.89	99.42		
2	82 46 29	-14	82 46 15							5 018.81	4 637.08
				0 44 23	78.86	+2 78.85	-3 1.02	78.87	0.99		
3	91 08 23	-15	91 08 08							5 097.68	4 638.07
				271 52 31	137.22	+4 4.49	-4 -137.15	4.53	-137.19		
4	60 14 02	-14	60 13 48							5 102.21	4 500.88
				152 06 19	78.67	+2 -69.53	-3 36.81	-69.51	36.78		
A	125 52 04	-15	125 51 49							<u>5 032.70</u>	<u>4 537.66</u>
				<u>97 58 08</u>							
2											
Σ	360 00 58	-58	360 00 00		395.17	f_x=-0.11	f_y=0.13	0	0		

辅助计算

$\sum\beta_{测}=360°00'58''$，$\sum\beta_{理}=360°00'00''$

$f_\beta=58''$

$f_{\beta容}=\pm60''\sqrt{n}=\pm120''$

$f_\beta<f_{\beta容}$

$f_D=\sqrt{f_x^2+f_y^2}=0.17(m)$

$K=\dfrac{f_D}{\sum D}=\dfrac{0.17}{395.14}\approx\dfrac{1}{2\ 324}<\dfrac{1}{2\ 000}$

3. 推算导线各边的坐标方位角

根据已知边坐标方位角和改正后的角值,按下面公式推算导线各边坐标方位角:

$$\left.\begin{array}{l}\alpha_{前}=\alpha_{后}-180°+\beta_{左}\\\alpha_{前}=\alpha_{后}+180°-\beta_{右}\end{array}\right\} \tag{6.2}$$

式中,$\alpha_{前}$、$\alpha_{后}$表示导线前进方向的前一条边的坐标方位角和与之相连的后一条边的坐标方位角。$\beta_{左(右)}$为前后两条边所夹的左(右)角。由式(6.2)求得

$$\alpha_{23}=\alpha_{A2}-180°+\beta_2=97°58'08''-180°+82°46'15''=0°44'23''$$

$$\alpha_{34}=\alpha_{23}-180°+\beta_3=271°52'31'' \quad (\alpha_{34}<0°时,加360°)$$

$$\alpha_{4A} = \alpha_{34} - 180° + \beta_4 = 152°06'19''$$

$$\alpha'_{A2} = \alpha_{4A} - 180° + \beta_1 = 97°58'08'' = \alpha_{A2}(核!)$$

在运用公式(6.2)计算时,应注意两点:

(1) 由于边的坐标方位角只能在 0~360° 之间,因此,当用式(6.2)第一式求出的 $\alpha_{前}$ 大于 360° 时,应减去 360°;当用式(6.2)第二式计算时,在 $\alpha_{后} + 180° < \beta_{右}$ 时,应先加 360° 然后再减 $\beta_{右}$。

(2) 最后推算出的已知边坐标方位角,应与已知值相等,以此作为计算检核。此项工作填入表6.4第5栏。

4. 坐标增量计算

在图6.13中,设 D_{12}、α_{12} 为已知,则12边的坐标增量为

$$\left.\begin{array}{l} \Delta x_{12} = D_{12}\cos \alpha_{12} \\ \Delta y_{12} = D_{12}\sin \alpha_{12} \end{array}\right\} \qquad (6.3)$$

公式(6.3)说明,一条边的坐标增量,是该边边长和该边坐标方位角的函数。坐标增量的符号取决于边的坐标方位角,此项计算填在表6.4中第7、8栏。

5. 坐标增量闭合差计算及其调整

对于闭合导线,由于起、止于同一点,所以闭合导线的坐标增量总和理论上为零,即

$$\left\{\begin{array}{l} \sum \Delta x_{理} = 0 \\ \sum \Delta y_{理} = 0 \end{array}\right.$$

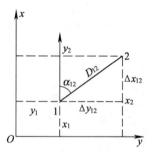

图 6.13 坐标增量计算

如果用 $\sum \Delta x_{测}$ 和 $\sum \Delta y_{测}$ 分别表示计算的坐标增量总和,由于存在测量误差,计算出的坐标增量总和与理论值不相等,二者之差称为闭合导线**坐标增量闭合差**,分别用 f_x、f_y 表示,即有

$$\left.\begin{array}{l} f_x = \sum \Delta x_{测} - \sum \Delta x_{理} \\ f_y = \sum \Delta y_{测} - \sum \Delta y_{理} \end{array}\right\} \qquad (6.4)$$

坐标增量闭合差是坐标增量的函数,或者说是导线边长和边的坐标方位角的函数,而坐标方位角是通过已知边方位角和改正后的角值求得的,二者可以视为是没有误差的。这样,坐标增量闭合差可以认为是由导线边长误差引起的,也就是说,导线从 A 点出发,经过2、3、4点后,因各边丈量的误差,使导线没有回到 A 点,而是落在 A'。如图6.14所示,AA' 为**导线全长闭合差**,用 f_D 表示,可见 f_x、f_y 是 f_D 在 x、y 轴上的分量,所以有

$$f_D = \sqrt{f_x^2 + f_y^2} \qquad (6.5)$$

既然所有边长误差总和为 f_D,若用 $\sum D$ 表示导线总长,则**导线全长相对闭合差**为

$$K = \frac{f_D}{\sum D} \qquad (6.6)$$

根据误差理论,导线全长相对闭合差不能超过一定界限,假设用 $K_容$ 表示这个界限值,则当 $K \leqslant K_容$ 时,我们认为导线边长丈量是符合要求的(本例中 $K_容 = 1/2\ 000$)。在这个前提下,本着边长测量误差与边的长度成正比的原则,将坐标增量闭合差 f_x、f_y 反符号按边长成正比进行调整。

令 v_{x_i}、v_{y_i} 为第 i 条边的坐标增量改正数,则有

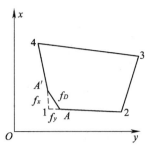

图 6.14　闭合导线全长闭合差

$$\left. \begin{array}{l} v_{x_i} = -\dfrac{f_x}{\sum D} D_i \\[3mm] v_{y_i} = -\dfrac{f_y}{\sum D} D_i \end{array} \right\} \qquad (6.7)$$

此项计算填在表 6.4 中第 7、8 栏坐标增量的上面,并以 $\sum v_{x_i} = -f_x$,$\sum v_{y_i} = -f_y$ 作检核。再将坐标增量加坐标增量改正数后填入表 6.4 中第 9、10 栏,作为改正后的坐标增量,此时表 6.4 中第 9、10 栏的总和为零,以此作为计算检核。

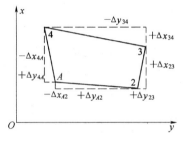

图 6.15　导线坐标计算

6. 导线点坐标计算

在图 6.15 中,A 点的坐标是已知的,各边的坐标增量已经求得。所以有

$$\left. \begin{array}{l} x_2 = x_A + \Delta x_{A2} \\ y_2 = y_A + \Delta y_{A2} \end{array} \right\} \qquad (6.8)$$

同理类推,即可分别求出 3、4 点的坐标,最后要注意,由 4 点推算 A 点的坐标值应与已知值相等,以此作计算检核。此项计算填入表 6.4 中第 11、12 栏。

至此闭合导线内业计算全部结束。

6.2.5.2　附合导线计算

附合导线计算方法和计算步骤与闭合导线计算相同,只是由于已知条件的不同,致使角度闭合差和坐标增量闭合差的计算略有不同。

1. 角度闭合差的计算及其调整

如图 6.16 所示,附合导线是附合在两条已知坐标方位角的边上,也就是说 α_{BA}、α_{CD} 是已知的。由于我们已测出 β_A、β_1、β_2、β_3 和 β_C,所以从 α_{BA} 出发,经各转折角也可以求得 CD 边的坐标方位角,若用 α'_{CD} 表示,则有

$$\alpha_{A1} = \alpha_{BA} - 180° + \beta_A$$

$$\alpha_{12} = \alpha_{A1} - 180° + \beta_1$$

$$\alpha_{23} = \alpha_{12} - 180° + \beta_2$$

$$\alpha_{3C} = \alpha_{23} - 180° + \beta_3$$
$$\alpha'_{CD} = \alpha_{3C} - 180° + \beta_C = \alpha_{BA} - 5 \times 180° + \sum\beta$$

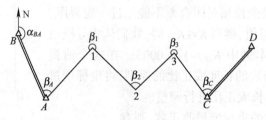

图 6.16　附合导线计算

如果写成通项公式,即为

$$\alpha'_{\text{终}} = \alpha_{\text{起}} - n \times 180° + \sum\beta_{\text{左}}$$
$$\alpha'_{\text{终}} = \alpha_{\text{起}} + n \times 180° - \sum\beta_{\text{右}}$$

(6.9)

式中,n 为测角个数。

由于存在测量误差,致使 $\alpha'_{CD} \neq \alpha_{CD}$,二者之差称为附合导线角度闭合差,如用 f_β 表示,则

$$f_\beta = \alpha'_{CD} - \alpha_{CD} = \alpha_{BA} - 5 \times 180° + \sum\beta - \alpha_{CD}$$

(6.10)

和闭合导线一样,当 $f_\beta \leqslant f_{\beta容}$ 时,说明附合导线角度测量是符合要求的,这时要对角度闭合差进行调整。其方法是:当附合导线测的是左角时,则将闭合差反符号平均分配,即每个角改正 $-f_\beta/n$。当测的是右角时,则将闭合差同符号平均分配,即每个角改正 f_β/n。

2. 坐标增量闭合差的计算

在图 6.16 中,由于 A、C 的坐标为已知,所以从 A 到 C 的坐标增量也就已知,即

$$\sum\Delta x_{\text{理}} = \Delta x_{AC} = x_C - x_A$$
$$\sum\Delta y_{\text{理}} = \Delta y_{AC} = y_C - y_A$$

然而通过附合导线测量也可以求得 A、C 间的坐标增量。假设用 $\sum\Delta x_{\text{测}}$、$\sum\Delta y_{\text{测}}$ 表示,则由于测量误差的缘故,致使

$$\sum\Delta x_{\text{理}} \neq \sum\Delta x_{\text{测}}$$
$$\sum\Delta y_{\text{理}} \neq \sum\Delta y_{\text{测}}$$

二者之差称为附合导线坐标增量闭合差,即

$$\left.\begin{aligned} f_x &= \sum\Delta x_{\text{测}} - (x_C - x_A) \\ f_y &= \sum\Delta y_{\text{测}} - (y_C - y_A) \end{aligned}\right\}$$

(6.11)

附合导线的导线全长闭合差、全长相对闭合差的计算,以及坐标增量闭合差的调整与闭合导线相同。附合导线坐标计算的全过程见表 6.5 的算例。

表 6.5　附合导线坐标计算表

点号	观测左角 ° ′ ″	改正数 ″	改正后角值 ° ′ ″	方位角 ° ′ ″	距离 (m)	坐标增量 Δx (m)	坐标增量 Δy (m)	改正后坐标增量 $\Delta x'$ (m)	改正后坐标增量 $\Delta y'$ (m)	坐标 x (m)	坐标 y (m)
1	2	3	4	5	6	7	8	9	10	11	12
B											
A	67 54 44	+5	67 54 49	137 24 26						1 873.59	8 785.05
1	248 28 06	+5	248 28 11	25 19 15	161.01	+2 145.54	+2 68.86	145.56	68.88	2 019.15	8 853.93
2	100 05 57	+5	100 06 02	93 47 26	239.45	+4 −15.83	+2 238.93	−15.79	238.95	2 003.36	9 092.88
3	279 07 09	+4	279 07 13	13 53 28	169.12	+2 164.17	+2 40.60	164.19	40.62	2 167.55	9 133.50
C	91 24 36	+5	91 24 41	113 00 41	132.62	+2 −51.84	+1 122.07	−51.82	122.08	2 115.73	9 255.58
D				24 25 22							
Σ	787 00 32		787 00 56		702.20	242.04	470.46	242.14	470.53		

辅助计算

$\alpha'_{CD}=\alpha_{BA}-5\times180°+\sum\beta=24°24'58''$　　$f_x=-0.10\ \mathrm{m}$　　$f_y=-0.07\ \mathrm{m}$

$f_\beta=\alpha'_{CD}-\alpha_{CD}=-24''$　　$f_D=\sqrt{f_x^2+f_y^2}=0.12\ \mathrm{m}$

$f_{\beta容}=\pm60''\sqrt{n}=\pm134''$　　$K=\dfrac{f_D}{\sum D}=\dfrac{0.12}{702.20}\approx\dfrac{1}{5\ 852}<\dfrac{1}{2\ 000}$

$f_\beta<f_{\beta容}$

☞ # 6.3
小三角测量

将测区内各控制点组成互相连接的若干个三角形就构成三角网,这些三角形的顶点称为**三角点**。所谓**小三角测量**是指在小范围内布设边长较短的三角网的测量。它是平面控制测量的主要方法之一。在观测所有三角形的内角及测量若干必要的边长之后,根据起始边的已知坐标方位角和起始点的已知坐标,即可求出所有三角点的坐标。小三角测量的特点是测角工作多,而测距工作极少,甚至可以没有。它适用于山区或丘陵地区的平面控制。

6.3.1　小三角网的布设形式

根据测区的范围和地形条件,以及已有控制点的情况,小三角网可布置成三角锁[图 6.17 (a)]、中点多边形[图 6.17(b)]、大地四边形[图 6.17(c)]和线形锁[图 6.17(d)]等形式。

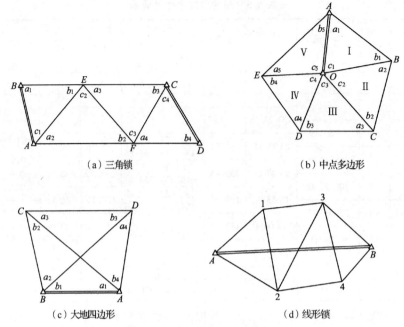

（a）三角锁　　　　　　　　　　　　（b）中点多边形

（c）大地四边形　　　　　　　　　　（d）线形锁

图 6.17　小三角网的布设形式

三角网中直接测量的边称**基线**。三角锁一般在两端都布设一基线,中点多边形和大地四边形只需布设一条基线,线形锁则是两端附合在高级点上的三角锁,故不需设置基线。起始边附合在高级点上的三角网也不需设置基线。

6.3.2　小三角测量的等级及技术要求

小三角测量分成一级小三角、二级小三角和图根小三角三个等级。一、二级小三角可作为国家等级控制网的加密,也可作为独立测区的首级控制。图根小三角可作为一、二级小三角的进一步加密,在小范围的独立测区,也可直接作为测图控制。各级小三角测量的技术要求见表 6.6,图根三角锁的三角形个数不多于 12,方位角闭合差不大于 $\pm 40'' \sqrt{n}$。

表 6.6　各级小三角测量的主要技术要求

等　　级	平均边长（km）	测角中误差（"）	三角形最大闭合差（"）	三角形个数	起始边相对中误差	最弱边相对中误差	测回数 DJ₂	测回数 DJ₆
一　级	1	±5	±15	6~7	1/40 000	1/20 000	2	4
二　级	0.5	±10	±30	6~7	1/20 000	1/10 000	1	2
图　根	≤1.7 倍最大视距	±20	±60	≤12	1/10 000	1/10 000		1

6.3.3　小三角测量的外业

1. 选点

选点前应搜集测区内已有的地形图和控制测量资料,在已有的地形图上初步拟定布网方案,然后到实地对照、修改,最后确定点位。如果测区没有可利用的地形图,则须到野外详细踏勘,综合比较,最后选定点位。选点时既应考虑到各级小三角测量的技术要求,又要考虑到测图和用图方面的要求,一般应注意以下几点:

(1) 三角形应接近等边三角形,困难地区三角形内角也不应大于120°或小于30°。

(2) 三角形的边长应符合规范的规定。

(3) 三角点应选在地势较高,视野开阔,便于测图和加密的地方,选在便于观测和保存点位的地方,三角点间应通视良好。

(4) 基线应选在地势平坦而无障碍便于量距的地方,使用测距仪时还应避开发热体和强电磁场的干扰。

小三角网的起始边最好能采用测距仪直接丈量。

三角点选定后应埋设标志,标志可根据需要采用大木桩或混凝土标石。小三角测量一般不建造觇标,观测时可用三根竹杆吊挂一大垂球,为便于观测,可在悬挂线上加设照准用的竹筒,也可用三根铁丝竖立一标杆作为照准标志,如图 6.18 所示。

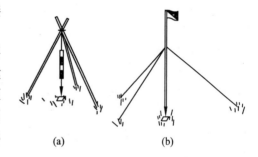

图 6.18　小三角观测目标

2. 角度观测

角度观测是三角测量的主要工作。观测前应检校好仪器。观测一般采用方向观测法。当方向数超过三个时应归零。各级小三角角度观测的测回数可参考表 6.6 的规定,角度观测的各项限差见表 6.7。三角形闭合差应不超过表 6.6 中的规定。以上条件满足后并不等于满足了角度测量的精度要求,而还应按菲列罗公式计算测角中误差,即

$$m_\beta = \pm\sqrt{\frac{[ww]}{3n}} \qquad (6.12)$$

表 6.7　小三角测量中水平角观测的限差

项　　目	DJ$_2$(″)	DJ$_6$(″)
半测回归零差	12	18
一测回中 2c 互差	18	
同方向各测回互差	12	24

计算得出的 m_β 应不超过表 6.6 中测角中误差规定的数值。

3. 基线测量

基线是计算三角形边长的起算数据,要求保证必要的精度。各级小三角测量对起始边的精度要求见表 6.6。起始边应优先采用光电测距仪观测,观测前测距仪应经过检定,观测方法同各级光电测距导线的边长测量。观测所得斜距应加气象、加常数、乘常数等改正,然后化算成平距。当用钢尺丈量基线时,钢尺应经过检定,并按钢尺精密丈量方法进行。丈量可用单尺进行往返丈量或双尺同向丈量。直接丈量三角网起始边时,应满足表 6.6 中规定的精度要求。

4. 起始边定向

与高级网联测的小三角网,可根据高级点的坐标,用坐标反算得出高级点间的坐标方位角和所测的连接角,推算出起始边的坐标方位角。对于独立的小三角网,可直接测定起始边的真方位角或磁方位角进行定向。

6.3.4 小三角测量的内业计算

小三角测量内业计算的目的,是要求出各三角点的坐标。为此,首先要检查和整理好外业资料,准备好起算数据。计算工作包括检验各种闭合差、进行三角网的平差、计算边长及其坐标方位角,最后算出三角点的坐标。

小三角网图形中存在的各种几何关系,又称**几何条件**。由于观测值中均带有测量误差,所以往往不能满足这些几何条件。因此,必须对所测的角度进行改正,使改正后的角值能满足这些条件。这项工作称为平差,是三角测量内业计算中的一项主要工作。在小三角测量中,通常可采用近似平差。下面就三角锁、中点多边形、大地四边形等几种基本图形的近似平差方法进行说明。

1. 三角锁的近似平差

三角锁应满足下列几何条件:即每个三角形三内角之和应等于 180°,这种条件称为**图形条件**。另外,一般三角锁在锁段两端都设置一条基线,所以从一条基线开始经一系列三角形推算至另一基线,推算值应等于该基线的已知值,这种条件称为**基线条件**。三角锁平差的任务就是修正角度观测值,使之满足这两种条件。近似平差一般分两步进行,平差计算的步骤和方法如下:

(1)检查和整理外业资料

计算前应首先检查外业手簿,检查角度和基线测量的记录和计算是否有误,检查观测结果有无超限。最后整理出角度观测值、各三角形的闭合差、基线的长度等。

(2)绘制计算略图

根据观测数据绘制计算略图,并对点位、三角形、角度和基线进行编号。如图 6.19 所示,从起始边开始按推算方向对三角形进行编号。

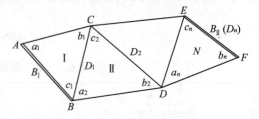

图 6.19 三角锁角度、基线编号

三角形三内角的编号分别以 a、b、c 及其相应三角形号作为下角号。a、b 称为**传距角**，a 角对着推进边，b 对着已知边。c 角称为**间隔角**，其所对的边称为间隔边。计算略图上应标明点号、三角形号、角号、基线号。角度和基线的观测值则填写在平差计算表内(见表6.8)。

表6.8　三角锁近似平差计算表

三角形编号	角度编号	角度观测值 ° ′ ″	第一次改正数 ″	第一次改正后的角值 ° ′ ″	第二次改正数 ″	第二次改正后的角值 ° ′ ″	边　　长 (m)
1	2	3	4	5	6	7	8
I	b_1	60 44 27	−1	60 44 26	+2	60 44 28	(B_I) 527.853
	c_1	56 06 36	−1	56 06 35		56 06 35	502.252
	a_1	63 09 00	−1	63 08 59	−2	63 08 57	539.812
	Σ	180 00 03	−3	180 00 00		180 00 00	
		$f_1 = +3″$					
II	b_2	46 44 26	−3	46 44 23	+2	46 44 25	
	c_2	63 51 35	−3	63 51 32		63 51 32	665.420
	a_2	69 24 08	−3	69 24 05	−2	69 24 03	693.849
	Σ	180 00 09	−9	180 00 00		180 00 00	
		$f_2 = +9″$					
III	b_3	102 19 34	+3	102 19 37	+2	102 19 39	
	c_3	39 13 19	+2	39 13 21		39 13 21	449.099
	a_3	38 27 00	+2	38 27 02	−2	38 27 00	441.640
	Σ	179 59 53	+7	180 00 00		180 00 00	
		$f_3 = −7″$					
IV	b_4	61 00 26	+2	61 00 28	+2	61 00 30	
	c_4	48 31 44	+2	48 31 46		48 31 46	378.327
	a_4	70 27 44	+2	70 27 46	−2	70 27 44	(B_{II}) 475.837
	Σ	179 59 54	+6	180 00 00		180 00 00	
		$f_4 = −6″$					

$f_{\beta容} = ±30″$(按二级小三角)

已知基线长：

　　$B_I = 527.853$ m

　　$B_{II} = 475.837$ m

　　$B'_{II} = B_I \dfrac{\prod \sin a'}{\prod \sin b'} = 475.858$ m

　　$W = B'_{II} − B_{II} = +0.021$ m

$$W_{限} = ±2B'_{II}\sqrt{\left(\dfrac{m'_\beta}{\rho''}\right)^2\left(\Sigma \cot^2 a' + \Sigma \cot^2 b'\right) + \left(\dfrac{m_{B_I}}{B_I}\right)^2 + \left(\dfrac{m_{B_{II}}}{B_{II}}\right)^2}$$

$$= ±2×475.858\sqrt{\left(\dfrac{10''}{\rho''}\right)^2×3.663\,8 + \left(\dfrac{1}{20\,000}\right)^2 + \left(\dfrac{1}{20\,000}\right)^2}$$

$$= ±0.111 \text{ m}\,(>0.021 \text{ m})\,(未超限)$$

$$V''_a = −V''_b = \dfrac{−W\rho''}{B'_{II}\left(\Sigma \cot a' + \Sigma \cot b'\right)} = \dfrac{−0.021\rho''}{475.858×4.333\,2}$$

$$= −2.1''$$

检验　$W = B_I \dfrac{\prod \sin \hat{a}}{\prod \sin \hat{b}} − B_{II} = 475.838 − 475.837 = +0.001$ m

（3）角度闭合差的计算和调整

各三角形内角之和应等于180°即满足图形条件。如果三内角观测值之和不等于180°，则角度闭合差为

$$f_{\beta_i} = a_i + b_i + c_i - 180° \tag{6.13}$$

式中，f_{β_i} 为第 i 个三角形的角度闭合差。

当 f_{β_i} 不超过表6.6规定时，则将闭合差按相反的符号平均分配到三个内角上，故对角度所作的第一次改正值为

$$v'_{a_i} = v'_{b_i} = v'_{c_i} = -\frac{f_{\beta_i}}{3} \tag{6.14}$$

各角度观测值加上第一次改正数后，得第一次改正后的角值：

$$\left. \begin{aligned} a'_i &= a_i - \frac{f_{\beta_i}}{3} \\ b'_i &= b_i - \frac{f_{\beta_i}}{3} \\ c'_i &= c_i - \frac{f_{\beta_i}}{3} \end{aligned} \right\} \tag{6.15}$$

作为检核，第一次改正后的角值之和应等于180°。角度闭合差分配后的余数可分配在较大的角上或包含短边的角上，使条件完全满足。

（4）基线闭合差的计算和调整

从基线 D_0 推算到基线 D_n，推算值 D'_n 应等于已知值 D_n，即满足基线条件。按起始边 D_0 和经第一次改正后的传距角 a'_i、b'_i 依次推出各三角形的边长如下：

$$\left. \begin{aligned} D'_1 &= D_0 \frac{\sin a'_1}{\sin b'_1} \\ D'_2 &= D'_1 \frac{\sin a'_2}{\sin b'_2} = D_0 \frac{\sin a'_1 \sin a'_2}{\sin b'_1 \sin b'_2} \\ &\vdots \\ D'_n &= D_0 \frac{\sin a'_1 \sin a'_2 \cdots \sin a'_n}{\sin b'_1 \sin b'_2 \cdots \sin b'_n} \end{aligned} \right\} \tag{6.16}$$

基线条件应满足 $D_0 \dfrac{\sin a'_1 \sin a'_2 \cdots \sin a'_n}{\sin b'_1 \sin b'_2 \cdots \sin b'_n} = D_n$，即 $\dfrac{D_0 \sin a'_1 \sin a'_2 \cdots \sin a'_n}{D_n \sin b'_1 \sin b'_2 \cdots \sin b'_n} = 1$。

推算出的边长 D'_n 如果不等于其已知边长 D_n，则产生基线条件闭合差，即

$$W_D = \frac{D_0 \sin a'_1 \sin a'_2 \cdots \sin a'_n}{D_n \sin b'_1 \sin b'_2 \cdots \sin b'_n} - 1 \tag{6.17}$$

为了消除基线闭合差，还需要改正传距角，即对各 a'_i、b'_i 进行第二次改正，以满足式（6.18）：

$$\frac{D_0 \sin(a_1'+v_{a_1}'')\sin(a_2'+v_{a_2}'')\cdots\sin(a_n'+v_{a_n}'')}{D_n \sin(b_1'+v_{b_1}'')\sin(b_2'+v_{b_2}'')\cdots\sin(b_n'+v_{b_n}'')}-1=0 \tag{6.18}$$

令式(6.18)左边第一项为 F，式(6.17)右边第一项为 F_0，将式(6.18)按台劳级数展开，并取至一次项，则有

$$F=F_0+\frac{\partial f}{\partial a_1'}\cdot\frac{v_{a_1}''}{\rho''}+\frac{\partial f}{\partial a_2'}\cdot\frac{v_{a_2}''}{\rho''}+\cdots+\frac{\partial f}{\partial a_n'}\cdot\frac{v_{a_n}''}{\rho''}+\frac{\partial f}{\partial b_1'}\cdot\frac{v_{b_1}''}{\rho''}+\frac{\partial f}{\partial b_2'}\cdot\frac{v_{b_2}''}{\rho''}+\cdots+\frac{\partial f}{\partial b_n'}\cdot\frac{v_{bn}''}{\rho''} \tag{6.19}$$

式中

$$\left.\begin{array}{r}\dfrac{\partial f}{\partial a_i'}=F_0\cot a_i'\\[3mm]\dfrac{\partial f}{\partial b_i'}=-F_0\cot b_i'\end{array}\right\} \tag{6.20}$$

将式(6.19)、式(6.20)代入式(6.18)，经整理得

$$\sum_{i=1}^{n}\frac{v_{a_i}''}{\rho''}\cot a_i' - \sum_{i=1}^{n}\frac{v_{b_i}''}{\rho''}\cot b_i' + W_D = 0 \tag{6.21}$$

第二次改正数采用平均分配的原则，为了不破坏已经满足的图形条件，使第二次改正数 v_a'' 和 v_b'' 的绝对值相等而符号相反，则有

$$v_{a_i}''=-v_{b_i}''=-\frac{W_D\cdot\rho''}{\sum\limits_{i=1}^{n}\cot a_i'+\sum\limits_{i=1}^{n}\cot b_i'} \tag{6.22}$$

将第一次改正后的角值加上第二次改正数，即得平差后的角值为

$$\left.\begin{array}{l}A_i=a_i+v_{a_i}'+v_{a_i}''=a_i'+v_{a_i}''\\[2mm]B_i=b_i+v_{b_i}'+v_{b_i}''=b_i'+v_{b_i}''\\[2mm]C_i=c_i+v_{c_i}'=c_i'\end{array}\right\} \tag{6.23}$$

（5）边长及坐标的计算

根据基线 D_0 的长度及平差后的角值，用正弦定理依次推算出各三角形的边长，边长计算可在平差计算表内进行。计算三角点的坐标时，可把各三角点组成一闭合导线 $A\rightarrow C\rightarrow E\rightarrow F\rightarrow D\rightarrow B\rightarrow A$，其坐标计算可按导线计算进行，故略去不作介绍。

2. 中点多边形近似平差

图 6.17(b)的中点多边形中，测量了一条基线和所有三角形的内角。这些观测值应满足的条件是：①各三角形内角之和均应等于 180°，即满足图形条件。②中点 O 上各角之和应等于 360°，这一条件称为**圆周条件**。如果在中点 O 上采用方向法观测角度，则圆周条件自然能满足。③由起始边 OA 开始，依次推算出各三角形的边长，最后推算到 OA 时，其长度应与原来的相等，这一条件称为**边长条件**。进行平差的任务就是要求出每个角的改正数，使改正后的角值能满足上述所有的条件。平差工作也分两步进行。

(1) 角度闭合差和圆周闭合差的计算和调整

三角形的角度闭合差为

$$f_{\beta_i} = a_i + b_i + c_i - 180° \tag{6.24}$$

若闭合差在容许范围内,可按相反的符号平均分配到三个角上,故各角的改正数为

$$v'_{a_i} = v'_{b_i} = v'_{c_i} = -\frac{f_{\beta_i}}{3} \tag{6.25}$$

中点 O 上各角经三角形角度闭合差的分配后等于 $\left(c_i - \frac{f_i}{3}\right)$,因此剩余的圆周闭合差为

$$f_0 = \sum_1^n \left(c_i - \frac{f_i}{3}\right) - 360° = \sum_1^n c_i - \frac{1}{3}\sum_1^n f_i - 360° \tag{6.26}$$

将 f_0 按相反的符号平均分配到各中心角,即各个 c 角再加改正数 $\left(-\frac{f_0}{n}\right)$,$n$ 为中心角的个数。由于中心角 c 加改正数 $\left(-\frac{f_0}{n}\right)$ 后又破坏了三角形内角和条件,因此要对 a、b 角各减去 $\frac{1}{2}\left(-\frac{f_0}{n}\right)$。这样圆周闭合差和角度闭合差均被消除。故三角形各内角应加的第一次改正数为

$$\left. \begin{array}{l} v'_{a_i} = v'_{b_i} = -\dfrac{f_{\beta_i}}{3} + \dfrac{f_0}{2n} \\[3mm] v'_{c_i} = -\dfrac{f_{\beta_i}}{3} - \dfrac{f_0}{n} \end{array} \right\} \tag{6.27}$$

各角度观测值加上相应的第一次改正数,得第一次改正后的角值 a'_i、b'_i、c'_i:

$$\left. \begin{array}{l} a'_i = a_i - \dfrac{f_{\beta_i}}{3} + \dfrac{f_0}{2n} \\[3mm] b'_i = b_i - \dfrac{f_{\beta_i}}{3} + \dfrac{f_0}{2n} \\[3mm] c'_i = c_i - \dfrac{f_{\beta_i}}{3} - \dfrac{f_0}{n} \end{array} \right\} \tag{6.28}$$

(2) 边长闭合差的计算和调整

边长条件是按起始边 OA 和第一次改正后的 a'_i、b'_i 角,依次推算三角形的各边,最后推算出的 OA 长度应等于 OA 原来的长度,即要求

$$OA \frac{\sin a'_1 \sin a'_2 \cdots \sin a'_n}{\sin b'_1 \sin b'_2 \cdots \sin b'_n} = OA$$

将上式改写成为

$$\frac{\sin a'_1 \sin a'_2 \cdots \sin a'_n}{\sin b'_1 \sin b'_2 \cdots \sin b'_n} - 1 = 0$$

如果上述条件不满足,则产生边长闭合差 W_D:

$$W_D = \frac{\sin a'_1 \sin a'_2 \cdots \sin a'_n}{\sin b'_1 \sin b'_2 \cdots \sin b'_n} - 1 \tag{6.29}$$

为消除边长条件闭合差,对传距角 a'_i、b'_i 进行第二次改正。中点多边形的边长条件和三角锁中的基线条件十分相似,参照三角锁近似平差过程,可得第二次改正数的计算公式如下:

$$v''_{a_i} = -v''_{b_i} = -\frac{W_D \cdot \rho''}{\sum_{i=1}^{n} \cot a'_i + \sum_{i=1}^{n} \cot b'_i} \tag{6.30}$$

第一次改正后的角值 a'_i、b'_i、c'_i 分别加上第二次改正数 v''_{a_i}、v''_{b_i} 和零,得第二次改正后的角值。

3. 大地四边形的近似平差

大地四边形共测量了一条基线和 8 个角,如图 6.17(c) 所示。这些观测值应满足的图形条件是:①三个图形条件;②一个边长条件。根据大地四边形所测的 8 个角,可以列出很多图形条件式,只要有三个独立的条件能满足,其他都能满足。一般取下列三个条件式:

$$\left. \begin{array}{l} \sum a + \sum b = 360° \\ a_1 + b_1 = a_3 + b_3 \\ a_2 + b_2 = a_4 + b_4 \end{array} \right\} \tag{6.31}$$

平差工作分两步进行。

(1) 闭合差的计算和调整

如果式(6.31)不能满足,则角度闭合差可按式(6.32)计算:

$$\left. \begin{array}{l} f_1 = \sum a + \sum b - 360° \\ f_2 = a_1 + b_1 - a_3 - b_3 \\ f_3 = a_2 + b_2 - a_4 - b_4 \end{array} \right\} \tag{6.32}$$

若闭合差在容许范围内,按相反符号平均分配的原则,则各角的第一次改正数为

$$\left. \begin{array}{l} v_{a_1} = v_{b_1} = -\dfrac{f_1}{8} - \dfrac{f_2}{4} \\[2mm] v_{a_2} = v_{b_2} = -\dfrac{f_1}{8} - \dfrac{f_3}{4} \\[2mm] v_{a_3} = v_{b_3} = -\dfrac{f_1}{8} + \dfrac{f_2}{4} \\[2mm] v_{a_4} = v_{b_4} = -\dfrac{f_1}{8} + \dfrac{f_3}{4} \end{array} \right\} \tag{6.33}$$

各观测值加上第一次改正数,得出第一次改正后的角值。

（2）边长闭合差的计算和调整

图6.17(c)中由对角线交点与四个角点 A、B、C、D 组成的四个三角形如同一个中点多边形,边长条件与中点多边形的条件相同,即

$$\frac{\sin a_1' \sin a_2' \sin a_3' \sin a_4'}{\sin b_1' \sin b_2' \sin b_3' \sin b_4'} - 1 = 0$$

因此,求边长闭合差及第二次改正数时,均可采用与中点多边形相应的式（6.29）及式（6.30）来计算。

随着光电测距仪的普及,测边的精度和速度有了大幅度地提高,因为三边网能较好地控制长度方向的误差,三边测量的应用日益广泛。小三边测量是指在小范围内,布设边长较短的三边网的测量。

三边网的基本图形有单三角形、中点多边形、大地四边形和扇形等。观测三角形的三条边长后,可用余弦定理计算出三个内角,因此,在三边网中可形成一些角度闭合条件。对于单三角形,要确定三点的相对位置必须测定三条边长,因而测边单三角形不存在几何条件。中点多边形可形成一个圆周角条件,大地四边形和扇形可形成一个组合角条件。这些条件统称为图形条件。各种测边网图形的条件方程式可参见有关测量平差书籍的相应内容。

☞ 6.4
交会法定点

平面控制网是同时测定一系列点的平面坐标。但在测量中往往会遇到只需要确定一个或两个点的平面坐标,如增设个别图根点。这时可以根据已知控制点,采用交会法确定点的平面坐标。

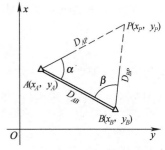

图6.20 前方交会计算

6.4.1 前方交会

所谓前方交会,就是在两个已知控制点上观测角度,通过计算求得待定的坐标值。在图6.20中,A、B 为已知控制点,P 为待定点。在 A、B 两点上安置经纬仪,测量 α、β 角,通过计算即可求得 P 点的坐标。

从图6.20中可得

$$x_P = x_A + D_{AP}\cos \alpha_{AP}$$
$$\alpha_{AP} = \alpha_{AB} - \alpha$$

式中

按正弦定理

$$D_{AP}=D_{AB}\frac{\sin \beta}{\sin (\alpha+\beta)}$$

故

$$x_P =x_A+D_{AB}\frac{\sin \beta}{\sin (\alpha+\beta)}\cos (\alpha_{AB}-\alpha)$$

$$= x_A+D_{AB}\frac{\sin \beta}{\sin (\alpha+\beta)}(\cos\alpha_{AB} \cdot \cos \alpha+\sin \alpha_{AB} \cdot \sin \alpha) \qquad (6.34)$$

因

$$D_{AB}\cos \alpha_{AB} = x_B-x_A$$

$$D_{AB}\sin \alpha_{AB} = y_B-y_A$$

所以

$$x_P =x_A+\frac{(x_B-x_A) \sin \beta\cos \alpha+(y_B-y_A) \sin \beta\sin \alpha}{\sin \alpha\cos \beta+\cos \alpha\sin \beta}$$

化简后得

$$x_P =\frac{x_A\cot \beta+x_B\cot \alpha-y_A+y_B}{\cot \alpha+\cot \beta}$$

同理可得

$$\left. y_P =\frac{y_A\cot \beta+y_B\cot \alpha+x_A-x_B}{\cot \alpha+\cot \beta} \right\} \qquad (6.35)$$

利用式(6.35)计算时,需注意 $\triangle ABP$ 是按逆时针编号的,否则公式中的加减号将有改变。为了得到检核,一般都要求从三个已知点作两组前方交会。如图 6.21 所示,分别按 A、B 和 B、C 求出 P 点的坐标。如果两组坐标求出的点位较差在允许范围内,则可取平均值作为待定点的坐标。对于图根控制测量而言,其较差应不大于比例尺精度的 2 倍,即

$$\Delta =\sqrt{\delta_x^2+\delta_y^2} \leqslant 2\times 0.1M \quad (\text{mm})$$

式中,δ_x,δ_y 为 P 点的两组坐标之差,M 为测图比例尺分母。

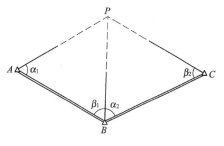

图 6.21 两组前方交会

6.4.2 侧方交会

侧方交会是在一个已知控制点和待定点上测角来计算待定点坐标的一种方法。在图 6.22 中,如果在已知点 A 及待求点 P 上,分别观测了 α 和 γ 角,则可计算出 β 角。这样就和前方交会一样,根据 A、B 两点的坐标和 α、β 角,按前方交会的公式求出 P 点的坐标。

这种方法适用于已知点不便安置仪器时的情况。为了得到检核,可利用第三个已知点 C 进行检核。

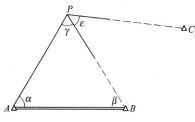

图 6.22 侧方交会

6.4.3 后方交会

后方交会是在待定点上对三个或三个以上的已知控制点进行角度观测,从而求得待定点的坐标。

如图 6.23 所示,A、B、C 为三个已知控制点,P 点为待求点。现在 P 点观测了 α、β 角,将计算过程填入表 6.9 中。下面给出有关的计算公式。

由图 6.23 可以列出下列各式:

$$\left.\begin{array}{l} y_P - y_B = (x_P - x_B)\tan\alpha_{BP} \\ y_P - y_A = (x_P - x_A)\tan(\alpha_{BP} + \alpha) \\ y_P - y_C = (x_P - x_C)\tan(\alpha_{BP} - \beta) \end{array}\right\} \qquad (6.36)$$

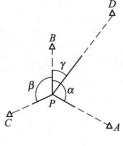

图 6.23 后方交会

上面的方程中有三个未知数,即 x_P、y_P 和 α_{BP},故可通过上述三个方程解算出三个未知数,从而得出 P 点的坐标。这里略去推导过程,直接给出计算公式如下:

$$\tan\alpha_{BP} = \frac{(y_B - y_A)\cot\alpha + (y_B - y_C)\cot\beta + (x_A - x_C)}{(x_B - x_A)\cot\alpha + (x_B - x_C)\cot\beta - (y_A - y_C)} \qquad (6.37)$$

$$\Delta x_{BP} = x_P - x_B = \frac{(y_B - y_A)(\cot\alpha - \tan\alpha_{BP}) - (x_B - x_A)(1 + \cot\alpha\tan\alpha_{BP})}{1 + \tan^2\alpha_{BP}} \qquad (6.38)$$

$$\Delta y_{BP} = \Delta x_{BP}\tan\alpha_{BP} \qquad (6.39)$$

$$\left.\begin{array}{l} x_P = x_B + \Delta x_{BP} \\ y_P = y_B + \Delta y_{BP} \end{array}\right\} \qquad (6.40)$$

表 6.9 后方交会计算

已知:		$\alpha = 118°58'18''$
$x_A = 4\,374.87, y_A = 6\,564.14$	$x_C = 4\,512.97, y_C = 5\,541.71$	$\beta = 106°14'22''$
$x_B = 5\,144.96, y_B = 6\,083.70$	$x_D = 5\,684.10, y_D = 6\,860.08$	$\gamma = 36°24'29''$

第一组(已知点 A、B、C)	第二组(已知点 D、B、C)
$\tan\alpha_{BP} = +0.018\,025$	$\tan\alpha_{BP} = +0.017\,978$
$\Delta x_{BP} = -487.22$	$\Delta x_{BP} = -487.19$
$\Delta y_{BP} = -8.78$	$\Delta y_{BP} = -8.76$
$x_P = 4\,657.74$	$x_P = 4\,657.77$
$y_P = 6\,074.29$	$y_P = 6\,074.31$

$\Delta = \sqrt{3^2 + 4^2} = 3.6$ cm $< (2 \times 0.1 \times 1\,000 = 200$ mm$)$,$M = 1\,000$,平均值 $x_P = 4\,657.76$,$y_P = 6\,074.30$

实际计算中,利用式(6.37)~式(6.40)时,点号的安排应与图6.23一致,即A、B、C、P按逆时针排列,A、B间为α角,B、C间为β角。为了检核,实际工作中常要观测4个已知点,每次用3个点,共组成两组后方交会。对于图根控制,两组点位较差也不得超过$2\times 0.1M(\text{mm})$。后方交会还有其他解法,请参考其他有关书籍。

在后方交会中,若P点与A、B、C点位于同一圆周上时,则在这一圆周上的任意点与A、B、C组成的α和β角的值都相等,故P点的位置无法确定。所以称这个圆为**危险圆**。在作后方交会时,必须注意不要使待求点位于危险圆附近。

6.4.4 距离交会法

距离交会法就是在两已知的控制点上分别测定到待定点的距离,进而求出待定点的坐标。下面介绍其计算方法。

图6.24中,A、B为已知点,P点为待定点。根据A、B的已知坐标可反算出A、B的边长D和坐标方位角α:

$$D=\sqrt{(x_B-x_A)^2+(y_B-y_A)^2}$$
$$\alpha=\arctan\left(\frac{y_B-y_A}{x_B-x_A}\right)$$

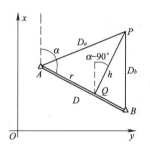

图6.24 距离交会

作$PQ\perp AB$,并令$PQ=h$,$AQ=r$,则$r=D_a\cos A$。按余弦定理$D_b^2=D_a^2+D^2-2D_a D\cos A=D_a^2+D^2-2Dr$,故

$$\left.\begin{array}{l}r=\dfrac{D_a^2+D^2-D_b^2}{2D}\\h=\sqrt{D_a^2-r^2}\end{array}\right\} \tag{6.41}$$

根据r和h求A、P的坐标增量如下:

$$\left.\begin{array}{l}\Delta x_{AP}=r\cos\alpha+h\sin\alpha\\\Delta y_{AP}=r\sin\alpha-h\cos\alpha\end{array}\right\}$$

故

$$\left.\begin{array}{l}x_P=x_A+r\cos\alpha+h\sin\alpha\\y_P=y_A+r\sin\alpha-h\cos\alpha\end{array}\right\} \tag{6.42}$$

应用上述公式时,应注意点号的排列须与图6.24一致,即A、B、P按逆时针排列。为了检核,可选三个已知点,进行两组距离交会。两组所得点位误差规定如前所述。

☞ 6.5
高程控制测量

高程控制测量主要用水准测量方法。小区域高程控制测量,根据情况可采用三、四等水准

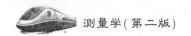

测量和三角高程测量。本节仅就三、四等水准测量和三角高程测量予以介绍。

6.5.1　三、四等水准测量

前已述及,三、四等水准测量是国家高程控制网的加密方法。一般也可用作小区域建立首级高程控制网。

三、四等水准测量的外业工作和等外水准测量的外业工作基本上一样。三、四等水准点可以单独埋设标石,也可以用平面控制点标志代替,即平面控制点和高程控制点共用。三、四等水准测量应由二等水准点上引测。有关三、四等水准测量的技术要求,见表 6.10。

表 6.10　三、四等水准测量的技术要求

等级	附合路线总长（km）	仪器	视线长度（m）	视线距地面最低高度（m）	水准尺	观测次数		线路闭合差	
						与已知点连测	附合线路或环线	平地（mm）	山地（mm）
三等	≤50	DS_1	75	0.3	铟瓦	往返一次	往一次	$\pm12\sqrt{L}$	$\pm4\sqrt{n}$
		DS_3			双面		往返各一次		
四等	≤16	DS_3	100	0.2	双面	往返一次	往一次	$\pm20\sqrt{L}$	$\pm6\sqrt{n}$

表中:L—水准线路总长度,以公里为单位;n—全线总测站数。

三、四等水准测量的观测方法、计算和检核说明如下:

6.5.1.1　双面标尺法

双面标尺在第 2 章中已做了介绍。这里只强调两点:一是两根标尺的两面零点差不相同,一般是一根为 4.687,另一根为 4.787;二是两根标尺应成对使用。

1. 一个测站上的观测顺序及记录

三等水准测量一个测站上的观测顺序为:

第一步观测后标尺的黑面,读上、下、中三丝,将读数记录在表 6.11 中的相应于(1)、(2)、(3)的位置;

第二步观测前标尺的黑面,读上、下、中三丝,将读数记录在表 6.11 中的相应于(4)、(5)、(6)的位置;

第三步观测前标尺的红面,只读中丝,将读数记录在表 6.11 中的相应于(7)的位置;

第四步观测后标尺的红面,也只读中丝,将读数记录在表 6.11 中的相应于(8)的位置。

上述四步共有 8 个读数。为便于记忆,可把观测顺序归纳为:后—前—前—后。

四等水准测量,由于精度较低,因此可以采用后—后—前—前的顺序。

表6.11　三、四等水准测量记录

测段:1～A　　　　　日期:2013年3月12日　　　　仪　器:北光DZS3-1
开始:8时　　　　　　天气:晴　　　　　　　　　观测者:王朋
结束:9时　　　　　　成像:清晰稳定　　　　　　记录者:李永

测站编号	测点编号	后尺 下丝 上丝	前尺 下丝 上丝	方向及尺号	水准尺读数		K加黑减红	高差中数	备注
		后视距	前视距		黑面	红面			
		视距差 d	∑d						
		(1)	(4)	后	(3)	(8)	(14)		
		(2)	(5)	前	(6)	(7)	(13)		$K_6=$ 4.787
		(9)=(1)-(2)	(10)=(4)-(5)	后-前	(15)	(16)	(17)	(18)	
		(11)=(9)-(10)	(12)本=(12)上+(11)						
1	BM₁ ｜ TP₁	1.426 0.995 43.1 +0.1	0.801 0.371 43.0 +0.1	后6 前7 后-前	1.211 0.586 0.625	5.998 5.273 0.725	0 0 0	0.625 0	$K_7=$ 4.687
2	TP₁ ｜ TP₂	1.812 1.296 51.6 -0.2	0.570 0.052 51.8 -0.1	后7 前6 后-前	1.554 0.311 1.243	6.241 5.097 1.144	0 +1 -1	1.243 5	
3	TP₂ ｜ TP₃	0.889 0.507 38.2 +0.2	1.713 1.333 38.0 +0.1	后6 前7 后-前	0.698 1.523 -0.825	5.486 6.210 -0.724	-1 0 -1	-0.824 5	
4	TP₃ ｜ A	1.891 1.525 36.6 -0.2	0.758 0.390 36.8 -0.1	后7 前6 后-前	1.708 0.574 1.134	6.395 5.361 1.034	0 0 0	1.134 0	
测段计算		∑(9)-∑(10)=169.5-169.6=-0.1 m ∑(9)+∑(10)=339.1 m ∑[(3)+∑(8)]=29.291 -∑[(6)+∑(7)]=24.935 =+4.356			∑[(15)+(16)]=4.356 2∑(18)=4.356				

2. 一个测站上的计算与检核

① 视距计算与检核

后视距离:(9)=[(1)-(2)]×100。

前视距离:(10)=[(4)-(5)]×100。

前后视距差:(11)=(9)-(10)。

视距累差:(12)本=上一站的(12)+本站(11)。

限差检核:三等水准(9)和(10)均小于 75 m,(11)小于 3 m,(12)小于 6 m;四等水准的(9)和(10)均小于 100 m,(11)小于 5 m,(12)小于 10 m。

② 同一根标尺黑红面零点差检核计算

黑面中丝读数加黑红面零点差 K(4.787 或 4.687),减红面中丝读数,理论上应为零。但由于误差的影响,一般不为零。根据误差理论,在水准测量中规定同一根标尺黑红面零点差检核计算:

$$\left.\begin{array}{l}(14)=(3)+K-(8)\\(13)=(6)+K-(7)\end{array}\right\} \leqslant 2\text{ mm}(三等)或 3\text{ mm}(四等)$$

③ 高差计算与检核

黑面高差:$(15)=(3)-(6)$;

红面高差:$(16)=(8)-(7)$;

检核:$(17)=(15)-[(16)\pm0.10]=(14)-(13)\leqslant 3\text{ mm}(三等)或 5\text{ mm}(四等)$。

±0.100 为两根标尺零点之差,当检核符合要求后,取黑、红面高差的平均值作为该站的高差,即

$$(18)=\frac{1}{2}\{(15)+[(16)\pm0.100]\}$$

3. 测段计算与检核

两水准点之间为测段,测段计算与检核的内容包括测段总长度、总高差和视距累差。

总长度计算:$D=\sum(9)+\sum(10)$;

检核:末站的 $(12)=\sum(9)-\sum(10)$。

总高差计算与检核:

$$h=\frac{1}{2}\{\sum[(3)+(8)]-\sum[(6)+(7)]\}=\frac{1}{2}\{\sum(15)+\sum[(16)]\}=\sum(18)$$

或

$$h=\frac{1}{2}\{\sum[(15)+\sum[(16)\pm0.100]\}=\sum(18)$$

以上两个公式,分别适用于测段总站数为偶数和奇数的情况。

4. 线路成果计算

三、四等水准测量成果的计算方法与步骤同第 2 章等外水准测量,故不赘述。

6.5.1.2 变动仪器高法

这种方法多用于四等水准和等外水准测量。该方法就是在同一测站上,仪器在某一高度测定两点间的高差后,又把仪器的高度变动约 0.1 m,再测定两点间的高差。若两次高差之差不超过 ±5 mm,则取平均值作为两点间的高差。

变动仪器高法测量采用单面标尺,仪器在第一高度时的观测顺序和读数与双面尺法中黑面观测顺序和读数一样;第二高度时的观测顺序和读数与双面尺法中红面观测顺序和读数一

样。由于尺子不存在零点差,所以计算、检核较简单。为便于两种方法的对比,现将变动仪器高法的记录及计算形式列在表 6.12 中。

表 6.12　变动仪器高法记录(单位:m)

仪器号:　　　　　　　　　　　　　　　　　　　　　　　　观测者:

天　气:　　　　　　　日期:　　　年　　　月　　　日　　　　记录者:

测站编号	测点编号	后 尺	下　丝上　丝	前 尺	下　丝上　丝	水准尺读数		高差	高差中数	备　注
		后视距		前视距		后　视	前　视			
		视距差 d		$\sum d$						
1	BM$_1$—TP$_1$	1.541 0.941 60.0 −0.2		0.709 0.107 60.2 −0.2		1.241 1.363 0.408	 0.532	0.833 0.831	0.832	
2	TP$_1$—TP$_2$	1.142 0.558 58.4 +2.0		1.756 1.192 56.4 +1.8		0.850 1.000 1.474	 1.622	−0.624 −0.622	−0.623	
⋮	⋮	⋮		⋮		⋮	⋮	⋮	⋮	

6.5.2　三角高程测量

1. 三角高程测量的原理

在山区当无法采用水准测量作图根高程控制测量时,可采用三角高程测量的方法,其精度可以满足测图要求。但是三角高程测量起始点的高程需要用水准测量引测。

三角高程测量是根据两点间的水平距离和竖直角求得两点间的高差,如图 6.25 所示,假设 A、B 之间的水平距离是已知的,在 A 点上安置经纬仪,在 B 点上立一标尺,经纬仪中丝在标尺上的读数为 v,此时测得的竖直角为 α,记 A 点的仪器高为 i(仪器横轴至地面点 A 的高度),则 A、B 间的高差为

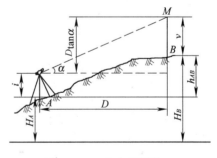

图 6.25　三角高程测量

$$h_{AB} = D\tan \alpha + i - v \tag{6.43}$$

如果 A 点的高程已知,则 B 点的高程为

$$H_B = H_A + h_{AB} = H_A + D\tan \alpha + i - v$$

当 $i = v$ 时,计算更简便。当两点间距离大于 300 m 时,应考虑地球曲率和大气折光对高差的影

响(参考第 2 章的内容)。为了消除这个影响,三角高程测量应进行往、返观测,即所谓对向观测。也就是由 A 观测 B,又由 B 观测 A。往、返所测高差之差不大于 0.1D m(D 以 km 为单位)时,取平均值作为两点间的高差。

用三角高程测量作图根高程控制时,应组成闭合或附合的三角高程路线。路线闭合差允许值为

$$f_{h容} = \pm 0.1h\sqrt{n}$$

式中　　h——测图基本等高距;

　　　　n——路线边数。

当 $f_h \leqslant f_{h容}$ 时,将 f_h 反号按边长成比例分配于各高差中。最后用改正后的高差,由已知高程点开始推算各点高程。

2. 光电三角高程测量

在普通三角高程测量中,水平距离是从图上量得或通过间接的方法求得的。有了红外测距仪与全站仪,就可以在测定竖直角的同时,直接测得 A、B 点间的斜距,在求得平距的同时也就确定了高程。

图 6.26 表示了光电三角高程测量的原理。光电三角高程测量通常也是采用对向观测(往返观测)。竖直角的观测应在盘左、盘右两个盘位进行,观测 2~3 个测回。当采用组合式全站仪时,应使测距仪中心与经纬仪水平轴之间的距离等于反光镜中心与照准觇牌中心之间的距离。

光电三角高程测量的计算公式为

$$h_{AB} = S\sin \alpha_A + i_A - v_B + f \qquad (6.44)$$

或　　　　$h_{AB} = S\cos z_A + i_A - v_B + f$

式中,S 为用测距仪测得的斜距;α 为竖直角;z 为天顶距;i 为仪器高;v 为觇牌中心高;f 为大气折光与地球曲率改正,$f = p - r \approx 0.43\dfrac{D^2}{2R}$,其中 D 为两点之间的水平距离。如果进行双向观测,则由 B 向 A 观测时可得

$$h_{BA} = S_返 \sin \alpha_B + i_B - v_A + f \qquad (6.45)$$

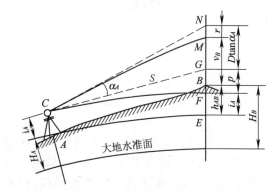

图 6.26　光电三角高程测量

取双向观测的平均值得

$$\bar{h}_{AB} = \frac{1}{2}(h_{AB} - h_{BA})$$

从而　　　　　　　　　　　　　　$H_B = H_A + \bar{h}_{AB}$

以上式(6.44)及式(6.45)的计算通常可由测距仪或全站仪的有关功能自动计算并显示结果。

众多的试验研究表明,如果精心地组织工作,则光电三角高程测量能达到三、四等水准测量的精度要求,这就使光电三角高程测量扩大了其使用范围。

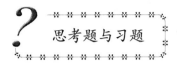

思考题与习题

1. 控制测量的作用是什么?

2. 建立平面控制网的方法有哪几种?

3. 导线的布设形式有哪几种? 导线测量的外业工作包括哪些内容?

4. 导线测量计算的目的是什么? 说明计算的步骤和内容。

5. 闭合导线和附合导线的计算有哪些不同?

6. 何谓三角测量? 三角测量控制网的基本形式有几种?

7. 说明小三角测量内业计算的步骤和内容。

8. 交会法定点有几种方法?

9. 高程控制测量有几种方法?

10. 如果采用双面尺法进行三、四等水准测量,在一个测站上的观测程序如何? 有哪些计算和检核?

11. 如图 6.27 所示,根据图中所注有关数据,计算出各导线点的坐标。(按图根导线要求)

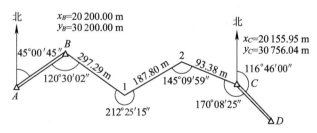

图 6.27　第 11 题图

12. 如图 6.28 所示的图根导线。已知 $\alpha_{AB} = 234°20'18''$,$\beta_0 = 301°42'30''$,$x_B = 1\ 647.76$ m,$y_B = 1\ 428.55$ m,试求(按图根导线要求):

(1)列表计算闭合导线各点坐标;

(2)依次计算各导线边中点 P、Q、R、S 的坐标。

13. 已知小三角锁(图 6.29)中,$D_0 = 279.351$ m,$x_A = 1\ 000.00$ m,$y_A = 1\ 000.00$ m,$\alpha_{AB} = 45°00'00''$,$D_n = 279.351$ m。使用下列观测数据,对其进行近似平差,并算出各点坐标。

$$a_1 = 63°54'18'',\quad b_1 = 70°30'42'',\quad c_1 = 45°34'48''$$
$$a_2 = 59°40'20'',\quad b_2 = 59°05'05'',\quad c_2 = 61°14'23''$$
$$a_3 = 67°02'02'',\quad b_3 = 50°44'10'',\quad c_3 = 62°13'39''$$

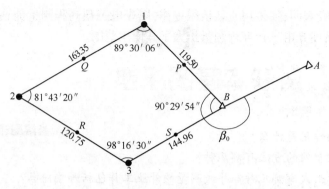

图 6.28　第 12 题图

$$a_4 = 65°18'20'', \quad b_4 = 69°22'01'', \quad c_4 = 45°19'49''$$
$$a_5 = 48°59'10'', \quad b_5 = 79°25'01'', \quad c_5 = 51°35'41''$$

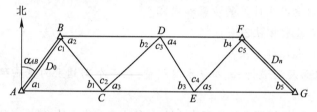

图 6.29　第 13 题图

14. 如图 6.30 所示,已知前方交会定点的数据,求 4 点的坐标。

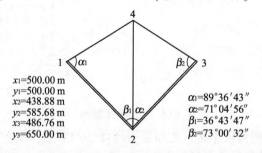

$x_1 = 500.00$ m
$y_1 = 500.00$ m
$x_2 = 438.88$ m
$y_2 = 585.68$ m
$x_3 = 486.76$ m
$y_3 = 650.00$ m

$\alpha_1 = 89°36'43''$
$\alpha_2 = 71°04'56''$
$\beta_1 = 36°43'47''$
$\beta_2 = 73°00'32''$

图 6.30　第 14 题图

15. 在 A 点上安置经纬仪,其高度为 1.30 m,照准 B 点,觇标高度为 3.80 m,测得竖直角为 14°06′28″,又在 B 点上安置经纬仪,其高度为 1.40 m,照准 A 点,觇标高度为 4.00 m,测得竖直角为 −13°19′05″,AB 间的水平距离为 341.22 m,A 点的高程为 300.00 m,试计算 B 点的高程。

7

全球卫星导航系统测量

本章对测绘新技术——全球卫星导航系统的原理和测量方法作简要介绍。主要内容包括卫星导航系统的发展及特点、GPS 的组成、GPS 坐标系统、GPS 定位原理、GPS 定位方法以及 GPS 测量的实施等。

☞ 7.1 卫星导航概述

7.1.1 全球卫星导航系统的发展

1957 年 10 月，世界上第一颗人造卫星发射成功后，人们就开始了利用卫星进行定位和导航的研究。1963 年 12 月美国发射了第一颗导航卫星，于是第一代卫星导航系统——**子午卫星导航系统**问世。由于该系统不受气象条件的限制，自动化程度较高，因而迅速被世界各国所采用。但是由于该系统卫星数目较少（5~6 颗）、轨道低（平均约 1 000 km）、发射信号的频率较低，从而精度受到影响，且不能提供连续实时三维导航。

为了实现全天候、全球性、高精度地连续导航定位，美国国防部于 1973 年开始，历经 20 年，耗资 300 亿美元，于 1993 年成功建设了第二代卫星导航系统——**GPS 卫星全球定位系统**，全称为"**授时、测距导航系统/全球定位系统**"（Navigation System Timing and Ranging/Global Positioning System）。GPS 是利用卫星发射的无线电信号进行导航定位，它具有全球性、全天候、高精度、快速实时三维导航、定位、测速和授时功能，以及良好的保密性和抗干扰性。它已成为美国导航技术现代化的重要标志，被称为 20 世纪继阿波罗登月、航天飞机之后的又一重大航天技术。

目前，世界上已有全球卫星导航系统除美国的 GPS 系统外，主要有俄罗斯的 GLONASS、中国的北斗、欧盟的 GALILEO 等。

1. GLONASS

该系统最早开发于苏联时期，后由俄罗斯继续建立本国的全球卫星导航系统 GLONASS（Global Orbiting Navigation Satellite System），1995 年建成由 24 颗卫星组成的卫星星座。这一系统至少需要 18 颗卫星为俄全境提供卫星定位和导航服务，如要提供全球服务，则需 24 颗卫星在轨工作，主要服务内容包括确定陆地、海上及空中目标的坐标及运动速度信息等。由于受政治、经济及技术的影响，该系统很长一段时间内不能正常工作。目前，该系统正在进行全面更新。

2. GALILEO

伽利略定位系统（Galileo Positioning System），是由欧盟主导的一个正在建造中的卫星定位系统，有"欧洲版 GPS"之称，也是继 GPS 和 GLONASS 系统外，第三个可供民用的定位系统。该系统计划由 30 颗卫星组成，于 2005 年 12 月 28 日发射了第一颗试验卫星。由于技术等问题，完成目标由最初的 2008 年延长到了 2014 年左右。

Galileo 卫星定位系统是民用定位系统,不存在军用与民用的冲突问题。此外,其卫星运行高度高于 GPS 卫星,因而覆盖率较高,定位精度将优于 GPS 全球定位系统。

3. 北斗(BDS)

北斗卫星导航系统[Bei Dou(COMPASS)Navigation Satellite System]是我国正在实施的自主开发、独立运行的主动式卫星导航系统,从 2000 年 10 月 31 日发射第一颗北斗卫星到 2003年 5 月 25 日为止,建成了第一代由三颗地球同步卫星构成的试验星座,组成了"北斗一号"区域卫星导航系统,可用于我国境内及周边地区的导航定位。

我国正在建设的北斗卫星导航系统空间段将由 5 颗静止轨道卫星和 30 颗非静止轨道卫星组成,截至 2012 年 10 月,我国已成功将第 16 颗卫星送入预定轨道,这也是我国二代北斗导航工程的最后一颗卫星,标志着我国北斗导航工程区域组网顺利完成。提供两种服务方式,即开放服务和授权服务。开放服务是在服务区免费提供定位、测速和授时服务,定位精度为10 m,授时精度为 50 ns,测速精度 0.2 m/s。授权服务是向授权用户提供更安全的定位、测速、授时和通信服务以及系统完好性信息。

7.1.2　全球卫星导航系统(GNSS)及其特点

几十年来,美国的 GPS 系统和俄罗斯的 GLONASS 系统已发展成为第二代卫星导航系统,欧盟的伽利略(GALILEO)系统和中国的北斗卫星导航系统等正在积极建设。不久的将来,它们将共同组成**全球卫星导航系统** GNSS(Global Navigation Satellite System)。到那时,全球定位卫星将有一百多颗,接收机也将发展成为可以同时接收多种定位系统的兼容机,定位精度和速度都将大大提高。

由于全球卫星定位技术可以高精度、全天候、快速地测定地面点的三位坐标,点间无需通视,不用建标,比常规测量方法的成本低,且具有仪器轻巧、操作方便等优点,对传统的测量理论与方法产生了革命性的影响,促进了测绘科学技术的现代化,在军事、民用及其他领域都得到了广泛应用。在工程测量的各个领域,从一般的控制测量(城市控制网、工程控制网、测图控制网)到精密工程测量,都显出极大的优势。GPS 技术还可用于桥梁工程、隧道与管道工程、海峡贯通与连接工程、精密设备安装工程等。

由于各国的卫星导航系统基本原理和方法大致相似,以下章节均以美国的 GPS 为例,介绍 GNSS 技术的原理、方法等内容。

☞ 7.2
GPS 的组成

全球定位系统(GPS)主要由空间星座部分、地面监控部分和用户设备部分共三大部分组成,如图 7.1 所示。

7.2.1 空间星座部分

1. GPS 卫星星座

全球定位系统的空间星座部分由 24 颗卫星组成,其中有 21 颗工作卫星,有 3 颗可随时启用的备用卫星。工作卫星均匀分布在 6 个近圆形轨道面内,每个轨道面上有 4 颗卫星(图7.2)。卫星轨道面相对地球赤道面的倾角为55°,各轨道平面升交点的赤经相差 60°,同一轨道上两卫星之间的升交角距相差 90°。轨道平均高度为 20 200 km,卫星运行周期为11 h 58 min。同时在地平线以上的卫星数目随时间和地点而异,最少为 4 颗,最多时达 11 颗。上述 GPS 卫星的空间分布,保障了在地球上任何地点、任何时刻均至少可同时观测到 4 颗卫星,加之卫星信号的传播和接收不受天气的影响,因此 GPS 是一种全球性、全天候的连续实时定位系统。

2. GPS 卫星及功能

GPS 卫星(图 7.3)的主体呈圆柱形,直径为 1.5 m,重约 774 kg,设计寿命为 7.5 年。

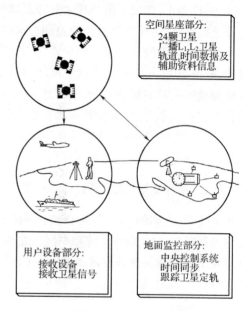

图 7.1　GPS 的组成

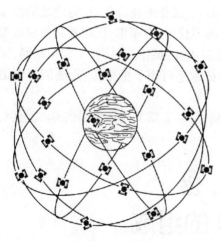

图 7.2　GPS 卫星星座

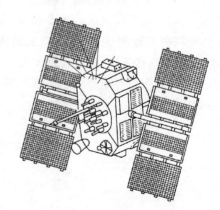

图 7.3　GPS 卫星

主体两侧配有能自动对日定向的双叶太阳能板,为保证卫星正常工作提供电源,通过一个驱动系统保持卫星运转并稳定在轨道位置。每颗卫星装有 4 台高精度原子钟(铷钟和铯钟各两台),以保证发射出标准频率(稳定度为 $10^{-12} \sim 10^{-13}$),为 GPS 测量提供高精度的时间标准。

在全球定位系统中,GPS 卫星的主要功能是:接收和储存由地面监控系统发射来的导航信息;接收并执行地面监控系统发送的控制指令,如调整卫星姿态和启用备用时钟、备用卫星等;向用户连续不断地发送导航与定位信息,并提供时间标准、卫星本身的空间实时位置及其他在轨卫星的概略位置。

3. GPS 卫星信号

GPS 卫星信号与导航电文是通过发射高频载波信号来传送的。如图 7.4 所示,高频载波信号由一个基准频率为 $F_0 = 10.23$ MHz 的振荡器产生,在分别以 154 倍和 120 倍实现倍频以后,形成 L 波段两个载波频率信号,即 $L_1 = 1 575.42$ MHz,$L_2 = 1 227.60$ MHz,波长分别为 $\lambda_1 = 19.03$ cm,$\lambda_2 = 24.42$ cm。载波上有三种相位调制:两个载波被频率为 F_0 的伪随机码调制,这种码信号称为 **P 码**或**精码**;L_1 载波上还调制有频率为 $0.1F_0$ 的另一伪随机码,称为 **C/A 码**或**粗码**。此外,两个载波上都调制了 50 bit/s 的数据串,称为**导航电文**或 **D 码**,它向用户提供为计算卫星坐标用的卫星星历、系统时间、卫星钟性能及电离层改正参数等信息。

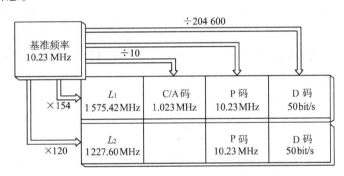

图 7.4 GPS 卫星信号示意图

导航电文中有每颗 GPS 卫星的识别码,以区分来自不同卫星的信号。C/A 码和 P 码均可用作测距码:C/A 码的波长为 293.1 m,相应的测距误差可达 2.9~29.3 m,由于其精度低,故称为粗码,供民用测距定位用;P 码的波长为 C/A 码的 1/10,相应的测距误差为 0.29~2.93 m,故称为精码,主要用于较精密的导航定位,只供美国军方和授权用户使用。

7.2.2 地面监控部分

GPS 的地面监控系统主要由分布在全球的五个地面站组成,按其功能分为主控站(MCS)、注入站(GA)和监测站(MS)三种,如图 7.5 所示。

1. 主控站

主控站有一个,设在美国本土的科罗拉多空间中心。主控站负责协调和管理所有地面监控系统的工作,其具体任务有:根据所有地面监测站的观测资料推算编制各卫星的星历、卫星钟差和大气层修正参数等,并把这些数据及导航电文传送到注入站;提供全球定位系统的时间基准;调整卫星状态和启用备用卫星等。

2. 注入站

注入站现有三个,分别设在印度洋的迪戈伽西亚、南太平洋的卡瓦加兰和南大西洋的阿松森群岛。其主要任务是将来自主控

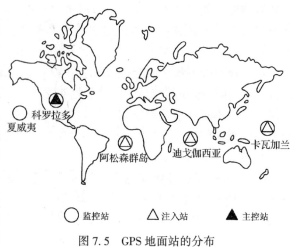

图 7.5　GPS 地面站的分布

站的卫星星历、钟差、导航电文和其他控制指令注入到相应卫星的存储系统,并监测注入信息的正确性。

3. 监测站

监测站原有五个,除上述四个地面站(一个主控站、三个注入站)具有监测站功能外,在夏威夷还设有一个监测站。监测站的主要任务是连续观测和接收所有 GPS 卫星发出的信号并监测卫星的工作状况,将采集到的数据连同当地气象观测资料和时间信息经初步处理后传送到主控站。2000 年,美国政府在原 5 个空军监测站的基础上又增加了 NIMA(美国国家影像与制图局)的 10 个监测站,其中包括我国房山国家测绘局与 NIMA 合作建立的监测站。监测站的增加,大大改善了卫星广播星历的精度。对于精密定位任务,用户等效距离误差由原来的 4.3 m 降低到 1.3 m。

整个地面监控系统由主控站控制,地面站之间由现代化通信系统联系,无需人工操作,实现了高度自动化和标准化。

7.2.3　用户设备部分

GPS 的用户设备部分,包括 GPS 接收机硬件、数据处理软件和微处理机及其终端设备等。GPS 信号接收机是用户设备部分的核心。其主要任务是捕获卫星信号,跟踪并锁定卫星信号;对接收的卫星信号进行处理,测量出 GPS 信号从卫星到接收机天线间的传播时间;译出 GPS 卫星发射的导航电文,配以功能完善的软件,实时计算接收机天线的三维坐标、速度和时间。

GPS 接收机一般由天线、主机和电源三部分组成。GPS 接收机天线由天线单元和前置放大器两部分组成。天线的作用是将 GPS 卫星信号的微弱电磁波能量转化为相应电流,并通过

前置放大器将接收的 GPS 信号放大。为减少信号损失,一般将天线和前置放大器封装成一体。主机由变频器、信号通道、微处理器、存储器和显示器组成。主机的主要作用是对天线接收到的信号进行数据处理、记录、存储、状态及结果显示等。电源主要有内电源(一般为锂电池)和外接电源两种,为接收机提供工作时必要的能源。

GPS 的种类很多,按用途可分为:

(1) **导航型**接收机。一般采用伪距单点定位,定位精度较低,但体积小、价格低廉,故使用广泛。主要用于船舶、车辆、飞机等运动载体的实时定位及导航。按不同应用领域又分为:手持型、车载型、航海型、航空型以及星载型。

(2) **测地型**接收机。主要采用载波相位观测值进行相对定位,定位精度较高,一般相对精度可达 $\pm(5\ mm+10^{-6}\times D)$。这类仪器构造复杂,价格昂贵。主要用于精密大地测量、工程测量、地壳形变测量等领域。测地型接收机又分为单频机和双频机两种:单频机只接收 L_1 载波相位,它不能消除电离层的影响,只适用于 15 km 以内的短基线;双频机可接收 L_1、L_2 载波相位,因而可以消除电离层的影响,精度较高,可适用于长基线。

(3) **授时型**接收机。主要利用 GPS 卫星提供的高精度时间标准进行授时,常用于天文台授时,电力系统、无线电通讯系统中的时间同步等。

(4) **姿态测量型**接收机。可提供载体的航偏角、俯仰角和滚动角,主要用于船舶、飞机及卫星的姿态测量。

目前我国市场上常见的接收机品牌主要有美国 Trimble(天宝)、瑞士 Leica(徕卡)、日本 TOPCON(拓普康)及我国的华测、南方、中海达等。另外,市场上从只能单一接收某一种类型导航卫星信号的接收机逐渐发展成能同时接收多类型导航卫星信号的接收机。如 GPS/GLONASS 双系统接收机甚至 GPS/GLONASS/GALILEO 三系统接收机等,这种接收机可以实现更快、更精确的定位和导航。

☞ 7.3
GPS 坐标系统

7.3.1　WGS-84 大地坐标系

由于 GPS 是全球性的定位导航系统,其坐标系统也必须是全球性的。因为它是通过国际协议确定的,所以通常也称为**协议地球坐标系**(Coventional Terrestial System——CTS)。目前,GPS 测量中所使用的协议地球坐标系统称为 **WGS-84 世界大地坐标系**(World Geodetic System)。

WGS-84 世界大地坐标系的几何定义是：原点是地球质心，Z 轴指向 BIH[①]1984.0 定义的协议地球极（CTP[②]）方向，X 轴指向 BIH1984.0 的零子午面和 CTP 赤道的交点，Y 轴与 Z 轴、X 轴构成右手坐标系，如图 7.6 所示。

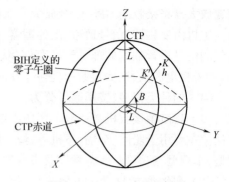

图 7.6 WGS-84 大地坐标系

7.3.2 WGS-84 坐标基本关系式

地面上任一点可以用三维直角坐标 (X, Y, Z) 表示，也可以用大地坐标 (B, L, h) 表示。两坐标系之间可以互相转换。已知某点大地纬度 B、大地经度 L 和大地高 h 时，可用式(7.1a)~式(7.1d)计算其三维直角坐标：

$$X = (N+h) \cos B \cos L \tag{7.1a}$$

$$Y = (N+h) \cos B \sin L \tag{7.1b}$$

$$Z = \left[N(1-e^2) + h \right] \sin B \tag{7.1c}$$

$$N = \frac{a}{\sqrt{1 - e^2 \sin^2 B}} \tag{7.1d}$$

式中，a、e^2 为椭球元素。对于 WGS-84 椭球，长半轴 $a = 6\ 378\ 137.0$ m，第一偏心率平方 $e^2 = 0.006\ 694\ 379\ 99$。这个关系式的逆运算为

$$\tan L = \frac{Y}{X} \tag{7.2a}$$

$$\tan B = \frac{Z + Ne^2 \sin B}{\sqrt{X^2 + Y^2}} \tag{7.2b}$$

$$h = \sqrt{\frac{X^2 + Y^2}{\cos B}} - N \tag{7.2c}$$

由式(7.2b)可知，大地纬度 B 又是其自身的函数，因而需用式(7.2b)和式(7.1d)迭代解算。

另外，测量中还习惯用高斯平面直角坐标表示地面点的平面位置。WGS-84 坐标系和高斯平面直角坐标系之间也可以互相转换。详细公式和转换方法请参阅有关书籍。

在实际测量定位工作中，虽然 GPS 卫星的信号依据于 WGS-84 坐标系，但求解结果则往往是测站之间的基线向量或三维坐标差。在数据处理时，根据上述结果，并以现有已知点（三点以上）的坐标值作为约束条件，进行整体平差计算，就可得到各 GPS 测站点在当地现有坐标系

---

① BIH 是国际时间局（Bureau International de l'Heure）的简称。

② CTP 是协议地球极（Coventional Terrestial Pole）的简称。

中的实用坐标。具体转换方法和公式限于篇幅,这里就不详细介绍了。

☞ 7.4
GPS 定位原理

利用 GPS 进行定位的基本原理是空间后方交会(图7.7),即以 GPS 卫星和用户接收机天线之间的距离(或距离差)的观测量为基础,并根据已知的卫星瞬时坐标来确定用户接收机所对应的点位,即待定点的三维坐标 (X, Y, Z)。由此可见,GPS 定位的关键是测定用户接收机天线至 GPS 卫星之间的距离,分伪距测量和载波相位测量两种。

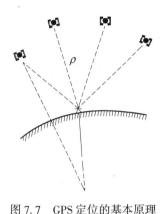

7.4.1 伪距测量

在待测点上安置 GPS 接收机天线,通过测定某颗卫星发送信号的时刻到接收机天线接收到该信号的时刻 Δt,就可以求得卫星到接收机天线的空间距离。

图 7.7　GPS 定位的基本原理

$$\rho = \Delta t \cdot c \tag{7.3}$$

式中,c 为电磁波在大气中的传播速度。由于卫星和接收机的时钟均有误差,电磁波经过电离层和对流层时将产生传播延迟,因此,Δt 乘上空中电磁波传播的速度 c 后得到的距离,不是接收机到卫星的几何距离,故称为**伪距**,以 $\tilde{\rho}$ 来表示。若用 δ_t, δ_T 表示卫星和接收机时钟相对于 GPS 时间的误差改正数,用 δ_I 表示信号在大气中传播的延迟改正数,则

$$\rho = \tilde{\rho} + c(\delta_t + \delta_T) + \delta_I \tag{7.4}$$

其中,卫星钟误差改正数 δ_t 可由卫星发出的导航电文给出,δ_I 可采用数学模型计算出来,δ_T 为未知数,ρ 为接收机至卫星的几何距离。设 $r = (X_S, Y_S, Z_S)$ 为卫星在世界大地坐标系中的位置矢量,可由卫星发出的导航电文计算得到,$R = (X, Y, Z)$ 为接收机天线(待测点)在大地坐标系中的位置矢量,是待求的未知量。则式(7.4)中的 ρ 可表示为

$$\rho = \sqrt{(X_S-X)^2 + (Y_S-Y)^2 + (Z_S-Z)^2} \tag{7.5}$$

结合式(7.4)和式(7.5)可知,每一个伪距观测方程中仅含有 X, Y, Z 和 δ_T 4 个未知数。如图 7.7 所示,在任一测站只要同时对 4 颗卫星进行观测,取得 4 个伪距观测值 $\tilde{\rho}$,即可解算出 4 个未知数,从而求出待测点的坐标 (X, Y, Z)。当同时观测的卫星多于 4 颗时,可用最小二乘法进行平差处理。

7.4.2　载波相位测量

1. 载波相位测量

载波相位测量,顾名思义是利用 GPS 卫星发射的载波为测距信号。由于载波的波长比测距码波长要短得多,因此对载波进行相位测量,就可得到较高的测量定位精度。载波相位测量定位解算比较复杂,由于实际工作中并不需要用户列方程计算,故本节仅用简单方法讲述其基本原理。

若不顾及卫星和接收机的时钟误差、电离层和对流层对信号传播的影响,在任一时刻 t 可以测定卫星载波信号在卫星处某时刻的相位 φ_s 与该信号到达待测点天线时刻的相位 φ_r 间的相位差,即

$$\varphi = \varphi_r - \varphi_s = N \cdot 2\pi + \delta\varphi \tag{7.6}$$

式中,N 为信号的整周期数;$\delta\varphi$ 为不足整周期的相位差。由于相位和时间之间有一定的换算公式,卫星与待测点天线间的距离可由相位差表示为

$$\rho = \frac{c}{f}\frac{\varphi}{2\pi} = \frac{c}{f}\left(N + \frac{\delta\varphi}{2\pi}\right) \tag{7.7}$$

考虑到卫星和接收机的时钟误差、电离层和对流层对信号传播的影响,上式又可写成:

$$\rho = \frac{c}{f}\left(N + \frac{\delta\varphi}{2\pi}\right) + c(\delta_t + \delta_T) + \delta_I \tag{7.8}$$

或写为

$$\Delta\varphi = \frac{f}{c}(\rho - \delta_I) - f(\delta_t + \delta_T) - N \tag{7.9}$$

式中 $\Delta\varphi = \delta\varphi/2\pi$ 为相位差不足一周的小数部分。

由于相位测量只能测定不足一个整周期的相位差 $\delta\varphi$,无法直接测得整周期数 N,因此载波相位测量的解算比较复杂。N 又称整周模糊度,它可由多种方法求出。N 的确定是载波相位测量中特有的问题,也是进一步提高 GPS 定位精度,提高作业速度的关键所在。

载波相位测量是利用卫星载波波长为单位进行量度的,卫星载波 L_1 和 L_2 波长分别为 $\lambda_1 = 19.03$ cm,$\lambda_2 = 24.42$ cm,如果测相的精度达到百分之一,则测量的分辨率可分别达到 0.19 cm 和 0.24 cm,测距中误差分别为 $\pm(3\sim5\ \text{mm})$ 和 $\pm(3\sim7\ \text{mm})$,从而保证了测量定位的高精度。

2. 载波相位观测值的差分

考虑到 GPS 定位时的误差来源,当前普遍采用将相位观测值进行线性组合的方法(差分法),其具体形式有三种:一次差分(单差法)、二次差分(双差法)、三次差分(三差法)。

(1) 一次差分

如图 7.8(a)所示,如果用两台接收机在测站 K 和 M 同步观测相同卫星 P,可以写出两个如式(7.9)的方程,在它们之间求一次差则称为**一次差分**,即

$$\Delta\varphi_{KM}^{P}(t) = \Delta\varphi_{K}^{P}(t) - \Delta\varphi_{M}^{P}(t)$$

$$= \frac{f}{c}\left[\rho_{K}^{P}(t) - \rho_{M}^{P}(t)\right] - \frac{f}{c}\left[\delta_{IK}^{P}(t) - \delta_{IM}^{P}(t)\right] - f(\delta_{TK} - \delta_{TM}) - (N_{K}^{P} - N_{M}^{P})$$

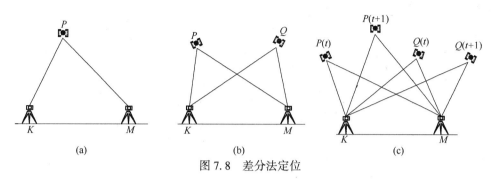

图 7.8　差分法定位

一次差分后两台接收机的公共项,即卫星时钟误差的影响被消除。卫星轨道误差、大气传播误差对两个测站同步观测的影响因具有相关性将被明显减弱,尤其当基线较短时,这种方法的有效性更为显著,则式中第二项可忽略不计,并令 $N_{KM}^{P} = N_{K}^{P} - N_{M}^{P}$,可将上式简化为

$$\Delta\varphi_{KM}^{P}(t) = \frac{f}{c}\left[\rho_{K}^{P}(t) - \rho_{M}^{P}(t)\right] - f(\delta_{TK} - \delta_{TM}) - N_{KM}^{P} \qquad (7.10)$$

（2）二次差分

如图 7.8(b)所示,如果用两台接收机在测站 K 和 M 同步观测两颗卫星 P 和 Q,可以写出两个如式(7.10)的一次差分方程,在它们之间再求一次差则称为**二次差分**,即

$$\Delta\varphi_{KM}^{PQ}(t) = \Delta\varphi_{KM}^{P}(t) - \Delta\varphi_{KM}^{Q}(t)$$

$$= \frac{f}{c}\left\{\left[\rho_{K}^{P}(t) - \rho_{M}^{P}(t)\right] - \left[\rho_{K}^{Q}(t) - \rho_{M}^{Q}(t)\right]\right\} - N_{KM}^{PQ} \qquad (7.11)$$

式中,$N_{KM}^{PQ} = N_{KM}^{P} - N_{KM}^{Q}$。二次差分除了消除了卫星时钟误差的影响外,还消去了接收机时钟误差的影响。这是双差模型的主要优点,同时也大大减小了其他误差的影响。二次差分是 GPS 向量解算中常用的一种形式。

（3）三次差分

如图 7.8(c)所示,若在两个历元时间 $(t, t+1)$ 对两个二次差分再求差,则称为**三次差分**,即

$$\Delta\varphi_{KM}^{PQ}(t, t+1) = \Delta\varphi_{KM}^{PQ}(t+1) - \Delta\varphi_{KM}^{PQ}(t)$$

$$= \frac{f}{c}\left\{\left[\rho_{K}^{P}(t+1) - \rho_{M}^{P}(t+1)\right] - \left[\rho_{K}^{Q}(t+1) - \rho_{M}^{Q}(t+1)\right]\right\}$$

$$- \frac{f}{c}\left\{\left[\rho_{K}^{P}(t) - \rho_{M}^{P}(t)\right] - \left[\rho_{K}^{Q}(t) - \rho_{M}^{Q}(t)\right]\right\} \qquad (7.12)$$

在三次差分中,又消除了整周未知数。但由于三次差分模型中未知参数的数目较少,则独立的观测量方程的数目也明显减少,这对未知数的解算将会产生不良的影响,使精度降低。正是由于这个原因,通常将消除了整周未知数的三差法结果,仅用作前两种方法的近似值,而在实际工作中常采用双差方程进行解算。

☞ 7.5
GPS 定位方法

根据待定点位的运动状态,GPS 定位方法可分为静态定位和动态定位。按定位的模式不同,又可分为绝对定位、相对定位和差分定位。

7.5.1 静态定位和动态定位

静态定位即在定位过程中,接收机天线(待测点)的位置相对于周围地面点而言处于静止状态;**动态定位**即在定位过程中,接收机天线(待测点)的位置相对于周围地面点而言处于运动状态,也就是说定位结果是连续变化的,如用于飞机、轮船导航定位的方法。静态定位是通过大量的重复观测来提高精度的,是一种高精度的定位方法。动态定位是发展最快,应用较广的一种定位方法,尤其是实时动态(Real Time Kinematic——RTK)测量系统,是 GPS 测量技术与数据传输技术相结合的一种新的 GPS 定位技术。它的基本做法是在基准站上安置一台 GPS 接收机,对所有可见的 GPS 卫星进行连续观测,并将其观测数据通过无线电传播设备,实时地发送给动态用户观测站,从而可实时高精度地解算用户站的三维坐标。

7.5.2 绝对定位和相对定位

绝对定位又称单点定位。单点定位是在一个待测点上,用一台接收机独立跟踪 GPS 卫星,以测定待测点的绝对坐标,如图 7.9 所示。单点定位一般采用伪距测量。

用伪距法单点定位,就是利用 GPS 接收机在某一时刻测定的 4 颗以上 GPS 卫星伪距及从卫星导航电文中获得的卫星位置,采用距离交会法求定天线所在的三维坐标。其优点是只需用一台接收机即可独立确定待求点的绝对坐标。

由于单点定位受卫星钟差、接收机钟差、大气延迟等误差的影响,所以单点定位精度较低,用 C/A 码伪距定位精度一般为 25 m,P 码伪距定位精度为 10 m。在观测时间加长至 3 h 的条件下,单点定位的精度可望达到 10~20 m,难以满足高精度测量定位工作的要求。但由于伪距单点定位观测方便、速度快、无多值性问题、数据处理较简单,因此在运动载体的导航定位上仍应用较多,一般多用于船舶、飞机、勘探、海洋作业等方面。此外,伪距还可以作为载波相位测量中解决整周模糊度的参考数据。

　　相对定位是用两台接收机在两个测站上同步跟踪相同的卫星信号,以求定两台接收机之间相对位置的方法(图 7.10)。两点间的相对位置也称为基线向量,在 GPS 观测中常用 WGS-84坐标系下的三维直角坐标差$(\Delta X, \Delta Y, \Delta Z)$表示,也可用大地坐标之差$(\Delta B, \Delta L, \Delta h)$表示。当其中一个端点坐标已知的,则可推算另一个待定点的坐标。相对定位方法也适用于用多台接收机安置在若干条基线的端点,通过同步观测以确定多条基线向量的情况。由于在测量过程中,通过重复观测取得了充分的多余观测数据,从而改善了 GPS 定位的精度。

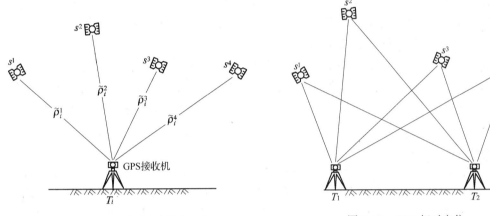

图 7.9　GPS 绝对定位(或单点定位)　　　　　图 7.10　GPS 相对定位

　　相对定位一般采用载波相位测量。相对定位中,由于各台接收机同步观测相同的卫星,这样,卫星钟误差、卫星星历误差、卫星信号在大气中的传播误差等几乎相同,在解算各测点坐标时这些误差可以有效地被消除或大幅度削弱,从而提高定位精度。载波相位测量静态相对定位的精度可达$\pm(5 \text{ mm}+1\times10^{-6}\times D)$,一般用于控制测量、工程测量和变形观测等精密定位。

7.5.3　GPS 实时差分定位

　　利用C/A码伪距单点定位对运动物体进行实时定位时,由于 GPS 定位精度受 GPS 卫星钟差、接收机钟差、大气中电离层和对流层对 GPS 信号的延迟等误差的影响,致使单点定位精度很低。为提高实时定位精度,可采用 GPS 差分定位技术。

　　GPS 差分定位的原理是在已有精确地心坐标点(称为基准站)安放 GPS 接收机,利用已知地心坐标和星历计算 GPS 观测值的校正值,并通过无线电通讯设备(称为数据链)将校正值发送给运动中的 GPS 接收机(称为流动台)。流动台利用校正值对自己的 GPS 观测值进行修正,以消除上述误差,从而提高实时定位精度,如图 7.11 所示。

　　GPS 差分定位系统由基准台、流动台和无线电通讯链三部分组成:

　　(1)基准台。接收 GPS 卫星信号,并实时向流动台提供差分修正信号。

（2）流动台。接收 GPS 卫星信号和基准台发送的差分修正信号,对 GPS 卫星信号进行修正,并进行实时定位。

（3）无线电通讯链。将基准站差分信息传送到流动台。

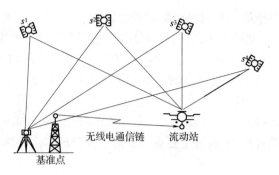

图 7.11　GPS 差分定位

GPS 动态差分有多种方法,目前在工程中常用的主要有:

1. 载波相位实时差分(RTK)

由于载波相位观测值精度高,若通过数据链将基准站载波相位观测值传送到流动台,在流动台进行实时载波相位数据处理,其定位精度可达到 1~2 cm。RTK 差分距离不可太远,目前最远可达 30 km。此外,流动台是否能进行 RTK 差分,取决于数据通讯的可靠性和流动台载波相位观测值是否失锁。目前在城市测量中因受周围环境影响,实时动态 RTK 还很难使用,而在空旷地区、海上应用较多。

2. 局域差分(LADGPS)

在局部区域内布设 GPS 差分网,差分网由若干个差分 GPS 基准站组成,通常还包含一个或数个监控站。该局域中的用户根据多个基准站所提供的改正信息(坐标改正数或距离改正数),通常采用加权平均法或最小方差法求得自己的改正数。用户与基准站之间的距离一般在500 km 以内才能获得较好的精度

3. 广域差分(WADGPS)

广域差分是利用大范围内建立的卫星跟踪网跟踪卫星信号。利用跟踪网的已知坐标和原子钟,求每颗卫星的星历改正值、卫星钟改正值及电离层改正参数,并通过无线电台向用户流动台发送。流动台接收这些修正信息后对观测值进行修正。差分修正后的精度可达到 1~3 m,差分范围可达到 2 000 km。

7.5.4　多基准站 RTK(网络 RTK)技术

它是一种基于多基准站网络的实时差分定位系统,目前,建立多个基准站连续运行卫星定位导航服务系统(Continuous Operation Reference Station——CORS)已是我国测绘的基础建设,该系统是卫星定位技术、计算机网络技术、数字通信技术等多种高科技技术相结合的产物,可应用于城市规划、交通、国土资源、地震、气象、测绘、水利、防灾减灾等领域和行业。

CORS 系统由基准站网、数据处理中心、数据传输系统、定位导航数据播发系统、用户应用系统五个部分组成,各基准站与监控分析中心间通过数据传输系统连接成一体,形成专用网络。CORS 系统彻底改变了传统 RTK 测量作业方式,其主要优势体现在:①改进了初始化时间、扩大了有效工作的范围;②采用连续基站,用户随时可以观测,使用方便,提高了工作效率;

③拥有完善的数据监控系统,可以有效地消除系统误差和周跳,增强差分作业的可靠性;④用户不需架设参考站,真正实现单机作业,减少了费用;⑤使用固定可靠的数据链通讯方式,减少了噪声干扰;⑥提供远程 INTERNET 服务,实现了数据的共享;⑦扩大了 GPS 在动态领域的应用范围,更有利于车辆、飞机和船舶的精密导航;⑧为建设数字化城市提供了新的契机。

☞ 7.6
GPS 测量的实施

目前的 GPS 控制测量多采用相对定位的测量方法,即需要两台以及两台以上的 GPS 接收机在相同的时间段内同时连续跟踪相同的卫星组,也称同步观测,此时各 GPS 点组成的图形称为同步图形。同步图形中形成的若干坐标闭合差条件,称为同步图形闭合差,该值可以反映野外观测质量和条件的好坏。

与同步图形相对应的,由不同时段的基线构成的图形称为异步图形。由异步图形形成的坐标闭合差条件称为异步图形闭合差。当某条基线被两个或多个时段观测时就形成了重复基线坐标闭合差条件。异步图形闭合差和重复基线坐标闭合差是衡量精度、检验粗差和系统差的重要指标。

7.6.1 GPS 网精度指标

GPS 网的精度指标通常以网中相邻点间的距离误差来表示,计算式为

$$\sigma = \sqrt{a^2 + (bD)^2} \tag{7.13}$$

式中 σ——网中相邻点间的距离误差(mm);

      a——接收机标称精度的固定误差(mm);

      b——接收机标称精度的比例误差系数(10^{-6});

      D——相邻点间的距离(km)。

GPS 测量按照精度和用途分为 A、B、C、D、E 级。A 级网用于地壳形变测量和建立国家基本控制网,B 级网用于建立地方或城市坐标基准框架和各种精密工程测量,C 级以下用来建立区域、城市及以下等级的基本控制网和勘测、建筑施工等控制网。

7.6.2 GPS 网形设计

由于 GPS 测量不需点间通视,因此图形设计具有较大的灵活性。根据用途不同,GPS 网的基本构网方式有点连式、边连式、网连式和边点混连式。

(1)点连式。如图 7.12(a)所示,是指相邻同步图形(多台仪器同步观测卫星获得基线构成的闭合图形)仅用一个公共点连接。这种方式构成的图形几何强度较弱,没有或极少有非同步图形闭合条件,一般不单独使用。

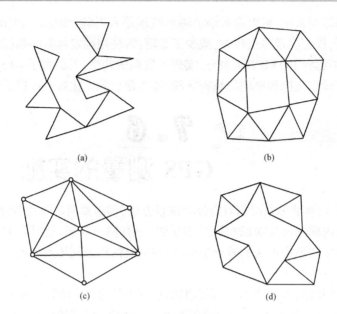

图 7.12　GPS 网形

（2）边连式。如图 7.12(b)所示,是指相邻同步图形之间由一条公共基线连接。这种网的几何强度较高,有较多的复测边和非同步图形闭合条件。在相同的仪器台数条件下,观测时段数将比点连式大大增加。

（3）网连式。如图 7.12(c)所示,是指相邻同步图形之间由两个以上的公共点相连接。这种方法需要 4 台以上的接收机。显然,这种布网方式几何强度和可靠性指标都相当高,但花费的经费和时间较多,一般仅适用于高精度的控制测量。

（4）边点混连式。如图 7.12(d)所示,是指把点连式与边连式有机地结合起来,组成 GPS网,既能保证网的几何强度,提高可靠指标,又能减少外业工作量,降低成本,是一种较为理想的布网方法。

　　在低等级的 GPS 测量中还可以采用星形布设,如图 7.13 所示。这种方式常用于快速静态测量,优点是测量速度快,但没有检核条件。为了保证质量可选两个点作基准站。

　　在实际布网时还要注意以下几个方面:

　　（1）为了便于用经典方法联测和扩展,要求 GPS 控制点至少与一个其他控制点通视,或者在控制点附近 300 m 外,

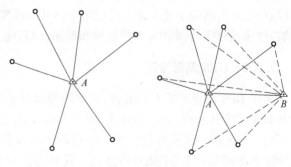

图 7.13　星形网

布设一个通视良好的方位点,以便建立联测方向。

(2)为了方便求得 GPS 网坐标与原有地面控制网坐标间的转换参数,一般要求至少有三个 GPS 控制网点与地面控制网点重合。

(3)GPS 网应有 3~6 个点与水准点重合,或进行等级水准联测,以便进行大地高和正常高的转换。

7.6.3 GPS 测量的外业

1. 踏勘选点

由于 GPS 点间不要求通视,网形结构较灵活,故选点工作比常规控制测量的选点要简便。但考虑到 GPS 测量自身的特点,选点时应满足以下要求:点位应选在交通方便、易于安装接收设备、视野开阔的高处,地面基础稳定,视场内障碍物的高度角不宜超过 15°;远离大功率无线电发射源、高压线、微波信号传送通道;远离有强烈反射卫星信号的物体等。

点位选定后,应按要求埋设标石,并绘制点之记。

2. 拟定外业观测计划

(1)编制 GPS 卫星可见性预报图

利用卫星预报软件,输入测区坐标范围、作业时间、卫星截止高度角等内容,利用星历文件来编制卫星可见性预报图。

(2)编制作业调度表

应包括观测时段、测站号、测站名、接收机号、作业员、车辆调度表等内容。

3. 野外观测

应严格按照技术设计要求进行,主要包括以下步骤:

(1)安置天线和接收机

要仔细对中、整平、量取仪器高(天线的相位中心至观测点标志中心的垂直距离)。仪器高需用钢尺在互为 120°的方向量三次,要求互差小于 3 mm,满足要求后取平均值输入 GPS 接收机。

GPS 接收机应安置在据天线不远处,连接天线及电源电缆,并确保无误。

(2)观测

按规定时间打开接收机,输入测站名等信息,仪器捕获卫星信号后即可自动接收并记录数据。作业员只需定期查看接收机的工作状况并做好记录,在接收机正常工作过程中不要随意开关电源、更改设置参数,不得碰触天线或阻挡信号。观测站的预定作业完成后,应检查记录与资料完整无误后方可迁站。

GPS 接收机记录的数据主要包括:GPS 卫星星历和卫星钟差参数,观测历元的时刻及伪距观测值和载波相位观测值,GPS 绝对定位结果,测站信息等。

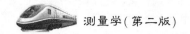

4. 外业检核及数据预处理

观测任务结束后,必须按规范要求,在测区及时对观测成果进行数据检核,及时发现不合格成果,并根据情况采取补测或重测措施。确保外业成果无误方可离开测区。

7.6.4 内业数据处理

内业数据处理过程大致可分为:预处理、平差计算、坐标系统的转换或与已有地面网的联合平差等。GPS接收机在观测时,一般每隔 15~20 s 自动记录一组数据,故其信息量大,数据多。同时,数据处理时采用的数学模型和算法形式多样,使数据处理的过程比较复杂。实际应用中,一般是借助计算机通过相关软件来完成数据处理工作,限于篇幅,这里不再详细介绍。

7.6.5 技术总结与资料上交

GPS测量工作结束后,需按要求编写技术总结报告,并在任务完成后上交任务书、网点图、外业观测计划、外业观测记录、接收检验证书等有关成果资料。

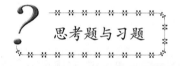 思考题与习题

1. 什么是全球卫星导航系统(GNSS)? 该技术有何应用价值?

2. 美国的全球定位系统(GPS)主要由哪几部分组成? 各部分的作用是什么?

3. GPS接收机主要有哪几种类型? 有什么不同?

4. 什么是伪距测量? 简述用伪距法单点定位的原理。

5. 在一个测站上至少要接收几颗卫星的信号才能确定该点在世界大地坐标系中的三维坐标? 为什么?

6. 载波相位测量的观测值是什么? 简述用载波相位进行相对定位的原理。

7. 什么是静态定位和动态定位?

8. 什么是绝对定位和相对定位? 各适用于什么场合?

9. 差分定位技术的特点是什么? 为什么能取得高精度的结果?

10. GPS实时动态差分定位的主要方法有哪些? 各有什么特点?

8

大比例尺地形图的测绘

本章首先介绍地形图的基本知识,然后系统地讲述大比例尺地形图的常规测绘方法以及数字化测图技术。

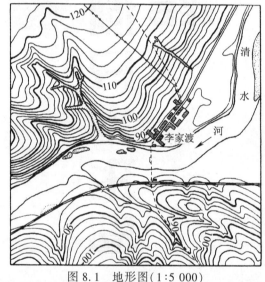

☞ 8.1
地形图基本知识

8.1.1 地形图概述

　　如前所述,地球表面上的物体概括起来可分为地物和地貌两大类。从狭义上讲,地形指地貌;从广义上讲,地形是地物和地貌的总称。为研究地物、地貌状况及地面点之间的相互位置关系,测量学中用地形图来表示,如图8.1所示。地形图具有广泛的用途,特别在各种工程建设中,它是不可缺少的重要资料。

图 8.1　地形图(1:5 000)

　　地形图是将地面上一系列地物与地貌通过综合取舍,按比例缩小后用规定的符号描绘在图纸上的正射投影图。所谓**正射投影**(等角投影),就是将地面点沿铅垂线投影到投影面上,并使投影前后图形的角度保持不变,所以图纸上的地物、地貌与实地上相应的地物、地貌相比,其形状是相似的。小区域的地形图是地面实际情况在水平面上的投影;当测区范围较大时,则应考虑地球曲率的影响,投影面应为球面。仅表示地物,不表示地貌的地形图称为**平面图**。

　　地形图按内容可分为一般地形图和侧重反映某一专题内容的专题图(如地质图、地籍图、土地资源图、房产图等);按成图方法可分为用测量仪器在实地施测地面点位置用符号与线划描绘的**线划图**及采用航空摄影像片与手工(或计算机)描绘线划的符号表示的**影像图**。另外,还有**数字图**,它是把密集的地面点用三维坐标存储在计算机中,通过计算机既可转化成各种比例尺的地形图,也可直接用于工程设计和信息查询等。

8.1.2 地形图的比例尺

1. 比例尺
地形图上任意线段长度(d)与地面上相应线段的水平长度(D)之比,称为地形图的**比例**

尺,一般用分子为 1 的整分数表示,即

$$\frac{d}{D} = \frac{1}{\frac{D}{d}} = \frac{1}{M} \tag{8.1}$$

式中,M 称为比例尺分母。显然,M 就是将地球表面缩绘成图的倍数。

比例尺的大小是以比例尺的比值来衡量的,分数值越大(分母 M 越小),比例尺越大。为满足经济建设和国防建设的需要,我国测绘和编制了各种不同比例尺的地形图。通常称 1:100 万、1:50 万、1:20 万为**小比例尺**;1:10 万、1:5 万、1:2.5 万、1:1 万为**中比例尺**;1:5 000、1:2 000、1:1 000、1:500 为**大比例尺**。各种土木工程建设通常使用大比例尺地形图。

2. 比例尺的精度

地形图上所表示的地物、地貌细微部分与实地有所不同,其精确与详尽程度,受比例尺的影响。人们用肉眼能分辨的图上最小距离为 0.1 mm(人眼分辨率),因此我们把地形图上 0.1 mm 所表示的实地水平长度,称为地形图**比例尺的精度**。大比例尺地形图的比例尺精度见表 8.1。

表 8.1 比例尺的精度

比例尺	1:500	1:1 000	1:2 000	1:5 000
比例尺精度(m)	0.05	0.1	0.2	0.5

地形图的**比例尺精度**的作用有二:其一,根据比例尺确定实地量测精度。如在 1:500 地形图上测绘地物,量距的精度只需取到 ±5 cm 即可,因为量得再精细,在图上也无法表示出来。其二,可根据用图的要求,确定所选用地形图的比例尺。如某项工程建设,要求在图上能反映地面上 10 cm 的精度(即测图的精度为 ±10 cm),则应选用的比例尺不应小于 1:1 000。采用何种比例尺测图,应从工程规划、施工实际情况需要的精度出发,不应盲目追求更大比例尺的地形图,因为同一测区范围的大比例尺测图较小比例尺测图更费工费时。

8.1.3 大比例尺地形图的分幅、编号和图外注记

1. 分幅和编号

图幅指图的幅面大小,即一幅图所测绘地貌、地物的范围。地形图的分幅可分为两大类:一种是梯形分幅法;另一种为矩形分幅法。前者主要用于中小比例尺地形图,而大比例尺地形图通常采用后者。

矩形分幅的图幅一般为 40 cm×40 cm、50 cm×50 cm 或 40 cm×50 cm,以纵横坐标的整公里数或整百米数作为图幅的分界线。大比例尺地形图的分幅是以 1:5 000 比例尺为基础,按四种规格逐级扩展。各种大比例尺地形图的图幅大小见表 8.2(以正方形分幅为例)。

表 8.2　矩形分幅及面积

比例尺	图幅大小(cm×cm)	实地面积(km²)	一幅 1∶5 000 图幅包含相应比例尺图幅数目
1∶5 000	40×40	4	1
1∶2 000	50×50	1	4
1∶1 000	50×50	0.25	16
1∶500	50×50	0.062 5	64

矩形图幅的编号一般采用该图幅西南角的 x 坐标和 y 坐标(以公里为单位)加连字符 x—y 来表示。编号时,1∶5 000 地形图,坐标取至 1 km;1∶2 000、1∶1 000 地形图,坐标取至 0.1 km;1∶500 地形图,坐标取至 0.01 km。如一张 1∶2 000 的地形图,其西南角的坐标 $x=$ 4 510.0 km,$y=45.5$ km,其编号为 4 510.0—45.5。

在工程建设和小区规划中,还经常采用自由分幅编号(一般以一定顺序编号),如可按行列式或自然序数法编号。在铁路、公路等线形工程中应用的带状地形图,图的分幅编号可采用沿线路方向进行编号。

2. 图外注记

为了图纸管理和使用的方便,在地形图的图框外有许多注记,如图名、图号、接图表、图廓等,如图 8.2 所示。

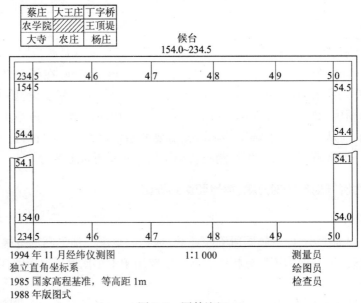

图 8.2　图外注记

(1) 图名和图号

图名就是本幅图的名称,常用本幅图内最著名的城镇、村庄、厂矿企业、名胜古迹或突出的地物、地貌的名字来表示。**图号**即图的编号。图名和图号标在图幅上方中央。

（2）接图表

接图表是本幅图与相邻图幅之间位置关系的示意图,供查找相邻图幅之用。接图表位于图幅左上方,绘出本幅与相邻八幅图图名或图号。

（3）图廓和坐标格网

图廓是图幅四周的范围线,它有内外图廓之分。内图廓线是地形图分幅时的坐标格网,是测量边界线。外图廓线是距内图廓以外一定距离绘制的加粗平行线,仅起装饰作用。在内图廓外四角处注有坐标值,并在内图廓线内绘有 10 cm 间隔互相垂直交叉的 5 mm 短线,表示坐标格网线的位置。在内、外图廓线间还注记坐标格网线的坐标值。

在外图廓线外,除了有接图表、图名、图号,尚应注明测量所使用的**平面坐标系、高程系、比例尺、成图方法、成图日期**及**测绘单位**等,供日后用图时参考。

☞ 8.2
地形图图式

8.2.1 地形图图式的概念

在地形图中用于表示地球表面地物、地貌的专门符号称为**地形图图式**。比例尺不同,各种符号的图形和尺寸也不尽相同。国家测绘局颁发的《地形图图式》是一种国家标准,它是测绘、编制、出版地形图的重要依据,是识图、用图的重要工具。根据不同专业的特点和需要,各部门也制定有专用的或补充的图式。表 8.3 是对 1:2 000、1:1 000 和 1:500 地形图所规定的《地形图图式》的一部分。

8.2.2 地物符号

地物符号分为四种类型:

1. 比例符号

将实际地物的大小、形状和位置按测图比例尺缩绘在图上的符号,称**比例符号**。这类符号用于表示轮廓大的地物,如房屋、农田等,一般用实线或点线表示。

2. 非比例符号

不按测图比例表示实际地物大小与形状的符号,称**非比例符号**。这类符号又称记号符号,实际是放大了的符号,它只表示地物的位置,不能表示其形状和大小。如各种测量控制点、烟囱、路灯等。

表8.3　地形图图式

编号	符号名称	图　例	编号	符号名称	图　例
1	三角点 凤凰山—点名 394.468—高程	凤凰山 394.468 3.0	14	游泳池	泳
2	导线点 Ⅰ16—等级、点名 84.46—高程	2.0 Ⅰ16 / 84.46	15	路　灯	2.0 1.6 4.0 1.0
3	水准点 Ⅱ京石5—等级、 点名 32.804—高程	2.0 Ⅱ京石5 / 32.804	16	喷水池	1.0 3.6
4	GPS控制点 B14—级别、点号 495.267—高程	B14 / 495.267 3.0	17	假石山	4.0 2.0 1.0
5	一般房屋 混—房屋结构 3—房屋层数	混3　　1.6　　2	18	塑　像 a. 依比例尺的 b. 不依比例尺的	a　　b 1.0 4.0 2.0
6	台　阶	0.6　　1.0	19	旗杆	1.6 4.0 1.0 1.0
7	室外楼梯 a. 上楼方向	混8　　不表示 a	20	一般铁路	0.2 10.0　　10.0 0.2　　0.8 0.4　　0.6
8	院　门 a. 围墙门 b. 有门房的	a　　1.6 b 45° 0.6	21	建筑中的铁路	10.0　　10.0 0.8 0.4 2.0 0.6　　2.0
9	门　顶	1.0	22	高速公路 a. 收费站 0—技术等级代码	0.4 0　　a
10	围　墙 a. 依比例尺的 b. 不依比例尺的	10.0 10.0 0.6 0.3	23	大车路、机耕路	8.0　　2.0 0.2
11	水　塔	2.0 1.0 3.6 1.0	24	小　路	4.0 1.0 0.3
12	温室、菜窖、花房	温室	25	内部道路	1.0 1.0
13	宣传橱窗、广告牌	1.0 2.0	26	电　杆	1.0

续上表

编号	符号名称	图　　例	编号	符号名称	图　　例
27	电线架		36	滑　坡	
28	低压线	4.0			
29	高压线	4.0	37	陡　崖 a. 土质的 b. 石质的	a　　　b
30	变电室(所) a. 依比例尺的 b. 不依比例尺的	a　　60°　　b 2.6　　　1.0　3.6 0.6　　　　1.6	38	冲　沟 3.5—深度注记	
31	一般沟渠	0.3	39	陡　坎 a. 未加固的 b. 已加固的	a 2.0　4.0 b
32	村　界	0.2 1.0　4.0　2.0	40	盐碱地	3.0 2.0
33	等高线 a. 首曲线 b. 计曲线 c. 间曲线	0.15 1.0　0.3 6.0　0.15	41	稻　田	0.2　3.0 1.0 10.0 10.0
34	示坡线	0.8	42	旱　地	1.0 2.0 10.0 10.0
35	一般高程点及注记 a. 一般高程点 b. 独立地物的高程	a　　　b 0.5 • • 163.2　　75.4	43	水生经济作物地	10.0 3.0　菱　10.0 2.0
			44	果　园	1.6　3.0 梨　10.0 10.0

注:①图例符号旁标注的尺寸均以 mm 为单位。
　　②在一般情况下,符号的线粗为 0.15 mm,点的大小为 0.3 mm。
　　③有的符号为左右两个,凡未注明的,其左边的为 1:500 和 1:1 000,右边的为 1:2 000。

3. 半比例符号

在宽度上难以按比例表示、在长度方向可以按比例表示的地物符号，称**半比例符号**，亦称线状符号。此类符号用于表示线状地物，符号以定位线表示实地物体真实位置。符号定位线位置如下：

（1）成轴对称的线状符号。定位线在符号的中心线，如铁路、公路、电力线等。

（2）非轴对称的线状符号。定位线在符号的底线，如城墙、境界线等。

4. 注记符号

具有说明地物名称、性质、用途以及带有数量、范围等参数的地物符号，称**注记符号**。如工厂的名称、植被的种类说明、特殊地物的高程注记、建筑物的种类和层数等。

需要指出的是，比例符号与半比例符号、比例符号与非比例符号的使用界限是相对的。如某道路宽度为 6 m，在小于 1∶1 万地形图上用半比例尺符号表示，在 1∶1 万及其以上大比例尺图上则用比例符号表示。总之，测图比例尺越大，用比例符号描绘的地物越多；测图比例尺越小，用非比例符号或半比例符号描绘的地物越多。

8.2.3　地貌符号

地貌形态多种多样，可按起伏的变化将地貌分为四种地形类型：地势起伏小，地面倾斜角一般在 3° 以下，称为**平地**；地面高低变化大，倾斜角一般在 3°～10°，称为**丘陵**；高低变化悬殊，倾斜角一般在 10°～25°，称为**山地**；绝大多数倾斜角超过 25° 的，称为**高山地**。

表示地貌的方法有多种，对于大、中比例尺地形图主要采用等高线法。对于特殊地貌采用特殊符号表示。

1. 等高线表示地貌原理

等高线是地面上高程相同的相邻各点连成的闭合曲线，如池塘水面边缘线就是一条等高线。如图 8.3 所示，有一座山，假想从山底到山顶，按相等间隔把它一层层地水平切开，则各层水平截面呈现出各种形状的截口线。然后再将各截口线垂直投影到平面图纸上，并按测图比例缩小，就得出用等高线表示该地貌的图形。

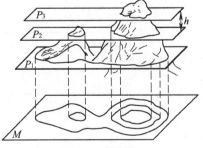

图 8.3　等高线

表 8.4　地形图的基本等高距（m）

地形类别	比例尺			
	1∶500	1∶1 000	1∶2 000	1∶5 000
平坦地	0.5	0.5	1	2
丘陵地	0.5	1	2	5
山　地	1	1	2	5
高山地	1	2	2	5

2. 等高距和等高线平距

（1）等高距。相邻等高线之间的高差，称**等高距**，即图 8.3 中所示的水平截面间的垂直距离,用 h 表示。同一幅地形图中等高距是相同的。在《测规》中,对等高距作了统一的规定,这些规定的等高距,称为**基本等高距**,见表8.4。

(2)等高线平距。相邻等高线之间的水平距离,称**等高线平距**,用 d 表示。

(3)地面坡度。等高距 h 与等高线平距 d 的比值,称为**地面坡度**,用 i 表示。

因为同一幅地形图上等高距是相同的,故等高线平距的大小将反映地面坡度的变化。等高线平距越小,地面坡度越大;平距越大,地面坡度越小;平距相同,坡度相等。由此可见,根据地形图上等高线的疏、密可判定地面坡度的缓、陡。

3. 等高线种类

(1)首曲线。按基本等高距绘制的等高线,称为**首曲线**,也称基本等高线。用线宽为0.15 mm的细实线表示。

(2)计曲线。由零米起算,每隔四条基本等高线绘一条加粗的等高线,称为**计曲线**。计曲线的线宽为0.3 mm,其上注有高程值,是辨认等高线高程的依据。

(3)间曲线和助曲线。按二分之一基本等高距而绘制的等高线,称**间曲线**,用长虚线表示。按四分之一基本等高距而绘制的等高线,称**助曲线**,用短虚线表示。间曲线和助曲线用于首曲线难以表示的重要而较小的地貌形态。

4. 典型地貌及其等高线表示法

将地面起伏和形态特征分解观察,不难发现它是由一些典型地貌组合而成的。

(1)山头和洼地

凡是凸出而且高于四周的单独高地叫山,大的称为山岭,小的称为山丘,山岭和山丘的最高部位称**山头**。比周围地面低,且经常无水的地势较低的地方称为凹地,大范围低地称为盆地,小范围低地称**洼地**。

如图8.4和图8.5所示,山头与洼地的等高线都是一组闭合曲线,但它们的高程注记不同。内圈等高线的高程注记大于外圈者为山头;反之,小于外圈者为洼地。

区别山头与洼地,也可使用示坡线。**示坡线**是一端与等高线连接并垂直于等高线的短线,用以指示地面斜坡下降的方向。

(2)山脊与山谷

山的最高部分为山顶,有尖顶、圆顶、平顶等形态,尖峭的山顶叫山峰。山顶向一个方向延伸的凸棱部分,称为**山脊**。山脊最高点连线称**山脊线**。山脊等高线表现为一组凸向低处的曲线。相邻山脊之间的低凹部分称为**山谷**。山谷最低点连线称为**山谷线**。山谷等高线表现为一组凸向高处的曲线,如图8.6所示,图(a)为山脊,图(b)为山谷。

在山脊上,雨水会以山脊线为分界线流向两侧坡面,故山脊线又称**分水线**。在山谷中,雨水由两侧山坡汇集到谷底,然后沿山谷线流出,故山谷线又称**集水线**。山脊线和山谷线合称为**地性线**(或地形特征线)。

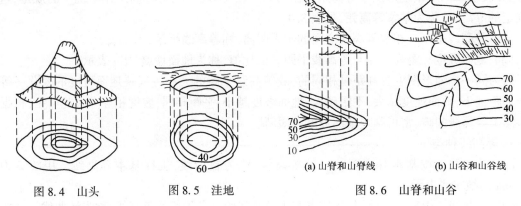

图 8.4　山头　　　　图 8.5　洼地　　　　图 8.6　山脊和山谷

(a) 山脊和山脊线　　　　(b) 山谷和山谷线

（3）鞍部

鞍部是相邻两山头之间呈马鞍形的凹地，如图 8.7 所示。鞍部既处于两山顶的山脊线连接处，又是两集水线的顶端。其等高线的特点是在一圈大的闭和曲线内，套有两组小的闭和曲线。

（4）陡崖和悬崖

陡崖是地面坡度大于 70°的陡坡，甚至为 90°的峭壁，等高线在此处非常密集或重合为一条线，因此采用陡崖符号来表示，如图 8.8 所示。

悬崖是上部突出，下部凹进的陡崖。其等高线投影在平面上呈交叉状，如图 8.9 所示。

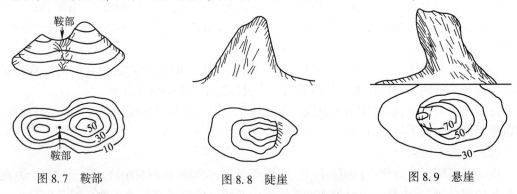

图 8.7　鞍部　　　　图 8.8　陡崖　　　　图 8.9　悬崖

认识了上述典型地貌的等高线，就能够识别出地形图上用等高线表示的复杂地貌，或者把复杂地貌表示成等高线图。图 8.10 为某地区的地势景观图和用等高线描绘的地形图。

5. 等高线的特性

（1）同一条等高线上的各点高程相等。

（2）等高线为连续闭合曲线。如不能在本图幅内闭合，必定在相邻或其他图幅内闭合。等高线只能在内图廓线、悬崖及陡坡处中断；另外，遇道路、房屋等地物符号和文字注记时可局部中断,其余情况不得在图幅内任意处中断。间曲线、助曲线在表示完局部地貌后,可在图幅内任意处中断。

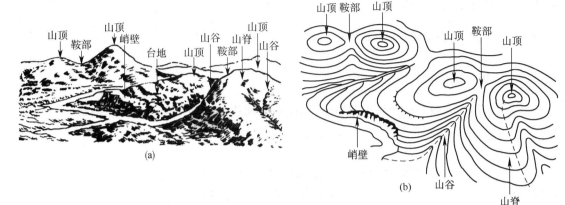

图 8.10　实际地形与地形图

（3）等高线不能相交。不同高程的等高线除悬崖、陡崖外不得相交也不能重合。

（4）同一幅图内,平距小表示坡度陡,平距大则表示坡度缓,平距相等则坡度相等。

（5）等高线的切线方向与地性线方向垂直。

8.3

测图前的准备工作

8.3.1　搜集资料与现场踏勘

测图前应将测区已有地形图及各种测量成果资料,如已有地形图的测绘日期,使用的坐标系统,相邻图幅图名与相邻图幅控制点资料等收集在一起。对本图幅控制点资料的收集内容包括:点数、等级、坐标、相邻控制点位置和坐标、测绘日期、坐标系统及控制点的点之记。

现场踏勘则是在测区现场了解测区位置、地物地貌情况、通视、通行及人文、气象、居民地分布等情况,并根据收集到的点之记找到测量控制点的实地位置,确定控制点的可靠性和可使用性。

收集资料与现场踏勘后,制定图根点控制测量方案的初步意见。

8.3.2　制定测图技术方案

根据测区地形特点及测量规范对图根点数量和技术的要求,确定图根点位置和图根控制形式及其观测方法等,如确定测区内水准点数目、位置、连测方法等。测图精度估算、测图中特殊地段的处理方法及作业方式、人员、仪器准备、工序、时间等亦均应列入技术方案之中。地表复杂区可适当增加图根点数目。

8.3.3 图根控制测量(见第 6 章)

8.3.4 图纸准备

地形图的测绘一般是在野外边测边绘,因此测图前应先准备图纸。包括在图纸上绘制图廓和坐标格网,并展绘好各类控制点。

1. 图纸选择

一般选用一面打毛,厚度为 0.07~0.10 mm,伸缩率小于 0.2‰的聚酯薄膜作为图纸。聚酯薄膜坚韧耐湿,沾污后可洗,便于野外作业,图纸着墨后,可直接晒蓝图。但它有易燃、折痕不能消失等不足。聚酯薄膜是透明的,测图前在它与测图板之间应衬以白纸或硬胶板。小地区大比例尺测图时,也可用白纸作为图纸。

2. 绘制坐标格网

将各种控制点根据其平面直角坐标值 x、y 展绘在图纸上。为此需在图纸上先绘出 10 cm×10 cm 的正方形格网作为**坐标格网**(又称**方格网**)。我们可以到测绘仪器用品商店购买印制好坐标格网的图纸,也可以下述两种方法绘制。

(1) 对角线法。如图 8.11 所示,连接图纸两对角线交于 O 点。先在图幅左下角的对角线上确定点 A,从 O 点起沿对角线量取四段等长的线段 OA 得 A、B、C、D,并连线得矩形 $ABCD$。在矩形四条边上自下向上或自左向右每 10 cm 量取一分点,连接对边分点,形成互相垂直的坐标格网线及矩形或正方形内图廓线。

(2) 绘图仪法。在计算机中用 AutoCAD 软件编辑好坐标格网图形,然后把图形通过绘图仪绘制在图纸上。

绘出坐标格网后,应进行检查。对坐标格网的要求是:方格的边长应准确,误差不超过 0.2 mm;纵横格网线应互相垂直,方格对角线和图廓对角线的长度误差不超过 0.3 mm。超过允许偏差值,应改正或重绘。

3. 展绘控制点

坐标格网绘制并检查合格后,根据图幅在测区内的位置,确定坐标格网左下角坐标值,并将此值注记在内图廓与外图廓之间所对应的坐标格网处,如图 8.12 所示。

展点可用坐标展点仪,将控制点、图根点坐标按比例缩小逐个绘在图纸上。下面介绍人工展点方法。例如,控制点 A 坐标为:$x_A = 764.30$ m,$y_A = 566.15$ m。首先确定 A 点所在方格位置为 klmn。自 k 和 n 点向上用比例尺量 64.30 m,得出 a、b 两点,再自 k 和 l 点向右用比例尺量 66.15 m,得出 c、d 两点,连接 ab 和 cd,其交点即为 A 点在图上位置。用同样方法将图幅内所有控制点展绘在图上。最后用尺量出相邻控制点间的距离以进行检查,其长度误差在图上不应超过 0.3 mm。

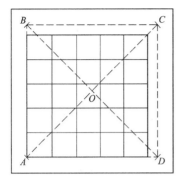

图 8.11　对角线法绘制方格网

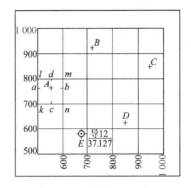

图 8.12　控制点展绘

　　展绘完控制点平面位置并检查合格后,擦去图幅内多余线划。图纸上只留下图廓线、四角坐标、图号、比例尺以及方格网十字交叉点处 5 mm 长的相互垂直短线。用符号标出控制点及其点号和高程。

8.4
大比例尺地形图的常规测绘方法

8.4.1　地形图测绘基本原理

　　地形图测绘是以相似形理论为依据,以图解法为手段,按比例尺的缩小要求,将地面点测绘到平面图纸上而成地形图的技术过程。地形图测绘分为测量和绘图两大步骤。

　　地形图测绘亦称**碎部测量**,即以图根点(控制点)为测站,测定出测站周围碎部点的平面位置和高程,并按比例缩绘于图纸上。由于按规定比例尺缩绘,图上碎部点连接成的图形与实地碎部点连接的图形呈相似关系,其相似比值即地形图比例尺数值。

　　1. 碎部点的概念

　　碎部点即碎部特征点,包括地物特征点和地貌特征点。

　　地物特征点是能够代表地物平面位置,反映地物形状、性质的特殊点位,简称**地物点**。如地物轮廓线的转折、交叉和弯曲等变化处的点;地物的形象中心;路线中心的交叉点,电力线的走向中心;独立地物的中心点等,如图 8.13 所示,图中竖直短线表示测量时测尺放在特征点的位置。

　　地貌特征点是体现地貌形态,反映地貌性质的特殊点位,简称**地貌点**。如山顶、鞍部、变坡点、地性线、山脊点和山谷点等,如图 8.14 所示。

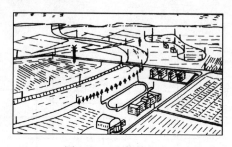

图 8.13　地物特征点

图 8.14　地貌特征点

2. 测定碎部点平面位置的基本方法

水平距离和水平角是确定点的平面位置的两种基本量,因此测定碎部点平面位置实际上就是测量碎部点与已知点间的水平距离以及与已知方向间组成的水平角。由于这两个量的不同组合方式,从而形成如下不同的测量方法:极坐标法(一角一距)、角度交会法(二角)、距离交会法(二距)、直角坐标法(二互垂距)。

(1) 极坐标法

如图 8.15 所示,设 A、B 为已知控制点,P 为待测碎部点。测定从测站到碎部点连线方向与已知方向 AB 间的水平角及测站到碎部点的水平距离(β_1、d_1 或 β_2、d_2),即可确定碎部点的位置。它是碎部测量最常用的方法。

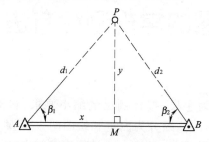

图 8.15　测定碎部点 P 的平面位置

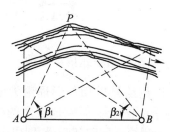

图 8.16　角度交会法

(2) 角度交会法

从两个已知测站点 A、B,分别测出到碎部点 P 的方向和已知方向 AB 间的水平角 β_1、β_2,根据 β_1、β_2 角,用图解法即可确定 P 点。此法适用于碎部点较远或不易到达的情况,如图 8.16 所示的河流测绘。

(3) 距离交会法

从两已知点 A、B 分别量出到碎部点 P 的距离 d_1、d_2,按比例尺在图上用圆规即可交出碎部点 P 的位置,如图 8.15 所示。此法适用于测量距离已知点较近的碎部点。

（4）**直角坐标法**

选 A 为原点，以 AB 方向为 x 轴，量出碎部点 P 到 x 轴的垂距（y 值）和垂足点到 A 的距离（x 值），即可确定其位置（图 8.15）。此法适用于地物靠近控制点，周围有相互垂直的两方向且垂距（y 值）较短的情况。垂直方向可用简单工具定出。

3. 碎部点高程的测量

测量碎部点高程可用水准测量或三角高程测量等方法。

8.4.2　经纬仪测绘法

依据所使用的仪器及操作方法不同，大比例尺地形图的常规测绘方法有：①经纬仪测绘法；②大平板仪法；③经纬仪和小平板仪联合法。其中，经纬仪测绘法操作简单、灵活，适用于各种类型的地区。下面仅介绍经纬仪测绘法。

经纬仪测绘法的基本工作是：①在图根点上安置经纬仪，测定碎部点的平面位置和高程。平面位置的确定用极坐标法，用视距法测量水平距离和高差。②根据测量数据用半圆仪在图板上以极坐标原理确定地面点位，并注记高程，对照实地勾绘地形。一个测站的具体工作步骤如下：

1. 测站上的准备工作

（1）安置经纬仪。如图 8.17 所示，将经纬仪安置在测站（控制点）A 上，量出仪器高 i，测量竖盘指标差 x，记录员将其记录在"地形测绘记录手簿"中（表 8.5），一并记录表头的其他内容。以盘左 0°00′00″ 对准相邻另一控制点（后视点）B 作为起始方向。为防止用错后视点，应用视距法检查测站到后视点的平距和高差。

（2）安置平板。平板安置在经纬仪附近，图纸中点位方向与实地点位方向一致。绘图员在图纸上用铅笔把测站点 A 和后视点 B 连接起来作为起始方向线。用小针穿过半圆仪（图 8.18）中心小孔与图上相应的测站点 A 固连在一起。

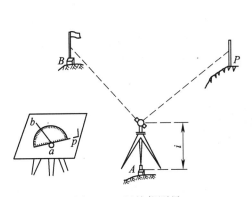

图 8.17　经纬仪测量

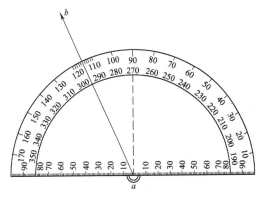

图 8.18　半圆仪

2. 测站上的工作

表 8.6 说明了一次立尺于 P 点的测量工作过程,包括观测、记录、计算、展点等。

(1)观测。观测员照准标尺,读取水平度盘读数 β、上下视距丝读数 $l_上$、$l_下$(或直接读取视距 l)、竖盘读数 L、中丝读数 v。

表 8.5　地形测绘记录手簿

点号	视距 $l(m)$	中丝读数 $v(m)$	竖盘读数	竖直角 α	高差 $h(m)$	水平角 β	水平距离 $d(m)$	高程 H (m)	附注
测站:A　　后视点:B			仪器高 $i=1.30$ m　指标差 $x=-1'$			测站高程 $H_A=82.78$ m			
P	65.2	1.30	88°25′	+1°34′	+1.78	114°07′	65.2	84.6	山脊点

(2)记录。记录员将观测读数依次记入表 8.5 中。对于实地绘图,也可不作记录。

(3)计算。记录员根据上下视距丝读数 $l_上$、$l_下$(或视距 l)、中丝读数 v、竖盘读数 L 和仪器高 i、测量竖盘指标差 x、测站高程 H_A,按视距测量公式计算平距和高程。

表 8.6　一次立尺的测量工作过程

观测步骤	观测员的工作	记录员、绘图员的工作	备　注
1	观测 P 的水平度盘读数 β	用半圆仪在图上按 β 定出 P 点的方向	P 点立尺
2	读取标尺上的上下视距丝读数 $l_上$、$l_下$	计算视距 l	$l=l_下-l_上$
3	读取竖盘读数 L	(1)计算竖直角 α 和平距 d (2)按比例尺在 P 点的方向上量取 d,定出 P 点的位置	$\alpha=90°-L$(顺时针刻划) $d=kl\cdot\cos^2\alpha$
4	读取标尺上的中丝读数 v	(1)计算 P 点的高程 (2)在图上 P 点附近注记高程	$H=H_A+d\tan\alpha+i-v$

(4)展绘碎部点。① 绘图员转动半圆仪,将半圆仪上 β 角值(例中为 114°07′)的刻划线对准起始方向线(AB),此时半圆仪的零刻划方向便是该碎部点的方向。注意:当 $\beta\leq180°$ 时,零刻划方向在右侧;当 $\beta>180°$ 时,零刻划方向在左侧。②在零刻划方向上,按比例尺量出平距 d,即可标出碎部点的平面位置。③在点的右侧注记高程 H。

按同样方法逐个观测碎部点。当一个测站周围的碎部点都测完以后,最后应重新照准后视点 B 进行归零检查,归零差不应超过 $4'$。

3. 注意事项

(1)密切配合。测绘人员要分工合作,讲究工作次序,特别是立尺员应预先有立尺计划,选好跑尺路线,以便配合得当,提高效率。

(2)讲究方法。在测图过程中,应根据地物情况和仪器状况选择不同的方法。主要的特征点应独立测定,一些次要的特征点可采用量距、交会等方法测定。如对于圆形建筑物可测定其中心并量其半径即可;对于道路,可只测定一侧边线并量其宽度即可。

(3)布点适当。

① 碎部点的密度

碎部点的分布和密度应适当。碎部点过稀,不能详细反映出地面的变化,影响成图质量。碎部点过密,则不仅增加了工作量,还影响图面的清晰。因此,选择碎部点应按照少而精的原则。碎部点适宜的密度取决于地物、地貌的繁简程度和测图的比例尺。大比例尺测图的地形点,一般在图面上平均相隔 2~3 cm 一点为宜,具体规定见表 8.7。

《测规》规定地形点在图上的点间距:地面横坡陡于 1∶3 时,不宜大于 15 mm;地面横坡为 1∶3 及以下时,不宜大于 20 mm。

② 碎部点的最大视距

用视距法测量距离和高差时,其误差随距离的增大而增大。为保证地形图的精度,要对视距长度加以限制。各种比例尺测图时的最大视距见表 8.7、表 8.8。

<table>
<tr><th colspan="4">表 8.7　地形点间距和最大视距</th></tr>
<tr><th rowspan="2">比例尺</th><th rowspan="2">地形点间距
(m)</th><th colspan="2">最大视距(m)</th></tr>
<tr><th>地　物</th><th>地貌点</th></tr>
<tr><td>1∶500</td><td>15</td><td>60</td><td>100</td></tr>
<tr><td>1∶1 000</td><td>30</td><td>100</td><td>150</td></tr>
<tr><td>1∶2 000</td><td>50</td><td>180</td><td>250</td></tr>
<tr><td>1∶5 000</td><td>100</td><td>300</td><td>350</td></tr>
</table>

<table>
<tr><th colspan="3">表 8.8　最大视距</th></tr>
<tr><th rowspan="2">比例尺</th><th colspan="2">最大视距(m)</th></tr>
<tr><th>竖直角<12°</th><th>竖直角≥12°</th></tr>
<tr><td>1∶500</td><td>100</td><td>80</td></tr>
<tr><td>1∶1 000</td><td>200</td><td>150</td></tr>
<tr><td>1∶2 000</td><td>350</td><td>300</td></tr>
<tr><td>1∶5 000</td><td>400</td><td>350</td></tr>
<tr><td>1∶10 000</td><td>600</td><td>600</td></tr>
</table>

4. 增设测站

测图时,应利用图幅内所有的控制点和图根点作为测站点,但在图根点不足或遇到地形复杂隐蔽处时,需要增设地形转点作为临时测站。

《测规》规定地形转点可用经纬仪视距法或交会法测设,可连续设置两个。用经纬仪视距法测设时,施测边长不能超过最大视距的 2/3,竖直角不应大于 25°;边长和高差均应往返观测,距离相对较差不大于 1/200,高差不符值不大于距离的 1/500。用交会法测设时,距离不受限制,但交会角不应小于 30°并不大于 150°。

8.4.3　地形图的绘制

地形图的绘制是一项技术性很强的工作,要求注意地物点、地貌点的取舍和概括,并应具有灵活的绘图运笔技能。

1. 地物的描绘

地形图上所绘地物不是对相应地面情况简单的缩绘，而是经过取舍与概括后的测定与绘图。图上的线划应当密度适当，否则会造成用图的困难。规范中规定图上凸凹小于 0.4 mm 的地物形状可以不表示其凸凹形状。

为突出地物基本特征和典型特征，化简某些次要碎部而进行的制图概括，称为**地物概括**。如在建筑物密集且街道凌乱窄小的居民区，为突出居民区所占位置及整个轮廓，清楚地表示贯穿居民区的主要街道，可以采取保持居民区四周建筑物平面位置正确，将凌乱的建筑物合并成几块建筑群，并用加宽表示的道路隔开的方法。

地物形状各异，大小不一，勾绘时可采用不同的方法：对于用比例符号表示的规则地物，可连点成线，画线成形；对于用非比例符号表示的地物，以符号为准，单点成形；对于用半比例符号表示的地物，可沿点连线，近似成形。

2. 地貌勾绘

如图 8.19(a)所示为一批测绘在图纸上的地貌特征点，下面说明等高线的勾绘过程。

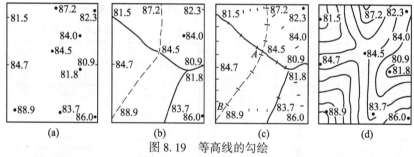

图 8.19　等高线的勾绘

（1）连接地性线

参照实际地貌，将有关的地貌特征点连接起来，在图上绘出地性线。用虚线表示山脊线，用实线表示山谷线，如图 8.19(b)所示。

（2）内插等高线通过点

由于等高线的高程必须是等高距的整倍数，而地貌特征点的高程一般不是整数，因此要勾绘等高线，首先要找出等高线的通过点。因为地貌特征点必须选在地面坡度变化处，所以相邻两特征点之间的坡度可认为是均匀的。这样，可在两点之间，按平距与高差成正比例的关系，内插出两点间各条等高线通过的位置。

实际工作中，内插等高线通过点均采用图解法或目估法。如图 8.20 所示，**图解法**是把绘有若干条等间距平行线的透明纸蒙在待内插的两点 a、b 上，转动透明纸，使 a、b 两点间通过平行线的条数与内插等高线的条数相同（图中为 4 条），且 a、b 两点分别位于两点

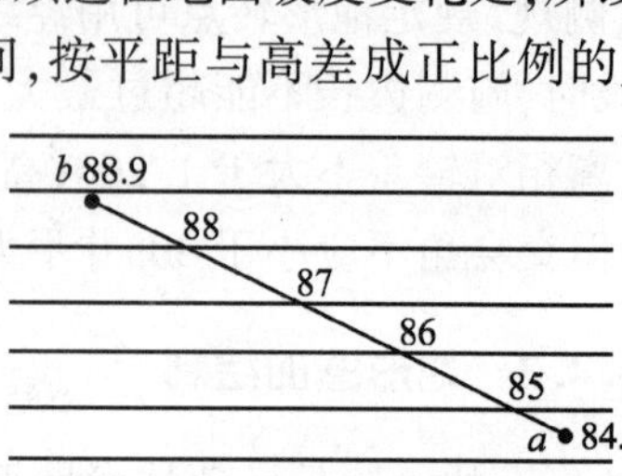

图 8.20　图解法内插等高线

高程值不足等高距部分的分间距处(图中 a、b 分别位于 0.5 间距、0.9 间距处),则各平行线与 ab 的交点就是所求点(图中为 85、86、87、88 四条等高线通过点)。

把所有相邻两点进行内插,就得到等高线通过点,如图 8.19(c)所示。**注意**:内插一定要在坡度均匀的两点间进行,为避免出错,最好在现场对照实际情况进行。

(3)勾绘等高线

把高程相同的点用圆顺的曲线连接起来,就勾绘出反映地貌形态的等高线。勾绘等高线时要对照实地进行,要运用概括原则,对于山坡面上的小起伏或变化,要按等高线总体走向进行制图综合。特别要注意,描绘等高线时要均匀圆滑,不要有死角或出刺现象。等高线绘出后,将图上的地性线全部擦去,图 8.19(d)为勾绘好的等高线图。

上述为用等高线表示地貌的方法。如果在平坦地区测图,则很大范围内绘不出一条等高线。为表示地面起伏,就需用高程碎部点表示。高程碎部点简称高程点。高程点位置应均匀分布在平坦地区。各高程点在图上间隔以 2~3 cm 为宜。平坦地有地物时则以地物点高程为高程碎部点,无地物时则应单独测定高程碎部点。

☞ 8.5
地形图的拼接、检查和整饰

8.5.1 地形图的拼接

当测区较大时,地形图必须分幅测绘。由于测量和绘图误差,致使相邻图幅连接处的地物轮廓线与等高线不能完全吻合,如图 8.21 所示。

为进行图幅拼接,每幅图四边均应测出图廓外 5 mm。接图是在 5~6 cm 的透明纸条上进行。先把透明纸蒙在本幅图的接图边上,用铅笔把图廓线、坐标格网线、地物、等高线透绘在透明纸上,然后将透明纸蒙在相邻图幅上,使图廓线和格网线拼齐后,即可检查接图边两侧的地物及等高线的偏差。相邻两幅图的地物及等高线偏差不超过规范规定的地物点点位中误差、等高线高程中误差的 $2\sqrt{2}$ 倍时,则先在透明纸上按平均位置进行修正,而后照此图修正原图。若偏差超过规定限差,则应分析原因,到实地检查改正错误。

《工程测量标准》规定地物点相对于邻近图根点的点位中误差和等高线相对于邻近图根点的高程中误差见表 8.9。

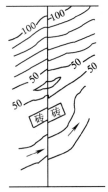

图 8.21 地形图的拼接

表 8.9 图上地物点的点位中误差和等高线插求点的高程中误差

图上地物点的点位中误差(mm)		等高线插求点的高程中误差(m)			
一般地区	城镇居住区、工矿区	平坦地	丘陵地	山 地	高山地
0.8	0.6	$d/3$	$d/2$	$\dfrac{2d}{3}$	$1d$

注:d 为等高距(m)。

8.5.2 地形图的检查

地形图测完后,必须对成图质量进行全面检查。

1. 室内检查

每幅图测完后检查图面上地物、地貌是否清晰易读;各种符号注记是否按图式规定表示;等高线有否矛盾可疑之处;接图有无问题等。如发现错误或疑问,应到野外进行实地检查。

2. 野外检查

(1) 巡视检查

沿选定的路线将原图与实地进行对照检查,查看所绘内容与实地是否相符,有否遗漏,名称注记与实地是否一致等。将发现的问题和修改意见记录下来,以便修正或补测时参考。

(2) 仪器检查

根据室内检查和巡视检查发现的问题,到野外设站检查和补测。另外还要进行抽查,把仪器重新安置在图根控制点上,对一些主要地物和地貌进行重测,如发现误差超限,应按正确结果修正,设站抽查量一般为 10%。

8.5.3 地形图的整饰

地形原图是用铅笔绘制的,故又称铅笔底图。在地形图拼接后,还应清绘和整饰,使图面清晰美观。整饰顺序是先图内后图外,先地物后地貌,先注记后符号。整饰的内容有:

(1) 擦掉多余的、不必要的点线。

(2) 重绘内图廓线、坐标格网线并注记坐标。

(3) 所有地物、地貌应按图式规定的线划、符号、注记进行清绘。

(4) 各种文字注记应注在适当的位置,一般要求字头朝北,字体端正。

(5) 等高线应描绘光滑圆顺,计曲线的高程注记应成列。

(6) 按规定图式整饰图廓及图廓外各项注记。

8.5.4 地形图的验收

验收是在委托人检查的基础上进行的,以鉴定各项成果是否合乎规范及有关技术指标(或合同要求)。对地形图验收,一般先室内检查、巡视检查,并将可疑处记录下来,再用仪器在可疑处进行实测检查、抽查。通常仪器检测碎部点的数量为测图量的 10%。统计出地形图的平面位置精度及高程精度,作为评估测图质量的主要依据。对成果质量的评价一般分为优、良、合格和不合格四级。

☞ 8.6
全站仪、GPS 数字化测图

常规的白纸测图其实质是**图解法测图**,在测图过程中,将测得的观测值——数字值按图解法转化为静态的线划地形图。全站仪、GPS 数字化测图的实质是**解析法测图**,将地形、地物信息通过全站仪、GPS 测量,转化为相应的坐标数据,输入计算机,以数字形式存贮在存储器(数据库)中形成数字地形图。

8.6.1 数字化测图中点的表示方法

地形图可以分解为点、线、面三种图形元素,而点是最基本的图形元素。测量工作的实质是测定点位。在数字测图中,必须赋予测点三类信息:

(1)点的三维坐标(x,y,H)。全站仪是一种高效、快速的三维测量仪器,很容易做到这一点。

(2)点的属性。即此点是地貌点还是地物点?是何种地物点?……属性用地形编码来表示,编码应按照《基础地理信息要素分类与代码》(GB/T 13923—2022)进行。

(3)点的连接信息。测量得到的是测点的点位,但此点是独立地物,还是要与其他测点相连形成一个地物?是以直线相连还是用曲线或圆弧相连?也就是说,还必须给出应连接的连接点和连接线型信息。连接点以其点号表示。线型规定:1 为直线,2 为曲线,3 为圆弧,空为独立点等等。

数字化测图中,根据采集数据的仪器和方式不同,可分为全站仪法、GPS RTK 法、图形数字化法、航测法等。本节主要介绍前两种方法。

8.6.2 全站仪数字化测图的作业过程

全站仪数字化测图系统的基本硬件为:全站仪、电子记录手簿、微型计算机、便携式计算机、打印机、绘图仪。软件系统功能为:数据的图形处理、交互方式下的图形编辑、等高线自动生成、地形图绘制等。如南方公司的 CASS,清华三维公司的 EPSW 等软件已用于测绘生产中。

全站仪数字化测图分野外数据采集(包括数据编码)、计算机处理、成果输出三个阶段。数据采集是计算机绘图的基础,这一工作主要在外业期间完成。内业进行数据的图形处理,在人机交互方式下进行图形编辑,生成绘图文件,由绘图仪绘制大比例尺地图等。图 8.22 是全站仪或 GPS 数字化测图的流程示意图。

1. 野外数据采集和编码

测量工作包括图根控制测量、测站点的增设和地形碎部点的测定,采用全站仪观测,用电子手簿记录数据(x、y、H)。每一个碎部点的记录,通常有点号、坐标以及编码、连接点和连接线型等信息码。信息码极为重要,因为数字测图在计算机制图中自动绘制地形符号就是通过识别测量点的信息码而执行相应的程序来完成的。信息码的输

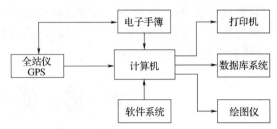

图 8.22　全站仪或 GPS 数字化
测图的流程示意图

入可在地形碎部测量的同时进行,即观测每一碎部点后随即输入该点的信息码,或者是在碎部测量时绘制草图,随后按草图输入碎部点的信息码。地图上的地理名称及其他各种注记,除一部分根据信息码由计算机自动处理外,不能自动注记的需要在草图上注明,在内业时通过人机交互编辑进行注记。

常规的地形测图工作要求对照实地绘制,而数字测图记录的数字,很难在实地进行巡视检查。为克服数字测图记录的不直观性,可将便携机与全站仪相连,用便携机记录并显示图形,对照实地检查。更好的办法是用打印机绘制工作图,用以外业巡视检查。特别在作业地点远离内业地点的情况下,必须有一定的措施对记录数据和编码进行检查,以保证内业工作的顺利进行。

2. 数据处理和图形文件生成

数据处理是大比例尺数字测图的一个重要环节,它直接影响最后输出的图解图的图面质量和数字图在数据库中的管理。外业记录的原始数据经计算机数据处理,生成图块文件后,在计算机屏幕上显示图形。然后在人机交互方式下进行地形图的编辑,生成数字地形图的图形文件。

数据处理分数据预处理、地物点的图形处理和地貌点的等高线处理。**数据预处理**是对原始记录数据作检查,删除已作废除标记的记录和删去与图形生成无关的记录,补充碎部点的坐标计算和修改有错误的信息码。数据预处理后生成点文件。点文件以点为记录单元,记录内容是点号、编码、点之间的连接关系码和点的坐标。

图形处理是根据点文件,将与地物有关的点记录生成地物图块文件,将与等高线有关的点记录生成等高线图块文件。地物图块文件的每一条记录以绘制地物符号为单元,其记录内容是地物编码、按连接顺序排列的地物点点号或点的 x、y 坐标值,以及点之间的

连接线型码。**等高线处理**是将表示地貌的离散点在考虑地性线、断裂线的条件下自动连接成三角形网络(TIN),建立起数字高程模型(DEM)。在三角形边上用内插法计算等高线通过点的平面位置 x、y,然后搜索同一条等高线上的点,依次连接排列起来,形成每一条等高线的图块记录。

图块文件经过人机交互编辑形成数字图的图形文件。图形文件根据数字图的用途不同有不同的要求。为满足计算机制图的大比例尺数字图文件,就是编辑后新的图块文件。这种图形文件按一幅图为单元储存,用于绘制某一规定比例尺的地形图。而满足大比例尺数字图数据库的图形文件还需在上述图形文件基础上作进一步的处理。

3. 地形图和测量成果报表的输出

计算机数据处理的成果可分三路输出:一路到打印机,按需要打印出各种数据(原始数据、清样数据、控制点成果等);另一路到绘图仪,绘制地形图;第三路可接数据库系统,将数据存储到数据库,并能根据需要随时取出数据绘制任何比例尺的地形图。

8.6.3　全站仪数字化测图的特点

(1)自动化程度高,数据成果易于存取,便于管理。

(2)精度高。地形测图和图根加密可同时进行,地形点到测站点的距离比常规测图可以放长。

(3)无缝接图。数字化测图不受图幅的限制,作业小组的任务可按照河流、道路的自然分界来划分,以便于地形图的施测,也减少了很多常规测图的接边问题。

(4)便于使用。数字地形图不是依某一固定比例尺和固定的图幅大小来储存一幅图,它是以数字形式储存的 1∶1 的数字地图。根据用户的需要,在一定比例尺范围内可以输出不同比例尺和不同图幅大小的地形图。

(5)数字测图的立尺位置选择更为重要。数字测图按点的坐标绘制地形符号,要绘制地物轮廓就必须有轮廓特征点的全部坐标。在常规测图中,作业员可以对照实地用简单的几何作图绘制一些规则地物轮廓,用目测绘制细小的地物和地貌形状。而数字测图对需要表示的细部也必须立尺测量。数字测图直接测量地形点的数目仍然比常规测图有所增加。

8.6.4　GPS RTK 数字化测图

GPS RTK 数字化测图是利用 GPS 快速动态测量直接获取地面被测点的坐标。由于 GPS RTK 测量得到的是 WGS84 坐标和大地高,测量时需要将测量数据转换为我国的坐标系和高程系。一般情况下,GPS RTK 随机商用软件均具有坐标转换和高程拟合变换功能,因此,直接利用 GPS 测量设备和电子手簿就可以进行数据采集测图。

GPS RTK 数字化测图的作业过程如图 8.22 所示,它与全站仪数字化测图过程的不同点主要是野外数据测量设备为 GPS 接收机。

1. 设置基准站

选择在测区内位置较高、视野开阔的已知点上安置 GSP 接收机,在其附近架设电台,连接相关电缆,测量基准站仪器天线高,打开 GPS 接收机和数传电台。

启动 GPS 工作手簿(控制器),对其进行设置,内容包括:新建项目、坐标及高程转换参数设置、基准点名及坐标、天线高等,再进行电台广播格式、天线类型、通讯参数等设定,然后用测站点坐标(基准站)启动基准站。

2. 设置和启动流动站

在基准站附近连接好流动站 GPS 设备,在工作手簿中设置流动站的有关项目,内容包括天线类型、天线高、无线电频点和传输模式(必需与基准站电台一致)、存储方式等。然后启动流动站接收机。如果无线电台和卫星信号接收正常,则流动站开始初始化,确定整周模糊度,通常在 1 min 内得到固定解。

3. 地形和地物数据采集

工作手簿显示固定解后,即可进行地形、地物的数据采集测量,将连接 GPS 天线的对中杆立于特征点上,稳定几秒钟,手簿显示固定解数据稳定后,记录和储存点位信息,同时输入点位要素代码,以方便后期成图。在碎部点采集时,可根据测图要求,在已知控制点上进行观测,以便进行点位校正。

GPS RTK 数字化测图和全站仪数字化测图有许多相同的特点,但 GPS RTK 还具有不需要控制点与特征点间的相互通视等优点。

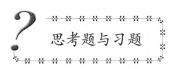

思考题与习题

1. 什么是地形图?

2. 何谓比例尺精度? 比例尺精度有什么用途?

3. 地物符号有哪些种?

4. 何谓等高线? 等高线有哪些特性?

5. 何谓等高距、等高线平距? 它们与地面坡度有什么关系? 地形图的等高距如何选定?

6. 测绘碎部点平面位置的基本方法有哪几种? 各在什么情况下使用?

7. 地形图测绘时,碎部点的位置应选在什么地方?

8. 试述地形图成图的主要过程?

9. 用经纬仪测绘法测图时在测站上要做哪些工作?

10. 计算表 8.10 中各点的平距和高程。

表 8.10 地形测绘记录手簿

点号	视距 $l(m)$	中丝读数 $v(m)$	竖盘读数	竖直角 α	高差 $h(m)$	水平角 β	水平距离 $d(m)$	高程 $H(m)$	附注
测站:A		后视点:B	仪器高 $i=1.45$ m		指标差 $x=+2'$		测站高程 $H_A=145.78$ m			
1	111	1.45	86°25′			45°25′			
2	20	1.45	88°15′			58°36′			
3	65	1.60	92°36′			102°40′			
4	89	1.80	100°58′			256°10′			

注:盘左视线水平时为90°,望远镜视线向下倾斜时读数减小。

11. 根据图 8.23 中地貌特征点、山脊线(虚线)、山谷线(实线),勾绘出等高距为 1 m 的等高线。

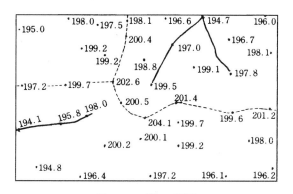

图 8.23 第 11 题图

12. 全站仪、GPS 数字化测图与常规经纬仪测绘法有哪些不同?

13. 数字化测图技术中点是如何表示的?

14. 试述全站仪、GPS 数字化测图的特点。

9

地形图的应用

本章主要介绍地形图在各项工程中的应用。内容包括:应用地形图求点的平面坐标和高程,求直线的坐标方位角、长度和坡度;量算图上某区域的面积;按限制坡度在地形图上选最短线路;应用地形图绘制某一方向的纵断面图,确定汇水面积,绘出填挖边界线以及进行土地平整中的土石方量估算;数字地图的应用等。

测量学

☞ 9.1
地形图的识读

9.1.1 地形图识读的目的

大比例尺地形图是各项工程规划、设计和施工的重要地形资料,尤其是在规划设计阶段,不仅要以地形图为底图进行总平面的布设,而且还要根据需要,在地形图上进行一定的量算工作,以便因地制宜地进行合理的规划和设计。

为了能正确地应用地形图,首先要能看懂地形图。地形图用各种规定的符号和注记表示地物、地貌及其他有关资料,通过对这些符号和注记的识读,可使地形图成为展现在人们面前的实地立体模型,以判断其相互关系和自然形态。

9.1.2 地形图识读的内容

1. 地形图注记的识读

根据地形图图廓外的注记,可全面了解地形的基本情况。例如,由地形图的比例尺可以知道该地形图反映地物、地貌的详略;根据测图的日期注记可以知道地形图的新旧,从而判断地物、地貌的变化程度;从图廓坐标可以掌握图幅的范围;通过接图表可以了解与相邻图幅的关系。了解地形图的坐标系统、高程系统、等高距等,对正确识图有很重要的作用。

2. 地物和地貌的识读

识图时应根据《地形图图式》中的符号、等高线的性质和测绘地形图时综合取舍的原则来识读地物、地貌。

在识读地形图时,还应注意由于各项建设的发展,地面上的地物、地貌不是一成不变的。因此,在应用地形图进行规划以及解决工程设计和施工中的各种问题时,除了细致地识读地形图外,还需进行实地勘察,以便对建设用地作全面正确的了解。

☞ 9.2
地形图应用的基本内容

9.2.1　求图上某点的平面坐标

1. 求点的直角坐标

如图 9.1 所示,欲求 P 点的直角坐标,可通过 P 点作平行于直角坐标格网的纵横直线,交邻近的格网线于 A、B、C、D。按比例尺量出 CP 和 AP 的距离,则可求出 P 点的坐标为

$$x_P = x_C + CP = 3\ 813\ 000 + 395 = 3\ 813\ 395 (\text{m})$$

$$y_P = y_A + AP = 40\ 541\ 000 + 495 = 40\ 541\ 495 (\text{m})$$

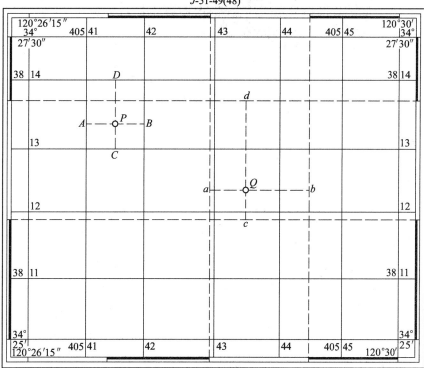

1:10 000

图 9.1　求图上某点的平面坐标

若精度要求较高,则需考虑图纸伸缩变形的影响,此时还应量取 AB 和 CD 的长度,按式 (9.1)计算:

$$
\left.\begin{aligned}
x_P &= x_C + \frac{CP}{CD} \cdot l \\
y_P &= y_A + \frac{AP}{AB} \cdot l
\end{aligned}\right\}
\tag{9.1}
$$

式中,l 代表相邻格网线间所代表的距离,故

$$x_P = 3\,813\,000 + \frac{39.5}{99.9} \times 1\,000 = 3\,813\,395.4\,(\mathrm{m})$$

$$y_P = 40\,541\,000 + \frac{49.5}{100} \times 1\,000 = 40\,541\,495.0\,(\mathrm{m})$$

2. 求点的大地坐标

例如求图 9.1 中 Q 点的大地坐标,先根据内外图廓中的分度带,绘出大地坐标格网。过 Q 点作平行于大地坐标格网的纵横直线,交邻近的格网线于 a、b、c、d。按式(9.2)求出 Q 点的大地坐标:

$$
\left.\begin{aligned}
L_Q &= L_a + \frac{aQ}{ab} \times 1' \\
B_Q &= B_c + \frac{cQ}{cd} \times 1'
\end{aligned}\right\}
\tag{9.2}
$$

故

$$L_Q = 120°28' + \frac{62}{159} \times 1' = 120°28'23''$$

$$B_Q = 34°26' + \frac{46}{182} \times 1' = 34°26'15''$$

9.2.2 求图上某点的高程

在地形图上的任一点,可以根据等高线及高程注记确定其高程。如果点正好位于等高线上,则点的高程就等于该等高线的高程,如图 9.2 中的 p,从图上可看出 $H_p = 27$ m。如果所求点不在等高线上,则可用内插法求出,如图 9.2 中的 k 点。过 k 点作一条大致垂直于相邻等高线的线段 mn,量取 mn 的长度 d,再量取 mk 的长度 d',k 点的高程 H_k 可按式(9.3)求得

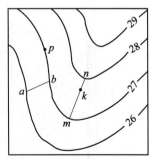

图 9.2 求图上某点的高程

$$H_k = H_m + \frac{d'}{d} h \tag{9.3}$$

式中,H_m 为 m 点的高程;h 为等高距,在图中 h = 1 m。

实际求图上某点的高程时,一般都是目估 mk 与 mn 的比例来确定 k 点的高程。

9.2.3 求图上两点间的距离

欲求图上两点间的距离,可用以下两种方法。

1. 直接量测

用卡规在图上直接卡出线段长度,再与图示比例尺比量,即可得其水平距离;也可用毫米尺量取图上长度并按比例尺换算为水平距离,但后者受图纸伸缩的影响。

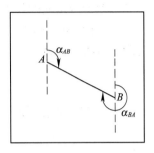

图9.3 求图上两点间的距离

2. 解析法

当距离较长时,为了消除图纸变形的影响以提高精度,可用两点的坐标计算距离。图 9.3 中,求 AB 的水平距离,首先按 9.2.1 所讲的方法求出两点的坐标值 x_A,y_A 和 x_B,y_B,然后按式 (9.4)计算水平距离:

$$D_{AB} = \sqrt{(x_B - x_A)^2 + (y_B - y_A)^2} = \sqrt{\Delta x_{AB}^2 + \Delta y_{AB}^2} \tag{9.4}$$

在实际工作中,有时需要确定曲线的距离。最简便的方法是用一细线使之与图上待量的曲线吻合,在细线上作出两端点的标记,然后量取细线两标记之间的长度,再按比例尺确定曲线的实地距离。

9.2.4 求图上某直线的坐标方位角

1. 图解法

如图 9.3,求直线 AB 的坐标方位角时,可先过 A、B 两点精确地作平行于坐标格网纵线的直线,然后用量角器量测 AB 的坐标方位角 α_{AB} 和 BA 的坐标方位角 α_{BA}。

同一直线的正、反坐标方位角之差应为 180°。但是由于量测存在误差,设量测结果为 α'_{AB} 和 α'_{BA},则可按式 (9.5)计算 α_{AB}:

$$\alpha_{AB} = \frac{1}{2}(\alpha'_{AB} + \alpha'_{BA} \pm 180°) \tag{9.5}$$

按图 9.3 中的情况,上式右边括弧中应取"-"号。

2. 解析法

先求出 A、B 两点的坐标,然后再按式 (9.6)计算 AB 的坐标方位角:

$$\alpha_{AB} = \arctan\frac{(y_B - y_A)}{(x_B - x_A)} = \arctan\frac{\Delta y_{AB}}{\Delta x_{AB}} \tag{9.6}$$

当直线较长时,解析法可取得较好的结果。

9.2.5 求图上两点间地面的坡度

设地面两点间的水平距离为 D,高差为 h,高差与水平距离之比称为**坡度**,以 i 表示。坡度通常以百分率(%)或千分率(‰)来表示。可用式(9.7)计算：

$$i = \frac{h}{D} = \frac{h}{d \cdot M} \tag{9.7}$$

式中，d 为图上两点间的长度，以米为单位；M 为地形图比例尺分母。

图 9.2 中的 a、b 两点，其高差 h 为 1 m，若量得 ab 长为 1 cm，地形图比例尺为1:5 000，则 ab 线段的地面坡度为

$$i = \frac{h}{d \cdot M} = \frac{1}{0.01 \times 5\ 000} = 2\%$$

如果两点间的距离较长，中间通过疏密不等的等高线，则上式所求地面坡度为两点间的平均坡度。

9.2.6 图形面积的量算

在规划设计中，常需要在地形图上量算一定轮廓范围内的面积。下面介绍几种常用的方法。

1. 多边形面积量算

（1）几何图形法

可将多边形分解成若干个几何图形，如三角形、梯形或平行四边形（图 9.4），用比例尺量出这些图形的边长，按几何公式算出各图形的面积，然后求出多边形的总面积。

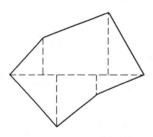

图 9.4 几何图形法求面积

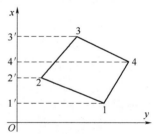

图 9.5 坐标计算法求面积

（2）坐标计算法

多边形面积很大时，可在地形图上求出各顶点的坐标，直接用坐标计算面积。这是求算面积最精确的方法。如图 9.5 所示，将任意四边形各顶点按顺时针编号为 1、2、3、4，各点坐标分别为 (x_1, y_1)、(x_2, y_2)、(x_3, y_3)、(x_4, y_4)。由图可知，四边形 1234 的面积等于 3′344′加梯形 4′411′的面积再减去梯形 3′322′与梯形 2′211′的面积，即

$$A = \frac{1}{2} \left[(y_3 + y_4)(x_3 - x_4) + (y_4 + y_1)(x_4 - x_1) - (y_3 + y_2)(x_3 - x_2) - (y_2 + y_1)(x_2 - x_1) \right]$$

整理后得

$$A = \frac{1}{2}\left[x_1(y_2-y_4)+x_2(y_3-y_1)+x_3(y_4-y_2)+x_4(y_1-y_3) \right]$$

若四边形各顶点投影于 y 轴,则为

$$A = \frac{1}{2}\left[y_1(x_4-x_2)+y_2(x_1-x_3)+y_3(x_2-x_4)+y_4(x_3-x_1) \right]$$

若图形为 n 边形,则一般形式为

$$A = \frac{1}{2}\sum_{i=1}^{n} x_i(y_{i+1}-y_{i-1}) \tag{9.8}$$

或

$$A = \frac{1}{2}\sum_{i=1}^{n} y_i(x_{i-1}-x_{i+1}) \tag{9.9}$$

式中,当 $i=1$ 时,y_{i-1} 和 x_{i-1} 分别用 y_n 和 x_n 代入。

式(9.8)和式(9.9)的计算结果可作为相互校检之用。

2. 不规则图形面积量算

(1) 透明方格纸法

如图 9.6 所示,要计算曲线内的面积,将一张透明方格纸覆盖在图形上,数出图形内的整方格数 n_1 和不足一整格的方格数 n_2。设每个方格的面积为 a(当为毫米方格时,$a = 1\ \text{mm}^2$),则曲线围成的图形面积可按式(9.10)计算:

$$A = \left(n_1+\frac{1}{2}n_2\right)aM^2 \tag{9.10}$$

式中,M 为比例尺分母,计算时应注意 a 的单位。

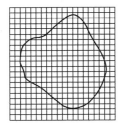

图 9.6　透明方格纸法求面积

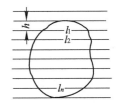

图 9.7　平行线法求面积

(2) 平行线法

如图 9.7 所示,将绘有等间隔平行线的透明纸蒙在待求面积的图形上,图形则被分割成若干个长条,每一个长条可按照梯形来计算面积梯形的上下底边长度为 l_i,梯形的高为平行线间隔 h,则各梯形面积分别为

$$A_1 = \frac{1}{2}h(0+l_1)$$

$$A_2 = \frac{1}{2}h(l_1 + l_2)$$

$$\vdots$$

$$A_n = \frac{1}{2}h(l_{n-1} + l_n)$$

$$A_{n+1} = \frac{1}{2}h(l_n + 0)$$

图形总面积为

$$A = A_1 + A_2 + \cdots + A_n = h\sum_{i=1}^{n} l_i \qquad (9.11)$$

除上述方法外,还可用求积仪来测定任意图形的面积。求积仪是一种专门供图上量算面积的仪器,其优点是操作简便、速度快,适用于任意图形的面积量算,且能保证一定的精度。求积仪有电子求积仪和机械式求积仪两种。电子求积仪是采用集成电路制造的一种新型求积仪,在设定图形比例尺和计量单位后,将描迹镜中心点沿曲线推移一周,便可在显示窗上自动显示图形面积和周长。当图形为多边形时,只要依次描对各顶点,就可自动显示其面积和周长。

☞ 9.3
地形图在工程中的应用

9.3.1　按限制坡度在地形图上选线

在设计铁路、公路、渠道等线路工程时,常常需要定出一条最短线路,而其坡度要求不超过规定的限制坡度。这项工作在地形图上做十分方便。

在图 9.8 中,设从图上的 A 点到 B 点要选择一条公路线,要求其坡度不大于 5%(限制坡度)。设计用的地形图比例尺为 1:2 000,等高距为 1 m。为了满足限制坡度的要求,根据式(9.7)计算出该路线经过相邻两条等高线之间的最小水平距离为

$$d = \frac{h}{i \cdot M} = \frac{1}{0.05 \times 2\ 000} = 0.01\,(\text{m}) = 1\,(\text{cm})$$

以 A 点为圆心,以 d 为半径画弧交 81 m 等高线于点 1,再以点 1 为圆心,以 d 为半径画弧,交 82 m 等高线于点 2,依次类推,直到 B 点附近为止。然后连接 A、1、2、$\cdots$、B,便在图上得到符合限制坡度的路线。这只是 A 到 B 的路线之一,为了便于选线比较,还需另选一条路线,如 A,1′,2′,$\cdots$,B。同时考虑其他因素,如少占农田,建筑费用最少,避开塌方或崩裂地带等,以便确定路线的最佳方案。

如遇等高线之间的平距大于 1 cm,以 1 cm 为半径的圆弧将不会与等高线相交,这说明坡度小于限制坡度。在这种情况下,路线方向可按最短距离绘出。

9.3.2　按图上一定方向绘制纵断面图

断面图是表现沿某一方向的地面起伏情况的一种图。它是以距离为横坐标,高程为纵坐标绘出的。在工程设计中,特别是各种线路工程的规划设计中,为了进行填挖方量的概算,以及合理确定线路的纵坡,都需要了解沿线路方向的地面起伏情况,为此,常需绘制沿指定方向的纵断面图。纵断面图可以在现场实测,也可以从地形图上获取资料而绘出。

根据地形图来绘制纵断面图的方法如下:例如要绘出图 9.8 中直线 MN 方向的纵断面图,可先量出 MN 线与各等高线交点 a、b、c 等点到 M 的距离,然后在绘图纸或方格纸上用与地形图相同的比例尺或其他适宜的比例尺,在横坐标轴上绘出 a、b、c 等点(图 9.9);根据等高线可得出这些点的高程,再用一定的比例尺,在纵坐标方向上绘出各点的高程,就得出相应的地面点;用光滑的曲线连接各地面点,就绘出了沿直线 MN 方向的断面图。还可以在地形图上沿指定线路标出相隔 20 m 或 50 m 等距离的点,然后根据等高线求出这些点的高程,以距离为横坐标,高程为纵坐标绘出断面图。

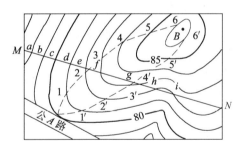

图 9.8　在图上选最短线路

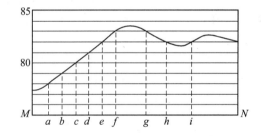

图 9.9　纵断面图的绘制

另外要注意的是,地面坡度如有变化(如过山脊、山顶或山谷处)时,在变化处应加设观测点(如图上 f、g 和 h、i 点之间),点的高程可用比例内插法求得。绘制断面图时,为了使地面的起伏变化更加明显,一般高程比例尺比水平比例尺大 10～20 倍。

9.3.3　在地形图上确定汇水面积

跨越河流、山谷修筑道路时,必须建桥梁或涵洞,兴修水库必须筑坝拦水,而桥梁涵洞孔径的大小、水坝的设计位置与坝高、水库的蓄水量等都要根据这个地区的汇水面积来确定。若汇集某一区域内的降水,并流经河道的某一断面,则这个区域即是河道上该断面的"汇水面积"。

由于雨水是沿山脊线(分水线)向两侧山坡分流,所以**汇水面积的边界线是由一系列的山脊线连接而成的**。如图 9.10 所示,一条公路经过山谷,拟在 m 处架桥或修涵洞,其孔径的大小应根据流经该处的流水量决定,而流水量又与山谷的汇水面积有关。由图可以看出,由山脊线 *bcdefga* 与公路上的 *ab* 线段所围成的面积,就是这个山谷的汇水面积。量测该面积的大小,再结合气象水文资料,便可进一步确定流经公路 *m* 处的水量,从而为桥梁或涵洞的孔径设计提供依据。确定汇水面积的边界线时,应注意边界线(除公路 *ab* 段外)应与山脊线一致,且与等高线垂直。汇水面积的大小可用透明方格纸法、平行线法或电子求积仪测定。

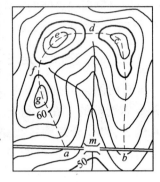

图 9.10　确定汇水面积

9.3.4　在地形图上确定填挖边界线

在土方工程中,填挖土方的边界线可在地形图上找出。例如要将图 9.11 中的谷地以 *aa′* 为界填出一块水平场地,要求场地的高程为 45 m,填土的边坡为 1:1.5,即斜坡的垂直距离为 1 相应的水平距离为 1.5。在地形图上绘出填土坡脚线的方法如下:首先在地形图上绘出填土边坡的等高线,其等高距应与地形图的等高距相同。因水平场地界线的高程为 45 m,所以 *aa′* 就是填土边坡上高程为 45 m 的等高线。由于边坡是一斜平面,所以边坡的等高线都是平行于 *aa′* 且间隔相等的平行线。当等高距为 1 m 时,平距均为 1.5 m。按地形图的比例尺绘出间隔为 1.5 m 的平行线,并注出相应的高程,这些就是边坡的等高线。地面上和边坡上高程相同的等高线的交点,就是地面与边坡斜面交线上的点,把相邻的这些交点连接起来,就是填土的边界线。用同样方法还可绘出挖土的边界线。

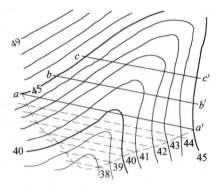

图 9.11　确定填挖边界线

9.3.5　平整土地中的土石方量估算

在各种工程建设中,除对建筑物要作合理的平面布置外,往往还要对原地貌作必要的改造,以便适于布置各类建筑物、排除地面水以及满足交通运输和敷设底下管线等。这种地貌改造称之为**平整土地**。

在平整场地的工作中,常需估算土石方的工程量,这项工作可利用地形图进行,其方法主要有方格网法(或设计等高线法)、等高线法和断面法等。

9.3.5.1　方格网法

对于大面积的土石方量估算常用此法。如图 9.12 所示,假设要求将原地貌按挖填土石方量平衡的原则改造成水平面,其步骤如下:

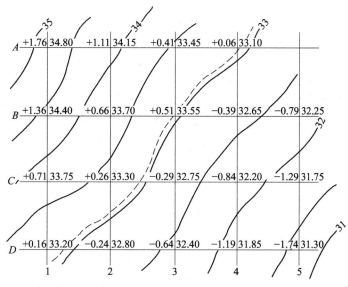

图 9.12　方格网法估算土石方量

1. 在图上绘方格网,标出方格顶点的高程

在地形图上拟建场地内绘制方格网。方格网的大小取决于地形复杂程度、地形图比例尺大小以及土石方量估算的精度要求,一般为 10 m 或 20 m。方格网绘制完后,根据地形图上的等高线,用内插法求出每一方格顶点的地面高程,并注记在相应方格顶点的右上方,如图9.12所示。

2. 计算设计高程

平整后场地的高程称为"设计高程"。先取每一方格四个顶点的平均地面高程,再取所有方格平均地面高程的平均值,得出的就是设计高程 H_0:

$$H_0 = \frac{H_1 + H_2 + \cdots + H_n}{n}$$

式中 H_i 为每一方格的平均地面高程;n 为方格总数。

从计算过程中可以看出,由于是取方格四顶点高程的平均值,所以每点的高程要乘以1/4。再从图中可以看出,像 $A1$、$A4$ 等角点只用了一次,而像 $A2$、$B1$ 等边点则用了两次,拐点 $B4$ 用了三次,而像 $B2$、$C2$ 等中点要用四次,所以求设计高程 H_0 的计算公式可写成:

$$H_0 = \frac{\sum H_角 + 2\sum H_边 + 3\sum H_拐 + 4\sum H_中}{4n} \tag{9.12}$$

这样计算出的设计高程,可使填土和挖土的数量大致相等。将图 9.12 中各方格点高程代入式(9.12),求出设计高程为 33.04 m。在图上内插绘出 33.04 m 等高线(图中虚线),即为不填不挖的边界线,也称为**零线**。

3. 计算挖(填)高度

用方格顶点的地面高程和设计高程,可计算出各方格顶点的挖(填)高度,即

$$挖(填)高度=地面高程-设计高程$$

将挖(填)高度注记在各方格顶点的左上方。正号为挖方,负号为填方。

4. 计算挖(填)土石方量

挖(填)土石方量可按角点、边点、拐点、中点分别按式(9.13)计算:

$$
\left.
\begin{aligned}
&角点: &&挖(填)高度\times\frac{1}{4}方格面积\\
&边点: &&挖(填)高度\times\frac{1}{2}方格面积\\
&拐点: &&挖(填)高度\times\frac{3}{4}方格面积\\
&中点: &&挖(填)高度\times1\ 方格面积
\end{aligned}
\right\}
\tag{9.13}
$$

实际计算时,可按方格线依次计算挖、填土石方量,然后计算挖、填土石方量总和。图 9.12 中土石方量计算结果见表 9.1(方格边长为 20 m×20 m)。

表 9.1 方格网法估算土石方量

点 号	挖深(m)	所占面积(m²)	挖方量(m³)	点 号	填高(m)	所占面积(m²)	填方量(m³)
A1	1.76	100	176	B4	0.39	300	117
A2	1.11	200	222	B5	0.79	100	79
A3	0.41	200	82	C3	0.29	400	116
A4	0.06	100	6	C4	0.84	400	336
B1	1.36	200	272	C5	1.29	200	258
B2	0.66	400	264	D2	0.24	200	48
B3	0.51	400	204	D3	0.64	200	128
C1	0.71	200	142	D4	1.19	200	238
C2	0.26	400	104	D5	1.74	100	174
D1	0.16	100	16				
			$\sum V_{\mathrm{W}}=1\ 488$				$\sum V_{\mathrm{T}}=1\ 494$

从表中可以看出,总挖方量为:$\sum V_{\mathrm{W}}=1\ 488\ \mathrm{m}^3$,总填方量为:$\sum V_{\mathrm{T}}=1\ 494\ \mathrm{m}^3$,两者基本相等。

9.3.5.2 等高线法

场地地面起伏较大,且仅计算挖方时,可采用等高线法。这种方法从场地设计高程的等高线开始,算出各等高线所包围的面积,分别将相邻两条等高线所围面积的平均值乘以等高距,就是此两等高线平面间的土方量,再求和即得总挖方量。

如图 9.13 所示,地形图等高距为 2 m,要求平整场地后的设计高程为 55 m。先在图中内

插设计高程 55 m 的等高线(图中虚线),再分别求出 55 m、56 m、58 m、60 m、62 m 五条等高线所围成的面积 A_{55}、A_{56}、A_{58}、A_{60}、A_{62},即可算出每层土石方量为

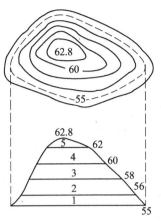

$$V_1 = \frac{1}{2}(A_{55} + A_{56}) \times 1$$

$$V_2 = \frac{1}{2}(A_{56} + A_{58}) \times 2$$

$$V_3 = \frac{1}{2}(A_{58} + A_{60}) \times 2$$

$$V_4 = \frac{1}{2}(A_{60} + A_{62}) \times 2$$

$$V_5 = \frac{1}{2}A_{62} \times 0.8$$

图 9.13　等高线法估算土石方量

V_5 是 62 m 等高线以上山头顶部的土石方量。总挖方量为

$$\sum V_W = V_1 + V_2 + V_3 + V_4 + V_5$$

9.3.5.3　断面法

在道路和管线建设中,沿中线至两侧一定范围内线状地形的土石方量估算常用断面法。这种方法是在施工场地范围内,利用地形图以一定间距绘出断面图,分别求出各断面由设计高程线与断面曲线(地面高程线)围成的填方面积和挖方面积,然后计算每相邻断面间的填(挖)方量,分别求和即为总填(挖)方量。

如图 9.14 所示,地形图比例尺为 1∶1 000,矩形范围是欲建道路的一段,其设计高程为 47 m,为求土石方量,先在地形图上绘出相互平行、间隔为 l(一般实地距离为 20~40 m)的断面方向线 1-1、2-2、…、6-6;按一定比例尺绘出各断面图(纵、横轴比例尺应一致,常用比例尺为 1∶100 或 1∶200),并将设计高程线展绘在断面图上(见图 9.14,1-1、2-2 断面);然后在断面图上分别求出各断面设计高程线与地面高程线所包围的填土面积 A_{Ti} 和挖土面积 A_{Wi}(i 表示断面编号),最后计算两断面间土石方量。例如,1-1、2-2 两断面间的土石方量为

$$填方量 \quad V_T = \frac{1}{2}(A_{T1} + A_{T2})l$$

$$挖方量 \quad V_W = \frac{1}{2}(A_{W1} + A_{W2})l$$

同法依次计算出每相邻断面间的土石方量,最后将填方量和挖方量分别累加,即得总土石方量。

上述三种土石方量估算方法各有特点,应根据场地地形条件和工程要求选择合适的方法。当实际工程土石方估算精度要求较高时,往往要到现场实测方格网图(方格点高程)、断面图或地形图。此外,当高差较大时,实际工程中应参照上述方法将削坡部分的土石方量计算在内。

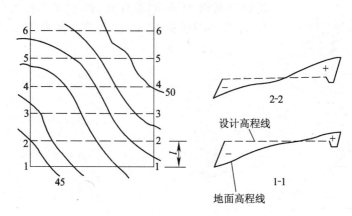

图 9.14　断面法估算土石方量

9.4
数字地形图的应用

　　传统地形图通常是绘制在纸上的,它具有直观性强、使用方便等优点,但也存在易损、不便保存、难以更新等缺陷。与之相比,以数字形式存储的数字地形图则有明显的优越性和广阔的发展前景。随着计算机技术和数字化测绘技术的迅速发展,数字地形图已广泛应用在国民经济建设、国防建设和科学研究的各个方面。目前,许多测量商用软件提供了数字地形图的应用功能。下面以南方测绘仪器公司开发的 CASS 数字化成图软件为例,简要介绍数字地图在工程建设中的应用(具体软件的使用,可参阅有关使用手册)。

9.4.1　土方量的计算

　　CASS 软件提供了 5 种土方量相关的计算方法,即 DTM 法土方计算、断面法土方计算、方格网法土方计算、等高线法土方计算、区域土方量平衡。其中,DTM 土方计算是目前较好的一种方法。

　　1. DTM 法计算土方量的原理

　　由 DTM 模型来计算土方量通常是根据实地测得的地面离散点(X,Y,Z)和设计高程来计算。该方法直接利用野外实测的地形特征点(离散点)进行三角构网,组成不规则三角网(TIN)结构。三角网构建好之后,用生成的三角网来计算每个三棱柱的填挖方量,最后累积得到指定范围内填方和挖方分界线,三棱柱体上表面用斜平面拟合,下表面为水平面或参考面。如图 9.15 所示,A、B、C 为地面上相邻的高程点,垂直投影到某一个平面上对应的点为 a、b、c,

S 为三棱柱底面积，h_1、h_2、h_3 为三角形角点的填挖高差。填、挖方计算公式为

$$V = \frac{h_1 + h_2 + h_3}{3} \cdot S$$

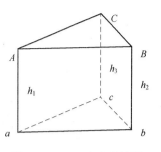

图 9.15 DTM 土方量计算

2. DTM 法计算土方方法

根据不同的数据格式，DTM 法土方计算在 CASS 软件中提供了三种计算模式：根据坐标文件计算，根据图上高程点计算和根据图上三角网计算。前两种算法包含重新建立三角网的过程，第三种方法直接采用图上已有的三角形，不再重建三角网。

9.4.2 数字地形图在线路勘察设计中的应用

9.4.2.1 线路曲线设计

在 CASS 软件中，提供了进行线路曲线设计的基本计算功能，可进行单个交点和多个交点的处理，得到平曲线要素和逐桩坐标成果表。

9.4.2.2 断面图的绘制

在进行道路、隧道、管道等工程设计时，往往需要了解线路的地面起伏情况，这时，可根据等高线地形图来绘制断面图。绘制断面图的方法有四种：根据已知坐标生成断面图；根据里程文件生成断面图；根据等高线生成断面图；根据三角网生成断面图。

在建筑工程中，可利用数字地形测量原理和方法扩充为建筑工程测绘，除了获得建筑物的平面图形外，还可以得到三维立体图形和虚拟现实的建筑模型，这对于古建筑、历史性建筑、建筑文物等的勘察、修复、资料保存等具有重要作用。

数字地形图还能在交通运输工具运行中与全球定位系统（GPS）相结合，将所处的位置显示在图上，并指明前进路线和方向。

根据数字地形图可以建立数字地面模型（DTM），而数字高程模型（DEM）是数字地面模型的一个重要组成部分，因此可以利用数字地面模型制作坡度图、坡向图和地形剖面图。此外，数字地形图还是地理信息系统的一个重要信息数据来源，还可以进行图与图、数与图、数与数之间的跨平台变换等。

数字地形图在土地规划管理、农业、气象、防洪救灾、军事指挥等方面也发挥着重大的作用。

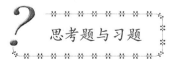

思考题与习题

1. 识读地形图的目的是什么？主要从哪几个方面进行识图？

2. 求算地形图上某一区域内的面积主要有几种方法? 各适用于什么情况?

3. 如图 9.16 所示,地形图比例尺为 1∶2 000,请在图中完成如下作业:

(1) 用图示直线比例尺求 AB 的水平距离,并求出 A、B 两点的高程;

(2) 绘制 AB 点之间的断面图,判断 A、B 之间是否通视;

(3) 从 C 到 D 作出一条坡度不大于 10% 的最短路线;

(4) 绘出过 C 点的汇水面积。

4. 土石方量的估算主要有哪几种方法? 各适用于何种场地?

5. 图 9.17 为 1∶2 000 比例尺地形图,现要求在图示方格网范围内将场地整平。

(1) 根据填挖土石方量平衡的原则,计算平整场地的设计高程;

(2) 在图中绘出填挖边界线;

(3) 计算填挖土石方量。

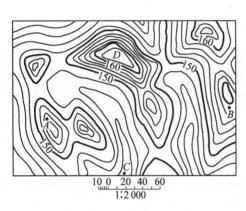

图 9.16　第 3 题图

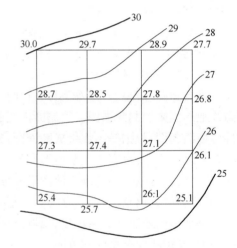

图 9.17　第 5 题图

10

测设的基本工作

本章主要介绍测设的基本概念;水平距离、水平角和高程的测设;点的平面位置的测设方法以及已知坡度直线的测设,本章内容是测设工作的基础。

测量学

☞ 10.1
水平距离、水平角和高程的测设

测设是以地面控制点或已有建(构)筑物为依据,将设计图纸上待建的建(构)筑物的特征点(如轴线的交点)在地面标定出来,以便施工。其基本工作包括:测设已知的水平距离、水平角和高程。

10.1.1 测设已知水平距离

1. 一般方法

测设已知水平距离通常是从地面上一已知点开始,沿已知方向按给定的长度在地面上测设出另一端点的位置。为了校核起见,应进行往返丈量。若相对误差在允许范围(一般为1/2 000)内,则取其平均值作为最终结果。

2. 精确方法

当测设精度要求较高时,应按钢尺量距的精密方法进行测设。具体的测设方法如下。

(1) 直接法

在测设前先按式(10.1)计算出在实地要测设的长度 D',然后进行实地测设。此法适用于测设长度不足一整尺段距离,或长度虽超过一整尺段但坡度均匀而平整的地面。

$$D' = D - \Delta l_d - \Delta l_t - \Delta l_h \tag{10.1}$$

式中　　D——需要测设的水平距离;

$\quad\Delta l_d$——尺长改正数,$\Delta l_d = \dfrac{\Delta l}{l_0} \times D$,$l_0$ 和 Δl 分别是钢尺的名义长度和一整尺段的尺长改正数;

$\quad\Delta l_t$——温度改正数,$\Delta l_t = \alpha(t - t_0) \times D$,$\alpha$ 为钢尺的线膨胀系数,一般用 $1.25 \times 10^{-5}/℃$,t 为测设时的温度,t_0 为钢尺的标准温度(一般为 20 ℃);

$\quad\Delta l_h$——倾斜改正数,$\Delta l_h = -\dfrac{h^2}{2D}$,$h$ 为两端点的高差。

为了计算以上各改正数,应已知所用钢尺的尺长改正数,测出两端点的高差 h,并测量测设时的温度 t。

(2) 间接法

如图 10.1 所示,可按设计水平距离 D,用一般方法先在地面上打下尺段桩和终点桩 B',然后按钢尺量距的精密方法量取距离 AB',并加尺长、温度和倾斜三项改正数,求出精确水平距

离 D'。若 D 与 D' 不相等，则按其差值 ΔD 沿 AB 方向以 B' 点为准进行改正，其中 $\Delta D=D-D'$。当 ΔD 为正时，向外改正；反之，则向内改正。

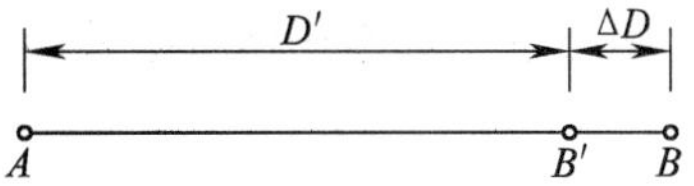

图 10.1　已知水平距离的精确测设

【例 10.1】　设给定地面上 AB 两点的设计水平距离为 45 m。用一般方法丈量后打下一个整尺段桩和一个终点桩。经水准测量测得相邻桩之间的高差为 $h_1=0.240$ m，$h_2=-0.118$ m。精密丈量所用钢尺的名义长度 l_0 为 30 m，在检定温度 $t_0=20$ ℃时的实际长度 l' 为 30.003 m，钢尺的膨胀系数 $\alpha=1.25\times10^{-5}$/℃，若量得的第一尺段 l_1 为 29.985 m，余尺段长度 l_2 为 15.015 m，量测时的温度分别为 $t_1=8$ ℃，$t_2=10$ ℃，试按间接法说明测设方法。

【解】　第一尺段实测水平距离为

$$
\begin{aligned}
D_1&=l_1+\frac{l'-l_0}{l_0}l_1+\alpha(t_1-t_0)l_1+\frac{-h_1^2}{2l_1}\\
&=29.985+3.0\times10^{-3}-4.5\times10^{-3}-1.0\times10^{-3}\\
&=29.982\,5(\text{m})
\end{aligned}
$$

余尺段实测水平距离为

$$
\begin{aligned}
D_2&=l_2+\frac{l'-l_0}{l_0}l_2+\alpha(t_2-t_0)l_2+\frac{-h_2^2}{2l_2}\\
&=15.015+1.5\times10^{-3}-1.9\times10^{-3}-0.5\times10^{-3}\\
&=15.014\,1(\text{m})
\end{aligned}
$$

故

$$D'=D_1+D_2=29.982\,5+15.014\,1=44.996\,6(\text{m})$$

因此

$$\Delta D=D-D'=45-44.996\,6=0.003\,4(\text{m})$$

ΔD 为正，向外改正。

3. 用光电测距仪测设水平距离

采用具有自动跟踪功能的测距仪测设水平距离时，仪器自动进行气象改正并将倾斜距离改算成水平距离直接显示。如图 10.2 所示，测设时，将仪器安置在 A 点，测出气温及气压，并输入仪器，此时按测量水平距离功能键和自动跟踪功能键，一人手持反光镜杆立在 C 点附近。只要观测者指挥手持反光镜者沿已知方向线前后移动棱镜，观测者即能在测距仪显示屏上测得瞬时的水平距离。当显示值等于待测设的已知水平距离 D 时，即可定出 C 点。

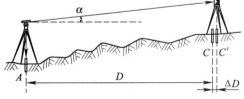

图 10.2　光电测距仪测设水平距离

10.1.2 测设已知水平角

1. 一般方法

如图 10.3 所示,设 OA 为已知方向,要在 O 点以 OA 为起始方向,顺时针方向测设出给定的水平角度 β。具体的测设方法是:在 O 点安置经纬仪,盘左位置照准目标 A,并将水平度盘配置在 $0°00'00''$(或任一读数 L)。松开照准部制动螺旋,顺时针方向转动照准部,使水平度盘读数为 β(或 $L+\beta$),沿视线方向在地面上定出 B' 点。为了检核和提高测设精度,纵转望远镜成盘右位置,重复上述操作,并沿视线方向定出 B'' 点,取 $B'B''$ 的中点 B,则 $\angle AOB$ 即为设计的角值 β。此法又称**盘左盘右分中法**。

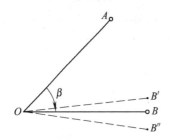

图 10.3 已知水平角一般测设

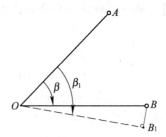

图 10.4 已知水平角精确测设

2. 精确方法

当测设水平角的精度要求较高时,可采用作垂线改正的方法。如图 10.4 所示,先按一般方法测设出 B_1 点,再用测回法对 $\angle AOB_1$ 观测若干测回,测回数由精度要求决定,求出各测回的平均角值 β_1,当 β 与 β_1 的差值 $\Delta\beta$ 超过限差时,则需改正 B_1 的位置。改正时,先根据角值和 OB_1 的边长,计算出垂直距离 BB_1:

$$BB_1 = OB_1 \cdot \frac{\Delta\beta}{\rho} \tag{10.2}$$

式中,$\rho = 206\ 265''$。然后过 B_1 点作 OB_1 的垂线,再从 B_1 点沿垂线方向量取 BB_1,定出 B 点。作垂线 BB_1 进行改正时应注意方向,当 β 大于 β_1 时,向外侧改正;反之向内侧改正。为检查测设是否正确,还需进行检查测量。

10.1.3 测设已知高程

测设已知高程是根据建筑物附近一个已知高程的水准点,用水准测量的方法,将设计高程测设到地面上。如图 10.5 所示,A 为已知水准点,其高程为 H_A,B 为待测设高程点,其设计高程为 H_B。将水准仪安置在 A 和 B 之间,后视 A 点水准尺的读数为 a,则 B 点的前视读数 b 应为视线高减去设计高程 H_B,即

$$b = (H_A + a) - H_B \tag{10.3}$$

测设时,将 B 点水准尺贴靠在木桩上的一侧,上、下移动尺子直至前视尺的读数为 b 时,再沿尺子底面在木桩侧面画一红线,此线即为 B 点设计高程 H_B 的位置。

在某些工程中,例如在坑道掘进中,需要测设的高程点常常设置在峒顶。如图 10.6 所示,设 A 点为已知高程点,B 点为待测的高程点,应将水准尺倒立在点上。则在 B 点应有的前视读数为

$$b = H_B - (H_A + a) \qquad (10.4)$$

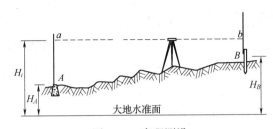

图 10.5　高程测设

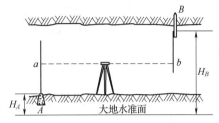

图 10.6　峒顶水准点高程测设

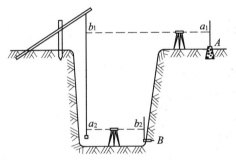

图 10.7　深基坑高程测设

若测设的高程点和水准点之间的高差很大时,如在深基坑内或在较高的楼层板面上,可用悬挂钢尺来代替水准尺测设给定的高程。如图 10.7 所示,设已知水准点 A 的高程为 H_A,要在基坑内侧测设出高程为 H_B 的 B 点位置。现悬挂一根带重锤的钢尺,钢尺的零点在下端。先在地面上安置水准仪,后视 A 点水准尺读数为 a_1,前视钢尺读数为 b_1;再在坑内安置水准仪,后视钢尺读数 a_2,前视水准尺读数为 b_2。沿尺子底面在基坑侧面钉木桩,则木桩顶面即为 B 点的位置。B 点应读前视水准尺读数 b_2 为

$$b_2 = H_A + a_1 - b_1 + a_2 - H_B \qquad (10.5)$$

☞ 10.2
点的平面位置的测设

测设点的平面位置常用的方法有**极坐标法**、**直角坐标法**、**角度交会法**、**距离交会法**、**全站仪法及 GPS RTK 法**等。应根据施工控制网的形式、控制点的分布以及现场地形情况与已有仪器设备条件进行选择。

10.2.1　极坐标法

极坐标法是根据水平角和水平距离测设点的平面位置的方法。它适用于便于量距的情况。

如图 10.8 所示，A、B 为地面上已有的控制点，其坐标分别为 x_A、y_A 和 x_B、y_B；欲测设 P 点，其设计坐标为 x_P、y_P。可按下列坐标反算公式求出在 A 点的测设数据水平角 β 和水平距离 D，即

$$\beta = \alpha_{AP} - \alpha_{AB} \tag{10.6}$$

$$D = \frac{y_P - y_A}{\sin \alpha_{AP}} = \frac{x_P - x_A}{\cos \alpha_{AP}} = \sqrt{(x_P - x_A)^2 + (y_P - y_A)^2} \tag{10.7}$$

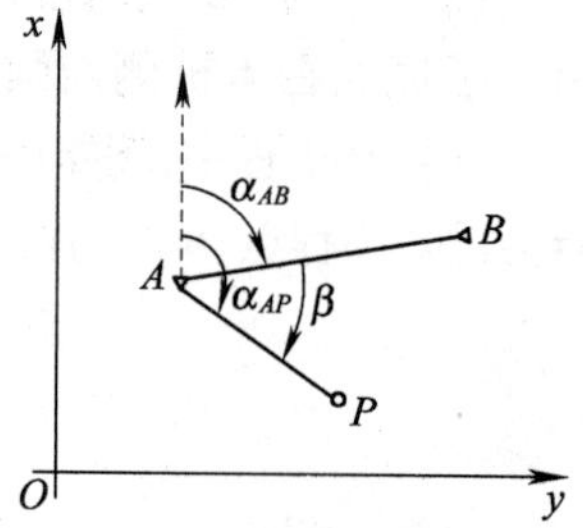

式中

$$\alpha_{AB} = \arctan \frac{y_B - y_A}{x_B - x_A} = \arctan \frac{\Delta y_{AB}}{\Delta x_{AB}} \tag{10.8}$$

$$\alpha_{AP} = \arctan \frac{y_P - y_A}{x_P - x_A} = \arctan \frac{\Delta y_{AP}}{\Delta x_{AP}} \tag{10.9}$$

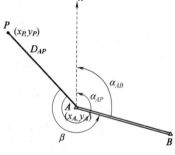

图 10.8　极坐标法测
设点的平面位置

利用式(10.8)、式(10.9)计算方位角时，须注意坐标增量 Δx_{AB}、Δy_{AB}、Δx_{AP}、Δy_{AP} 的正负，判断直线所在的象限，然后再确定直线的方位角。

测设时，在 A 点安置经纬仪，瞄准 B 点，先测设出 β 角，得 AP 方向线。在此方向线上测设水平距离 D，即得 P 点的平面位置。

【例 10.2】　如图 10.9 所示，已知：$x_A = -108.758$ m，$y_A = 123.570$ m，$x_P = 170.000$ m，$y_P = -158.000$ m，$\alpha_{AB} = 103°48'48''$。仪器设置在 A 点，测设 P 点。试计算测设数据 β 和 D_{AP}。

【解】　$\Delta y_{AP} = -158.000$ m $- 123.570$ m $= -281.570$ m

$\Delta x_{AP} = 170.000$ m $+ 108.758$ m $= 278.758$ m

因此 α_{AP} 是第四象限角，有

$$R = \arctan \frac{\Delta y_{AP}}{\Delta x_{AP}} = 45°17'15'' (北西)$$

$$\alpha_{AP} = 360° - R = 314°42'45''$$

图 10.9　例 10.2 图

AP 与 AB 间夹角：

$$\beta = \alpha_{AP} - \alpha_{AB} = 314°42'45'' - 103°48'48'' = 210°53'57''$$

AP 间距离：

$$D_{AP} = \sqrt{\Delta x_{AP}^2 + \Delta y_{AP}^2} = \sqrt{(278.758 \text{ m})^2 + (-281.570 \text{ m})^2} = 396.217 \text{ m}$$

10.2.2　直角坐标法

直角坐标法是根据直角坐标原理测设地面点的平面位置。当施工现场已建立互相垂直的建筑基线或建筑方格网时，可采用此法。

如图 10.10 所示，OA、OB 为两条互相垂直的建筑基线，待测建筑物的轴线与建筑基线平行。这时可根据设计图上给出的 M 点和 Q 点的坐标，用直角坐标法将建筑物的四个角点测设

于实地。

　　首先在 O 点安置经纬仪，瞄准 A 点，由 O 点起沿视线方向测设距离 15 m 定出 m 点，由 m 点继续向前测设距离 35 m 定出 n 点；然后在 m 点安置经纬仪，瞄准 A 点，向左测设 90° 角，沿此方向从 m 点起测设距离 25 m 定出 M 点，再向前测设距离 20 m 定出 P 点。将经纬仪安置于 n 点同法测设出 N 点和 Q 点。最后应检查建筑物的四角是否等于 90°，各边长度是否等于设计长度，误差在允许范围内即可。

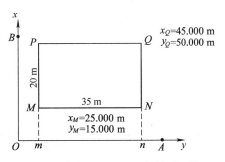

图 10.10　直角坐标法测设点的平面位置

　　上述方法计算简单、施测方便，测设点位的精度较高，应用较为广泛。

10.2.3　角度交会法

　　角度交会法又称方向线交会法。它适用于待测设点离控制点较远或量距较为困难的地方。

　　如图 10.11 所示，A、B、C 为控制点，P 为待测设点。测设时，先根据 P 点的设计坐标及控制点 A、B、C 三点的坐标反算出交会角 β_1、γ_1、β_2、γ_2。在 A、B、C 三个控制点上安置经纬仪测设 β_1、γ_1、β_2、γ_2 各角。分别沿方向线 AP、BP、CP，在 P 点附近各插两根测钎，并分别用细线相连，其交点即为 P 点的位置。

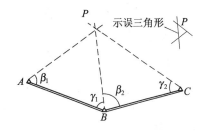

图 10.11　角度交会法测设点的平面位置

　　由于测设误差的存在，若三条方向线不交于一点时，会出现一个很小的三角形，称为**示误三角形**。当示误三角形的边长在允许范围内时，可取其重心作为 P 点的点位。如超限，则应重新交会。

10.2.4　距离交会法

　　距离交会法是根据两段已知的距离交会出地面点的平面位置。此法适用于待测设点至控制点的距离不超过一整尺的长度，且便于量距的地方。在施工中细部的测设常用此法。

　　如图 10.12 所示，先根据控制点 A、B 的坐标及 P 点的设计坐标，计算出测设距离 D_1 和 D_2。测设时，用钢尺分别从控制点 A、B 量取距离 D_1、D_2 后，其交点即为 P 点的平面位置。

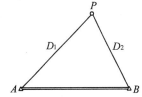

图 10.12　距离交会法测设点的平面位置

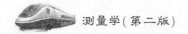

10.2.5　全站仪法

目前由于全站仪能适合各类地形情况,而且精度高,操作简便,在生产实践中已被广泛采用。采用全站仪测设时,将全站仪置于测设模式,向全站仪输入测站点坐标、后视点坐标(或方位角),再输入待测设点的坐标。准备工作完成后,用望远镜照准棱镜,按相应的功能键,即可立即显示当前棱镜位置与待测设点的坐标差。根据坐标差值,移动棱镜的位置,直至坐标差为零,这时所对应的位置就是待测设点的位置。

10.2.6　GPS RTK 法

GPS RTK 法可以直接测设点的平面位置和高程。基于载波相位观测量进行的实时差分动态定位技术测量精度能达到厘米级精度,且具有测设速度快、不受通视条件影响等特点,在放样精度要求不太高、需要放样大量点位的工程中(如线路中线测设等),得到广范应用。GPS RTK 测设的作业过程如下。

1. 收集测区控制点资料

作业前需收集整理测区的已有控制点,包括控制点的坐标系、投影带、中央子午线、坐标等级等。

2. 设置基准站

选择在测区内位置较高、视野开阔的已知点上安置 GSP 接收机,在其附近架设电台,连接相关电缆,测量基准站仪器天线高,打开 GPS 接收机和数传电台。

启动 GPS 工作手簿(控制器)对其进行设置,内容包括:新建项目、坐标及高程转换参数设置、基准点名及坐标、天线高等,再进行电台广播格式、天线类型、通信参数等设定,然后用测站点坐标(基准站)启动基准站。

3. 设置和启动流动站

在基准站附近连接好流动站 GPS 设备,在工作手簿中设置流动站的有关项目,内容包括天线类型、天线高、无线电频点和传输模式(必需与基准站电台一致)。启动流动站接收机,在无线电台和卫星信号接收正常情况下,流动站开始初始化,确定整周模糊度后得到固定解。

4. 野外放样测量

工作手簿显示固定解后,即可进行点的测设。注意,在流动站上应正确输入各项参数及所有测设点的设计坐标。测设时,先估计一下待测设点的粗略位置,然后将连接 GPS 天线对中杆立于估计的测设位置上,稳定几秒钟,手簿将显示该点与测设点的坐标差值、趋近测设点的移动方向等,按照手簿显示的数值和方向,移动侧杆位置,再进行测量,直到显示的坐标差值为测设点的坐标后,测杆点所在的位置即为测设点的点位。

10.3
已知坡度直线的测设

　　测设已知坡度的直线,在道路建设、敷设上下水管道及排水沟工程中应用较广泛。**直线坡度** i 是直线两端点的高差 h 与其水平距离 D 之比,即 $i=h/D$,常以百分率或千分率表示,如 $i=+1.5\%$ (升坡)、 $i=-1.5\%$ (降坡)。如图 10.13 所示,已知 A 点高程 $H_A=50.512$ m, AB 的距离 $D=80.000$ m。如将 AB 测设为已知坡度 $i=-1\%$ 的直线,则可根据 i 和 D 计算 B 点的设计高程 H_B :

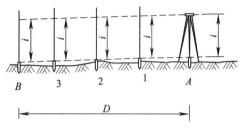

图 10.13　已知坡度直线的测设

$$H_B=H_A-i\cdot D$$
$$=50.512-0.01\times80.000=49.712(\text{m})$$

然后按测设高程的方法,将 H_B 测设到 B 桩上,即可使 AB 成为 $i=-1\%$ 的坡度线,这时如需在 AB 之间测设同坡度线的 1、2、3 桩,可在 A 点安置水准仪,使一个脚螺旋置于 AB 的方向线上,量取仪器高 i ,用望远镜瞄准 B 点上的水准尺,旋转 AB 方向的脚螺旋,直至视线在水准尺上的读数为 i 时,仪器的视线即平行于设计的坡度线。在中间点 1、2、3 处打木桩,木桩打至桩上水准尺的读数为 i 时为止,这样桩顶连线即为测设的坡度线。若坡度较大时,可改用经纬仪进行。

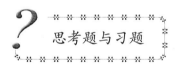
思考题与习题

　　1. 铁路中线在直线段每 50 m 测设一桩,钢尺的尺长方程式为 $l_t=30$ m+0.008 m+1.25× $10^{-5}\times30(t-20°)$ 。测设时的温度为 10 ℃,所施于钢尺的拉力与检定时的拉力相同。求在坡度 $i=1\%$ 的斜坡上,测设 50 m 水平距离的地面测设长度是多少?

　　2. 在地面上要求测设一直角,如图 10.14 所示。先用一般方法测设出 $\angle AOB$ 后,再进行多测回观测得其角值为 $90°00'24''$ 。已知 OB 的长度为 100.000 m,试问在垂直于 OB 的方向上, B 点该移动多少距离才可得到直角?

　　3. 在坑道内要求把高程从 A 传递到 C ,已知 $H_A=78.245$ m,要求 $H_C=78.341$ m,观测结果如图 10.15 所示,试问在 C 点应有的前视读数 c 应为多少?

　　4. 已知 $\alpha_{AB}=80°04'$, $x_A=254.387$ m, $y_A=535.769$ m。现欲测设坐标为 $x_P=364.176$ m, $y_P=562.112$ m 的 P 点,试计算将仪器安置在 A 点用极坐标法测设 P 点所需的测设数据。

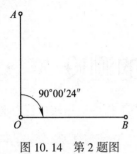

图 10.14　第 2 题图

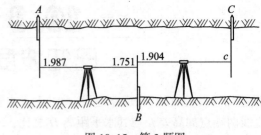

图 10.15　第 3 题图

11

工业与民用建筑中的施工测量

本章主要介绍建筑物的施工控制测量、民用建筑物的施工测量、高层建筑物的轴线投测和高程传递、工业厂房的施工测量以及特殊构筑物的施工测量,同时介绍了激光定位技术在施工测量中的应用。本章还介绍了建筑物变形观测的基本知识以及竣工总平面图的编绘。

测量学

☞ 11.1
施工测量概述

11.1.1　施工测量的目的和内容

施工测量的目的是将设计的建(构)筑物的平面位置和高程,按设计要求以一定的精度测设在地面上,作为施工的依据。并在施工过程中进行一系列的测量工作,以衔接和指导各工序间的施工。

施工测量贯穿于整个施工过程中。从场地平整、建筑物定位、基础施工,到建筑物构件的安装等,都需要进行施工测量,才能使建(构)筑物各部分的尺寸、位置符合设计要求。有些工程竣工后,为了便于维修和扩建,还必须测出竣工图。有些高大或特殊的建(构)筑物建成后,还要定期进行变形观测,以便积累资料,掌握变形的规律,为今后建(构)筑物的设计、维护和使用提供资料。

11.1.2　施工测量的原则

施工现场上有各种建(构)筑物,且分布较广,往往又不是同时开工兴建。为了保证各个建(构)筑物在平面位置和高程都符合设计要求,互相连成统一的整体,施工测量和测绘地形图一样,也要遵循"从整体到局部,先控制后碎部"的原则。即先在施工现场建立统一的平面控制网和高程控制网,然后以此为基础,测设出各个建(构)筑物的位置。

施工测量的检核工作也很重要,必须采用各种不同的方法加强外业和内业的检核工作。

11.1.3　施工测量的特点和要求

测绘地形图是将地面上的地物、地貌测绘在图纸上;而测设则和它相反,是将设计图纸上的建(构)筑物按其设计位置测设到相应的地面上。

测设精度的要求取决于建(构)筑物的大小、材料、用途和施工方法等因素。一般高层建筑物的测设精度应高于低层建筑物,钢结构厂房的测设精度应高于钢筋混凝土结构厂房,装配式建筑物的测设精度应高于非装配式建筑物。

施工测量工作与工程质量及施工进度有着密切的联系。测量人员必须了解设计的内容、性质及其对测量工作的精度要求,熟悉图纸上的尺寸和高程数据,了解施工的全过程,并掌握施工现场的变动情况,使施工测量工作能够与施工密切配合。

另外,施工现场工种多,交叉作业频繁,并有大量土石方填挖,地面变动很大,又有动力机械的震动,因此各种测量标志必须埋设在不易破坏且稳固的位置,还应做到妥善保护,如有破坏应及时恢复。

☞ 11.2
建筑场地上的施工控制测量

在勘测阶段所建立的控制网,主要是为满足测图的需要,未考虑建筑物的分布和测设的要求。另外,在场地平整时大多控制点会遭受破坏,即使被保留下来,也往往不能通视,无法满足施工测量的要求。为了便于建筑物施工测设以及进行竣工测量,必须在施工之前建立专门的施工控制网。施工控制网包括平面控制网和高程控制网。

11.2.1 施工测量的平面控制

在面积不大又不十分复杂的建筑场地上,常布置一条或几条基线,作为施工测量的平面控制,称为**建筑基线**。对于地势平坦的大中型建筑场地,施工控制网多由正方形格网或矩形格网组成,称为**建筑方格网**。下面分别介绍这两种控制形式。

11.2.1.1 建筑基线

1. 建筑基线的布设形式

建筑基线的布置是根据建筑设计总平面图上建筑物的分布、现场的地形条件和原有控制点的状况而选定的。建筑基线应靠近主要建筑物,并与其轴线平行,以便采用直角坐标法进行测设。通常可布置成如图 11.1 所示的几种形式。

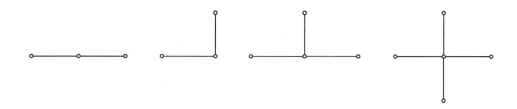

图 11.1 建筑基线的布设形式

为了便于检查建筑基线点有无变动,基线点数不应少于三个。

2. 建筑基线的测设

(1) 根据已有控制点测设。根据建筑物的设计坐标和附近已有的测量控制点,在图上选定建筑基线的位置,求算测设数据,并在地面上测设出来。如图 11.2(a)所示,根据测量控制点Ⅰ、Ⅱ,用极坐标法或角度交会法分别测设出 A、O、B 三个建筑基线点。然后把经纬仪安置在 O 点,观测 $\angle AOB$ 是否等于 $90°$,其限差一般为 $±24''$。丈量 OA、OB 两段距离,分别与设计距离相比较,其相对误差一般不超过为 1/10 000。

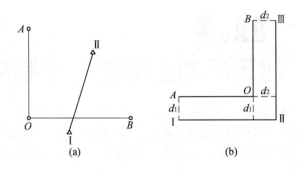

图 11.2　建筑基线的测设

（2）根据建筑红线测设。如图 11.2(b)所示,点Ⅰ、Ⅱ、Ⅲ为已标定的建筑用地边界点,连接Ⅰ—Ⅱ、Ⅱ—Ⅲ即为建筑红线,它们互相垂直,通常与街道中心线平行。这样,建筑基线 OA、OB 便可根据建筑红线以垂距 d_1、d_2 平行推移直线的方法测设。当 A、O、B 三点在地面标定后,还应在 O 点安置经纬仪,检查 $\angle AOB$ 是否等于 $90°$,其差值一般不应超过 $±24''$,否则应进行调整。

11.2.1.2　建筑方格网

1. 建筑方格网的布设

（1）建筑方格网的布置和主轴线的选择

建筑方格网的布置应根据建筑设计总平面图上各建筑物、道路及各种管线的布设情况,结合现场的地形情况拟定。如图 11.3 所示,布置时应先选定建筑方格网的主轴线 MN 和 CD,然后再布置方格网。方格网的形式可布置成正方形或矩形,大型建筑场地的建筑方格网可分Ⅰ、Ⅱ两级布设。Ⅰ级可采用"十"字形、"口"字形或"田"字形,然后根据施工的需要,在Ⅰ级方格网的基础上分期加密Ⅱ级方格网。对于规模较小的建筑场地,则应尽量布置成全面方格网。

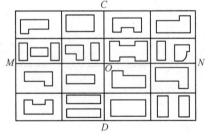

图 11.3　建筑方格网

建筑方格网的主轴线是扩展整个方格网的基础。布网时,如图 11.3 所示,方格网的主轴线应尽量设在建筑场地的中央,并与主要建筑物的基本轴线平行,其长度应能控制整个建筑场地。方格网的折角应严格成 $90°$。正方形格网的边长一般为 $100\sim200$ m;矩形方格网的边长视建筑物的大小和分布而定,为了便于使用,边长应尽可能为 50 m 或 50 m 的整倍数。方格网的边应保证通视且便于测角和量距,点位应能长期保存。

（2）确定主点的施工坐标并将其换算成测量坐标

当场地较大、主轴线很长时,一般只测设其中的一段,如图11.4中的 AOB 段,该段上 A、O、B 点是主轴线的定位点,称**主点**。主点间的距离不宜过短,以便使主轴线的定向有足够的精度。

在设计和施工部门,为了工作上的方便,常采用一种独立坐标系统,称为施工坐标系或建筑坐标系。施工坐标系的纵轴通常用 A 表示,横轴用 B 表示,因此施工坐标系也称 A、B 坐标系。主点的施工坐标一般由设计单位给出,也可在总平面图上用图解法求得一点的施工坐标后,再按主轴线的长度推算其他主点的施工坐标。当施工坐标系与测量坐标系不一致时,还应进

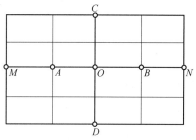

图 11.4　建筑方格网的主轴线

行坐标换算,将主点的施工坐标换算为测量坐标,以便求算测设数据。

如图11.5所示,设已知 P 点的施工坐标为 $(A_P、B_P)$,换算为测量坐标 $(x_P、y_P)$ 时,可按式（11.1）计算:

$$\left.\begin{array}{l} x_P = x_{O'} + A_P\cos\alpha - B_P\sin\alpha \\ y_P = y_{O'} + A_P\sin\alpha + B_P\cos\alpha \end{array}\right\} \tag{11.1}$$

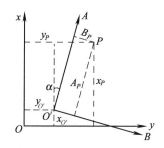

图 11.5　施工坐标与测量坐标的换算

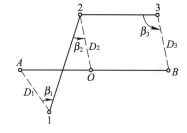

图 11.6　主轴线的测设

2. 建筑方格网的测设

（1）主轴线的测设

图11.6中的1、2、3点是测量控制点,A、O、B 为主轴线的主点。首先将 A、O、B 三点的施工坐标换算成测量坐标,再根据它们的测量坐标反算出测设数据 D_1、D_2、D_3 和 β_1、β_2、β_3,然后按极坐标法分别测设出 A、O、B 三个主点的概略位置。如图11.7（a）所示,以 A'、O'、B' 表示 A、O、B 主点的概略位置,并用混凝土桩把主点固定下来。混凝土桩顶部常设置一块 10 cm×10 cm 的铁板,供调整点位使用。由于主点测设误差的影响,致使三个主点一般不在一条直线上,因此需在 O' 点上安置经纬仪,精确测量 $\angle A'O'B'$ 的角值 β,β 与 180°之差超过限差

时应进行调整。调整时,各主点应沿 *AOB* 的垂线方向移动同一改正值 δ,使三主点成一直线。δ 值可按式(11.2)计算。在图 11.7 中,*u* 和 *r* 角均很小,故

$$\begin{cases} u = \dfrac{\delta}{\dfrac{a}{2}}\rho = \dfrac{2\delta}{a}\rho \\[4mm] r = \dfrac{\delta}{\dfrac{b}{2}}\rho = \dfrac{2\delta}{b}\rho \end{cases}$$

$$180° - \beta = u + r = \left(\dfrac{2\delta}{a} + \dfrac{2\delta}{b}\right)\rho = 2\delta\left(\dfrac{a+b}{ab}\right)\rho$$

$$\delta = \dfrac{ab}{2(a+b)}\dfrac{1}{\rho}(180° - \beta) \tag{11.2}$$

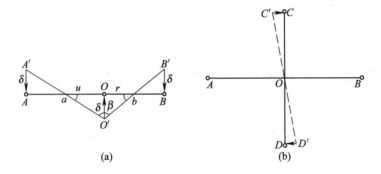

图 11.7 主点的测设

移动 *A′*、*O′*、*B′* 三个主点之后再测量∠*AOB*,如果测得的结果与 180°之差仍超限,应再进行调整,直到误差在允许范围之内为止。

A、*O*、*B* 三个主点测设好后,如图 11.7(b)所示,将经纬仪安置在 *O* 点,瞄准 *A* 点,分别向左、向右转 90°,测设出另一主轴线 *COD*,同样用混凝土桩在地上定出其概略位置 *C′* 和 *D′*,再精确测量出∠*AOC′* 和∠*AOD′*,并按垂线改正法进行改正。

(2) 方格网点的测设

主轴线测好后,分别在主轴线端点上安置经纬仪,均以 *O* 点为起始方向,分别向左、向右测设出 90°角,这样就交会出"田"字形方格网点。为了进行校核,还要安置经纬仪于方格网点上,测量其角值是否为 90°角,并测量各相邻点间的距离,看它是否与设计边长相等,误差均应在允许范围之内。此后再以"田"字形方格网点为基础,加密方格网中其余各点。

11.2.2　施工测量的高程控制

在建筑场地上,水准点的密度应尽可能满足安置一次仪器即可测设出所需的高程点。而测绘地形图时敷设的水准点往往是不够的,因此,还需增设一些水准点。在一般情况下,建筑方格网点也可兼作高程控制点。只要在方格网点桩面上中心点旁边设置一个突出的半球状标志即可。此外,在施工场地,由于各种因素的影响,水准点的位置可能会变动,故需要在施工场地不受震动的地方,埋设一些供检核用的水准点。在一般情况下,采用四等水准测量方法测定各水准点的高程,而对连续生产的车间或下水管道等,则需采用三等水准测量的方法测定各水准点的高程。

为了测设方便和减少误差,在每幢建筑物的内部或附近还应专门设置±0.000水准点(其高程为每幢建筑物的室内地坪高程)。±0.000水准点的位置多选在比较稳定的建筑物的墙、柱侧面,以红漆绘成倒三角形。

☞ 11.3
民用建筑施工中的测量工作

民用建筑一般是指住宅、办公楼、食堂、俱乐部、医院和学校等建筑物。施工测量的任务是按照设计的要求,把建筑物的位置测设到地面上,并配合施工进度以保证工程质量。

11.3.1　测设前的准备工作

1. 熟悉图纸。设计图纸是施工测量的依据。在测设前,应熟悉建筑物的设计图纸,了解施工的建筑物与相邻地物的相互关系,以及建筑物的尺寸和施工的要求等。测设时必须具备下列图纸资料。

总平面图(图11.8)是施工测设的总体依据,建筑物就是根据总平面图上所给的尺寸关系进行定位的。建筑平面图(图11.9)给出建筑物各定位轴线间的尺寸关系及室内地坪高程等,它是放样的基础资料。

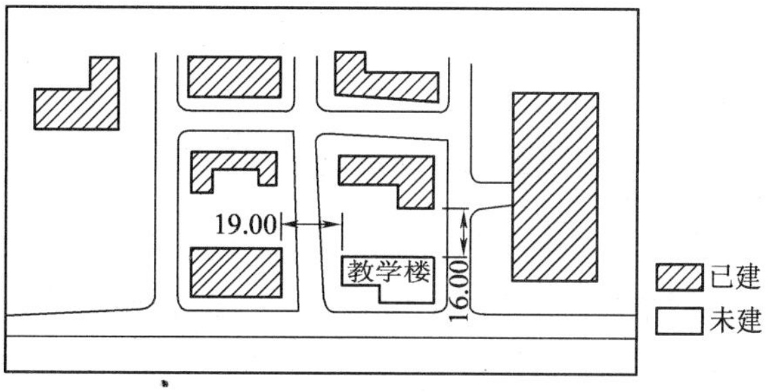

基础平面图给出基础轴线间的尺寸关系和编号,是基础轴线测设的主要依据。

基础详图(即基础大样图)给出基础设计宽度、形式及基础边线与轴线的尺寸关系。

图11.8　总平面图(尺寸单位:m)

图中标注:19.00　16.00　教学楼　已建　未建

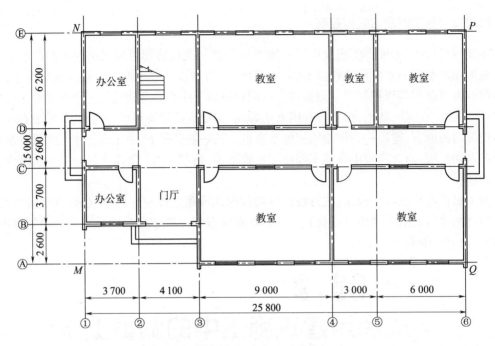

图 11.9　教学楼平面图(尺寸单位:mm)

立面图和剖面图给出基础、地坪、门窗、楼板、屋架和屋面等设计高程,是高程测设的主要依据。

2. 现场踏勘。目的是了解现场的地物、地貌和原有测量控制点的分布情况,并调查与施工测量有关的问题。

3. 平整和清理施工现场,以便进行测设工作。

4. 拟定测设计划和绘制测设草图,对各设计图纸的有关尺寸及测设数据应仔细核对,以免出现差错。

11.3.2　民用建筑物的定位

建筑物的轴线是指墙基础或柱基础沿纵横方向的定位线。它们之间一般是相互平行或垂直的,有时也呈一定角度(30°、45°等)。通常将控制建筑物整体形状的纵横轴线称为**建筑物的主轴线**。**建筑物的定位**就是把建筑物的主轴线按设计要求测设于地面。根据施工现场情况及设计条件不同,主要有以下三种方法:

1. 根据与现有建筑物的关系定位

如图 11.10 所示,首先用钢尺沿着宿舍楼的东、西墙,延长出一小段距离 l(通常为 1～2 m)得 a、b 两点,用小木桩标定之。将经纬仪安置在 a 点上,瞄准 b 点,并从 b 沿 ab 方向量出

19. 120 m 得 c 点(因教学楼的外墙厚 24 cm,轴线居中,离外墙皮 12 cm),再继续沿 ab 方向从 c 点起量 25. 800 m 得 d 点。然后将经纬仪分别安置在 c、d 两点上,后视 a 点并转 90°沿视线方向量出距离 $l+0.120$ m,得 M、Q 两点,再继续量出 15. 000 m 得 N、P 两点。M、N、P、Q 四点即为教学楼主轴线的交点。最后,检查 NP 的距离是否等于 25. 800 m,$\angle N$ 和 $\angle P$ 是否等于 90°。误差在 1/5 000 和 ±1′ 之内即可。

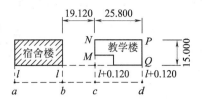

图 11.10　根据与现有建筑物的
关系定位(尺寸单位:m)

2. 根据建筑方格网(或建筑基线)定位

若施工场地建立了建筑方格网(或建筑基线),则测设工作大为简化。如图 11.11,A、B、C、D 为待建房屋的四个角点,根据它们的设计坐标,求出与建筑方格网点 P、Q 之间的尺寸关系,采用直角坐标法,即可将 A、B、C、D 四点测设于地面。

3. 根据已有控制点定位

如图 11.12 所示,设 A、B、C、D 为待建房屋的四个角点,点 4 与 5 为导线点,它们的坐标均为已知。则可根据控制点的坐标及建筑物角点的设计坐标反算出角度和距离后,用极坐标法或角度交会法将各角点测设于实地。

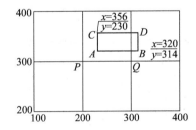

图 11.11　根据建筑方格网定位

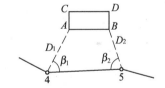

图 11.12　根据已有控制点定位

11.3.3　建筑物放线

建筑物放线是根据已定位出的建筑物主轴线的交点桩(即角桩)详细测设建筑物其他各轴线的交点桩(桩顶钉小钉,简称中心桩),再根据角桩、中心桩的位置,用白灰撒出基槽边界线。

由于基槽开挖后,角桩和中心桩将被破坏。施工时为了能方便地恢复各轴线的位置,一般是把轴线延长到安全地点,并作好标志。延长轴线的方法有两种:**龙门板法**和**轴线控制桩法**。

龙门板法适用于一般小型的民用建筑,为了方便施工,在建筑物四角与隔墙两端基槽开挖边线以外约 1.5~2 m 处钉设龙门桩(图 11.13)。桩要钉得竖直、牢固,桩的外侧面与基槽平行。根据建筑场地的水准点,用水准仪在龙门桩上测设建筑物±0.000 高程线。根据±0.000 高程线把龙门板钉在龙门桩上,使龙门板的顶面在一个水平面上,且与±0.000 高程线一致。安置仪器于各角桩、中心桩上,将各轴线引测到龙门板顶面上,并以小钉表示,称为**轴线钉**。

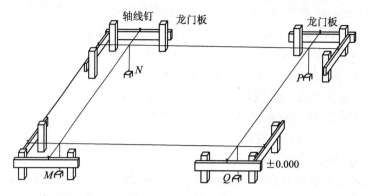

图 11.13 龙门桩

轴线控制桩(也称引桩)设置在基槽外基础轴线的延长线上,作为开槽后各施工阶段确定轴线位置的依据(图 11.14)。轴线控制桩一般设在基槽开挖边线以外 2~4 m 处。如果附近有已建的建筑物,也可将轴线投测在建筑物的墙上。

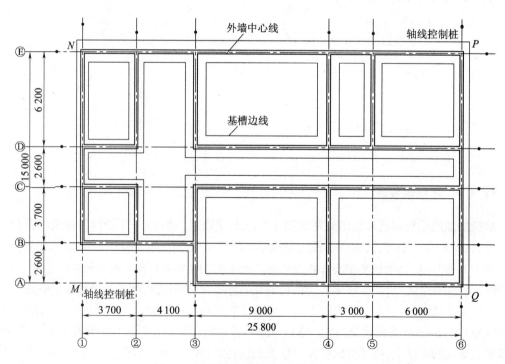

图 11.14 轴线控制桩(尺寸单位:mm)

11.3.4　基础施工的测量工作

开挖边线标定之后,就可进行基槽开挖。在开挖过程中,不得超挖基底,要随时注意挖土的深度,当基槽挖到离槽底 0.300~0.500 m(图 11.15 的 0.500 m)时,用水准仪在槽壁上每隔 2~3 m 处和拐角处钉一个水平桩,如图 11.15 所示,用以控制挖槽深度及作为清理槽底和铺设垫层的依据。

垫层打好后,利用控制桩或龙门板上的轴线钉,在垫层上放出墙和基础边线,并进行严格校核。然后立好基础皮数杆,即可开始砌筑基础。当墙身砌筑到±0.000 高程的下一层砖时,可做防潮层并立皮数杆,再向上砌筑。

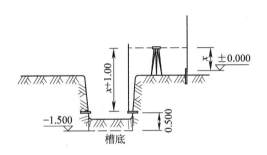

图 11.15　基槽深度施工测量(尺寸单位:m)

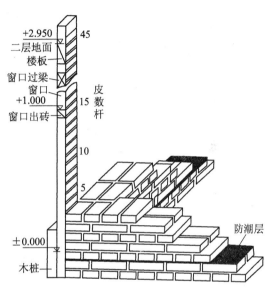

图 11.16　基础皮数杆

皮数杆(也称线杆或程序尺)是砌墙时掌握高程和砖行水平的主要依据,一般立在建筑物拐角和隔墙处,如图 11.16 所示。皮数杆除画出砖的行数外,还画有门窗口、过梁、预留孔及房屋其他部分的高度和尺寸大小。皮数杆上所标明的位置是根据建筑物设计剖面图及各构件规格、尺寸和高程确定的。

☞ 11.4 高层建筑物的轴线投测和高程传递

高层建筑物的特点是建筑物层数多、高度大,建筑结构复杂,设备和装修标准较高。因此,在施工过程中对建筑物各部位的水平位置、垂直度及轴线尺寸、高程等的精度要求都十分严格。

11.4.1 高层建筑物的轴线投测

高层建筑物施工测量的主要问题是控制竖向偏差,也就是各层轴线如何精确地向上引测的问题。高层建筑物轴线的投测,一般分为**经纬仪引桩投测法**和**激光铅垂仪投测法**两种。本节主要介绍经纬仪引桩投测法,激光铅垂仪投测法将在后续章节介绍。

当施工场地比较宽阔时,如图 11.17(a)所示,先在离建筑物较远处(一般为建筑物高度的 1.5 倍以上)建立中心轴线控制桩 A_1、A_1'、B_1、B_1',并在这些控制桩上安置经纬仪,严格整平仪器,望远镜照准墙脚上已弹出的轴线标志 a_1、a_1'、b_1、b_1'点,用盘左和盘右两个竖盘位置向上投测到第二层楼板上,并取其中点,如图 11.17(a)的 a_2、a_2'、b_2、b_2'作为该层中心的投影点,并依据 a_2、a_2'、b_2、b_2'精确定出 a_2a_2' 和 b_2b_2'两线的交点 O_2,然后再以 $a_2O_2a_2'$ 和 $b_2O_2b_2'$为准在楼面上测设其他轴线。同法依次逐层向上投测。

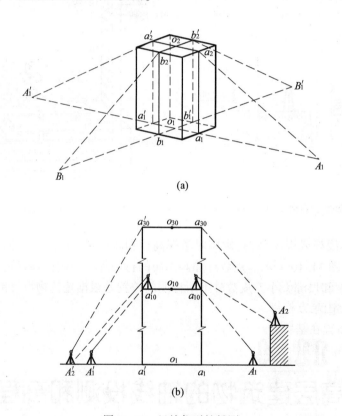

图 11.17 经纬仪引桩投测

当楼房逐渐增高,而轴线控制桩距建筑物又较近时,望远镜的仰角较大,操作不便,投测精度将随仰角的增大而降低。为此,要将原中心轴线控制桩引测到更远的安全地方,或者附近大楼的屋顶上,如图 11.17(b)所示。具体作法是将经纬仪安置在已经投上去的较高层(如第 10 层)楼面轴线 $a_{10}O_{10}a_{10}'$ 和 $b_{10}O_{10}b_{10}'$ 上,瞄准地面上原有的轴线控制桩 A_1、A_1'、B_1、B_1',将轴线引测到远处,图 11.17(b)的 A_2、A_2' 即为 A 轴新投测的控制桩。更高的各层轴线可将经纬仪安置在新的引桩上,按上述方法继续进行投测。

11.4.2　高层建筑物的高程传递

高层建筑物的底层室内地坪 ±0.000 高程点,可依据建筑场地附近的水准点来测设。±0.000 以上各层的高程一般都沿建筑物外墙、边柱或楼梯口等用钢尺向上量取。一幢高层建筑物至少要由三个底层高程点向上传递。由下层传递上来的同一层几个高程点,必须用水准仪进行校核,看是否在同一水平面上,其误差不得超过 ±3 mm。

☞ 11.5
工业厂房施工测量

工业厂房一般采用预制构件在现场装配的方法施工。厂房的预制构件主要有柱子(有时也现场浇铸)、吊车梁、吊车车轨和屋架等。因此,工业厂房施工测量的主要工作是保证这些预制构件安装到位。其主要工作包括:厂房控制网测设、厂房柱列轴线测设、柱基测设、厂房预制构件安装测量等。

11.5.1　厂房控制网的测设

厂房与一般民用建筑相比,它的柱子多、轴线多,且施工精度要求高,因而对于每幢厂房还应在建筑方格网的基础上,再建立满足厂房特殊精度要求的厂房矩形控制网,作为厂房施工的基本控制。下面着重介绍依据建筑方格网,采用直角坐标法进行定位的方法。图 11.18(a)中,Ⅰ、Ⅱ、Ⅲ、Ⅳ 为建筑方格网点,a、b、c、d 为厂房最外边的四条轴线的交点,其设计坐标已知。A、B、C、D 为布置在基坑开挖范围以外的厂房矩形控制网的四个角点,称为**厂房控制桩**。测设时,先根据建筑方格网点 Ⅰ、Ⅱ 用直角坐标法精确测 A、B 两点,然后由 AB 测设 C 点和 D 点,最后校核 ∠C 和 ∠D 及 CD 边长。对一般厂房来说,角度误差不应超过 ±10″,边长误差不得超过 1/10 000。为了便于进行细部测设,在测设厂房矩形控制网的同时,还应沿控制网每隔几个柱间距埋设一个控制桩,称为**距离指标桩**。

对于小型厂房也可采用民用建筑的测设方法,即直接测设厂房四个角点,然后将轴线投测至轴线控制桩或龙门板上。

对大型或设备基础复杂的厂房,应先精确测设厂房控制网的主轴线,如图 11.18(b)的

MON 和 *POQ*。再根据主轴线测设厂房矩形控制网 *ABCD*。

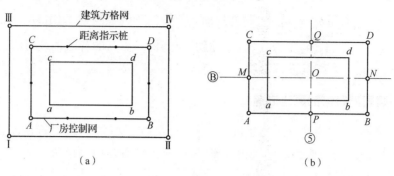

图 11.18　厂房矩形控制网

11.5.2　柱列轴线的测设

如图 11.19 所示，Ⓐ、Ⓑ、Ⓒ 和①、②、③…等轴线均为柱列轴线。检查厂房矩形控制网的精度符合要求后，即可根据厂房跨间距和柱间距用钢尺从靠近的距离指标桩量起，沿矩形网各边定出各轴线控制桩的位置，并打入大木桩，钉上小钉，作为测设基坑和施工安装的依据。

11.5.3　柱基的测设

1. 柱基定位

柱基定位就是根据基础平面图和基础大样图的有关尺寸，把基坑开挖的边线用白灰示出来以便挖坑。具体作法是安置两架经纬仪在相应的轴线控制桩(如图 11.19 中的Ⓐ、Ⓑ、Ⓒ和①、②…等点)上交出各柱基的位置(即定位轴线的交点)。图 11.20 是杯形基坑大样图。按照

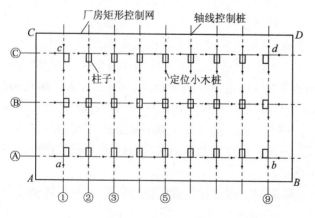

图 11.19　柱列轴线的测设

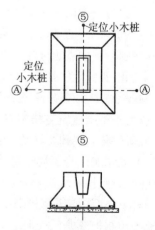

图 11.20　杯形基坑大样图

基础大样图的尺寸,用特制的角尺,沿定位轴线Ⓐ和⑤上放出基坑开挖线,用灰线标明开挖范围。并在坑边缘外侧一定距离处订设定位小木桩,钉上小钉,作为修坑及立模板的依据。

2. 基坑的高程测设

当基坑挖到一定深度时,应在坑壁四周离坑底设计高程0.300~0.500 m处设置几个水平桩,如图11.21所示,作为基坑修坡和清底的高程依据。此外还应在基坑内测设出垫层的高程,即在坑底设置小木桩,使桩顶面高程恰好等于垫层的设计高程。

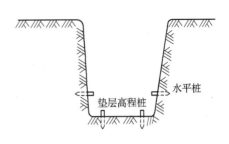

图11.21　基坑的高程测设

3. 基础模板的定位

打好垫层之后,根据坑边定位小木桩,用拉线的方法,吊垂球把柱基定位线投到垫层上,用墨斗弹出墨线,用红漆画出标记,作为柱基立模板和布置基础钢筋网的依据。立模时,将模板底线对准垫层上的定位线,并用垂球检查模板是否竖直。最后将柱基顶面设计高程测设在模板内壁,供柱子安装和修平杯底之用。

11.5.4　厂房构件的安装测量

装配式单层工业厂房主要由柱、吊车梁、屋架、天窗架和屋面板等主要构件组成。一般工业厂房都采用预制构件在现场安装的办法施工。在吊装每个构件时,有绑扎、起吊、就位、临时固定、校正和最后固定等几道操作工序。下面着重介绍柱子、吊车梁及吊车轨道等构件在安装时的校正工作。

1. 柱子安装测量

(1)吊装前的准备工作

柱子吊装前,应根据轴线控制桩,把定位轴线投测到杯型基础的顶面上,并用红油漆画上"▼"标志(图11.22),同时还要在杯口内壁测出一条高程线,从高程线起向下量取一整分米数即到杯底的设计高程,作为杯底找平的依据。然后,在柱子的三个侧面弹出柱中心线,每一面又需分为上、中、下三点,并画小三角形"▼"标志,以便安装校正。

最后还应进行柱长检查与杯底找平。通常,柱底到牛腿面的设计长度加上杯底高程应等于牛腿面的高程(图11.23),即 $H_2 = H_1 + l$。但柱子在预制时,由于模板制作和模板变形等原因,不可能使柱子的实际尺寸与设计尺寸一样,为了解决这个问题,往往在浇注基础时把杯形基础底面高程降低2~5 cm,然后用钢尺从牛腿顶面沿柱边量到柱底,根据这根柱子的实际长度,用1:2水泥砂浆在杯底进行找平,使牛腿面符合设计高程。

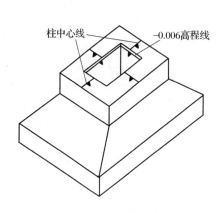

图 11.22　投测柱列轴线

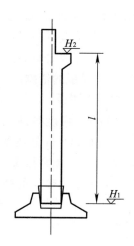

图 11.23　柱长检查与杯底找平

（2）安装柱子时的竖直校正

柱子插入杯口后,首先应使柱身基本竖直,再令其侧面所弹的中心线与基础轴线重合,其偏差不超过±5 mm。用木楔或钢楔初步固定,然后进行竖直校正。校正时用两架经纬仪分别安置在柱基纵横轴线附近,如图 11.24 所示,离柱子的距离约为柱高的 1.5 倍。先瞄准柱子中心线的底部,然后固定照准部,再仰视柱子中心线顶部。如重合,则柱子在这个方向上就是竖直的。如果不重合,应进行调整,直到柱子两个侧面的中心线都竖直为止。柱子竖直度允许偏差为:5 m 高以下不超过±5 mm,5 m 高以上不超过±10 mm。柱子校正好以后,应立即灌浆,以固定柱子的位置。

实际安装时,为了提高速度,常把成排的柱子都竖起来,然后逐个进行校正。通常把仪器安置在纵轴的一侧,在此方向上,安置一次仪器可校正数根柱子,如图 11.25 所示。

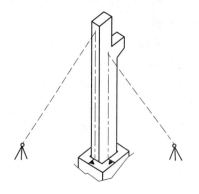

图 11.24　单个柱子的竖直校正

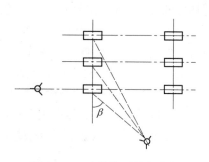

图 11.25　成排柱子的竖直校正

2. 吊车梁及吊车轨道的安装测量

（1）吊车梁的安装测量

吊车梁的安装测量主要是保证吊装后的吊车梁中心线与吊车轨道的设计中心线在同一竖直面内以及梁面高程与设计高程一致。安装前先弹出吊车梁顶面中心线和吊车梁两端中心线，再将吊车轨道中心线投到牛腿面上。其步骤是：如图 11.26（a），利用厂房中心线 A_1A_1，根据设计轨距在地面上测设出吊车轨道中心线 $A'A'$ 和 $B'B'$。然后分别安置经纬仪于吊车轨中心线的一个端点 A' 上，瞄准另一端点 A'，仰起望远镜，即可将吊车轨道中心线投测到每根柱子的牛腿面上并弹以墨线。然后，根据牛腿面上的中心线和梁端中心线，将吊车梁安装在牛腿上。吊车梁安装完后，应检查吊车梁的高程，可将水准仪安置在地面上，在柱子侧面测设 +50 cm 的高程线，再用钢尺从该线沿柱子侧面向上量出至梁面的高度，检查梁面高程是否正确，然后在梁下用铁板调整梁面高程，使之符合设计要求。

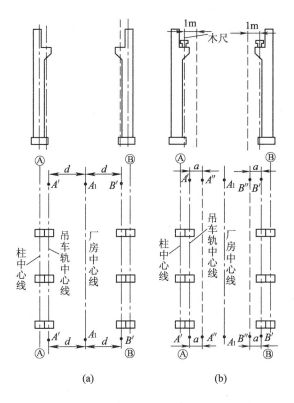

图 11.26 吊车梁及吊车轨道的安装测量

（2）吊车轨道安装测量

安装吊车轨道前，须先对梁上的中心线进行检测，此项检测多用平行线法。如图 11.26（b），首先在地面上从吊车轨中心线向厂房中心线方向量出长度 a（1 m），得平行线 $A''A''$ 和 $B''B''$。然后安置经纬仪于平行线一端 A'' 上，瞄准另一端点，固定照准部，仰起望远镜投测。此时另一人在梁上移动横放的木尺，当视线正对准尺上 1 m 刻划时，尺的零点应与梁面上的中线重合。如不重合应予以改正，可用撬杠移动吊车梁，使吊车梁中心线至 $A''A''$（或 $B''B''$）的间距等于 1 m 为止。

吊车轨道按中心线安装就位后，可将水准仪安置在吊车梁上，水准尺直接放在轨顶上进行检测，每隔 3 m 测一点高程，与设计高程相比较，误差应在 ±3 mm 以内。还要用钢尺检查两吊车轨道间跨距，与设计跨距相比较，误差不得超过 ±5 mm。

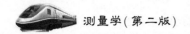

☞ 11.6 特殊构筑物的施工测量

一些特殊构筑物(如水塔、烟囱等)的形式各不相同,但有其共同特点,即基础面积小、主体高。施工测量的主要任务是严格控制它们的中心位置,保证主体竖直。下面以烟囱的施工测量为例进行介绍。

11.6.1 基础中心定位

首先,按图纸的要求,根据已有控制点或与已有建筑物位置的尺寸关系,在地面定出烟囱的中心位置 O(图 11.27),然后再定出以 O 为交点的两条互相垂直的定位轴线 AB 和 CD,并打轴线控制桩 A、B、C、D。为了便于在施工过程中检查烟囱中心的位置,可在轴线上多设置几个轴线控制桩,各控制桩至烟囱中心 O 的距离,视烟囱的高度而定,一般应为烟囱高度的1.5 倍。

11.6.2 基础施工测量

基坑的开挖方法依施工现场的实际情况而定,当现场比较开阔时,常采用"大开口法"进行施工。如图 11.27 所示,以 O 为圆心,烟囱底部半径 r 加上基坑放坡宽度 b 为半径,在地上用皮尺画圆并撒灰线,标明挖坑范围。当挖到设计深度时,在坑内测设水平桩作为检查坑底和打垫层的依据。并在基坑边缘的轴线上钉四个小木桩 a、b、c、d,作为修坡和定基础中心的依据。

在浇灌混凝土基础时,应在基础面上中心点处埋设角钢作为标志,根据定位轴线,用经纬仪把烟囱中心 O 投到标志上,并刻上十字线,作为烟囱竖向投点和控制半径的依据。

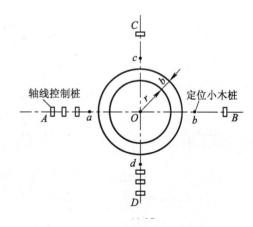

图 11.27 烟囱基础中心定位

11.6.3 筒身施工测量

烟囱筒身向上砌筑时,筒身中心线、直径、收坡要严格控制。不论是砖烟囱还是钢筋混凝土烟囱,都应随时将中心点引测到施工的作业面上。一般高度不大的烟囱多采用垂球引测,即在施工面上固定一木方子(图 11.28),用细钢丝悬吊 8~12 kg 重的大垂球,逐渐移动木方直至垂球尖对准基础中心为止。此时钢丝在木方上的位置即为烟囱的中心。一般砖烟囱每砌一步架(约 1.2 m)引测一次,钢筋混凝土烟囱升一次模板(约 2.5 m)引测一次。烟囱每砌完 10 m 左右,必须用经纬仪检查一次中心。检查时分别安置经纬仪于轴线的 A、B、C、D 四个控制桩上(图11.27),照准基础上面的轴线标志,把轴线点投测到施工作业面上,并作标记,然后按标记拉两条细线绳,其交点即为烟囱中心点。用此中心点与垂球引测的中心点相比较,以作校核,其烟囱中心偏差一般不应超过所砌高度的 1/1 000。筒身水平截面尺寸,应在检查中心线的同时,以引测的中心线为圆心,施工作业面上烟囱的设计半径为半径,用木尺杆画圆(图11.29),以检查烟囱壁的位置。

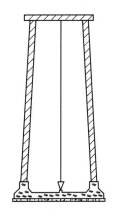

图 11.28 烟囱中心定位

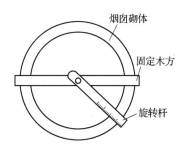

图 11.29 吊线尺

任何施工高度的设计半径都可根据设计图求出。如图 11.30 所示,高度为 H' 时的设计半径 $r_{H'}$ 为

$$r_{H'} = R - H' \cdot m \tag{11.3}$$

式中,R 为筒身设计底面半径;m 为收坡系数,其计算式为

$$m = \frac{R - r}{H} \tag{11.4}$$

式中,r 为筒身设计顶面外半径;H 为筒身设计高度。

筒身坡度及表面平整,应随时用靠尺板挂线检查,以控制烟囱坡度。如图 11.31 所示,靠尺板的斜边是严格按烟囱的设计尺寸制作的,把斜边贴靠在筒身外壁上,如果垂球线恰好通过下端缺口处,则说明筒壁的收坡符合设计要求。

烟囱砌筑的高度,一般是先用水准仪在烟囱底部的外壁上测设出某一高度(如+0.500 m)的高程线,然后以此线为准,用钢尺直接向上量取。

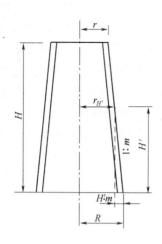

图 11.30　设计半径的计算

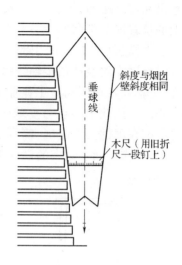

图 11.31　靠尺板

👉 11.7
激光定位技术在施工测量中的应用

　　随着建筑业的发展,工程规模日益扩大,施工技术和工程精度要求日益提高。施工机械化和自动化的程度越来越高。因此,在土木工程的施工测量中,采用原有的光学经纬仪和水准仪进行定位已不能满足生产的需要。近年来,随着激光技术的出现,各种激光定位仪器得到了迅速发展,并在建筑施工中广泛应用。

　　激光定位仪器主要由氦(He)氖(Ne)激光器和发射望远镜构成。这种仪器提供了一条空间可见的红色激光束。该光束发散角小,可成为理想的定位基准线。如果配以光电接收装置,不仅可以提高精度,还可以在施工中进行动态导向定位。

　　下面介绍在建筑施工中常见的几种激光定位仪器及其应用。

11.7.1　激光水准仪及其应用

　　如图 11.32 是一种国产激光水准仪,它是将激光装置安装在望远镜的上方,将激光器发出的激光束导入望远镜筒内,使之能沿视准轴方向射出一条可见的红色激光。仪器的激光光路如图 11.33 所示。从激光器发射的激光束,经棱镜转向聚光透镜组,通过针孔光阑到达分光镜,再经分光镜折向望远镜系统的调焦透镜和物镜射出光束。

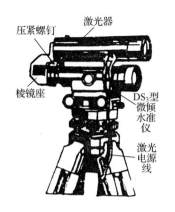

图 11.32　激光水准仪

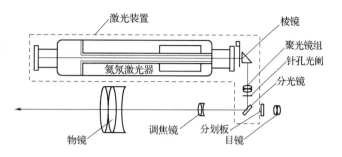

图 11.33　激光水准仪的激光光路

使用激光水准仪时,首先按水准仪的操作方法安置、整平仪器,并瞄准目标。然后接好激光电源,开启电源开关,待激光器正常起辉后,将工作电流调至 5 mA 左右,这时将有最强的激光输出,在目标上得到明亮的红色亮斑。

激光水准仪主要用于隧道、建筑施工以及室内装修等。如图 11.34 所示,在掘进机自动化隧道施工中,用激光水准仪进行动态导向,监测掘进机的掘进方向。首先,将仪器安置在工作坑内,按设计要求调整好激光束的方向和坡度,以此作为导向基础。在掘进机头上装置光电接收靶和自控装置。当掘进方向出现偏差时,光电接收靶便给出偏差信号,并通过液压纠偏装置自动调整机头方向,继续掘进。

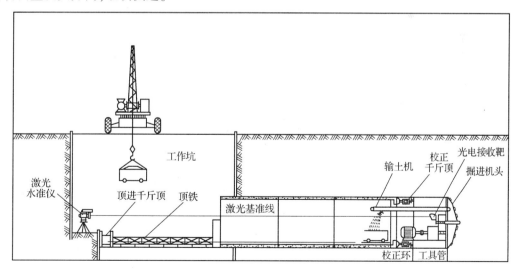

图 11.34　激光水准仪用于隧道施工

11.7.2　激光经纬仪及其应用

如果在经纬仪望远镜上部安置激光装置,使其视准轴由激光束体现出来,这种经纬仪称为激光经纬仪。图 11.35 是一种国产的激光经纬仪。其光路结构原理与激光水准仪基本相同。

激光经纬仪在施工测量和大型机械设备安装等方面应用广泛。在施工测量中,借助仪器的水平度盘、竖直度盘可在测站上按设计方向和坡度进行已知角度和坡度的测设。

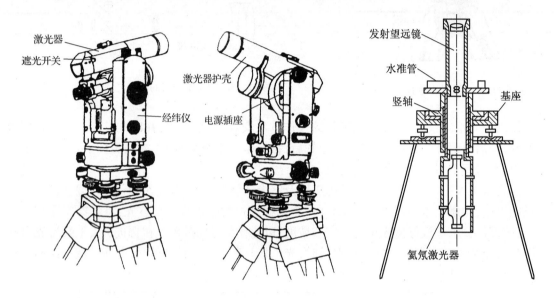

图 11.35　激光经纬仪　　　　　　　　图 11.36　激光铅垂仪

11.7.3　激光铅垂仪及其应用

激光铅垂仪是将激光束沿铅垂方向发射,用以进行竖向准直的仪器。它主要适用于高层建筑、高烟囱和竖井施工,以及电梯和高塔架的安装中。

图 11.36 是一种国产的激光铅垂仪的示意图。仪器的竖轴是一个空心筒轴,两端有螺扣连接望远镜和激光器的套筒,将激光器安置在筒轴的下端,望远镜安置在上端,构成向上发射的激光铅垂仪。也可以反向安装,成为向下发射的激光铅垂仪。

在高层建筑施工中,用激光铅垂仪投测地面控制点。首先,将激光铅垂仪安置在地面控制点上,进行严格对中、整平后,接通激光电源,起辉激光器,便可铅直发射激光基准线,在楼板的预留孔上放置绘有坐标格网的接收靶,激光光斑所指示的位置即为地面控制点的竖直投影位置。

☞ 11.8
建筑物的变形观测

随着建筑物的修建,建筑物的基础和地基所承受的荷载不断增加,引起基础及其四周地层的变形,而建筑物本身因基础变形及其外部荷载与内部应力的作用,也会发生变形。这种变形在一定范围内可视为正常现象,但如果超过某一限度就会影响建筑物的正常使用,严重的还会危及建筑物的安全。为了建筑物的安全使用,在建筑物施工和运营管理期间需要进行建筑物的变形观测。通过对建筑物的变形观测所取得的数据,可分析和监视建筑物变形的情况,当发现有异常变化时,可以及时分析原因,采取有效措施,以保证工程质量和安全生产,同时也为今后的设计积累资料。

11.8.1 沉降观测

沉降观测又称垂直位移观测。目的是测定基础和建筑物本身在垂直方向上的变化。在施工初期,基坑开挖使地表失去平衡,荷载减少会使基底产生回弹现象,随着基础施工的进展,荷载又不断增加,使基础产生下沉。加上地下水或打桩影响及气温变化,使基础连同上部建筑在垂直方向产生变化。所以,沉降观测在基坑开挖之前就要进行,并贯穿整个施工过程之中。直至竣工使用若干年后,通过观测证明位移现象停止,地基基本稳定,方可停止观测。

1. 水准点的布设及其高程测定

建筑物的**沉降观测**,是定期地测定建筑物上设置的观测点相对于建筑物附近的水准点(作为不变高程点)的高差变化量。沉降观测水准点,应布设在地基受震、受压区域以外的安全地点,应尽量靠近观测点(一般不超过 100 m),以保证观测的精度。为了对水准点进行相互校核,防止其本身产生变化,水准点的数目应不少于 3 个。

沉降观测水准点的高程应根据水准基点测定,它可布设成闭合环、结点或附合水准路线等形式。

2. 沉降观测点的设置和要求

沉降观测点就是设置在待测建筑物上,作为沉降观测的永久性标志。观测点的位置和数量,应根据基础的构造、荷载以及工程地质和水文地质的情况而定。高层建筑物应沿其周围每隔15~30 m 设一点,房角、纵横墙连接处以及沉降缝的两侧均应设置观测点。工业厂房的观测点可布置在基础柱子、承重墙及厂房转角、大型设备基础及较大荷载的周围。桥墩则应在墩顶的四角或垂直平分线的两端设置观测点,以便于根据不均匀沉降,了解桥墩的倾斜情况。总之,观测点应设置在能表示出沉降特征的地点。

观测点的标志通常采用角钢、圆钢或铆钉,其高度应高出地面 0.5 m 左右,以便竖立水准尺。

3. 观测时间与观测方法

沉降观测的时间与精度要求,应根据工程性质、工程进度、地基土质情况、荷载增加情况以及沉降情况而定。一般在埋设的观测点稳定后即应进行第一次观测。施工期间,在增加较大的荷载前后均应进行观测。当基础附近地面荷载突然增加,周围大量积水或暴雨后,或周围大量挖方等,也应观测。施工期间中途停工时间较长,应在停止时和复工前进行观测。工程竣工后,应连续进行观测,观测时间的间隔可按沉降量大小及速度而定。开始时,间隔短一些,以后随着沉降速度的减慢,可逐渐延长观测周期直至沉降稳定为止。

对一般精度要求的沉降观测,可以采用 DS$_3$ 型水准仪进行观测。沉降观测前应根据观测点、水准点布置情况,结合施工现场情况,把安置仪器位置、转点位置、观测点编号以及观测路线等确定下来,且各次观测均按此路线进行。观测应在成像清晰、稳定的条件下进行。仪器离前、后视水准尺的距离要用皮尺丈量,或用视距法测量,视距一般不应超过 50 m。前后视距应尽量相等。前、后视最好用同一根水准尺。观测时先后视水准点,接着依次前视各观测点,最后再次后视水准点,前后两次读数之差不应超过±1 mm。

4. 沉降观测的成果整理

每次观测之后,应及时检查手簿各项计算是否正确,精度是否合理,如果误差超限,应重新观测;个别不合理和错误的数据,应该删除。然后调整闭合差,推算各观测点的高程。根据本次所测高程与上次高程之差,计算本次沉降量及累计沉降量,并将日期、荷载情况填入观测记录表(表 11.1)中。为了更直观地表示建筑物沉降量、荷载、时间之间的关系,还应根据观测成果表画出每一观测点的时间与沉降量及时间与荷载的关系曲线(图 11.37),以便掌握和分析变形情况。

11.8.2 倾斜观测

对于一般建筑物的倾斜观测,首先要在建筑物的上下部设置两个观测标志点,两点应在同一竖直面内。如图 11.38 所示,M、N 为上下观测点。如果建筑物发生倾斜,则 M、N 的连线随之倾斜。观测时,在离建筑物墙面大于墙高处安置经纬仪,照准上部观测点 M,用盘左盘右分中法向下投点得 N',如果 N' 与 N 不重合,则说明建筑物发生倾斜,N'、N 之间的水平距离 a 即为建筑物的倾斜值。若建筑物的高度为 H,则建筑物的倾斜度为

$$i = \frac{a}{H} \tag{11.5}$$

表 11.1　沉降观测记录表

日期(年.月.日)	荷载(kN/m²)	观测点																	
		1			2			3			4			5			6		
		高程(m)	本次下沉(mm)	累计下沉(mm)	高程(m)	本次下沉(mm)	累计下沉(mm)	高程(m)	本次下沉(mm)	累计下沉(mm)	高程(m)	本次下沉(mm)	累计下沉(mm)	高程(m)	本次下沉(mm)	累计下沉(mm)	高程(m)	本次下沉(mm)	累计下沉(mm)
1998.4.20	45.0	50.157	±0	±0	50.154	±0	±0	50.155	±0	±0	50.155	±0	±0	50.156	±0	±0	50.154	±0	±0
5.5	55.0	50.155	-2	-2	50.153	-1	-1	50.153	-2	-2	50.154	-1	-1	50.155	-1	-1	50.152	-2	-2
5.20	70.0	50.152	-3	-5	50.150	-3	-4	50.151	-2	-4	50.153	-1	-2	50.151	-4	-5	50.148	-4	-6
6.5	95.0	50.148	-4	-9	50.148	-2	-6	50.147	-4	-8	50.150	-3	-5	50.148	-3	-8	50.146	-2	-8
6.20	105.0	50.145	-3	-12	50.146	-2	-8	50.143	-4	-12	50.148	-2	-7	50.146	-2	-10	50.144	-2	-10
7.20	105.0	50.143	-2	-14	50.145	-1	-9	50.141	-2	-14	50.147	-1	-8	50.145	-1	-11	50.142	-2	-12
8.20	105.0	50.142	-1	-15	50.144	-1	-10	50.140	-1	-15	50.145	-2	-10	50.144	-1	-12	50.140	-2	-14
9.20	105.0	50.140	-2	-17	50.142	-2	-12	50.138	-2	-17	50.143	-2	-12	50.142	-2	-14	50.139	-1	-15
10.20	105.0	50.139	-1	-18	50.140	-2	-14	50.137	-1	-18	50.142	-1	-13	50.140	-2	-16	50.137	-2	-17
1999.1.20	105.0	50.137	-2	-20	50.139	-1	-15	50.137	±0	-18	50.142	±0	-13	50.139	-1	-17	50.136	-1	-18
4.20	105.0	50.136	-1	-21	50.139	±0	-15	50.136	-1	-19	50.141	-1	-14	50.138	-1	-18	50.136	±0	-18
7.20	105.0	50.135	-1	-22	50.138	-1	-16	50.135	-1	-20	50.140	-1	-15	50.137	-1	-19	50.136	±0	-18
10.20	105.0	50.135	±0	-22	50.138	±0	-16	50.134	-1	-21	50.140	±0	-15	50.136	-1	-20	50.136	±0	-18
2000.1.20	105.0	50.135	±0	-22	50.138	±0	-16	50.134	±0	-21	50.140	±0	-15	50.136	±0	-20	50.136	±0	-18

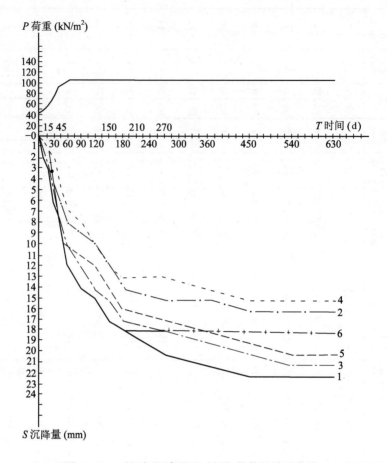

图 11.37　时间与沉降量及时间与荷载的关系曲线

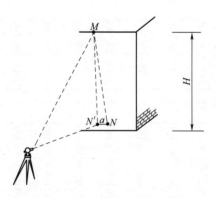

图 11.38　建筑物的倾斜观测

高层建筑物的倾斜观测,应分别在相互垂直的两个墙面上进行。如图 11.39 所示,图中 a、b 为建筑物分别沿相互垂直的两个墙面的倾斜值,则建筑物的总倾斜值为

$$c = \sqrt{a^2 + b^2} \tag{11.6}$$

　　对于特殊建筑物(如烟囱、水塔等)的倾斜观测,是在两个互相垂直的方向上测定其顶部中心对底部中心的偏心距。如图 11.40 所示,先在烟囱底部横放一标尺,在标尺的中点垂线方向上安置经纬仪,瞄准烟囱顶部边缘两点 A、A',并将其投到标尺上,得到顶部中心位置的读数 A_0,再把底部边缘两点 B、B' 投到标尺上,得到底部中心位置的读数 B_0,则 A_0B_0 就是烟囱在 AA' 方向顶部中心偏离底部中心的距离 a。同法又可测得烟囱另一垂直方向上的偏心距 b。总的偏心距 $c = \sqrt{a^2 + b^2}$。

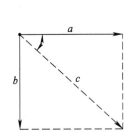

图 11.39　高层建筑物的
倾斜观测

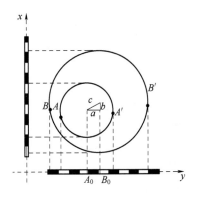

图 11.40　圆形建筑物的倾斜观测

11.8.3　裂缝观测

　　当建筑物发生裂缝之后,应立即进行裂缝观测。建筑物产生裂缝往往与其不均匀沉降有关。因此,在进行裂缝观测的同时,一般需要进行沉降观测,以便进行综合分析和及时采取相应的措施。

　　观测时,应先在裂缝的两侧各设置一个固定标志,然后定期量取两标志的间距,间距的变化即为裂缝的变化。通常采用两块白铁皮作为观测标志(图 11.41)。一片取 150 mm×150 mm 的正方形,固定在裂缝的一侧,并使其一边和裂缝的边缘对齐。另一片为 50 mm×200 mm,固定在裂缝的另一侧,并使其中一部分紧贴在对侧的一块上,两块铁皮边缘

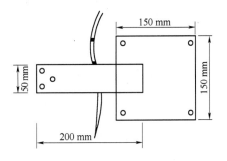

图 11.41　建筑物的裂缝观测

彼此平行。然后在标志表面涂红漆,并写明编号和日期。若裂缝继续发展,两块铁皮将逐渐拉开,露出正方形白铁皮上原被覆盖没有涂漆的部分,其宽度即为裂缝扩展的宽度。

11.9
竣工总平面图的编绘

竣工总平面图是设计总平面图在施工后实际情况的全面反映。由于在施工过程中设计的临时变更,使建(构)筑物竣工后的位置与设计位置不完全一致。为了反映工程竣工后的实际情况,同时也给工程竣工投产后营运中的管理、维修、改建或扩建等提供可靠的图纸资料,一般应编绘竣工总平面图。竣工总平面图及附属资料,也是考查和研究工程质量的依据之一。

新建企业的竣工总平面图最好是随着工程的陆续竣工相继进行编绘。一面竣工、一面利用竣工测量成果进行编绘。如发现问题,特别是地下管线的问题,应及时到现场查对,使竣工总平面图能真实地反映实地情况。

11.9.1 竣工测量

建(构)筑物竣工验收时进行的测量工作,称为**竣工测量**。竣工测量可以利用施工期间使用的平面控制点和水准点进行施测。如原有控制点不够使用时,应补测控制点。对于主要建筑物的墙角、地下管线的转折点、道路交叉点、架空管线的转折点、结点、交叉点及烟囱中心等重要地物点的竣工测量,应根据已有控制点采用极坐标法或直角坐标法实测其坐标;对于主要建(构)筑物的室内地坪、上水道管顶、下水道管底、道路变坡点等,可用水准测量的方法测定其高程;一般地物、地貌则按地形图要求进行编绘。

11.9.2 竣工总平面图的编绘

编绘竣工总平面图的依据是:设计总平面图、单位工程平面图、纵横断面图和设计变更资料;施工放线资料、施工检查测量及竣工测量资料;有关部门和建设单位的具体要求。

竣工总平面图应包括测量控制点、厂房、辅助设施、生活福利设施、架空与地下管线、道路等建(构)筑物的坐标、高程,以及厂区内净空地带和尚未兴建区域的地物、地貌等内容。

厂区建(构)筑物一般应绘在一张竣工总平面图上,当线条过于密集时,可分类编图,如综合竣工总平面图、交通运输竣工总平面图、管线竣工总平面图等。竣工总平面图的比例尺通常采用1:1 000或1:500。

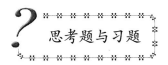

思考题与习题

1. 已知施工坐标系的原点 O' 在测量坐标系中的坐标为 $x_{O'} = 1\,200.54$ m, $y_{O'} = 1\,045.27$ m, 某点 P 的施工坐标为 $A_P = 120.00$ m, $B_P = 140.00$ m, 两坐标轴系间的夹角为 $30°00'00''$。试计算 P 点的测量坐标值。

2. 图 11.42 已绘出新建筑物与原建筑物(墙厚 37 cm, 轴线偏内侧)的相对位置关系, 试述测设新建筑物的方法和步骤。

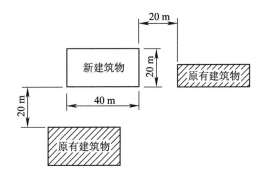

图 11.42 第 2 题图

3. 施工平面控制网有几种形式? 它们各适用于哪些场合?

4. 民用建筑施工测量包括哪些主要工作?

5. 试述工业厂房控制网的测设方法。

6. 试述柱基的放样方法。

7. 试述吊车梁的安装测量工作。如何进行柱子的竖直校正工作? 应注意哪些问题?

8. 在烟囱施工中, 如何保证烟囱竖直和收坡符合设计要求?

9. 建筑物为什么要进行沉降观测? 它的特点是什么?

线路曲线测设

12

　　本章介绍铁路及公路线路曲线测设的内容,论述用偏角法、切线支距法测设圆曲线、缓和曲线、圆曲线加缓和曲线测设的基本理论和方法,并讨论日愈广泛应用的极坐标法和全站仪、GPS 测设曲线方法。最后介绍长大曲线和回头曲线的测设。本章的理论和方法是铁路及公路测量所必须的基本知识。

☞ 12.1
线路平面组成和平面位置的标志

铁路与公路线路的平面通常由直线和曲线构成,曲线的形成是因为在线路的定线中,由于受地形、地物或其他因素限制,需要改变方向。在改变方向处,相邻两直线间要求用曲线连接起来,以保证行车顺畅安全。这种曲线称**平面曲线**。

铁路与公路线上采用的平面曲线主要有**圆曲线**和**缓和曲线**。如图 12.1 所示,圆曲线是具有一定曲率半径的圆弧;缓和曲线是连接直线与圆曲线的过渡曲线,其曲率半径由无穷大(直线的半径)逐渐变化为圆曲线半径。在铁路干线线路中都要加设缓和曲线;但在地方专用线、厂内线路及站场内线路中,由于列车速度不高,有时可不设缓和曲线,只设圆曲线。

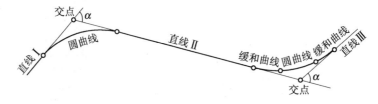

图 12.1　线路平面的组成

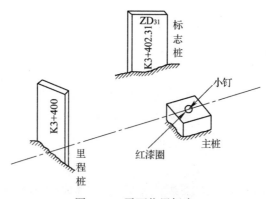

图 12.2　平面位置标志

在地面上标定线路的平面位置时,常用方木桩打入地下,并在桩面上钉一小钉,以表示线路中心的位置,在线路前进方向左侧约 0.3 m 处打一标志桩,写明主桩的名称及里程。所谓里程是指该点离线路起点的距离,通常以线路起点为 K0+000.0。图 12.2 中的主桩为直线上的一个转点(ZD),它的编号为 31;里程为 K3+402.31,K3 表示 3 km;402.31 表示公里以下的米数,即注明此桩离开线路起点的距离为 3 402.31 m。

12.2 圆曲线及其主点的测设

12.2.1 圆曲线概述

1. 圆曲线半径

铁路圆曲线半径一般取 50 m、100 m 的整倍数,即 10 000 m、8 000 m、6 000 m、5 000 m、4 000 m、3 000 m、2 500 m、2 000 m、1 800 m、1 500 m、1 200 m、1 000 m、800 m、700 m、600 m、550 m、500 m、450 m、400 m 和 350 m。Ⅰ、Ⅱ级铁路的最小半径在一般地区分别为 500 m 和 450 m,在特殊地段为 450 m 和 400 m;Ⅲ级铁路的最小半径在一般地区为 400 m,在特殊困难地区为 350 m。

我国《公路工程技术标准》(JTG 1301—2014)中规定,高速公路的最小半径在平原微丘区为 650 m,在山岭重丘区为 250 m;一级公路在上述两种地区分别为 400 m 和 125 m;二级公路分别为 250 m 和 60 m;三级公路分别为 125 m 和 30 m;四级公路分别为 60 m 和 15 m。

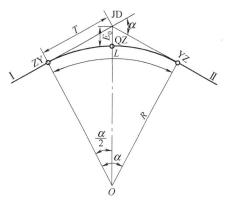

图 12.3　圆曲线及其主点和要素

2. 圆曲线主点

圆曲线的主点如图 12.3 所示,图中:

ZY——**直圆点**,即直线与圆曲线的分界点;

QZ——**曲中点**,即圆曲线的中点;

YZ——**圆直点**,即圆曲线与直线的分界点;

JD——两直线的交点,也是一个重要的点,但不在线路上。

ZY、QZ、YZ 总称为圆曲线的**主点**。

3. 圆曲线要素

T——切线长,即交点至直圆点或圆直点的直线长度;

L——曲线长,即圆曲线的长度(ZY—QZ—YZ 圆弧的长度);

E_0——外矢距,即交点至曲中点的距离(JD 至 QZ 之距离);

α——转向角,即直线转向角;

R——圆曲线半径。

T、L、E_0、α、R 总称为圆曲线**要素**。其几何关系为

$$切线长 \quad T = R \cdot \tan \frac{\alpha}{2}$$

$$曲线长 \quad L = R \cdot \alpha \cdot \frac{\pi}{180°} \right\}$$

$$外矢距 \quad E_0 = R \cdot \sec \frac{\alpha}{2} - R = R\left(\sec \frac{\alpha}{2} - 1 \right)$$

$$(12.1)$$

式中,α 和 R 可分别根据实际测定或在线路设计时选定,然后按式(12.1)即可计算圆曲线要素 T、L、E_0。过去,曲线要素的计算也可以 α、R 为引数,由专门编制的"铁路曲线测设用表"查得。

【例 12.1】 已知 $\alpha = 55°43'24''$,$R = 500$ m,求圆曲线要素 T、L、E_0。

【解】 由公式(12.1)即可得:$T = 264.31$ m;$L = 486.28$ m;$E_0 = 65.56$ m。

12.2.2 圆曲线主点里程计算

圆曲线的主点必须标记里程,里程增加的方向为 ZY→QZ→YZ。如例 12.1,若已知 ZY 点的里程为 K37+553.24,则 QZ 及 YZ 的里程可计算如下:

$$
\begin{array}{ll}
\text{ZY} & 37+553.24 \\
+\dfrac{L}{2} & 243.14 \\
\hline
\text{QZ} & 37+796.38 \\
+\dfrac{L}{2} & 243.14 \\
\hline
\text{YZ} & 38+039.52 \\
\end{array}
$$

12.2.3 圆曲线主点的测设

在交点(JD)安置经纬仪,如图 12.3 所示,以望远镜瞄准 Ⅰ 直线方向上的一个转点,沿该方向量切线长 T 得 ZY 点,再以望远镜瞄准 Ⅱ 直线上的一个转点,沿该方向量切线长 T 得 YZ 点,平转望远镜至内分角线方向,量 E_0,用盘左、盘右分中法得 QZ 点。这三个主点规定用方桩加钉小钉标志点位。

☞ 12.3
圆曲线的详细测设

圆曲线的主点 ZY、QZ、YZ 定出后,还不能在地面上标定出圆曲线的形状,作为勘测设计及施工的依据,因而还必须对圆曲线进行详细测设,定出曲线上的加密点,这些点称曲线点。

我国《铁路工程测量规范》(TB 10101—2018)(以下简称《铁路测规》)规定,曲线点的间距宜为 20 m,在地形复杂处一般取为 10 m,在点上要钉设木桩,以标定曲线的形状,在地形变化处还要加钉木桩(称为加桩)。设置曲线点的工作称曲线测设。测设圆曲线常用的方法有**偏角法**和**切线支距法**。

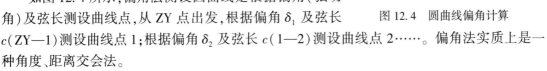

图 12.4　圆曲线偏角计算

12.3.1　偏角法测设圆曲线

1. 测设原理

如图 12.4 所示,偏角法测设圆曲线是根据偏角(弦切角)及弦长测设曲线点,从 ZY 点出发,根据偏角 δ_1 及弦长 c(ZY—1)测设曲线点 1;根据偏角 δ_2 及弦长 c(1—2)测设曲线点 2……。偏角法实质上是一种角度、距离交会法。

2. 偏角及弦长的计算

(1) 偏角计算

按几何关系,偏角等于弦所对应的圆心角之半。如图 12.4 所示,ZY—1 曲线长为 k,所对圆心角

$$\varphi = \frac{k}{R} \cdot \frac{180°}{\pi}$$

则相应的偏角

$$\delta = \frac{\varphi}{2} = \frac{k}{2R} \cdot \frac{180°}{\pi}$$

当所测曲线各点间的距离相等时,以后各点的偏角则为第一个偏角 δ_1 的累计倍数,即

$$\left.\begin{array}{l} \delta_1 = \dfrac{\varphi}{2} = \dfrac{k}{2R} \cdot \dfrac{180°}{\pi} \\[2mm] \delta_2 = 2\delta_1 \\[1mm] \delta_3 = 3\delta_1 \\[1mm] \vdots \\[1mm] \delta_n = n\delta_1 \end{array}\right\} \tag{12.2}$$

分弦的偏角:在实际工作中,曲线点要求设置在整数(20 m 的倍数)里程上,即里程尾数为 00 mm、20 mm、40 mm、60 mm、80 m 等的点上。但曲线的起点 ZY,中间点 QZ 及终点 YZ 常不是整数里程,因此曲线两端及中间出现小于 20 m 的弦,即**分弦**。例如前面例题中:ZY 的里程为 37+553.24;QZ 的里程为 37+796.38;YZ 的里程为 38+039.52,因而曲线两端及中间出现四段分弦。其所对应的曲线长分别为 k_1,k_2,k_3,k_4,如图 12.5 所示。

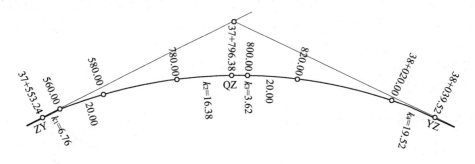

图 12.5　圆曲线的分弦

$k_1 = 560.00 - 553.24 = 6.76$ m，相应的偏角值 $\delta_1 = \dfrac{\varphi}{2} = \dfrac{k_1}{2R} \cdot \dfrac{180°}{\pi}$。

$k_2 = 796.38 - 780.00 = 16.38$ m，相应的偏角值 $\delta_2 = \dfrac{\varphi}{2} = \dfrac{k_2}{2R} \cdot \dfrac{180°}{\pi}$。

$k_3 = 800.00 - 796.38 = 3.62$ m，相应的偏角值 $\delta_3 = \dfrac{\varphi}{2} = \dfrac{k_3}{2R} \cdot \dfrac{180°}{\pi}$。

$k_4 = 039.52 - 020.00 = 19.52$ m，相应的偏角值 $\delta_4 = \dfrac{\varphi}{2} = \dfrac{k_4}{2R} \cdot \dfrac{180°}{\pi}$。

（2）弦长计算

在圆曲线测设中，一般规定：$R \geqslant 150$ m 时，曲线上每隔 20 m 测设一个细部点；50 m$\leqslant R <$ 150 m 时，曲线上每隔 10 m 测设一个细部点；$R < 50$ m 时，曲线上每隔 5 m 测设一个细部点。

由于铁路曲线半径一般很大，20 m 的弦长与其相对应的曲线长之差很小，在测量误差允许范围以内，用弦长代替相应的曲线长进行圆曲线测设。若需要根据偏角计算其对应的弦长时，可用公式 $c = 2R\sin\delta$ 进行计算。弦弧差为：$\Delta l = c - k = \dfrac{k^3}{24R^2}$。一般当 $R > 400$ m 时，不考虑弦弧差的影响。

【例 12.2】　按例 12.1 算例，要求在圆曲线上每 20 m 测设一曲线点。

【解】　测站设在 ZY 点，如图 12.6 所示，以切线 ZY—JD 为零方向，曲线 ZY—QZ 为顺时针方向旋转，由于偏角值与水平度盘读数增加方向一致，各曲线点的偏角称为"正拨"。已知 ZY 的里程为 K37+553.24，QZ 里程为 K37+796.38，$R = 500$ m。第一点的偏角所对应的曲线长 $k_1 = 6.76$ m，按公式（12.2）计算，有

$$\delta_1 = \frac{k_1}{2R} \cdot \frac{180}{\pi} = 23'15''$$

曲线长 20 m 的偏角值 $\delta = \dfrac{k}{2R} \cdot \dfrac{180}{\pi} = 1°08'45''$，将 δ_1 与 δ 累加得曲线点 2 的偏角值为 $\delta_2 =$

23′15″+1°08′45″=1°32′00″。同法可计算出 3、4……各点的偏角值,算至 QZ 偏角为13°55′51″,其值应为 α/4,对应的曲线长为 243.14 m(本例已知 α=55°43′24″)。计算时应按里程列表计算各点的偏角值(表 12.1)。

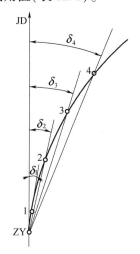

图 12.6　偏角法测设圆曲线(正拨)　　　　图 12.7　偏角法测设圆曲线(反拨)

测站设在 YZ 点,如图 12.7。测设另一半曲线时,以切线 YZ—JD 为零方向,曲线 YZ—QZ 为逆时针方向旋转,由于偏角值与水平度盘读数增加方向相反,各曲线点的偏角称为"反拨"按与上述类似方法计算,同样按里程列出各点的偏角值(表 12.2)。

表 12.1　偏角计算表(正拨)

里　　程	曲　线　长	偏　　角	注　记
⊼ ZY　37+553.24		00′00″	切线方向
+560.00	6.76	23′15″	
+580.00	20.00	1°32′00″	
⋮	⋮	⋮	
+760.00			
+780.00	20.00	12°59′33″	
QZ　37+796.38	16.38	13°55′51″$\left(=\dfrac{\alpha}{4}\right)$	核!

表 12.2　偏角计算表(反拨)

里　　程	曲　线　长	偏　　角	注　记
⊼ YZ　38+039.52	0°00′00″		切线方向
+020.00	19.52	358°52′54″	
+000.00	20.00	357°44′09″	
⋮	⋮	⋮	
37+820.00			
+800.00	20.00	346°16′36″	
QZ　37+796.38	3.62	346°04′09″$\left(=360°-\dfrac{\alpha}{4}\right)$	核!

3. 测设方法

以测站设在 ZY 点为例(图 12.6)。

(1) 将经纬仪安置于 ZY 点上,度盘拨 0°,后视 JD 点或后视 ZY 点切线方向上的一个转点(ZD),此时,视线位于切线(ZY→JD)方向上(度盘仍保持读数为 0°)。

(2) 打开照准部,按表 12.1,"正拨"拨角 δ_1(23′15″);在视线上用钢尺量出弦长 6.76 m,插以测钎,定曲线点 1。

(3) 打开照准部,拨角 δ_2(1°32′00″);同时用钢尺自曲线点 1 起量,以 20 m 分划处对准望远镜视线,插测钎,定曲线点 2,拨去 1 点的测钎,在地面点 1 插孔处打入木板桩。

(4) 同法,继续前进定出曲线点 3、4……。最后,测设到曲中(QZ)点。

类似地,将测站设在 YZ 点(图 12.7),可测设另一半曲线。

注意:弦长丈量是从点到点,在 QZ 点的总偏角为 $\alpha/4$,应检核所测设的 QZ 点点位是否闭合,如超限,须及时检查原因,重新测设。

12.3.2 切线支距法测设圆曲线

1. 测设原理

切线支距法即**直角坐标法**。以曲线起点 ZY 或曲线终点 YZ 为坐标原点,切线为直角坐标系的 x 轴,切线的垂线为直角坐标系的 y 轴(图 12.8),按曲线点的直角坐标(x,y)测设曲线点。x、y 下式(12.3)计算:

$$\left. \begin{array}{l} x_i = R \cdot \sin \alpha_i \\[2mm] y_i = R - R \cdot \cos \alpha_i = R(1 - \cos \alpha_i) \\[2mm] \alpha_i = \dfrac{L_i}{R} \cdot \dfrac{180°}{\pi} \end{array} \right\} \tag{12.3}$$

式中,R 为圆曲线半径;L_i 为曲线点 i 至 ZY(或 YZ)的曲线长,一般定为 10 m、20 m、30 m…即每 10 m 一桩。根据 R 及 L_i 值,即可计算相应的 x_i,y_i。

2. 测设方法

如图 12.9 所示,设在圆曲线上每 10 m 测设一点,测设时,先沿切线上每 10 m 量一点,然后于 10 m 处回量 $L_1 - x_1$ 即 $10 - x_1$,得一点,在此点沿 ZY 点切线垂直方向量 y_1,即定出圆曲线上第 1 点,于切线 20 m 处回量 $L_2 - x_2$ 即 $20 - x_2$,得另一点,在此点沿 ZY 点切线垂直方向量 y_2,即定出圆曲线上第 2 点。同法,可定出圆曲线上其余各点。

由于 y 值较小,y 轴方向可用一般定直角的方法测设;只有在 y 值较大时,根据需要,才用经纬仪拨直角测设 y 轴方向。

切线支距法适用于地势较平坦的地区。

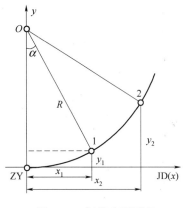

图 12.8 切线支距原理

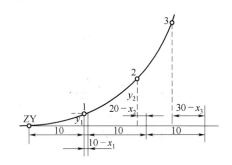

图 12.9 切线支距法测设圆曲线

🖙 12.4
圆曲线加缓和曲线及其主点测设

12.4.1 缓和曲线的概念

列车在曲线上运行时,会产生离心力,离心力的大小取决于列车重量、运行速度和圆曲线的半径。由于离心力的影响,使曲线外轨的负荷压力骤然增大,内轨负荷压力相应减小,当离心力超过某一限度时,列车就有脱轨和倾复的危险。为了抵消离心力的不良影响,铁路在曲线部分采用外轨超高的办法,即把外轨抬高一定数值,使车辆向曲线内倾斜,以平衡离心力的作用,从而保证列车安全运行。图 12.10(a)、(b)为采用外轨超高前、后的情况。此外,由于车辆的构造要求,需进行内轨

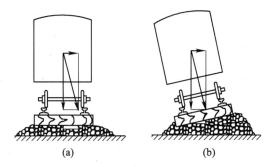

图 12.10 外轨超高

加宽,如图 12.11 所示。无论是外轨超高还是内轨加宽都不可能突然进行,而是逐渐完成的,因此在直线与圆曲线之间加设一段平面曲线,其曲率半径 ρ 从直线的曲率半径 ∞(无穷大)逐渐变化到圆曲线的半径 R,这样的曲线称为**缓和曲线**或过渡曲线。在此曲线上任一点 p 的曲率半径 ρ 与曲线的长度 l 成反比,如图 12.12 所示,以公式表示为

$$\rho \propto \frac{1}{l}$$

或

$$\rho \cdot l = C \qquad (12.4)$$

式中，C 为常数，称曲线半径变更率。

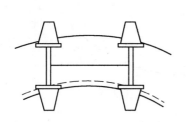

图 12.11　内轨加宽

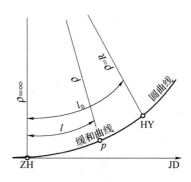

图 12.12　缓和曲线的设置

当 $l = l_0$ 时，$\rho = R$，按式(12.4)，应有

$$C = \rho \cdot l = R \cdot l_0 \qquad (12.5)$$

式(12.4)或式(12.5)是缓和曲线必要的前提条件。在实用中，可采取符合这一前提条件的曲线作为缓和曲线。常用的有辐射螺旋线及三次抛物线。我国采用辐射螺旋线。

12.4.2　缓和曲线方程式

按上列前提条件导出缓和曲线上任一点的坐标 x、y 为：

$$x = l - \frac{l^5}{40C^2} + \frac{l^9}{3\,456C^4} \cdots$$

$$y = -\frac{l^3}{6C} - \frac{l^7}{336C^3} + \frac{l^{11}}{42\,240C^5} \cdots$$

实际应用时，舍去高次项，代入 $C = R \cdot l_0$，采用公式(12.6)：

$$\left. \begin{array}{l} x = l - \dfrac{l^5}{40R^2 l_0^2} \\[2mm] y = \dfrac{l^3}{6R l_0} \end{array} \right\} \qquad (12.6)$$

式(12.6)表示在以直缓(ZH)点或缓直(HZ)点为原点，以相应的切线方向为横轴的直角坐标系中，缓和曲线上任一点的直角坐标，如图 12.13 所示。

当 $l = l_0$ 时，式(12.6)，得

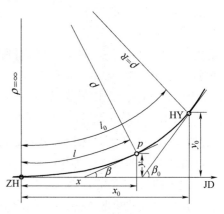

图 12.13　缓和曲线上任一点的坐标

$$x_0 = l_0 - \frac{l_0^3}{40R^2} \\ \left. \right\} \qquad (12.7) \\ y_0 = \frac{l_0^2}{6R}$$

式中，x_0、y_0 为缓圆（HY）点或圆缓（YH）点的坐标。

12.4.3 缓和曲线常数

图 12.14（b）是没有加设缓和曲线的圆曲线。缓和曲线是在不改变直线段方向和保持圆曲线半径不变的条件下，插入到直线段和圆曲线之间的。为了在圆曲线与直线之间加入一段缓和曲线 l_0，原来的圆曲线需要在垂直于其切线的方向移动一段距离 p，因而圆心就由 O 移到 O_1，而原来的半径 R 保持不变，如图 12.14（a）所示。

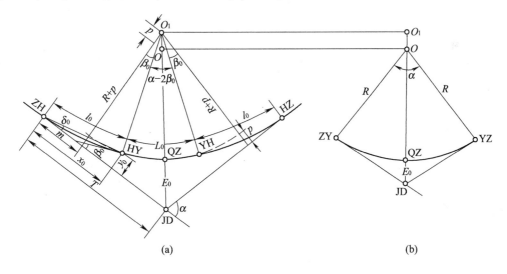

图 12.14 缓和曲线的形成

由图中可看出，缓和曲线约有一半的长度是靠近原来的直线部分，而另一半是靠近原来的圆曲线部分，原来圆曲线的两端其圆心角为 β_0 相对应的那部分圆弧，现在由缓和曲线所代替，因而圆曲线只剩下 HY 到 YH 这段长度即 L_0。现在由于在圆曲线两端加设了等长的缓和曲线 l_0 后，曲线的主点变为：**直缓点**（ZH）、**缓圆点**（HY）、**曲中点**（QZ）、**圆缓点**（YH）、**缓直点**（HZ）。

β_0 为缓和曲线的切线角，即缓圆点 HY（或圆缓点 YH）切线与直缓点 ZH（或缓直点 HZ）切线的交角，亦即圆曲线 HY→YH 两端各延长 $L_0/2$ 部分所对应的圆心角。

δ_0 为缓和曲线总偏角，即从直缓点（ZH）测设缓圆点（HY）或从缓直点（HZ）测设圆缓点（YH）的偏角。

m 为切垂距,即 ZH(或 HZ)至自圆心 O_1 向 ZH 点或 HZ 点的切线作垂线垂足的距离。

p 为圆曲线移动量,即垂线长与圆曲线半径 R 之差。

x_0、y_0 的计算由式(12.7)求出,其余 β_0、p、m、δ_0 的计算公式为

$$\left.\begin{aligned} \beta_0 &= \frac{l_0}{2R} \cdot \frac{180°}{\pi} \\ p &= \frac{l_0^2}{24R} \\ m &= \frac{l_0}{2} - \frac{l_0^3}{240R^2} \\ \delta_0 &= \frac{\beta_0}{3} = \frac{l_0}{6R} \cdot \frac{180°}{\pi} \end{aligned}\right\} \qquad (12.8)$$

β_0、δ_0、m、p、x_0、y_0 统称为缓和曲线**常数**。

式(12.7)和式(12.8)导证:设 β 为缓和曲线上任一点的切线角;x、y 为这一点的坐标;ρ 为这一点上曲线的曲率半径;l 为从 ZH 点到这点的缓和曲线长(图12.15)。

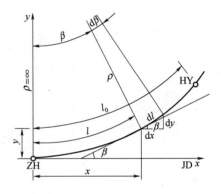

图 12.15　缓和曲线常数

1. 求 β_0

先求 β,由图 12.15 知:

$$d\beta = \frac{dl}{\rho} = \frac{l \cdot dl}{R \cdot l_0} \quad \left(\text{已知 } \rho = \frac{R \cdot l_0}{l}\right)$$

$$\beta = \int_0^l d\beta = \int_0^l \frac{l \cdot dl}{R \cdot l_0} = \frac{1}{R \cdot l_0} \int_0^l l \cdot dl = \frac{l^2}{2R \cdot l_0}$$

或

$$\beta = \frac{l^2}{2R \cdot l_0} \cdot \frac{180°}{\pi}$$

当 $l = l_0$ 时,$\beta = \beta_0$,即

$$\beta_0 = \frac{l_0}{2R} \cdot \frac{180°}{\pi}$$

2. 求 x_0、y_0

由图 12.15 知:

$$dx = dl \cdot \cos\beta$$

$$dy = dl \cdot \sin\beta$$

将 $\cos\beta$、$\sin\beta$ 按级数展开:

$$\cos \beta = 1 - \frac{\beta^2}{2!} + \frac{\beta^4}{4!} - \cdots$$

$$\sin \beta = \beta - \frac{\beta^3}{3!} + \frac{\beta^5}{5!} - \cdots$$

已知 $\beta = \dfrac{l^2}{2R \cdot l_0}$，连上两式一并代入 $\mathrm{d}x$、$\mathrm{d}y$ 式中，积分，略去高次项得 x、y 的普遍表达式：

$$\left.\begin{array}{l} x = l - \dfrac{l^5}{40R^2 l_0^2} \\[3mm] y = \dfrac{l^3}{6R l_0} \end{array}\right\}$$

即式（12.6）。当 $l = l_0$ 时，得

$$\left.\begin{array}{l} x_0 = l_0 - \dfrac{l_0^3}{40R^2} \\[3mm] y_0 = \dfrac{l_0^2}{6R} \end{array}\right\}$$

即式（12.7）。

3. 求 m

由图 12.16 中几何关系知：

$$m = x_0 - R \cdot \sin \beta_0$$

将 x_0 及 $\sin \beta_0$ 的表达式代入上式得

$$m = \frac{l_0}{2} - \frac{l_0^3}{240R^2} \quad （取至 l_0 三次方）$$

4. 求 p

由图 12.16 中几何关系知：

$$p = y_0 - R(1 - \cos \beta_0)$$

将 y_0 及 $\cos \beta_0$ 代入上式即得

$$p = \frac{l_0^2}{24R} \quad （取至 l_0 二次方）$$

5. 求 δ_0

由图 12.16 知：

$$\tan \delta_0 = \frac{y_0}{x_0}$$

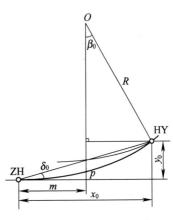

图 12.16 m、p、δ_0 的计算

因 δ_0 很小,故

$$\delta_0 \approx \tan\delta_0 = \frac{y_0}{x_0}$$

将 x_0、y_0 代入上式,取至 l_0 二次方:

$$\delta_0 = \frac{l_0}{6R} = \frac{\beta_0}{3}$$

【例 12.3】 已知 $R=500$ m,$l_0=60$ m,求缓和曲线常数。

【解】 根据式(12.7)和式(12.8)计算得

$$\beta_0 = 3°26'16''; \qquad \delta_0 = 1°08'45''$$

$$m = 29.996 \text{ m}; \qquad p = 0.300 \text{ m}$$

$$x_0 = 59.978 \text{ m}; \qquad y_0 = 1.200 \text{ m}$$

12.4.4 圆曲线加缓和曲线的综合要素及主点测设

1. 圆曲线加缓和曲线的综合要素(图 12.14)

从图 12.14 的几何关系,可得综合要素 T、L、E_0 等的计算公式:

$$\left.\begin{aligned}
T &= (R+p) \cdot \tan\frac{\alpha}{2} + m \\
L &= L_0 + 2l_0 = R(\alpha - 2\beta_0)\frac{\pi}{180°} + 2l_0 \\
E_0 &= (R+p)\sec\frac{\alpha}{2} - R \\
q &= 2T - L
\end{aligned}\right\} \tag{12.9}$$

式中,q 为切曲差。

当圆曲线半径 R、缓和曲线长 l_0 及转向角 α 已知时,曲线要素 T、L、E_0、q 的数值可根据式(12.8)和式(12.9)进行计算。

【例 12.4】 已知 $R=500$ m,$l_0=60$ m,$\alpha=28°36'20''$,ZH 点里程为 33+424.67,求综合要素及主点的里程。

【解】 (1)综合要素计算。根据式(12.8)和式(12.9),计算得

$$T = 177.57 + 0.11 - 20.12 = 157.56(\text{m})$$

$$L = 349.44 + 0.20 - 40.00 = 309.64(\text{m})$$

$$E_0 = 16.83 + 0.03 - 0.55 = 16.31(\text{m})$$

$$q = 5.70 + 0.01 - 0.24 = 5.47(\text{m})$$

(2)主点里程计算。已知:ZH 点里程为 33+424.67,则有

ZH	33+424.67
$+l_0$	60
HY	33+484.67
$+\left(\dfrac{L}{2}-l_0\right)$	94.82
QZ	33+579.49
$+\left(\dfrac{L}{2}-l_0\right)$	94.82
YH	33+674.31
$+l_0$	60
HZ	33+734.31

ZH	33+424.67
$+2T$	315.12
	33+739.79
$-q$	5.47
HZ	33+734.32（核）

2. 主点测设

ZH 点(或 HZ 点)及 QZ 点的测设方法与圆曲线主点测设方法相同。另外两个主点 HY 点和 YH 点,其测设方法一般采用切线支距法,按点的坐标 x_0、y_0 测设(x_0、y_0 可按公式(12.7)计算)。自 ZH 点(或 HZ 点)出发,沿 ZH→JD(或 HZ→JD)切线方向丈量 x_0,打桩、钉小钉,然后在这点垂直于切线方向丈量 y_0,打桩、钉小钉,定出 HY 点(或 YH 点)。注意:

(1)测定主点 HY(或 YH)时,须用经纬仪精确测设直角。同时用钢尺精确丈量坐标 x_0、y_0。

(2)测设曲线点前,应先在 ZH 或 HZ 点安置经纬仪,核对 HY 或 YH 点的偏角 δ_0 是否正确。

☞ 12.5
圆曲线加缓和曲线的详细测设

12.5.1 偏角法测设圆曲线加缓和曲线

12.5.1.1 偏角法测设缓和曲线部分

用偏角法测设缓和曲线时,将缓和曲线分为 N 等份,如图 12.17 所示,每段曲线长 $k = l_0/N$。铁路线路设计中,缓和曲线长度为 10 m 的整倍数,为测设方便,一般取 $k = 10$ m,即每 10 m 测设一点。计算出各曲线点的偏角,然后在测站上安置经纬仪,依次拨角;同时用钢尺测设点间距离,定出缓和曲线上各分段点。

图中 δ_1、δ_2、δ_3、$\cdots$、$\delta_N(=\delta_0)$，表示自 ZH 点出发的相应各点的偏角。

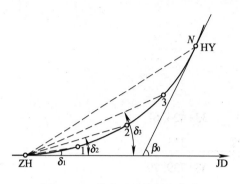

图 12.17　偏角法测设缓和曲线

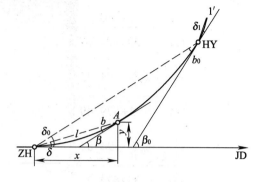

图 12.18　缓和曲线偏角计算

1. 计算偏角的基本公式

如图 12.18，设 δ 为从 ZH(或 HZ)点测设缓和曲线上任一点 A 的偏角；b 为从 A 点观测 ZH (或 HZ)点的反偏角；δ_0 为缓和曲线总偏角，即从 ZH(或 HZ)点观测 HY(或 YH)点的偏角；b_0 为从 HY(或 YH)点观测 ZH(或 HZ)点的反偏角。

由图 12.18 知：

$$\sin \delta = \frac{y}{l}$$

因 δ 很小，则 $\delta \approx \sin \delta$。

已知 $y = \dfrac{l^3}{6Rl_0}$［见公式(12.6)］，故

$$\delta = \frac{l^2}{6Rl_0} \quad 或 \quad \delta = \frac{l^2}{6Rl_0} \cdot \frac{180°}{\pi} \tag{12.10}$$

已知任一点 A 的切线角：

$$\beta = \frac{l^2}{2Rl_0} \cdot \frac{180°}{\pi}$$

故

$$\delta = \frac{\beta}{3}$$

从图中几何关系知：

$$b = \beta - \delta = \frac{2}{3}\beta = 2\delta \tag{12.11}$$

当 $l = l_0$ 时，$\beta = \beta_0$，$\delta = \delta_0$，即

$$\delta_0 = \frac{\beta_0}{3}$$

$$b_0 = \frac{2}{3}\beta_0 = 2\delta_0 \qquad\qquad (12.12)$$

因此, $\delta : b : \beta$ 或 $\delta_0 : B_0 : \beta_0$ 为 $1:2:3$。

2. 计算各分段点的偏角

由公式(12.10)知:

$$\delta_2 : \delta_1 = \frac{l_2^2}{6Rl_0} \cdot \frac{180°}{\pi} : \frac{l_1^2}{6Rl_0} \cdot \frac{180°}{\pi}$$

即

$$\delta_2 : \delta_1 = l_2^2 : l_1^2$$

说明偏角与测点到缓和曲线起点的曲线长的平方成正比。

在等分段情况下, $l_2 = 2l_1$, $l_3 = 3L_1$, $\cdots$, $l_0 = N \cdot l_1$,故

$$\delta_2 = 2^2 \cdot \delta_1$$
$$\delta_3 = 3^2 \cdot \delta_1$$
$$\vdots$$
$$\delta_N = N^2 \cdot \delta_1 = \delta_0$$

所以

$$\delta_1 = \frac{\delta_0}{N^2} \qquad\qquad (12.13)$$

式中, N 为分段数。

若 N 已知,再算出 δ_0 ,即可按式(12.13)算出 δ_1 ,然后用任一点的点号平方乘 δ_1 就可算出该点的偏角。

3. 计算步骤

(1) 根据 $\beta_0 = \frac{l_0}{2R} \cdot \frac{180°}{\pi}$ (或查表)求出 β_0 。

(2) $\delta_0 = \frac{\beta_0}{3}$ 。

(3) $\delta_1 = \frac{\delta_0}{N^2}$ 。

(4) $\delta_2 = 2^2 \cdot \delta_1$, $\delta_3 = 3^2 \cdot \delta_1$, $\cdots$, $\delta_N = N^2 \cdot \delta_1 = \delta_0$ 。

【例 12.5】 设 $R = 500$ m, $l_0 = 60$ m, $N = 6$,即每分段曲线长 $l_1 = 10$ m,ZH 点里程 K33+424.67。求算各点的偏角。

【解】 按上面步骤计算:

$$\beta_0 = \frac{l_0}{2R} \cdot \frac{180°}{\pi} = \frac{60}{2 \times 500} \times \frac{180°}{3.141\,6} = 3°26'16''$$

$$\delta_0 = \frac{\beta_0}{3} = \frac{3°26'16''}{3} = 1°08'45''$$

$$\delta_1 = \frac{\delta_0}{N^2} = \frac{1°08'45''}{36} = 1'54.59'' \approx 1'55''$$

各点偏角值列表计算如表 12.3 所示。

表 12.3　各点的偏角值计算

里　程		曲 线 长(m)	偏 角 值
ZH	K33+424.67	10	0°00′00″
	+434.67	10	$\delta_1 =$　01′55″
	+444.67	10	$\delta_2 = 2^2\delta_1 = 4×1'54.59'' = 07'38''$
	+454.67	10	$\delta_3 = 3^2\delta_1 = 9×1'54.59'' = 17'11''$
	+464.67	10	$\delta_4 = 4^2\delta_1 = 16×1'54.59'' = 30'33''$
	+474.67	10	$\delta_5 = 5^2\delta_1 = 25×1'54.59'' = 47'45''$
	+484.67	10	$\delta_6 = 6^2\delta_1 = 36×1'54.59'' = 1°08'45'' = \delta_0$

4. 测设方法

如图 12.18 所示,将经纬仪安置在 ZH 点上,水平度盘置 0°,后视 JD 或直线转点 ZD,即切线方向,先拨角 δ_0,核对 HY 点点位,如在视线上,即可开始工作。仍以切线为 0°方向,依次拨角 δ_1、δ_2、δ_3、…、$\delta_N(= \delta_0)$;同时从点到点量 10 m 弦长与相应视线对准,定出曲线点 1、2、3…点。测设至 HY 点,检核是否落在主点上。

12.5.1.2　偏角法测设圆曲线部分

如图 12.18 所示,用偏角法测设圆曲线部分时,将经纬仪安置在 HY 点上,于度盘上安置反偏角 b_0(正拨值),后视 ZH,则 HY 点的切线方向即 0°方向。倒镜后,即可按圆曲线上曲线点的偏角(反拨值)测设相应的曲线点,直到 QZ。另一半曲线在 YH 点设站,以同法测设之(注意:此时是先反拨后正拨)。测设的关键是找到测站点的切线方向。并使此方向为度盘零方向。

为了避免仪器视准误差的影响,也可于度盘安置 180°+b_0 后视 ZH,使 HY 点切线方向为零方向(图 12.18)。

实测中,为了省去测设圆曲线上曲线点由于分弦与整弦累计的麻烦,常将圆曲线上第 1 点的偏角方向,即 HY—1′方向作为零方向。如图 12.18 所示,以 $b_0+\delta_1$(δ_1 为圆曲线上第 1 点的偏角)后视 ZH 点即可。

偏角法是我国常用的方法。优点是有校核,适用于山区;缺点是误差积累。所以测设时要注意经常校核。

12.5.2　切线支距法测设圆曲线加缓和曲线

切线支距法测设圆曲线加缓和曲线的实质是直角坐标法测设点位。

1. 计算公式

在缓和曲线部分,用公式(12.6)计算测设点的坐标:

$$x = l - \frac{l^5}{40R^2 l_0^2}$$
$$y = \frac{l^3}{6Rl_0}$$

在圆曲线部分,由图 12.19 知:

$$x_i = R \cdot \sin \alpha_i + m$$
$$y_i = R(1 - \cos \alpha_i) + p$$

(12.14)

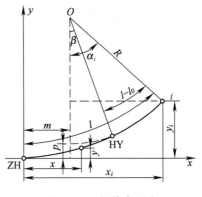

图 12.19　切线支距法

式中,$\alpha_i = \dfrac{l_i - l_0}{R} \cdot \dfrac{180°}{\pi} + \beta_0$,$l_i$ 为曲线点 i 的曲线长。

2. 测设方法

与切线支距法测设圆曲线的方法相同。

支距法的优点是方法简单、误差不积累;缺点是不能发现中间点的测量错误。故适用于平坦地区,而不适用于山区。

☞ 12.6
任意点极坐标法测设曲线

前面讲述的几种曲线测设方法,通常需要多次搬动仪器和设置转镜点,工作量较大。若用光电测距仪或全站仪,则可在任意点设站,采用极坐标法测设曲线。这种方法灵活,效率高,宜广泛推广使用。

12.6.1　基本原理

根据坐标反算求得角度和距离,再利用极坐标法进行测设。

首先设定直角坐标系:以已知主点(如 ZH 点)为坐标原点,以切线为 x 轴,经纬仪可以置于曲线任一侧(内侧或外侧),选择比较适当的位置安置仪器,图 12.20 中的曲线内侧任一点 E,打桩、钉钉,从 E 点至 ZH 点及拟测点均要通视。测出以 x 轴为竖轴的方位角 α 及 ZH—E 的水平距离 d,根据 ZH 点的坐标计算测站 E 点的坐标 x_E、y_E,然后根据 x_E、y_E 及曲线上各点坐标 x_i、y_i,反算出所需的测设角度 θ_i 及边长 d_i。按照各点的测设数据,在 E 点安置仪器用极坐标法逐一测设。

12.6.2 测设具体步骤及方法

【例12.6】 某曲线半径 $R=500$ m，缓和曲线长 $l_0=60$ m，转向角 $\alpha=28°36'20''$，ZH 点里程 K33+424.67，仪器置于 E 点。设直角坐标系：ZH 点为原点，ZH—JD 为纵轴 x，测得 ZH—E 边的长 $d=100$ m，坐标方位角 $\alpha_{ZH-E}=60°$，如图 12.21 所示，计算测设数据并说明测设方法。

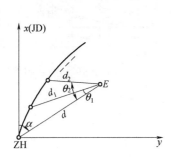 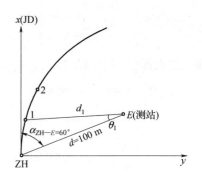

图 12.20 极坐标法原理　　　　　　　图 12.21 测设算例

【解】 （1）计算测站点 E 的坐标：

$$x_E=d\cdot\cos\alpha_{ZH-E}=100\times0.500\,000\,0=50.000(\text{m})$$

$$y_E=d\cdot\sin\alpha_{ZH-E}=100\times0.866\,025\,4=86.603(\text{m})$$

（2）计算测点 1 的坐标

在缓和曲线上，按 10 m 测设一个点，则 $l=10$ m。由公式（12.6）计算得：

$$x_1=10.00\text{ m}, \quad y_1=0.01\text{ m}$$

（3）根据测站 E 及测点 i 的坐标，后视 ZH 点，反算测设角度 θ_i 及边长 d_i，如求 θ_1、d_1。已知 $\alpha_{ZH-E}=60°$，$\alpha_{E-ZH}=240°$，有

$$\tan\alpha_{E-1}=\frac{y_1-y_E}{x_1-x_E}=\frac{0.01-86.603}{10.00-50.00}=\frac{-86.593}{-40}$$

$$=2.164\,825(\text{以 }E\text{ 为原点},\alpha_{E-1}\text{ 属第 III 象限})$$

$$\alpha_{E-1}=245°12'23''$$

$$\theta_1=\alpha_{E-1}-\alpha_{E-ZH}=245°12'23''-240°00'00''=5°12'23''$$

$$d_1=\sqrt{(x_1-x_E)^2+(y_1-y_E)^2}=\sqrt{(40.000)^2+(86.593)^2}=95.385(\text{m})$$

同法计算 2、3、4…各点及 QZ 点的极坐标 θ、d，其结果列于表 12.4 中。

表 12.4 极坐标计算结果

测点	测点坐标（m）		θ(°　′　″)			d(m)	备注
ZH	$x_{ZH} = 0.00$	$y_{ZH} = 0.00$	0	00	00	100.000	
1	$x_1 = 10.00$	$y_1 = 0.01$	5	12	23	95.385	
2	$x_2 = 20.00$	$y_2 = 0.04$	10	53	07	91.614	
3	$x_3 = 30.00$	$y_3 = 0.15$	16	58	28	88.736	
4	$x_4 = 40.00$	$y_4 = 0.36$	23	23	10	86.821	
5	$x_5 = 49.99$	$y_5 = 0.69$	29	59	37	85.913	
6(HY)	$x_6 = 59.98$	$y_6 = 1.20$	36	39	56	85.984	
7	$x_7 = 69.95$	$y_7 = 1.90$	43	15	13	87.021	
8	$x_8 = 79.91$	$y_8 = 2.80$	49	38	32	88.981	
9	$x_9 = 89.85$	$y_9 = 3.90$	55	43	37	91.803	
10	$x_{10} = 99.77$	$y_{10} = 5.19$	61	26	20	95.421	
11	$x_{11} = 109.66$	$y_{11} = 6.69$	66	44	38	99.727	
12	$x_{12} = 119.51$	$y_{12} = 8.38$	71	37	30	104.645	
13	$x_{13} = 129.33$	$y_{13} = 10.27$	76	06	12	110.091	
14	$x_{14} = 139.11$	$y_{14} = 12.35$	80	11	48	115.992	
15	$x_{15} = 148.85$	$y_{15} = 14.63$	83	56	30	122.276	
QZ	$x_{QZ} = 153.52$	$y_{QZ} = 15.80$	85	37	50	125.417	

设仪器置于 E 点。$x_E = 50.000$ m，$y_E = 86.603$ m。测设半个曲线，每 10 m 一个点，如图 12.22。

当按 θ_{QZ} 及 d_{QZ} 测设曲中点时，应与主点测设时的曲中点位置进行校核。

以上是测设半个曲线的测设情况，即以 ZH 点为坐标原点测设至 QZ。另半个曲线以 HZ 点为原点按照上述同样方法进行测设。

另半个曲线的第二种测设方法为：直接按以 ZH 为原点的支距法坐标系坐标测设，一次将整个曲线测设完成。

首先将另半个曲线在支距法坐标系 HZ—x'、y' 的坐标转换为在支距法坐标系 ZH—x、y 的坐标 x、y，然后再算出相应

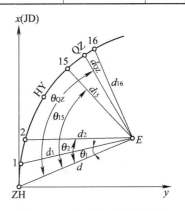

图 12.22 极坐标法测设曲线

的测设点的极坐标(θ, d)，即可以 ZH 点为后视点进行测设。

支距法坐标系转换的通用公式为

$$\begin{pmatrix} x \\ y \end{pmatrix} = \begin{bmatrix} T(1+\cos\alpha) \\ T\sin\alpha \end{bmatrix} + \begin{pmatrix} \cos \alpha & -\sin \alpha \\ \sin \alpha & \cos \alpha \end{pmatrix} \cdot \begin{pmatrix} x' \\ y' \end{pmatrix} \tag{12.15}$$

式中　T——切线长；

　　　α——转向角；

　x, y——以 ZH 为原点，切线为 x 轴的测量坐标系；

x', y'——以 HZ 为原点，切线为 x' 轴的测量坐标系。

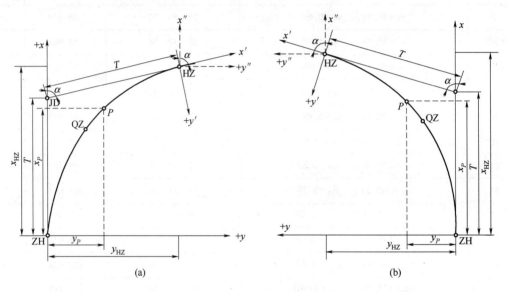

(a)　　　　　　　　　　　　　　(b)

图 12.23　测设原理

导证：如图 12.23（a）及 12.23（b）。设辅助坐标系 HZ—x''、y'' 与坐标系 ZH—x、y 平行。可知，另半个曲线点在 ZH—x、y 系中的坐标：

$$x = x_{HZ} + x''$$
$$y = y_{HZ} + y'' \tag{1}$$

式中坐标系平移量：

$$x_{HZ} = T(1 + \cos \alpha)$$
$$y_{HZ} = T \cdot \sin \alpha \tag{2}$$

坐标系转轴换算：

$$\begin{pmatrix} x'' \\ y'' \end{pmatrix} = \begin{pmatrix} \cos \alpha & -\sin \alpha \\ \sin \alpha & -\cos \alpha \end{pmatrix} \cdot \begin{pmatrix} x' \\ y' \end{pmatrix} \tag{3}$$

将式（2）、式（3）代入式（1）即得式（12.15）。

以上两种方法比较:第一种测设方法将曲线分为两部分分别独立测设,各自选择一测站进行测设。因而工作量较大;第二种测设方法可在一个测站测完全部曲线,比较便捷。但横向误差影响曲线的圆顺,须注意不能超限。

【例 12.7】 按公式(12.15),仍以 ZH 点为原点,根据前例所给曲线测设数据,测站在 E 点($x_E = 50.000$ m,$y_E = 86.603$ m),后视 ZH 点,计算另半个曲线之坐标及测设数据 θ 及 d。

【解】 计算结果见表 12.5。

表 12.5　另半个曲线的坐标及测设数据

测点	测点坐标(m)		$\theta(°\quad'\quad'')$			d(m)	备注
QZ	$x_{QZ} = 153.52$	$y_{QZ} = 15.80$	85	37	50	125.417	
16	$x_{16} = 158.20$	$y_{16} = 17.01$	87	15	14	128.648	
17	$x_{17} = 167.85$	$y_{17} = 19.68$	90	24	33	135.526	
18	$x_{18} = 177.43$	$y_{18} = 22.53$	93	18	23	142.632	
19	$x_{19} = 186.95$	$y_{19} = 25.57$	95	58	46	149.934	
20	$x_{20} = 196.41$	$y_{20} = 28.80$	98	27	21	157.407	
21	$x_{21} = 205.81$	$y_{21} = 32.23$	100	45	45	165.025	
22	$x_{22} = 215.14$	$y_{22} = 35.84$	102	54	46	172.766	
23	$x_{23} = 224.39$	$y_{23} = 39.64$	104	55	40	180.603	
24	$x_{24} = 233.57$	$y_{24} = 43.61$	106	49	07	188.537	
25(YH)	$x_{25} = 242.65$	$y_{25} = 47.77$	108	36	12	196.525	
26	$x_{26} = 251.67$	$y_{26} = 52.10$	110	17	29	204.600	
27	$x_{27} = 260.60$	$y_{27} = 56.60$	111	53	31	212.726	
28	$x_{28} = 269.48$	$y_{28} = 61.20$	113	23	52	220.945	
29	$x_{29} = 278.31$	$y_{29} = 65.90$	114	49	07	229.247	
30	$x_{30} = 287.10$	$y_{30} = 70.66$	116	09	11	237.635	
HZ	$x_{HZ} = 295.89$	$y_{HZ} = 75.44$	117	24	23	246.143	

☞ 12.7
长大曲线和回头曲线的测设

12.7.1　长大曲线的测设

长大曲线如果中间不增加控制点,则横向误差容易超限,造成返工。增强中间控制最常用的方法是将曲线分段测设、分段闭合。如图 12.24 所示,将曲线分为三段:两端各为一段,为圆曲线加缓和曲线段,称**两端曲线**;中间一段为圆曲线段,称**中间圆曲线**。

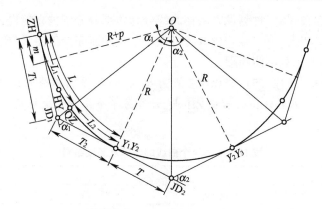

图 12.24　长大曲线分段测设

实地测设时,由 ZH 点按起始切线方向量 T_1 得第 1 分段的交点 JD_1,拨第一分段的转向角 α_1,在这个方向上量 T_2,得圆曲线上的主点 Y_1Y_2,沿着该方向继续向前丈量中间圆曲线的切线长 T,得 JD_2 点……。同法,可继续进行。

分段的原则是:

1. 使各段曲线长是 10 m 的倍数。

2. 由两端向中间测设,不使缓和曲线分为两段。这样分段后曲线的综合要素略有变化,现综述如下:

如图 12.25 所示,将 O、Y_1Y_2 之半径延长,由 Y_1Y_2 在延长线上量 p 定 B 点,过 B 点作一平行于切线(JD_1—Y_1Y_2)的直

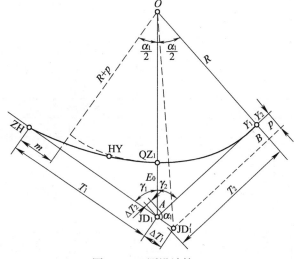

图 12.25　测设计算

线,该直线交于始端切线(ZH—JD_1)的延长线于 JD_1' 点。从 JD_1' 点向切线(JD_1—Y_1Y_2)作垂线交于 A 点。

$$JD_1 \rightarrow JD_1' = \Delta T_1, \quad JD_1 \rightarrow A = \Delta T_2$$

$$\Delta T_1 = \frac{p}{\sin \alpha_1}, \quad \Delta T_2 = \frac{p}{\tan \alpha_1}$$

$$\left.\begin{array}{l} T_1 = (R+p) \cdot \tan \dfrac{\alpha_1}{2} + m - \dfrac{p}{\sin \alpha_1} \\[3mm] T_2 = (R+p) \cdot \tan \dfrac{\alpha_1}{2} + \dfrac{p}{\tan \alpha_1} \end{array}\right\}$$

$$(12.16)$$

曲中点 QZ₁ 的测设所用 γ_1 或 γ_2 角,不再是 JD₁ 的内角的一半,而需要由式(12.17)和式(12.18)计算:

$$\left.\begin{array}{c} \gamma_1 = \arctan \dfrac{R+p}{(R+p)\cdot\tan\dfrac{\alpha_1}{2}-\Delta T_1} \\[4mm] \gamma_2 = \arctan \dfrac{R}{(R+p)\cdot\tan\dfrac{\alpha_1}{2}+\Delta T_2} \end{array}\right\} \tag{12.17}$$

$$E_0 = \frac{R+p}{\sin\gamma_1} - R \tag{12.18}$$

中间圆曲线段的要素计算与 12.2 节计算方法相同。

12.7.2　回头曲线的测设

在曲线测设中,曲线转向角 α 大于 180°时,称为回头曲线。由图 12.26 知,综合要素中,切线长 T、曲线长 L 的计算公式如下:

$$\left.\begin{array}{c} T = (R+p)\cdot\tan\left(180°-\dfrac{\alpha}{2}\right)-m \\[3mm] L = \dfrac{\pi\cdot R}{180°}(\alpha-2\beta_0)+2l_0 \end{array}\right\} \tag{12.19}$$

由 JD 点沿切线方向量切线长 T 得 ZH 和 HZ 点。当 T 为负值时,由 JD 点向外丈量 T 定出 ZH 和 HZ 点(图 12.27)。

得出曲线起点后,按分段的方法把回头曲线分成许多段进行测设。测设的方法如前面长大曲线的测设。

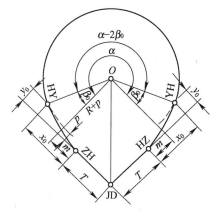

图 12.26　回头曲线测设

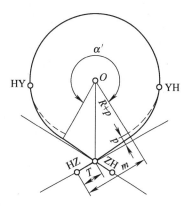

图 12.27　T 为负值时的测设

☞ **12.8**
全站仪及 GPS 测设曲线

利用全站仪、GPS 进行线路曲线测设之前,要先检查、复测平面控制点和水准点分布情况,如控制点精度和密度满足曲线测量需要,则可直接利用测量控制点,采用极坐标法测设原理,直接测设线路曲线。若测量控制点精度和密度不能满足曲线测量需要时,可根据线路测量的精度要求对平面、高程控制点加密,然后再利用测量控制点直接放样线路曲线。

12.8.1 全站仪测设曲线

应用全站仪测设曲线,其基本原理是极坐标法点位测设。通过计算得出需要测设线位的坐标、距离、角度等信息,将点位测设到现场,同时可以利用三角高程的原理测量出中桩的高差,进而可以计算出中桩的高程。全站仪极坐标法充分利用了全站仪速度快、精度高、测设距离长的优点,提高了放线效率。

现场测设曲线,通常利用可编程计算器,参考公式(12.6)和式(12.14)及 12.6 节中所述的坐标转换原理和方法,编制计算程序根据程序提示输入曲线要素及交点、测站控制点、后视点及检核点的坐标,计算出线路曲线上放样点在测量控制点坐标系下的统一坐标,即可直接进行计算需要放样的距离和角度。

【例 12.8】 已知某铁路曲线要素及控制点成果如下:

曲线交点号为 JD14,转向角 $\alpha_z = 46°31'12.5''$;

曲线半径 $R = 3\ 500$ m,缓和曲线 $l_0 = 490$ m;

切线长 $T = 1\ 750.636$ m,曲线长 $L = 3\ 331.754$ m;

ZH14 里程:DK29+384.426,HZ14 里程:DK32+716.180;

JD13 坐标:$X = 27\ 678.814\ 1$ m,$Y = 3\ 625.137\ 8$ m;

JD14 坐标:$X = 29\ 612.931\ 1$ m,$Y = 6\ 022.820\ 1$ m;

已知控制点坐标见表 12.6。

表 12.6 控制点坐标

点名称	北坐标 X(m)	东坐标 Y(m)	高程 H(m)	备 注
CP I 017	30212.1690	6081.5090	23.865	
CP II 017A	30431.7103	6024.0348		
CP II 017B	31076.4917	6136.0834	25.006	设站点
CP II 018A	31646.3972	6193.0440		后视点
CP II 027	31984.3480	6391.6140	26.388	

若在控制点 CPⅡ017B 上安置全站仪,后视 CPⅡ018A 控制点,计算线路曲线各测设点的测设数据。

【解】 1. 测设数据计算

将曲线要素、交点坐标、设站点及后视点坐标等依次输入编程计算器,计算出曲线点测设数据,结果见表 12.7,例如计算 DK32+630 线路中线桩的坐标为:$X = 31272.060$,$Y = 6155.899$,同时计算出从后视点顺时针放样角度为 $00°04'41''$,放样距离为 196.569 m,根据放样角度和距离即可放样出待放点位置。

表 12.7　曲线测设计算表

点名称	放样点坐标		$\theta(° \ ' \ '')$	$d(m)$	备注
	北坐标 $X(m)$	东坐标 $Y(m)$	顺时针		
DK29+384.426	28513.793	4660.241	204°13′47″	2957.285	ZH
DK29+390.000	28517.292	4664.579	204°11′26″	2952.089	
DK29+400.000	28523.571	4672.362	204°07′13″	2942.768	
……					
DK29+860.000	28820.386	5023.674	200°32′19″	2515.446	
DK29+870.000	28827.174	5031.017	200°27′24″	2506.113	
DK29+874.426	28830.185	5034.261	200°25′14″	2501.980	HY
……					
DK31+030.000	29741.103	5736.751	190°56′28″	1393.818	
DK31+040.000	29749.925	5741.461	190°51′32″	1384.018	
DK31+050.303	29759.028	5746.287	190°46′27″	1373.918	QZ
……					
DK32+220.000	30864.572	6111.356	180°56′52″	213.357	
DK32+226.180	30870.682	6112.285	180°53′18″	207.181	YH
DK32+630.000	31272.060	6155.899	00°04′41″	196.569	
……					
DK32+716.180	31357.958	6162.854	359°43′32″	282.737	HZ

2. 测设方法

在 CPⅡ017B 控制点上安置全站仪,设置全站仪参数,输入温度、气压,后视 CPⅡ018A,将置镜点、后视点坐标输入全站仪,检测 CPⅡ017A、CPⅡ017B、CPⅡ018A 控制点之间的角度、距离精度合格后,依次测设各曲线点,进行曲线放样。

12.8.2　GPS RTK 测设曲线

GPS RTK 技术是实时载波相位测量的简称,其具体工作原理见本书第7章的7.5节,流动站上的 GPS 接收机可实时计算并显示测量点的三维坐标及其精度。只要与预先计算出的各个放样点在统一坐标系下的测量坐标理论值进行比较,即可直接用 GPS RTK 技术测设线路曲线。如在例 12.8 中,应用 GPS RTK 测设线路,放样过程如下:

1. 数据准备。放样前,在 GPS 数据处理手簿中计算曲线放样数据,并创建曲线放样文件。

2. 架设基准站。选择在视野开阔、无线电信号覆盖测区范围广的地方架设基准站,基准站可以架设在已知点上,也可以架设在未知点上。

3. 启动基准站和流动站。

4. 工地校正。标准的点校正需要至少3个平面控制点、2个高程控制点(或至少应有一个高程点)。在特殊情况下,可以校正2个平面控制点和一个高程控制点。应用 CP I 017、CP II 017B、CP II 018A 进行工地校正,CP II 027 作为校核点。

如果该任务已经进行过工地校正时,可将基准站架设在已知点上,启动基准站、流动站后直接进行 RTK 测量。

5. RTK 曲线测设。运行数据处理手簿中的 RTK 线路放样程序,按照屏幕提示的当前位置与理论位置之间的偏差值,移动流动站逐渐接近放样点,当偏差值在容许误差范围时,流动站所在位置即为放样点实际位置。

采用 GPS RTK 进行放线时,放线误差不会积累,线路控制桩的误差也不会影响曲线测量精度。测设时,为了验证线路控制桩的可靠性,可用不同的流动站对线路控制桩进行测量检核。

☞ 12.9
曲线测设的误差规定

在曲线测设中,由于拨角及量距误差的影响,由一个主点测设至另一个主点时,往往产生不闭合的现象。如图 12.28 所示,由 ZH 点测设至 QZ(M)点时,测定的点 M' 与原来主点测设时所定的 QZ(M) 点不在同一位置,产生闭合差 f。f 可在 M 处分解为外矢距方向及其垂线(即 QZ 点切线方向)的两个分量。切线方向的分量为 $f_{纵}$(纵向闭合差),外矢距方向分量为 $f_{横}$(横向闭合差)。

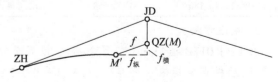

图 12.28　曲线测设误差

12.9.1 曲线测设闭合差的允许值

(1)偏角法。$f_{纵} \leqslant \dfrac{l}{2\ 000}$($l$ 为测设两主点之间的曲线长)。

$$f_{横} \leqslant 0.1\ \text{m}$$

当曲线半径较大时,纵向闭合差可以认为主要是由于量距引起的,所以纵向允许闭合差是相对值;横向闭合差可以认为主要是由于拨角引起的,因而横向允许闭合差是一个绝对值。

(2)极坐标法。点位误差:±10 cm。

12.9.2 曲线测设误差分析

用偏角法测设曲线时,闭合差将受主点测设的精度和详细测设时的误差影响。主点测设的精度主要受转向角测量误差、切线丈量精度,确定 ZH 及 HZ 时的定向误差,确定 HY 及 YH 时 x_0 及 y_0 的丈量精度及其定向误差,确定 QZ 时 E_0 的丈量精度及分角线方向的测角误差等因素的影响。详细测设曲线时的误差主要来自:主点测设的精度、偏角测设的精度(包括经纬仪对中、目标偏心、照准和读数误差、投点误差等)、照准后视点的方向误差、以弦长代替弧长的误差及弦长丈量误差等因素的影响。

用极坐标法测设曲线时,由于光电测距仪测距精度高,故测距误差对点位精度的影响不显著。对点位精度影响较大的主要是:主点测设精度、设置测站时的测角精度、详细测设时的角度安置精度、测站数的个数等因素。

以上因素中,以切线丈量精度、弦长丈量精度及偏角测设误差和转镜次数对曲线测设闭合差的影响最大。而且,曲线愈长闭合差愈大,曲线半径愈小对横向闭合差的影响愈大。

因此,测设曲线时,应提高切线的测量精度以确保主点测设精度,减少详细测设曲线时偏角的测量误差及弦长丈量误差。对于长大曲线应增设控制点,分段测设,分段闭合,以保证曲线的测设精度。

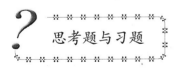

思考题与习题

1. 在铁路曲线上为什么要加缓和曲线?它有何特点?

2. 测设曲线的主要方法有哪些?各适用于什么情况?

3. 曲线半径 $R = 500$ m,转向角 $\alpha = 16°17'32''$,若 ZY 点的里程为 K37+785.27,试计算圆曲线要素、各主点的里程及仪器设置在 ZY 点时各曲线点的偏角。

4. 某曲线之转向角(左偏)$\alpha = 26°43'00''$,半径 $R = 1\ 000$ m,缓和曲线长 $l_0 = 100$ m,ZH 点的里程为 K42+404.24,$\beta_0 = 2°51'54''$。

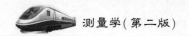

（1）当仪器设置在 ZH 点时，试计算里程为 K42+424.24 点的偏角；

（2）当经纬仪置于 HY 点时，试计算并说明检核 QZ 点点位的方法。

5. 已知某曲线 $R=500$ m，$\alpha=13°12'30''$（右偏），$l_0=40$ m，ZH 点里程为 K75+384.25。

（1）计算曲线综合要素；

（2）计算各主点里程；

（3）计算当仪器设置在 ZH 点时，ZH—HY 点间各点偏角；当仪器设置在 HY 点时，HY—YH 点间各点偏角；当仪器设置在 HZ 点时，HZ—YH 点间各点偏角。

6. 已知某曲线 $R=1\,000$ m，$\alpha=26°38'00''$，$l_0=120$ m，直缓点（ZH）的里程为 K28+529.47。

（1）试计算曲线主点的里程，并说明主点测设的方法；

（2）仪器设置在缓圆点（HY）上，求算里程为 K28+680.00 的曲线点的偏角值，并说明测设该点的方法。

7. 已知某曲线转向角 $\alpha=28°40'00''$，半径 $R=500$ m，缓和曲线长 $l_0=100$ m，曲线长 $L=350.16$ m，直缓点（ZH）的里程为 K42+414.34。

（1）当仪器设在 HZ 点时，试计算里程为 K42+714.50，K42+734.50 两点的偏角；

（2）试叙述用偏角法测设 K42+520.00 点的方法及计算数据。

13

测量 铁路及公路线路

本章系统地介绍铁路及公路线路测量的内容和方法。包括铁路测量中的新线初测、定测以及既有铁路线路和站场测量,详细讨论在新线初测中如何进行导线测量、高程测量和带状地形图的测绘以及在定测中怎样进行线路中线测量、线路高程及纵横断面测量,阐述既有线线路及站场测绘的基本内容和方法,介绍高速铁路测量的基本内容和方法;最后介绍公路线路的测量工作。

测量学

☞ 13.1
铁路线路测量概述

13.1.1 铁路线路勘测概述

铁路线路勘测的目的就是为铁路的设计搜集所需的地形、地质、水文、气象、地震等方面的资料，经过室内研究、分析和对比，在线路的起、终点之间找出在平面上直而短，在立面上坡度小的线路位置，以保证所选线路和工程在经济上合理、技术上可行，使其在国民经济和国防建设中充分发挥效益。

1. 方案研究

在小比例尺地形图上找出线路可行的方案和初步选定一些重要技术标准，如线路等级、限制坡度、牵引种类、运输能力等，并提出初步方案。

2. 初测和初步设计

初测是为初步设计提供资料而进行的勘测工作，其主要任务是提供沿线大比例尺带状地形图以及地质和水文资料。初步设计的主要任务是在提供的带状地形图上选定线路中心线的位置，亦称纸上定线，经过经济、技术比较后提出一个推荐方案。同时要确定线路的主要技术标准，如线路等级、限制坡度、最小半径等。

3. 定测和施工设计

定测是为施工技术设计而做的勘测工作，其主要任务是把初步设计中所选定的线路中线测设到地面上去，并进行线路的纵断面和横断面测量。对个别工程还要测绘大比例尺的工点地形图。施工技术设计是根据定测所取得的资料，对线路全线和所有个体工程做出详细设计，并提供工程数量和工程预算。该阶段的主要工作是线路纵断面设计和路基设计，并对桥涵、隧道、车站、挡土墙等做出单独设计。

13.1.2 线路测量

线路测量是指铁路线路在勘测、设计和施工等阶段中所进行的各种测量工作。它主要包括：为选择和设计铁路线路中心线的位置所进行的各种测绘工作；为把所设计的铁路线路中心线标定在地面上的测设工作；为进行路基、轨道、站场的设计和施工的测绘和测设及既有线测量等工作。

为满足铁路线路勘测设计、施工的需要，我国铁路新线测量通常也相应分两阶段进行，即新线初测和新线定测。

13.2

新线初测

线路初测工作主要包括:平面控制网、高程控制网的建立和测量,带状地形图测绘等。控制网建立和测量的技术要求取决于线路等级、定位精度及施工方法等,可以采取导线、GPS 控制网、三角网等方法建立。测量控制网分为首级网和加密网,首级网一般按全线一次建立,统一平差计算。加密网在首级网的基础上,可采用导线、GPS 及边角交会等方法进行加密。

线路平面控制网常用的形式是导线测量,本节重点对导线测量进行阐述。

13.2.1 导线测量

13.2.1.1 导线点的布设

初测导线是测绘线路带状地形图和定线放线的基础,导线点的位置应满足以下几项要求:

1. 尽量接近线路通过的位置。大桥及复杂中桥和隧道口附近、严重地质不良地段以及越岭垭口地点,均应设点。

2. 地层稳固、便于保存。

3. 视野开阔、测绘方便。

4. 点间的距离以不短于 50 m、不大于 400 m 为宜。导线相邻边长不宜相差过大,相邻边长之比不宜大于 1.3。采用电磁波测距仪测距时,导线点之间的距离可增至 1 000 m,但应在 500 m 左右处加设转点。

13.2.1.2 导线的施测

导线控制网可布设成附合导线、闭合导线或导线网。根据《铁路工程测量规范》(TB 10101—2018)(简称《铁路测规》),施测导线时,各等级导线测量的主要技术要求按表 13.1 的规定进行。

表 13.1 导线测量的主要技术要求

等级	测角中误差(″)	测距相对中误差	方位角闭合差(″)	导线全长相对闭合差	测回数			
					0.5″级仪器	1″级仪器	2″级仪器	6″级仪器
二等	1	1/250 000	$\pm 2.0\sqrt{n}$	1/100 000	6	9	—	—
三等	1.8	1/150 000	$\pm 3.6\sqrt{n}$	1/55 000	4	6	10	—
四等	2.5	1/100 000	$\pm 5\sqrt{n}$	1/40 000	3	4	6	—
一级	4	1/50 000	$\pm 8\sqrt{n}$	1/20 000	—	2	2	—
二级	7.5	1/25 000	$\pm 15\sqrt{n}$	1/10 000	—	—	1	3

注:①表中 n 为测站数。

②当边长短于 500 m 时,二等边长中误差应小于 2.5 mm,三等边长中误差应小于 3.5 mm,四、等、一级边长中误差应小于 5 mm,二级边长中误差应小于 7.5 mm。

水平角测量、导线边的量测方法可参阅第 3、4 章,根据导线的等级要求,采用适合的仪器设备,按《铁路测规》的相应要求进行。

导线测量多采用附合导线的形式。通常,为了确定初测导线的方位,检验导线水平角及边长的量测精度,要求导线的起点、终点,以及每隔 30 km 的点,应与与国家高级控制点或高精度的 GPS 控制点联测。

13.2.2 导线的两化改正

导线与国家控制点联测进行坐标检核时,首先应将导线测量成果化算到大地水准面上,然后再归化到高斯投影面上,才能与国家控制点坐标进行比较检核,这项工作称为导线的两化改正。

1. 将坐标增量的总和改化至大地水准面上。计算公式为

$$\left. \begin{aligned} \sum \Delta x_0 = \sum \Delta x - \frac{H_m}{R} \sum \Delta x = \sum \Delta x \left(1 - \frac{H_m}{R}\right) \\ \sum \Delta y_0 = \sum \Delta y - \frac{H_m}{R} \sum \Delta y = \sum \Delta y \left(1 - \frac{H_m}{R}\right) \end{aligned} \right\} \tag{13.1}$$

式中 $\sum \Delta x_0$, $\sum \Delta y_0$——改化为大地水准面上的纵、横坐标增量(m)的总和;

$\quad\quad \sum \Delta x$, $\sum \Delta y$——根据边长和平差后的角度计算的纵、横坐标增量(m)的总和;

$\quad\quad H_m$——导线的平均高程(km);

$\quad\quad R$——地球的平均曲率半径(km)。

2. 将大地水准面上的坐标增量的总和化算至高斯投影面上。计算公式为

$$\left. \begin{aligned} \sum \Delta x_s = \sum \Delta x_0 + \frac{y_m^2}{2R^2} \sum \Delta x_0 \\ \sum \Delta y_s = \sum \Delta y_0 + \frac{y_m^2}{2R^2} \sum \Delta y_0 \end{aligned} \right\} \tag{13.2}$$

式中 $\sum \Delta x_s$, $\sum \Delta y_s$——高斯平面上纵、横坐标增量(m)的总和;

$\quad\quad y_m$——导线两端点横坐标的平均值(km)。

由改化至高斯平面上的坐标增量的总和以及由国家控制点推算的坐标增量之差,计算全长闭合差 $f_s (\sqrt{f_x^2 + f_y^2})$ 与导线全长 $\sum L$ 之比,求得导线全长相对闭合差,若符合相应等级导线的要求,即可分配闭合差,推算出导线各点的坐标。

导线的两化改正也可通过将测区的测距边长归算到高斯投影面上来完成。

(1)将测距边长归算到参考椭球面上,可按式(13.3)计算:

$$D_1 = D_0 \left(1 - \frac{H_m + h_m}{R_A + H_m + h_m}\right) \tag{13.3}$$

式中　D_1——归算到参考椭球面上的测距边长度(m);

　　　D_0——测距边两端平均高程面上的平距(m);

　　　H_m——测距边两端的平均高程(m);

　　　R_A——参考椭球体在测距边方向的法截弧曲率半径(m);

　　　h_m——测区大地水准面高出参考椭球面的高差(m)。

（2）将归算到参考椭球面上的测距边长归算到高斯投影面上,可按式(13.4)计算:

$$D_2 = D_1 \left(1 + \frac{Y_m^2}{2R_m^2} + \frac{\Delta y^2}{24R_m^2} \right) \tag{13.4}$$

式中　D_2——测距边在高斯投影面上的长度(m);

　　　Y_m——测距边中点横坐标(m);

　　　Δy——测距边两端点横坐标增量(m);

　　　R_m——测距边中点处在参考椭球面上的平均曲率半径(m)。

13.2.3　坐标换带计算

高斯投影以中央子午线进行分带,把投影范围限制在中央子午线东、西两侧一定的范围内。在线路工程中,常采用3°带、1.5°带或任意带,而国家控制点通常是6°带坐标,工程中往往也会用到相邻带中的点坐标。当初测导线与国家控制点联测时,有时导线点与联测的国家控制点会处于两个投影带中,必须先将邻带的坐标换算为同一带的坐标才能进行检核,这时就产生了6°带同3°带(或带1.5°、任意带)之间的相互坐标换算问题。图13.1为6°带与带3°之间的关系。

坐标换带的基本公式是根据邻带坐标换带的原理,找出地面上任意一点在西(东)带的投影坐标与其在东(西)带的投影坐标之间的内在联系而建立的。基本公式分严密公式和近似公式。目前,坐标换带计算常利用专用的测量程序进行。

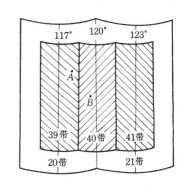

图 13.1　6°带与3°带之间的关系

13.2.4　高程测量

高程测量的目的有两个,一是沿线路设置水准基点,建立精度统一线路高程控制网;二是测量中桩(导线桩、加桩——地形和地质显著变化处所钉设的桩橛)高程,为地形测绘建立较低一级的高程控制系统。

高程控制测量等级划分为一、二、三、四、五等。各等级水准测量限差见表13.2。

表 13.2　水准测量限差要求(mm)

水准测量等级	测段、路线往返测高差不符值		测段、路线的左右路线高差不符值	附合路线或环线闭合差		检测已测测段高差之差
	平原	山区		平原	山区	
一等	$\pm 1.8\sqrt{K}$		—	$\pm 2\sqrt{L}$		$\pm 3\sqrt{R_i}$
二等	$\pm 4\sqrt{K}$	$\pm 0.8\sqrt{n}$	—	$\pm 4\sqrt{L}$		$\pm 6\sqrt{R_i}$
三等	$\pm 12\sqrt{K}$	$\pm 2.4\sqrt{n}$	$\pm 8\sqrt{K}$	$\pm 12\sqrt{L}$	$\pm 15\sqrt{L}$	$\pm 20\sqrt{R_i}$
四等	$\pm 20\sqrt{K}$	$\pm 4\sqrt{n}$	$\pm 14\sqrt{K}$	$\pm 20\sqrt{L}$	$\pm 25\sqrt{L}$	$\pm 30\sqrt{R_i}$
五等	$\pm 30\sqrt{K}$		$\pm 20\sqrt{K}$	$\pm 30\sqrt{L}$		$\pm 40\sqrt{R_i}$

注:① K 为测段水准路线长度,单位为 km;L 为水准路线长度,单位为 km;R_i 为检测测段长度,单位为 km;n 为测段水准测量站数。

② 当山区水准测量每公里测站数 $n \geqslant 25$ 站以上时,采用测站数计算高差测量限差。

高程控制网的等级,应根据列车设计行车速度、用途和精度要求合理选择。速度在 160 km/h 以上的新建铁路,按三等或三等以上水准测量建立高程控制网,速度在 160 km/h 以下的新建铁路,按四等水准测量建立高程控制网。高程控制网首级网应布设成附合路线或环形网,加密网宜布设成附合路线或结点网,一般要求全线一次布网,整体平差。

水准点高程测量应与国家水准点或相当于国家等级水准点联测,路线长度应不远于 30 km 联测一次,形成附合水准路线,以检验测量成果并进行闭合差调整。

水准点应沿线路布设,做到既方便又实用,又利于保存。《铁路测规》要求,一般地段每隔约 2 km 设置一个水准点,工程复杂地段每隔约 1km 就应设置一个水准点。水准点最好设在距线路 50~300 m 范围。如果有条件,水准点宜设在不易风化的基岩上,坚固稳定的建筑物上亦可埋设混凝土水准点。

13.2.4.1　水准点高程测量

1. 水准测量

水准点水准测量精度须按相应的等级要求执行,见表 13.2。为了保证水准点测量精度,应注意测量应在成像清晰、稳定的时间内进行;前、后视距离应尽量相等。

当视线跨越宽度超过 200 m 的大河、峡谷时,应按跨河水准要求进行。如图 13.2 所示,在河(谷)两侧大致等高处设置转点 A、B 及置镜点 C、D,并使 $AC \approx BD = 15 \sim 20$ m。往测程序如图示:首先在 C 点置镜,观测完 B 点后,应尽快渡河(越谷)至 D 点置镜,在观测 A 点时不允许再调焦。返测程序与往测相反。往返测得的两转点高程不符值在限差范围以内时,取用平均值。

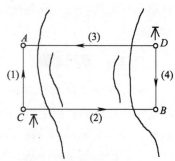

图 13.2　跨河水准测量

2. 光电测距三角高程测量

用光电测距三角高程测量方法测量水准点,宜与平面导线测量合并进行,即导线边长测量、水准点高程测量和中桩高程测量一次完成。

初测导线的导线点应作为高程转点,高程转点间或转点与水准点间的距离和竖直角必须往返观测,斜距应加气象改正,高差可不加球气差改正,最后采用往返观测的平均值。

往返观测的平均高差可以削减大地折光系数 K 对高差的影响,但无法完全抵消。因此,在测量时应尽可能缩短往返测量的时间间隔,力求使往返测在同一气象条件(温度、湿度及大气压力等)下完成,使 K 值的变化达到最小。

13.2.4.2 中桩高程测量

1. 水准测量

中桩水准测量在水准点水准测量完成后进行。从已经设置的水准基点开始,沿导线进行中桩水准测量,最后附合于相邻的另一个水准点上,形成附合水准路线,限差要求见表13.3。中桩水准测量应把导线点做为高程转点,高程取位至 mm;中桩高程取位至 cm。

表 13.3 中桩高程测量限差(mm)

项　　　目		附合路线闭合差	检　　测	附　　注
水准测量		$\pm 50\sqrt{L}$	± 100	L 为附合路线长度(km)
光电测距三角高程测量		$\pm 50\sqrt{L}$	± 100	
视距三角高程测量	困难地段	± 300	± 150	
	隧道顶	± 800	± 400	

2. 光电测距三角高程测量

前已叙及,光电测距三角高程测量是与导线边长测量、水准点高程测量同时完成的。但为了满足往返测"宜在同一气象条件下完成"的要求,要尽可能地缩短往返测的间隔时间;又由于中桩高程精度要求较低,用光电测距三角高程测量时,只须单向测量即可。考虑到上述两种情况,中桩高程测量宜在水准点高程测量的返测后进行。

中桩光电测距三角高程测量应满足表13.4的要求。其中距离和竖直角可单向正镜观测两次(两次之间应改变反射镜高度),也可单向观测一测回。两次或半测回之差在限差以内时取平均值。

表 13.4 中桩光电测距三角高程测量观测

类　　别	距离测回数	竖　直　角			半测回或两次高差较差(mm)
		最大竖直角(°)	测回数	半测回间较差(″)	
高程转点	往返各一测回	30	中丝法往返各一测回	12	
中　　桩	单向一测回	40	单向两次		100
			单向一测回	30	

若单独进行中桩光电测距三角高程测量时,其高程路线应起闭于水准点。把导线点作为

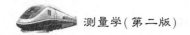

高程转点,高程转点间的竖直角可用中丝法往返观测一测回。

13.2.5　地形测量

在导线测量、高程测量完成的基础上,按勘测设计的要求,须沿初测导线测绘比例尺为 1∶500～1∶10 000 的带状地形图。带状地形图宽度一般沿线路两侧不小于 200 m。

地形测量是以导线作为平面控制,以已知高程的导线点及水准点作为高程控制进行的。有关地形测量的原理、方法等,详见第 8 章。

☞ # 13.3
新 线 定 测

定测阶段的主要测量工作是:线路中线测量、线路纵断面测量及线路横断面测量。

13.3.1　线路中线测量

初测完成后,在初测的带状地形图上定出线路中线。这一工作称为**纸上定线**。

中线测量是定测阶段的主要工作,它的任务是把在带状地形图上设计好的线路中线,结合现场具体条件,测设于实地,并用木桩标定。

中线测量工作分放线和中桩测设两步进行。**放线**是把纸上定线所确定的交点间的直线测设于地面上;**中桩测设**是实地进行丈量距离、量测转向角、测设曲线,并按规定钉设中桩(公里桩、加桩)。

13.3.1.1　放　　线

放线常用的方法有拨角法放线、支距法放线、全站仪极坐标法放线及 GPS RTK 法放线等。具体采用什么方法,可根据线路经过地区的地形条件、纸上定线与初测导线的相互位置、初测图纸的精度以及测量所用的仪器设备而定。

1. 拨角法放线

根据平面图纸上定线交点的坐标(经纬距),预先在室内计算出每条直线线段的长度及其坐标方位角(进而计算出转向角),然后到现场置仪器于交点,拨角、量距放出中线。拨角法放线分为三个步骤:计算放线资料、实地放线及调整误差。

(1) 计算放线资料

① 计算转点的极坐标

图 13.3 为一平面图的局部,图中 $C_0 C_1 \cdots$ 为初测导线;$JD_0 JD_1 \cdots$ 为纸上定线。初测导线各边的坐标方位角及导线点的坐标均为已知。纸上定线各交点(JD)的坐标,可直接从平面图上量出。由坐标反算公式,可求出纸上定线各边长度及其坐标方位角,从而可求出各交点偏角,

见表 13.5。所有室内计算结果,应使用比例尺和量角器在平面图上核对。

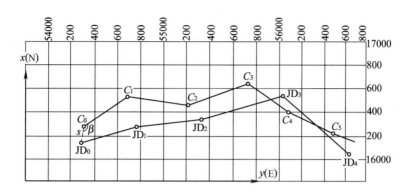

图 13.3　拨角放线

如图 13.3 及表 13.5 所示,由导线点 C_0 测设中线起点 JD_0 的极坐标测设数据为

$$\beta = \alpha_{C_0 - JD_0} - \alpha_{C_0 - C_1} = 143°07'36''$$

$$s = 145.47 \text{ m}$$

JD_0 的转向角:　　　$$\alpha_0 = \alpha_{C_0 - JD_0} - \alpha_{JD_0 - JD_1} = 124°20'17'' \quad (左)$$

表 13.5　拨角法放线距离及偏角计算表

桩号	坐标(m)		坐标增量(m)		坐标方位角 α			直线长度	交点转向角		
	x	y	Δx	Δy	°	′	″	s(m)	°	′	″
C_1					235	18	30				
C_0	16 293	54 311			198	26	06		(β=143°07′36″)		
			−138	−46				145.47			
JD_0	16 125	54 265			74	05	49		124	20	17(左)
			153	537				558.37			
JD_1	16 278	54 802			81	18	29		7	12	40(右)
			85	556				562.46			
JD_2	16 363	55 358			71	53	10		9	25	19(左)
			228	697				733.34			
JD_3	16 591	56 055			127	35	14		55	42	04(右)
			−458	595				750.86			
JD_4	16 133	56 650									

②计算曲线要素及主要点里程

根据直线转向角 α_{JD}、曲线半径 R 及缓和曲线长度 l,计算曲线各要素及曲线主要点里程。资料经核对无误后,应填在拨角定线资料表中,供外业中线测量时使用。

(2)现场放线

根据室内计算资料,在 C_0 点置镜,后视 C_1 点,拨角 143°07′36″定出 C_0—JD_0 方向,量距 145.47 m 定出 JD_0 点。然后在 JD_0、JD_1…依次置镜,根据相应的直线长度 s 及转向角 α_{JD},用极

坐标法顺序定出 JD_1、JD_2…等直线交点。

（3）闭合差检核

拨角法定线的弱点是误差积累。为了保证放线的精度，每隔 3～5 km，特殊情况下不大于 10 km，应与初测导线（或航测控制点、GPS 点）联测一次，联测闭合差不应超过以下规定：

$$长度相对闭合差 \quad \frac{1}{2\,000}$$

$$水平角闭合差 \quad \pm30''\sqrt{n}$$

其中，n 为测站总数。计算长度相对闭合差时，长度采用初、定测导线闭合环的长度。当闭合差超限时，应查找原因予以改正或重测。

2. 支距法放线

当地面平坦、初测导线与纸上定线间相距较近时，可用支距法放线。支距法以导线点为基础，独立放出中线的各条直线，然后将两相邻直线延伸相交得交点，不存在拨角法放线所产生的误差传递、积累问题。

支距法放线分以下步骤：纸上选点、量距，现场放线，交点。

（1）纸上选点、量距

一般以初测导线的导线点或转点做初测导线的垂线，把垂线与纸上定线的交点做为定测中线的转点，如图 13.4 中 ZD_{4-4}、ZD_{5-1} 等点。根据需要，也可以在纸上定线时选出便

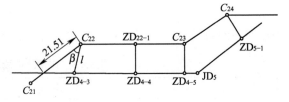

图 13.4　支距法选点

于放线的明显地物点，做为定测中线的转点，如 ZD_{4-3} 地势较高，视野开阔，是理想的转点，它与初测导线点 C_{22} 的距离为 l，与 C_{22}—C_{21} 边有一夹角 β。

转点（如 ZD_{4-3}）选好后，分别量出初测导线点（或转点）到纸上定线转点的支距长度（$l=14.25$ m）和支距与初测导线的夹角（$\beta=52.5°$），记在平面图上，作为放线时的依据。每段纸上定线的直线上，最少要有三个转点，且转点间尽可能通视。

（2）现场放线

根据放线示意图，到现场找出相应的初测导线点，按照已量得的支距距离和角值，以初测导线为基础，用极坐标方法实地放线。一般距离用皮尺设置，角度用经纬仪测设；当角度为直角时，可使用简易仪器方向架、直角镜等测设。放出的各点应打桩、插旗标示其位置。

① 穿线

由于放线资料和实际测设都存在误差，因此位于纸上定线中一条直线上的各转点，在现场设置后通常不在一条直线上，须用经纬仪将各转点调整到同一直线方向上，这一工作就叫做"穿线"。

穿线方法:将经纬仪安置在一个放线点上,照准最远的一个转点(ZD),由远而近逐一检查,如各转点偏差不大,说明各点位的设置没有错误,此时,可将中间各点都移到直线(视线)上;或者移动仪器至某一点,使得位于仪器前后的大多数转点,都极接近仪器正倒镜视线所指示的直线方向,则仪器视线方向便是所放直线方向。

② 延长直线

在直线地段,常常需要根据两已知点延长直线。延长直线一般采用经纬仪盘左盘右分中法。假设 AB 线段需延长,可在 B 点置经纬仪,盘左后视 A 点,倒转望远镜定出 C_1 点;再换盘右照准 A 点,倒镜在地面上定出 C_2。将 C_1 与 C_2 点连线分中定出 C 点,BC 段便是 AB 的延长线。

为了保证精度,延长直线时应使前后视距离大致相等,距离最长不宜大于 400 m,最短不宜小于 50 m。对点时,应尽可能用测钎或垂球;当距离较远时可改用花杆对点,但须分中照准花杆的最下端。

(3) 交点

不同方向的相邻两直线在地面上放出后,要测设两直线的交点(JD),这一工作称为"交点"。交点是确定中线的直线段方向和测设曲线的重要控制点。

如图 13.5 所示,A、B、C、D 为地面上不同方向的两直线转点。先在 A 点置镜,后视 B 点,延长直线 BA,在估计与 CD 直线相交处的前后,打两个木桩 a、b(俗称"骑马桩"),在 a、b 桩上钉钉、拉上小线,则 ab 弦线就是 BA 直线在交点左右的延长线。

搬动仪器置于 C 点,后视 D 点,延伸直线

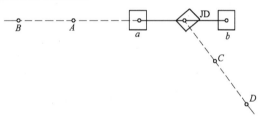

图 13.5　交点测设

DC 与 ab 线相交定出 JD。具体钉测时,一人持花杆沿 ab 线左右移动,在仪器观测者的指挥下,找到交点位置打下木桩,然后用铅笔把 ab 线方向准确的划在桩顶上,再用测钎(铅笔尖)或垂球在桩顶 ab 方向上重新对点,点位确定后打下小钉,标示 JD 的位置。由于具体情况需要,有时在 CD 直线延长线,也设置两个骑马桩 c、d,拉上小线,在 ab、cd 两细线交点的位置上,打桩钉钉,最后定出交点。

为保证交点的精度,交点到转点(或转点之间)的距离宜介于 400~500 m 之间。当地面平坦,目标清晰时,也不要长于 500 m;若点与点间距短于 50 m,则各项操作(经纬仪对中,望远镜照准,对点,钉点等等)都应格外严格、仔细。

3. 极坐标法放线

此法是将全站仪安置于导线点上或采用全站仪自由设站,利用极坐标法测设点位的原理,同时测设数条直线上的若干个点。其测设数据如距离、角度等通过坐标反算求得。最后经过穿线确定直线的位置。极坐标法充分利用了全站仪速度快、精度高和测程长的优点,提高了放

线效率。全站仪自由设站法选择测站灵活,能很好地克服线路方向上遇障碍不通视、地形复杂等困难地区。是一种日愈广泛应用的方法。

4. GPS RTK 坐标法放线

采用 GPS RTK 技术坐标法放线原理和方法同 7.5.3 及 12.8.2 节。

13.3.1.2 中桩测设

放线工作完成之后,地面上已有了控制中线位置的转点桩 ZD 和交点桩 JD。依据 ZD 和 JD 桩,即可将中线桩详细测设在地面上,这种工作又称中桩测设。它包括直线和曲线两部分,此处介绍直线测设,曲线测设按第 12 章所述进行。

中线上应钉设公里桩、百米桩和加桩。直线上中桩间距不宜大于 50 m;在地形变化处或按设计需要应另设加桩,如沿线路纵横向地形变化处,地质不良地段变化处,线路与其他道路、通信线路或输电线路交叉处等。在铁路大型工程地段(如桥梁、隧道两端)也应设置加桩。加桩一般宜设在整米处。

中线距离应用光电测距仪或钢尺往返测量,在限差以内时取平均值。百米桩、加桩的钉设以第一次量距为准。中桩桩位误差不超过下列限差:

$$横向为 \pm 10 \text{ cm}; \quad 纵向为 \left(\frac{s}{2\ 000} + 0.1 \right) \text{m}$$

其中,s 为转点至桩位的距离,以 m 计。

定测控制桩如直线转点、交点、曲线主点桩,一般都应用固桩。固桩可埋设预制混凝土桩或就地灌注混凝土桩,桩顶埋设铁钉表示点位。

13.3.1.3 GPS 测设线路中线

线路中线的控制桩、中桩也可以利用 GPS PTK 方法一次性测设。在线路中线测量前,应检查测区平面控制点和水准点分布情况。如控制点精度和密度不能满足中线测量需要时,平面应按五等 GPS 或一级导线、高程按五等水准测量精度要求加密。

GPS RTK 法中线测量,宜将参考站设于平面控制点上。具体测量方法与 12.8.2 类似。

放线作业前,流动站应对已知点进行测量并存储,平面互差应小于 2 cm,高程互差应小于 4 cm。测设中线控制桩时,计算点位与实测点位的坐标差值应控制在 1 cm 以内。测设中桩时应控制在 5 cm 以内。

GPS RTK 法中线测量完成后,应输出下列成果:

(1)每个点的三维坐标。

(2)每个点的平面高程精度。

(3)每个放样点的横向偏差和纵向偏差。

13.3.2 线路高程测量及纵断面绘制

定测阶段的水准测量分为基平测量和中平测量。基平测量的任务与初测阶段一样,是沿线路建立水准基点,以便为定测线路及日后的施工和养护提供高程控制。中平测量是沿着定测线路中心线的标桩进行中线水准测量,亦称中桩抄平。利用中线水准测量的结果绘制纵断面,为施工设计提供可靠的资料依据。

13.3.2.1　线路水准点高程测量

1. 水准点的布设

定测阶段水准点的布设应在初测水准点布设的基础上进行。首先对初测水准点逐一检核,其不符值在 $\pm 30\sqrt{K}$ （mm）（K 为水准路线长度,以 km 为单位）以内时,采用初测成果;若确认超限,方能更改。其次,若初测水准点远离线路,则重新移设至距线路 100 m 的范围内。水准点的布设密度一般 2 km 一个,但长度在 300 m 以上的桥梁和 500 m 以上的隧道两端和大型车站范围内,均应设置水准点。

水准点应设置在坚固的基础上或埋设混凝土标桩,以 BM 表示并统一编号。

2. 水准点高程测量

测量方法与要求同初测水准点高程测量。

3. 跨河水准测量

在铁路水准点测量中,当跨越河流或深谷时,由于前、后视线长度相差悬殊及水面折光的影响,不能按通常的方法进行水准测量。当跨越大河、深沟视线长度超过 200 m 时,应按跨河水准测量进行。

13.3.2.2　中桩高程测量

初测时中桩高程测量是测定导线点及加桩桩顶的高程,为地形测量建立图根高程控制。定测时,则是测定中线上各控制桩、百米桩、加桩处的地面高程,为绘制线路纵断面提供资料。

1. 中桩水准测量

中桩水准采用水准仪单程测量,水准路线应起闭于水准点,限差为 $\pm 50\sqrt{L}$ （mm）（L 为水准路线长度,以 km 计）。中桩高程宜观测两次,其不符值不应超过 10 cm,取位至 cm。中桩高程闭合差在限差以内时可不作平差。

中桩高程测量方法如图 13.6 所示。将水准仪安置于 I,读取水准点 BM_1 上的尺读数作为后视读数。然后依次读取各中线桩的尺读数,由于这些尺读数是独立的,不传递高程,故称为中视读数。最后读取转点 Z_1 的读数作为前视读数。再将仪器搬至 II,后视转点 Z_1,重复上述方法,直至闭合于 BM_2。中视读数读至 cm,转点读数读至 mm。记录、计算见表 13.6。

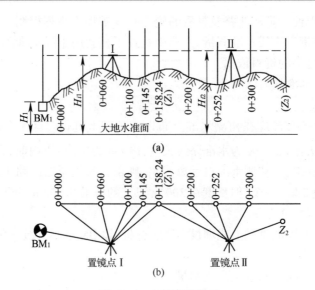

图 13.6 中桩高程测量

表 13.6 中桩水准测量记录

测　点	水准尺读数(m)			仪器高程 (m)	高　程 (m)	备　注
	后　视	中　视	前　视			
BM$_1$	3.769			56.229	52.460	水准点高程:
0+000		2.21			54.02	BM$_1$=52.460 m
0+060		0.58			55.65	BM$_2$=55.471 m
0+100		1.52			54.71	实测闭合差:
0+145		2.45			53.78	f_h=55.450−55.471
0+158.24(Z_1)	0.659		0.415	56.473	55.814	=−21(mm)
0+200		1.37			55.10	容许闭合差:
0+252		2.79			53.68	
0+300		1.80			54.67	F_h=±50$\sqrt{2.1}$=±70(mm)
Z_2	1.458		2.610	55.321	53.863	精度合格。
⋮	⋮	⋮	⋮	⋮	⋮	
ZH2+046.15	3.978		2.410	56.696	52.718	
BM$_2$			1.246		55.450	
Σ	+30.559 −27.609		27.609		55.450 −52.460	
	+2.990				+2.990	

中桩高程计算采用仪器视线高法,先计算出仪器视线高 H_i,即

$$\left.\begin{array}{l} H_i=后视点高程+后视读数\\ 中桩高程=H_i-中视读数 \end{array}\right\} \tag{13.5}$$

在表 13.6 中,并参考图 13.6(a),测站 I 的视线高为

$$H_i = 52.460 + 3.769 = 56.229(\text{m})$$

中线桩 DK0+000 的高程为

$$H_i - 2.21 = 54.019(\text{m}) \quad (\text{采用 } 54.02 \text{ m})$$

转点 Z_1 的高程为

$$H_i - 0.415 = 55.814(\text{m})$$

隧道顶部和个别深沟的中桩高程,可以采用三角高程测量法测定。

2. 跨深谷的中桩水准测量

线路在穿越沟谷时,会有较多加桩,加上地形陡峭,将给测量带来不便。如图13.7所示,为了避免因仪器通过沟底的多次安置而产生误差,可在测站1先读取沟对岸的转点2+200的前视读数,然后以支水准路线形式测定沟底中桩高程,支水准。

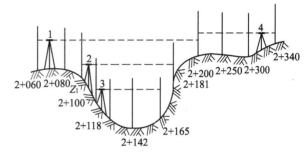

图 13.7　跨深谷中桩水准测量

路线宜另行记录。沟底中桩水准测量结束后,将仪器搬至测站4读取转点2+200的后视读数,再继续往前测量。为了削减由于测站1前视距离长而产生的测量误差,可将测站4(或以后其他测站)的后视距离适当加长,以使后视距离之和与前视距离之和大致相等。

当跨越的深谷较宽时,也可采用跨河水准测量方法传递高程。

13.3.2.3　绘制线路纵断面图

根据已测出的线路中线里程和中桩高程,即可绘制纵断面图,从而形象地将线路中线经过的地形、地质等自然状况以及设计的线路平、纵断面资料表示出来,如图13.8所示。

线路纵断面图通常绘在厘米方格纸上。为了线路纵断面设计的需要,一般采用的高程比例尺(纵坐标)是水平距离比例尺(横坐标)的10倍,以加大地面纵向的起伏量,从而突出表示出沿线地形的变化。断面图的上部表示中线纵断面情况(线路中线经过的地貌自然状况及线路中线的设计坡度线)和各种桥隧、车站等建筑物以及水准点位置等。下半部分表示线路中线经过地区的地质情况及各项设计资料等。现将各项内容简述如下:

(1) 连续里程。表示线路自起点计算的公里数,短粗线表示公里标的位置,线条下的注字为公里数,线条左侧的注字为公里标至相邻百米标的距离。

(2) 线路平面。表示线路平面形状——直线和曲线的示意图。中央的实线表示线路中线,曲线地段用上下凸出的中心线表示:向上凸出表示线路向右弯;向下凸出表示线路向左弯;斜线部分表示缓和曲线;连接两斜线的直线表示圆曲线。在曲线处注名曲线要素。曲线起终点的注字表示起终点至百米标的距离。

(3) 里程。表示勘测里程,在整百米和整公里处注字。

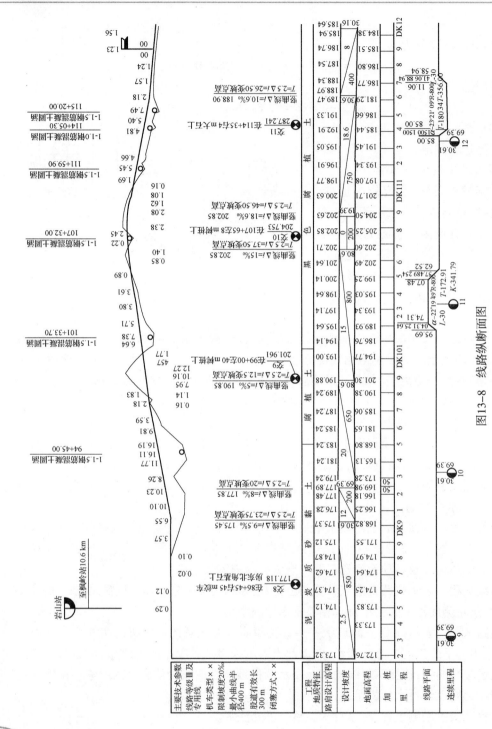

图13-8　线路纵断面图

（4）加桩。竖线表示加桩位置，旁边和注字表示加桩到相邻百米桩的距离。

（5）地面高程。是各中线桩的地面高程。

（6）设计坡度。用斜线表示，斜线倾斜方向表示上坡或下坡。斜线上面的注字是设计坡度的千分率（如坡度为 5‰，注字为 5），下面的注字为该坡段的长度。

（7）路肩设计高程。路基肩部的设计高程，由线路起点路肩高程、线路设计坡度及里程计算得出。

（8）工程地质特征。表示沿线地质情况。

13.3.3　线路横断面测量

线路横断面测量的目的是测量垂直于线路方向的地面线，并绘制线路横断面图。横断面图主要用于路基断面设计、土石方数量计算、路基施工放样以及挡土墙设计等等。

13.3.3.1　横断面施测地点及其密度

横断面施测地点及横断面密度、宽度，应根据地形、地质情况以及设计需要而定。一般设在曲线控制点、公里桩、百米桩和线路纵、横向地形变化处。在铁路站场、大中桥桥头、隧道洞口、高路堤、深路堑、地质不良地段及需要进行路基防护地段，均应适当加大横断面施测密度和宽度。横断面测绘宽度应满足路基、取土坑、弃土堆及排水系统等设计的要求。

13.3.3.2　横断面方向的测定

线路横断面应垂直于线路中线，在曲线地段的横断面方向，应与曲线上测点的切线相垂直。

确定直线地段的横断面方向比较简单，通常用方向架测设，如图 13.9 所示。将方向架立于中线测点上，用一个方向瞄准中线远方花杆定向，则方向架瞄准的另一个方向，就是横断面的方向。

曲线上的横断面方向，一般采用以下方法确定。如图 13.10 所示，欲定出曲线上 B 点的横断面方向。将仪器（方向架、经纬仪等）置于点 B，先瞄准分弦点 A，测定弦线 AB 的垂直方向 BD'，并标出点位 D'；再瞄准另一侧分弦点 C（要求 $BC=AB$），测设弦线 BC 的垂直方向 D''，标出点位 D''，应使 $BD''=BD'$。最后分中 $D'D''$ 得 D 点，则 BD 方向，就是横断面方向。

也可用经纬仪直接拨角定向。如图 13.9 所示，根据曲线资料可计算得出弦切角 α，置于 B 点的经纬仪照准 A 点后，顺时针转（$90°+\alpha$）角，即定出横断面的方向。

13.3.3.3　横断面的测量方法

铁路横断面数量多、工作量大，但测量精度要求不高。在实际工作中，可根据仪器装备情况及地形条件，在保证测量精度的前提下，选择适当的测量方法，以提高工作效率，通常，条件具备的情况下，优先采用航测法，本节主要介绍以下常规方法。

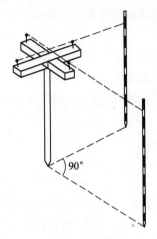

图 13.9　方向架确定横断面方向

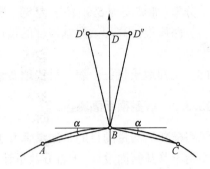

图 13.10　曲线上横断面方向的确定

1. 水准仪测横断面

当地势平坦、通视良好，或横断面精度要求较高时，可以使用水准仪测量横断面上各测点的高程。横断面用方向架(或其他仪器)定向，皮尺(或钢尺)量距。测量方法与中桩水准测量相同，即后视转点取得仪器高程后，将断面上的坡度变化点(测点)作为中间点观测。若仪器安置适当，置一次镜可观测一个或几个横断面，如图13.11 所示。

如果地面横向坡度较大，为了减少置镜数，可以采取以两台水准仪分别沿线路左右侧测量的方法。

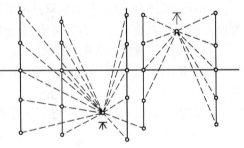

图 13.11　水准仪测量横断面

2. 经纬仪测横断面

将经纬仪安置在中线桩上，定出横断面方向后，即可较快地测出各测点的距离和高差。如施测其他断面时，横断面方向可用方向架测定，测点距离可用皮尺丈量，高差用视距测量。这种方法能保证精度，效率较高，可适用于各种地形。

3. 全站仪、GPS RTK 法测横断面

全站仪法类似于经纬仪测横断面，将全站仪安置在中线桩上，在横断面上地形变化处置棱镜，直接测出相应点的坐标和高程。GPS RTK 法可直接测量横断面上点的坐标和高程，绘制出横断面图。用全站仪和 GPS RTK 法测横断面速度快，可同时测多个断面。为防止差错，应做好记录，画好草图。

13.3.3.4　横断面测量检测精度与横断面图的绘制

《测规》对线路横断面测量检测限差规定如下：

高差:$0.1\left(\dfrac{L}{100}+\dfrac{h}{10}\right)+0.2(\text{m})$

明显地物点的距离:$\pm\left(\dfrac{L}{100}+0.1\right)(\text{m})$

式中　h——检查点至线路中桩的高差(m);

　　　L——检查点至线路中桩的水平距离(m)。

　　横断面图根据测量成果绘在厘米格纸上。为了设计方便,其纵、横坐标(高程、水平距离)应采用同一比例尺:1:200。图 13.12 为绘制的横断面示意图。

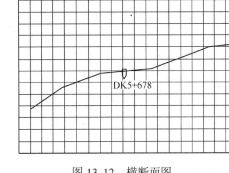

图 13.12　横断面图

　　横断面图最好在现场绘制,以便及时复核测量结果,检查绘图质量,也省去了室内绘图时所需要的一系列复核工作。若现场绘图,可不做测绘记录。

☞ 13.4
线路施工测量

　　线路施工测量的任务是在地面上测设线路施工桩点的平面位置和高程,线路施工桩点主要是指标志线路中心位置的中线桩和标志路基施工界线的边桩。线路中线是线路施工的平面控制系统,也是路基的主轴线,在施工中必须保持定测时的位置。由于定测以后往往要经过一段时间才进行施工,定测时所钉设的某些桩点难免丢失或被移动。因此,在线路施工开始之前,必须进行一次中线复测,把定测时的中线桩恢复起来;同时还应检查定测资料的可靠性,这项工作称为**线路复测**。

　　修筑路基以前,需要在地面上把标志路基的施工界线桩钉出来,作为线路施工的依据,这些标桩称为**边桩**。测设边桩的工作,称为**路基边坡的放样**。

13.4.1　线路复测

　　线路复测包括线路中线和线路水准复测,它与定测的工作内容和方法基本相同,首先按照定测资料在实地寻找交点桩、中线桩及水准点位置。倘若直线上的转点丢失或移位,可在交点上用经纬仪按定测资料拨角放样,补钉转点桩。倘若交点桩丢失或移位,可根据两直线上的两个以上的转点放线,重新钉出交点桩,重测转向角。复测结果与定测资料比较相差不大时,可按复测的转向角和定测时设计的曲线半径及缓和曲线长计算曲线要素,定出曲线控制桩。直线转点及曲线控制桩补齐以后,须在全线补钉里程桩。同样在施工之前还须进行线路水准测量。首先复测水准点的高程,然后在中线桩恢复以后复测中桩高程。如果地面标高与原来定测资料相差过大,则应按复测结果计算填挖高差。此外,所有交点桩、曲线控制桩、直线转点桩都要求在土石方工程范围之外设置护桩,连结护桩的直线宜正交,困难时交角不宜小于60°。

复测与定测成果不符值的限差如下:

(1)水平角:±30″。

(2)距离:钢尺1/2 000,光电测距1/4 000。

(3)转点的横向差:每100 m不应大于5 mm,当距离超过400 m时,亦不应大于20 mm。

(4)曲线横向闭合差:10 cm。

(5)水准点高程闭合差:$\pm30\sqrt{L}$(mm)。

(6)中桩高程:±10 cm。

当复测与定测成果不符值超出容许范围时,应多方寻找原因。如确属定测资料错误或桩点发生移动时,则应改动定测成果。

此外,由于在施工阶段对土石方的计算要求比设计阶段准确,所以横断面要求测得密些,一般在平坦地区为每50 m一个,在土石方数量大的复杂地区,应不远于每20 m一个。因而,在施工中线上的里程桩也要相应地加密为每50 m或20 m一个桩。

13.4.2 路基放样

路基横断面是根据线路中线桩的填挖高度在横断面图上设计的。在横断面中填方的称为**路堤**;挖方的称为**路堑**。当$h=0$时,为不填不挖,线路纵断面图上设计中线与地面线的交点,称为路基施工的**零点**。

路基放样的内容主要是钉设路基纵断面上的施工零点和测设路基横断面的边坡桩。

1. 路基施工零点的测设

首先求算零点距邻近里程桩的距离。如图13.13所示,A、B为中线上的里程桩。设x为零点O距邻近里程桩A的水平距离;d为相邻里程桩A、B之间的水平距离;a为A点挖深;b为B点填高。则

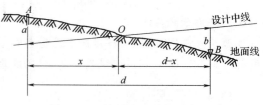

图13.13 路基施工零点测设

$$\frac{a}{x}=\frac{b}{d-x} \quad 故 \quad x=\frac{a}{a+b}\cdot d$$

然后沿中线方向,自A量水平距离x,即可测出零点桩O。

2. 路基边坡桩的测设

路基施工前,要在线路中桩两侧用桩标志出路堤边坡坡脚或路堑边坡坡顶的位置,作为填土或挖土的边界。在边桩放样前,必须熟悉路基设计资料,才能正确测设边桩。边桩放样的方法很多,常用的有图解法和逐点接近法两种。

（1）图解法

当地形变化不大,在横断面测量和绘图比较准确的条件下才适用图解法。在已有横断面图的地段,可以采用在图上量取边坡线与地面线交点至中桩的水平距离,进行边桩放样。在没有横断面图的地段,可以在现场进行补绘横断面图。

（2）逐点接近法

这是通过计算逐点逼近测设边桩的方法。

当地面平坦时,只需要经过一次计算,算出边桩到中线桩的水平距离 D,即中线一侧路基面宽 b 与填(挖)高 H 乘以设计边坡的坡度之和,(路堑还应加边沟顶宽及平台宽)如图 13.14 所示(设已知坡度 $1:m=1:1.5$)。

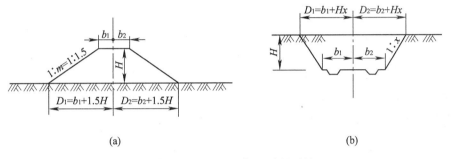

(a)   (b)

图 13.14 平坦地面路堑、路堤测设

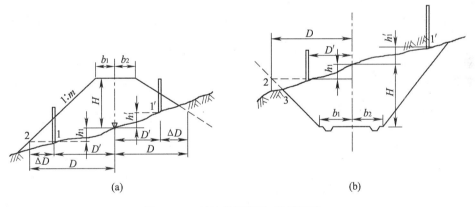

(a)   (b)

图 13.15 斜坡地面路堑、路堤测设

在起伏不平的地面上,边桩到中线桩的距离随着地面的高低而发生变化,需用逐点接近法进行测设,其法如图 13.15 所示。先在断面方向上根据在横断面图上量得的边桩大致位置点 1 处竖立水准尺,再用水准仪测出 1 点与中桩的高差 h_1,用尺量出 1 点至中桩的距离 D'。根据高差 h_1,按公式(13.6)计算边坡桩至中桩的距离 D。

$$D=b+m\times(H\pm h_1) \tag{13.6}$$

式中　　b——一侧路基面宽;

$\quad\quad m$——设计边坡的坡度;

$\quad\quad H$——路基中桩填挖高;

$\quad\quad h_1$——1 点与中桩的高差(实测),h_1 的"±"号规定为:当测设路堤下坡一侧时,h_1 取 "+";测设路堤上坡一侧时,h_1 取"-"。当测设路堑下坡一侧时,h_1 取"-"; 测设路堑上坡一侧时,h_1 取"+"。

如 $D>D'$,说明桩的位置应在 1 点的外边;$D<D'$时,则边桩应在 1 点里边。如图 13.15(a) 所示,$D>D'$,需要移动水准尺向外 $\Delta D(=D-D')$,再次进行试测,直至 $\Delta D<0.1$ m 时,即可认为 立尺点即为边桩的位置。用接近法测设边桩,需要在现场边测边算。使用逐点接近法有了实 际经验之后,一般试测一两次后即可达到要求。

13.4.3　铺设铁路上部建筑物时的测量

路基竣工之后,即可着手进行路基上部建筑物的施工。路基上部建筑物包括道砟、轨枕和 铁轨。为了保证路基上部建筑物按设计的平面位置和高程位置的要求建造起来,在铺设道砟 之前还必须进行如下的测量工作。

(1)在路基上放样线路中心线:这项工作是根据路基范围以外的控制桩进行的。放样时 应将中心线上的里程桩全部钉出,并对曲线的放样细致地进行检核。

(2)沿中线标桩进行纵断面水准测量:即应沿中线标桩进行水准测量,并根据水准测量的 结果计算出每个标桩处路基面的高程,与设计高程进行比较,以此对路基进行修整,使之符合 设计要求。

(3)铁路上部建筑物的平面位置和高程位置的放样:铁路上部建筑物的平面位置是由中 心线的标桩向两侧量距放样出来的。上部建筑物在高程方面的设计位置一般放样在中线标桩 的侧面上,或以划线或以切口表示。第一个标记为路基顶面的高程,第二个记号为轨枕底平面 的高程,而第三个记号则是钢轨顶面的高程。在直线地段内两轨的高程是一致的,曲线地段则 应考虑到外轨超高。

☞ 13.5
既有铁路线路和站场测量

既有铁路线路测量,就是对既有线路状况作详细地测绘与调查研究,为铁路改建及增建第 二线的技术设计提供翔实的资料。此外,由于列车运行和自然条件的影响,既有线的平、纵断 面以及铁路限界内的地物、地貌都不同程度地发生了变化,须定期地进行铁路既有线测量,其 测绘资料是日常运营管理,线路的正常维修、养护和特殊情况下线路修复的重要依据。

既有线改建及增建第二线的勘测设计工作分阶段进行。阶段的划分,要根据既有铁路的具体情况和改建方案的确定程度等来决定。如对于长大干线,一般经过初测,编制初步设计,定测,编制施工设计等勘测设计阶段。

既有线线路测量的内容有线路纵向丈量、横向测绘,水准、地形、横断面测量,线路平面测绘及站场测绘等。各勘测阶段由于其目的不同,因而对某些测量资料的深广度要求也不同。

13.5.1　线路纵向丈量及横向测绘

线路纵向丈量又称百米标纵向丈量或里程丈量。线路纵向丈量的目的,是沿既有线定出其百米标、公里标及加标。

13.5.1.1　量　距

线路里程丈量起点应由"计划任务书"规定,一般从指定的车站中心或桥梁建筑物中心的既有里程引出;支线、专用线与联络线等,以联轨道岔中心为里程起点,按其原有里程连续推算。所有起点里程均应与既有线文件里程核对并取得一致。

量距按原里程增加的方向(一般为下行方向)连续进行。双线区段里程沿下行方向丈量,并行直线地段的上行线里程,是采用下行线里程向上行线投影的方法来确定,使两线里程一致;曲线地段,宜从曲线测量起点(简称曲起点)开始分别丈量,并在曲线测量终点(简称曲终点)外的直线上取得投影断链。当两曲线间的夹直线较短时,可把两条曲线看做是一条曲线连续丈量。当上行线为绕行线时,应单独丈量。断链应设在百米标处,困难时可设在以 10 m 为单位的加标处;断链不应设在车站、桥隧建筑物和曲线范围内。

车站内的里程丈量沿正线进行。当车站股道为鸳鸯股布设时,由车站中心转换到另一股道连续丈量并推算里程(如图 13.16 中箭头所示)。

里程丈量原则上在线路中心上进行。实际工作时,除曲线范围内在线路中心线上丈量外,直线地段可沿左轨轨顶丈量或将线路中心线平行移到路肩上,沿

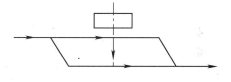

图 13.16　站内里程丈量

路肩丈量。设有轨道电路的线路,里程丈量时应采用绝缘措施,以保证列车正常运行。

丈量里程应使用经过检定的钢尺进行。并对丈量结果进行尺长和温差改正。如线路坡度大于 13‰时,应同时考虑斜坡尺长改正。

量距一般应由两组人员持不同长度的钢卷尺依次向前丈量。两组丈量结果每公里核对一次,当相对误差不大于 1/2 000 时,以第一组丈量的里程为准;如精度超限,由第二组重新丈量,当确信自己无误后,应立即通知第一组重新丈量并改正,之后,再继续前进。既有线里程丈量应与原有桥、隧及车站等建筑物里程核对,其差数应记录在手簿上。

13.5.1.2　加　标

线路纵向丈量应设置的标志有:百米标、半公里标、公里标和加标。直线地段一般设 50 m

倍数的加标;在曲线起终点外 40～80 m 处设置曲线测量起点及曲线测量终点,在曲起点至曲终点的曲线范围内,应设置 20 m 整倍数的加标。此外,下列地点应增设加标,并分别规定其里程取位:

(1)桥梁中心,中桥以上的桥台挡砟墙前缘和桥台尾,隧道进出口,车站中心,进站信号机及远方信号机等处,取位至 cm;

(2)涵渠、渡槽、平交道口、跨线桥、坡度标、曲线控制桩、跨越线路的电力线、通信线和地下管线等中心,新型轨下基础、站台、路基防护,支挡工程的起始点和中间变化点等,取位至 dm;

(3)路堤、路堑边坡的最高和最低处,路堤路堑的交界处,路基宽度变化处,路基病害地段等,取位至 m。

拟加设的加标具体位置,最好在里程丈量前用粉笔划在钢轨腹部,并在轨枕头部注明名称,以便记录。

线路上的所有公里标、百米标及加标位置,均应用白色油漆标记在钢轨的外侧腹部。直线地段标划在左轨上;在曲线范围内,则内外轨均应标记。如图 13.17 所示,在钢轨腹部,从上到下垂直画一竖线做为标记。公里标和半公里标应写全里程,百米标及加标可不写公里数。

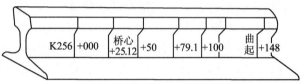

图 13.17　钢轨上的线路标记

13.5.1.3　线路横向测绘

线路横向测绘又称百米标横向测绘,是对既有线沿线地物、地貌做详细的调绘,以充实或修正既有线平面图。调绘重点是影响线路方案和第二线位置的控制地段。如果线路有新测绘的大比例尺地形图,则此项测绘内容可简化或省略。在地形图上精度达不到要求和显示有困难的有关地物亦应进行必要的调绘工作。为此,测绘工作开始前应尽可能搜集到该线路的各种平面图,并携带至现场。

既有线横向测绘成果应记录和反映在百米标详细记录簿上。

1. 百米标记录簿

图 13.18 是百米标详细记录簿格式。记录簿中间一条上下直线代表线路中线,在其左右各 1 cm 画两条平行线用以代表路肩。记录簿比例尺应根据地物、地貌的复杂程度确定,一般采用 1∶2 000 或 1∶1 000。横向测绘开始前,先在室内根据纵向百米标丈量记录,将所测地段的百米标及加标,自下而上地抄在簿内中线右侧的 1 cm 宽度内;路肩上的各种标志则根据实际情况,画在中线两侧的路肩线内。测绘时,以中线里程为纵坐标,与中线相垂直的横向距离为横坐标来确定点位。每边的调绘宽度一般以 20 m 为原则,重点工程及用地较宽处,再酌量加宽。横向测绘精度根据调绘内容的重要性,用钢尺、皮尺或目估测定。路基以内量至 cm,路基以外量至 dm,地貌分类(含土地类别)或行政区的分界可估至 m 即可。

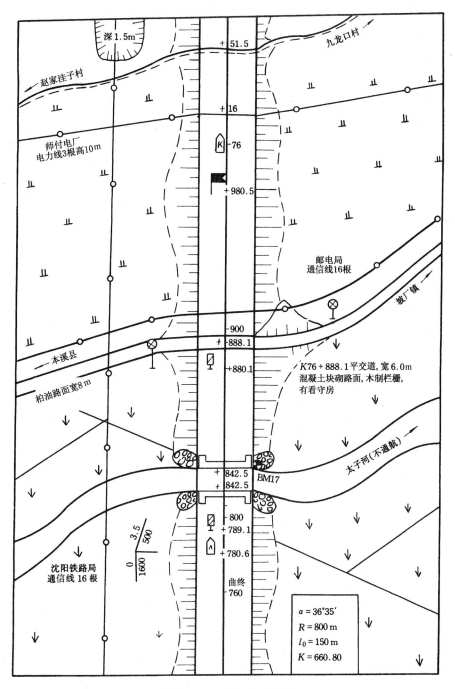

图 13.18　百米标记录格式

测绘时,应在现场将图基本画好。当地物、地貌比较复杂,记录簿记录不清时,可将这部分地物、地貌用略图表示之,而将其详细情况绘于补充百米标记录簿内,并注明两种记录之间的关系,以便查阅。

2. 测绘内容

(1)地貌、地物的调绘

包括山丘、河流、公路、小路、水塘、房屋、电杆、路堤路堑分界点、取土坑、弃土堆等位置的调绘,并应注明情况。如河流应注明名称、流向及能否通航,公路应注明宽度、路面材料及去向;水塘、取土坑应注明深度;房屋,如属路产应与台账核对,如有拆迁的可能则应详细调查户主姓名、建筑材料类别、新旧程度等;通信及电力线路应注明业主、电线对(根)数、电杆材料等,当其跨越线路时,应测出最低电线到轨顶的高度及电线与线路的交角;防护林,则应调查植物名称、树龄,并丈量距线路中心的距离等等。省、市、县、乡的分界线,水田、旱地、荒地等土地种类分界线,亦应调绘、核对。

(2)线路标志与设备的调绘

包括路基上的各种标志、桥涵、平(立)交道口、排水设备以及挡土墙、护坡等的调绘。如坡度标应注明坡度、坡长;曲线标应注明曲线要素;桥梁应按比例尺绘出平面示意图,并注明中心里程及孔数,如系跨线桥尚应注明与铁路的交角及净空;平交道口应注明宽度、与线路交角、防护栏栅类别、有无看守、每昼夜通车对数及行人情况等等。沿线排水系统应按要求进行调查,特别是排水不良地段,须测绘 1:500 或 1:1 000 大比例尺地形图,或测绘排水沟中线及其纵、横断面图。

13.5.2 线路中线平面测量

既有线中线,特别是曲线地段的中线,由于受到列车强大的横向推力作用,常常会离开原设计的正确位置而发生移位。线路中线平面测量,就是通过外业的线路平面测量和内业的曲线半径选择与拨正量计算,以获取线路中线平面现状的资料。

13.5.2.1 线路中线测量方法

在运营线上进行线路中线测量,一般不在中线上进行,而是将中线平行外移到路肩上,即设置与既有线平行的中线外移桩作为控制线路的依据,使测量在路肩上进行。这主要是考虑到测量工作尽量不干扰正常的运输生产,并确保双方的生产安全以及以后的施工方便等诸因素而确定的。在列车对数很少的线路上,也可以沿线路外轨进行测量,但必须有严格的安全措施。沿轨道测量的优点是工作简便、测量精度高。但是测量后,日常的维修养护和列车的日夜运行,使得测绘时的线路难以保持原状,设置在线路轨道上的各种控制点,将不同程度地发生移位,因此测量时所提供的各种数据、资料精度也将难以保证。

1. 线路中线外移桩的设置

中线外移桩一般设置在划有里程标记的钢轨同侧的路肩上。外移桩距线路中心的距离一般为 2.0~3.0 m(图 13.19),应注明里程。同一条线路上的外移桩的外移距离应力求相等。如有困难,则在一个曲线范围内最好相等,以简化计算。为保证行人安全,并利于保护桩橛,设置的外移桩应打入地下,桩顶与地面平齐或位于地面以下 2 cm 左右为宜。

直线地段外移桩间距不应长于 500 m 或短于 50 m,桩与桩之间应通视,并尽量设置在公里标及半公里标处。每设置一个标桩,都应及时记入手簿,并注明左右侧位置及外移距离等。

在遇到特大桥、隧道时,外移桩须移回线路中心;当外移桩与曲线外侧非同侧,或当增建的第二线变侧时,外移桩应在曲线前的直线上换侧。换侧可采用等距平行线法进行(图 13.20),图中直角用经纬仪设置,将外移桩移到线路对侧,前后换侧点的边长应不短于 200 m。

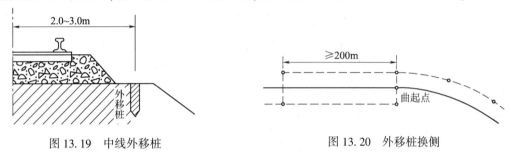

图 13.19　中线外移桩　　　　　　图 13.20　外移桩换侧

曲线地段为了便于瞭望,最好将外移桩设在曲线外侧,特别是半径小、通视不良区段更须如此。但在连续反向曲线的情况下,为了减少外移桩的换边次数,亦可将外移桩设在曲线内侧的路肩上。

2. 直线的测量方法

既有线直线测量时,是在直线各中线外移桩上安置经纬仪,作外移导线的水平角测量。同新线导线测量一样,在起点应测定起始边的方位角,然后按百米标的前进方向,用 DJ_6 或 DJ_2 经纬仪测出各外移桩的水平角,一般测一个测回即可。

13.5.2.2　曲线的测量方法

既有线曲线测量是为选择合理的设计曲线半径与缓和曲线长度,为计算既有线曲线的拨正量提供平面测量资料。

既有线曲线测量方法有矢距法、偏角法和正矢法。正矢法由于测量精度较低,所以在线路改建及增建第二线的勘测设计中很少被采用。以下介绍矢距法和偏角法。

1. 矢距法

矢距法测量曲线是利用曲线外移导线进行的。两相邻外移桩的连线称为照准线,如图 13.21(a)中的Ⅰ—Ⅱ、Ⅱ—Ⅲ…,在曲线外侧,从曲线测量起点的外移桩Ⅰ开始,依次在外移桩Ⅰ、Ⅱ、Ⅲ…置镜,测出曲线各分段的转向角 φ_1、φ_2…,同时测出线路中心或相应的钢轨中心每 20 m 点到照准线的各段距离值 C_i,则矢距 $f_i = C_0 - C_i$。

曲线上各转向角的测量要求,见表13.7。

曲线测量的一般步骤是:

（1）置经纬仪于曲起点Ⅰ，后视直线上一点 A，前视Ⅱ点，用全测回法测量转向角 φ_1，见表13.8中的1、2、3、6、7、9栏。

（2）重新照准Ⅱ点，读出照准线上矢距尺在Ⅰ—Ⅱ点间对应的曲线上各20 m

表 13.7　测角要求及角值限差

仪器等级	测回数	两半测回间较差(″)	两测回间较差(″)
J_2	1	20	
J_6	2	30	20

之 C 值[尺的零点位于轨头中心，如图13.21(b)所示]，记入测绘记录手簿的前视栏中(表13.8中的第11栏)，表中 C 值系矢距尺零位置于钢轨中心至照准线的距离。

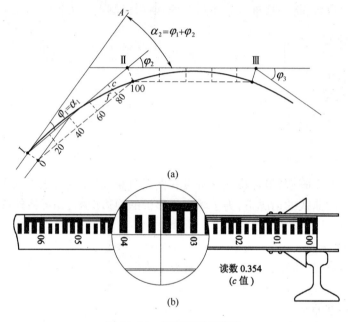

(a)

(b)

图 13.21　矢距法测量曲线

（3）在Ⅱ点置镜，后视Ⅰ点，读出Ⅱ—Ⅰ点间之各 C 值，记入后视栏(第12栏)中。前后视所测之 C 值不超过5 mm 时取平均值。量测转向角 φ_2。照准Ⅲ点，读取Ⅱ—Ⅲ点间各20 m 点的前视 C 值。

（4）重复以上工作，直至终点。

（5）为了校核转向角 φ，应同时量测大转向角 ϕ，如图13.22。各分转向角总和与大转向角总和之差，即是角度闭合差 $\Delta\beta$。

$$\Delta\beta = \Sigma\varphi - \Sigma\phi$$

《铁路测规》规定角度闭合差的容许值 $\Delta\beta_{容}$ 为

$$\Delta\beta_{容} = \pm 30''\sqrt{n}$$

式中　n——置镜点数。

角度闭合差在限差以内时，以各分转向角之和做为曲线的转向角角值。

表13.8 既有线曲线测绘记录

区间____　里程____

日期____　气候____

上承第　册　第　页　下接

1	2	3	4	5	6	7	8	9	10	11	12	13	14	15	16
点的名称 置镜点	观测点	读数 游标 I	II	平均	角度 右角	转向角 平均	右 左	°′″	照准线到钢轨中心距离C(m) 百米标和加标	前视	后视	平均	矢距f(m)	A-f照准线到线路中心距离(m)	备注
51+800	51+600	279 48 05			178 55 15	178 55 07	右	1 04 53	51+800	1.750	1.750	1.750	0	2.500	外移距A=2.500 m(置镜点)
	51+900	100 52 50							20	1.374	1.375	1.375	0.375	2.125	
	51+600	346 58 22			178 54 58				40	1.042	1.040	1.041	0.709	1.791	
	51+900	168 03 24							60	0.880	0.880	0.880	0.870	1.630	
									80	1.105	1.105	1.105	0.645	1.855	
51+900	51+800	173 57 11			173 57 11	173 57 16	右	6 02 44	51+900	1.750	1.750	1.750	0	2.500	
	52+000	0 00 00							20	0.780	0.784	0.782	0.968	1.532	
	51+900	53 52 10			173 57 20				40	0.305	0.309	0.307	1.443	1.057	
	52+000	244 54 50							60	0.308	0.311	0.310	1.440	1.066	
									80	0.790	0.792	0.791	0.959	1.541	
52+000	51+900	60 25 39			173 10 00	173 10 05	右	6 49 55	52+000	1.750	1.750	1.750	0	2.500	
	52+100	247 25 29							20	0.790	0.790	0.790	0.960	1.540	
	51+900	114 51 54			173 10 10				40	0.298	0.298	0.298	1.452	1.048	
	52+100	301 11 44							60	0.317	0.317	0.317	1.433	1.067	
									80	0.813	0.817	0.815	0.935	1.565	
52+100	52+000	105 43 43			175 50 38	175 50 38	右	4 09 22	52+100	1.750	1.750	1.750	0	2.500	
	52+200	289 53 05							20	1.595	1.595	1.595	0.155	2.345	
	52+000	162 18 54			175 50 38				40	1.622	1.621	1.622	0.128	2.372	
	52+200	346 28 16							60	1.650	1.649	1.650	0.100	2.400	
									80	1.705	1.647	1.701	0.049	2.451	
52+200	52+100	219 37 46			179 53 58	179 54 06	右	0 05 54	52+200	1.750	1.750	1.750	0	2.500	
	52+400	39 43 38													
	52+100	263 04 20			179 54 14										
	52+400	83 10 06													

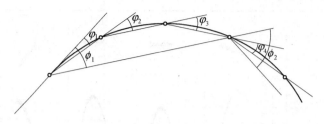

图 13.22　角度闭合差

2. 偏角法

如图 13.23 所示,既有线曲线的偏角 i 是根据已知曲线间的长度(20 m)和测点的实际位置测量出来的。图中的 Ⅰ 点是曲线起点的外移桩,Ⅱ 点是位于 HY 点附近的外移桩。现分别在 Ⅰ、Ⅱ 等点置镜,测出其前方每 20 m 曲线点的偏角(如 $i_{Ⅱ}$—1、$i_{Ⅱ}$—2 等)。在圆曲线范围内,置镜点间距视具体情况参照表 13.9 规定。

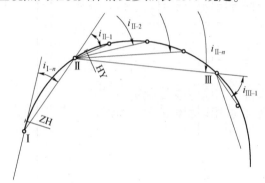

图 13.23　偏角法测量曲线

表 13.9　偏角法测量曲线相邻置镜点间距离

曲线半径(m)	相邻两置镜点间距离(m)	
	有缓和曲线地段	圆曲线地段
250~350	140	
350~500	180	300
500~800	240	
800 以上		

在外移桩上测量偏角使用放线尺。放线尺与矢距尺不同之处,是其外端固定一根测钎供照准测角用。

置镜点间每 20 m 加标的偏角,用全测回法测量 1 个测回;当上、下两半测回间较差在 30″ 以内时,取平均值。置镜点间各偏角的测角要求及各偏角之和与总偏角之和的角度闭合差的限差,同矢距法测量。

13.5.3　线路高程测量

既有线高程测量的任务是核对或补设沿线水准基点以及测量既有线所有中桩(百米标及加标)的高程。中桩高程对于线路直线地段测左轨(标有桩号一侧)的轨顶高程;曲线地段测内轨轨顶高程。

水准点高程测量和中桩高程测量宜分开进行,不宜同时兼做。一般在水准点高程测量工作完成后,再进行中桩高程测量。

既有线高程应采用国家高程系统。如个别地段有困难,可引用其他独立高程系统,但在全线高程测量连通后,应消除断高,换算成国家高程系统(1985 国家高程基准或 1956 年黄海高程系统)。

13.5.3.1　核对和补设水准点

原水准点的编号和高程,一般应以既有线的资料为准,现场核对、确认,不但要求里程、位置相符,而且水准点的注记也要清晰易于辨认,否则按水准点遗失或损坏处理,应重新设点并另外编号、注记以资区别。

当原水准点间距大于 2 km 时,应补设水准点;在大、中桥头及隧道口、车站等处应有水准点,否则应予增设。为方便桥涵丈量与施工,最好在一般小桥涵处设置临时水准点。增补的水准点,均应设置在拟修建第二线的另一侧,以防施工时受到破坏,而绕行地段则设置在绕行线同侧为宜。

13.5.3.2　测量方法与精度

水准点高程测量采取一组往返测量自行闭合或两组单程测量相互闭合的方法进行,其较差及与原有水准点的高程允许闭合差为 $\pm 30\sqrt{L}$ mm(L 为单向水准路线长度,以 km 计),任何一组(次)测量闭合差超限,均须返工重测。只有在确认原水准点高程有误后,方可更改原有高程。新补设的(包括新更改的)水准点高程,不但要求施测的两组(次)闭合,而且要与其前后水准点高程闭合。

中桩高程测量也应测量两次。测量路线应起闭于水准点,其高程闭合差不应超过 $\pm 30\sqrt{L}$ mm。当精度满足要求后,按与转点个数成正比的原则,将差值分配给各转点和中桩。调整后的中桩高程较差在 20 mm 以内时,以第一次测量平差后的高程为准,取位 mm。

13.5.4　线路横断面测量

既有线横断面图是线路维修、技术改造时设计和施工的重要资料,许多问题(诸如线路轨道拨正、道床抬高或降低、施工间距及施工措施等等)都需要在横断面图上考虑决定;由于线路维修或改建的需要,对既有工程建筑与设备的位置、高程等,也应在测量横断面时详细测绘、记录。因此,既有线横断面测量不但工作量大,精度要求也比新线横断面测量高。

13.5.4.1　横断面位置与测绘宽度

1. 横断面的位置

既有线的所有百米标及下述各点加标,均应测绘横断面图:线路填挖分界处、路堤和路堑的最高和最低处、路基宽度变化处、纵向变坡处、取土坑、弃土堆、排水沟、涵管中心、桥隧两端、平(立)交道口以及挡墙、护坡等防护建筑物及设备、路基病害与地质不良地段等。线路横断面的密度应满足设计需要,一般规定:直线地段每隔 20~50 m、曲线地段每隔 20 m(不宜大于 40 m)应设置一个横断面。

2. 横断面测绘宽度

横断面测绘宽度除以满足设计要求为原则外,一般尚应满足以下要求:从既有线正线中心向两侧测绘,应测到最后一个路基设备(如取土坑、排水沟、防雪、防沙设备等)以外 5 m,如拟修建第二线,则应为第二线一侧 20 m;但离开路基坡脚或路堑边线不应小于 20 m。曲线半径需要改大的曲线横断面,应向内侧适当加宽。复线地段,若两线间距在 20 m 以内时,两线合并测一个横断面,否则应分别单独测绘。

13.5.4.2　测绘内容

由既有线中心起,顺序测出两侧的道床砟肩、砟脚、路基的路肩、侧沟或排水沟槽的沟底、路堤或路堑边坡变化点、路堤坡脚或路堑坡顶、取土坑及弃土堆的边缘、路基及其他设备边沿、电线跨越横断面时两者的交叉点、电线高度以及所有的地面转折点、地物点等等。对桥涵、挡土墙及护坡等工程基础,应根据开挖丈量资料,用实线画出。图 13.24 为区间既有线路横断面示意图。

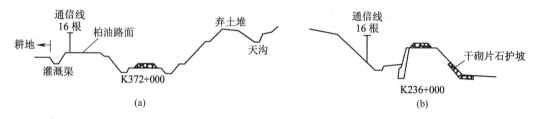

图 13.24　既有线横断面测量

横断面比例尺,一般采用 1:200,如需要可增大为 1:100,或缩小为 1:500。

测量精度:距离、高程均取位 cm;检查时的限差,高程为±5 cm,距离为±10 cm。

既有线横断面测绘的方法与新线同。

13.5.5　既有线站场测绘

站场测绘的特点是面积大、地物多、测量精度要求高,车站作业与测绘工作互相干扰的矛盾尤为突出,特别是在枢纽等大型车站,列车来往频繁,采用传统的测绘方法几乎无法展开工作。

由于站场的测绘工作比较复杂,应细致地做好测绘前的准备工作。要广泛、详尽地向有关各方面(包括地方有关厂矿企业)搜集站场资料(如线路或站场总平面图、曲线要素、坐标系统、高程系统以及测量标志的点之记录等),了解车站作业状况、车流密度等,并与有关方面取得联系,求得配合与支持。

站场的测绘范围一般包括:纵向从车站两端进站信号机以外 50 m 开始,横向到站场两侧最外股道以外 100 m。如果这个范围仍不能包括站场全部所属股道及设备,或不能满足站场改建、扩建的要求,则应根据实际情况和设计要求来确定。

站场测绘内容视车站类型及要求而有所不同,主要包括纵向丈量、基线测设、横向测绘、道岔测量、站内线路平面测量、站场导线测量、高程测量及横断面测量等各项。根据站场的测绘特点,本节主要介绍基线测设、道岔测量和站场线路平面测量。

13.5.5.1　基线测设

基线是站场平面控制的基础、细部测量的依据。基线的设置必须满足测绘、车站改建或扩建时设计与施工的需要。基线是否与车站附近的城市、厂矿的平面控制点联测,可根据需要确定。

1. 基线布设原则

(1)基线控制点点位的选择,应考虑测绘工作的安全与方便,并尽量减少与站内作业的干扰,控制点间距以 100~300 m 为宜。

(2)基线宜布设在正线与到发线之间,尽可能与正线平行。中、小车站也可以正线的中心线为基线。

(3)基线以直线最佳,如果必须布设成折线时,应力求减少转点个数。

(4)基线长度根据实际需要确定,但最短其端点也应位于车站两端进站信号机的外方。

(5)站场测绘宽度大于 30 m 时,一般应加设辅助基线。基线(亦称主要基线)与辅助基线或辅助基线之间的间距以 30 m 为宜,但最大不要超过 50 m(光电测距不受此限)。基线间应构成闭合网。

2. 基线类型

(1)直线型基线。图 13.25 为直线车站所布设的直线型基线。在站内机务段、货场以及到发线、编组场等处,沿直线股道布设的辅助基线,都是直线型基线。

(2)折线型基线。设在曲线上的车站,基线可布设成折线型,如图 13.26、图 13.27 所示。

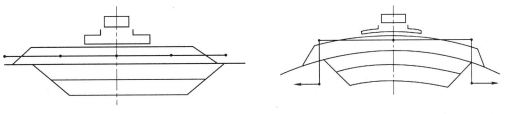

图 13.25　直线型基线　　　　　　　　　图 13.26　折线型基线(一)

(3)综合型基线。大型车站上,站场面积大,建筑物及设备多,一般采用基线与站场导线配合布设的综合型基线,如图 13.28 所示。

站场导线包括中线外移导线、地形导线、给排水管路导线、为控制曲线平面而布设的股道导线等等。站场导线除了应满足本身专业要求外,有时也要求起辅助基线的作用。因此,对站场导线的测量精度要求,同基线是一致的。

3. 基线坐标系与基线测设方法

(1)站场平面测绘一般采用直角坐标系,即通常采用以平行于正线股道的某线为 x 轴(坐标横轴），以通过车站中心并且垂直于 x 轴的轴线为 y 轴，两轴正交之点为原点。在同一个车站里，可能有不同类型的基线或辅助基线，为了测绘方便，可以采用几种坐标系。但各个坐标系均应与主坐标系取得联系，至于是否要换算成统一的坐标系，则视工作需要而定。

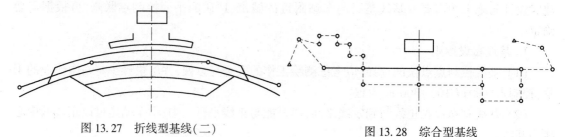

图 13.27　折线型基线（二）　　　　　　　图 13.28　综合型基线

（2）设置基线时，通常是先找出（交会出）坐标原点，然后再用交直线的方法向两个方向延伸，丈量基线长度、测量转折角等。

①测定车站中心。车站中心一般为站房中心或运转室中心，测定前应与工务部门和车站联系，找出车站原有中心和有关资料，并实地核对；若无法取得这项资料，则应重新测定。车站中心确定后，引伸到正线计算其里程，定出坐标原点位置。

②按已拟定的基线类型布设基线，测量转折角、丈量基线长度等。其测量方法与新线初测阶段的导线测量方法相同。站内布设的辅助基线，均应与主要基线取得联系，组成基线控制网。

坐标原点应设置基线桩，永久保存。基线要牢固，一般在站场测绘工作完成后，将木桩换成 20 cm×20 cm×50 cm 的混凝土桩，或相应长度的短钢轨，委托车站和养路工区妥为保存。

在基线上也要钉设百米标，并在相应的轨道上用白色油漆标记。

4. 基线设置精度

基线（包括辅助基线）测量精度与新线初测阶段导线的测量精度相同。基线网的水平角容许闭合差为 $\pm 30'' \sqrt{n}$，在容许差以内时，其误差按置镜点个数平均分配；长度相对闭合差在 $\pm 1/4\,000$ 以内时，其误差按坐标增量或边长比例分配。

13.5.5.2　道岔测量

道岔测量是根据已搜集到的站内道岔资料，在实地逐一核对道岔号数及测定道岔中心（岔心）。

1. 测定道岔号数

道岔号数就是辙叉角 α 的余切（cot α）值，测定道岔号数一般采用下述方法之一：

（1）步量法。如图 13.29 所示，在辙叉尾端找出与量测者脚的长度相等处，然后由此处用脚量至辙叉的实际尖端，大约是几只脚的长度，道岔就是几号，如图中所量测的道岔是 6 号道岔。此法简易明了，为现场所常用。

（2）尺量法。道理同上法。在辙叉尾端分别找出横向宽为 1 dm 和 2 dm 处的两点，然后纵向量该两点的间距,其 dm 数即为道岔号数。

2. 测定道岔中心

图 13.29　步量法测量道岔号

在设计和施工中,是以岔心的坐标来表示整个道岔在平面上的位置。在站场平面测绘之前,一般应把站场内所有道岔中心在线路平面上的位置钉出。

所谓岔心,就是道岔所联系的两条线路中心线的交点。所以,测定岔心最基本的方法是交线法,即分别定出两条线路的中心线,然后用经纬仪延长两条中心线,其交点即为岔心。

图 13.30 为曲线道岔,图中"。"代表直线部分的线路中心点,"·"为道岔中心。图 13.31 是对称道岔,图 13.32 为复式交分道岔,其岔心如图所示。

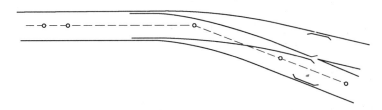

图 13.30　曲线道岔中心

图 13.31　对称道岔中心

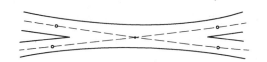

图 13.32　复式交分道岔中心

如果是单开道岔,也可以用尺直接量出岔心的位置,如图 13.33,在单开道岔尺寸表中,已经注明了道岔理论辙叉尖端到岔心的距离 b_0;如果没有现成资料,也可采用轨距(1 435 mm)乘以道岔号数,近似地确定 b_0'。如 12 号道岔,$b_0 = 17\ 250$ mm,$b_0' = 17\ 220$ mm。

岔心测定后,均应打桩标志,并分别在两侧钢轨上划线显示其位置。如果是正线岔心,应量测出岔心里程,警冲标距岔心的距离也应同时测出。有关道岔的细部尺寸,应根据已掌握的资料逐项核对,必要时重新丈量,核定或重测的细部数据,填写在"道岔调查表"中。

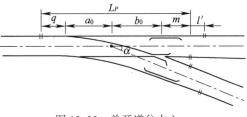

图 13.33　单开道岔中心

13.5.5.3　站场线路平面测量

1. 既有线股道测量

站场的股道全长及股道有效长度的测量,是在站内横向测绘后进行的,应充分利用已经掌握的资料(经核实了的或新量测的资料),根据具体情况灵活运用,尽量避免重复丈量,现场丈量的只是补充其长度推算的不足部分。如直线车站，股道全长可根据横向测绘资料及道岔尺寸进行计算，然后去现场补量其缺少部分即可。股道有效长可根据警冲标或信号机的坐标计算求得。

2. 站内曲线平面测绘

站场内带缓和曲线的曲线，其测绘方法与曲线要素等计算，与前面有关章节介绍的方法相同，在此从略。站内仅有圆曲线的平面测量，一般可采取以下简略施测方法：

（1）用导线控制平面位置。导线的形式可根据具体条件布设成：

① 股道导线。沿线路中心（或沿外轨）敷设导线以控制曲线平面。曲线的直线部分至少应有两个导线点以固定切线方向（如图 13.34 中的 a、b 两点），如有可能，定出交点，测出转向角 α，量出外矢距 E；

② 辅助导线。沿线间距敷设导线，然后用极坐标法测设点位，以控制曲线平面位置。如图 12.34，置仪器于点 B，后视点 A，分别测出点 a、b 的极坐标等。

导线应与站内基线取得联系，可作为站场基线控制网的组成部分，起着辅助基线的作用。

（2）计算曲线偏角（转向角）。偏角如不能直接测出时，可间接量测与计算。

① 参照本节图 13.23 所示，用偏角法量测，可获取（计算）曲线的转向角（总偏角）；

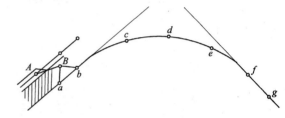

图 13.34　站内圆曲线平面测绘

② 利用辅助导线资料，可计算曲线两端直线地段上的测点坐标以及两直线的坐标方位角，最后可计算出两直线（圆曲线切线）的夹角——圆曲线转向角。

③ 计算曲线半径：

a. 正矢法。从曲线测量起点开始，逐一量测 ΔL（一般为 20 m 或 10 m）线段的正矢 f_i，根据几何公式计算曲线半径 R：

$$R = \frac{n\Delta L^2}{8\sum f_i} \tag{13.7}$$

式中　n——正矢数。

b. 偏角法。如图 13.34 所示，c、d、e 为线路中心（或轨道边缘）之三点，间距为 ΔL，测得 $\angle dce = \delta$，则

$$R = \frac{\Delta L}{2\sin \delta} \tag{13.8}$$

c. 外矢法。利用外矢距 E 及转向角 α 求算 R：

$$R = \frac{E}{\sec \dfrac{\alpha}{2} - 1} \tag{13.9}$$

3. 站内三角线测量

站内三角线是机车转向的重要设施。三角线曲线要素,是利用站内三角线测量的部分外业资料来求算的。现仅以三个道岔均为对称式道岔的三角线(图13.35)为例,简单介绍其测量方法。三角线的中线位置,可用股道导线控制。

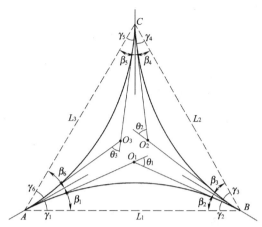

图 13.35 三角线测量

(1)外业测量

① 定出岔心 A、B、C 的位置并置镜,测出三点连线与辙叉中线的夹角 β_i;

② 量出 A、B、C 三点的间距 L_1、L_2 及 L_3;

③ 量出各曲线短弦 ΔL(20 m 或 10 m)之正矢 f_i。

(2)内业计算

① 计算 L 边与其相应曲线切线之夹角 γ_i:

$$\gamma_i = \beta_i - \frac{\alpha}{2}$$

式中　α——道岔辙叉角。

② 求算各曲线的转向角 θ:

$$\theta_1 = \gamma_1 + \gamma_2 , \quad \theta_2 = \gamma_3 + \gamma_4 , \quad \theta_3 = \gamma_5 + \gamma_6$$

③ 利用正弦定律,求出 $\triangle ABO_1$、$\triangle BCO_2$、$\triangle CAO_3$ 之边长 AO_1、BO_1…

④ 根据公式(13.7)求算曲线半径 R。

⑤ 计算曲线要素,推算曲线起始点到相邻岔心的距离。

站场平面测绘内容除道岔测量及站场线路平面测量外,尚有站场客货运输设备及建筑物、站场排水系统以及其他与站场设计有关的建筑物及设备等测绘内容。站内主要建筑物及设备(如站房、站台、天桥、地道、信号机、水鹤、驼峰以及各种为运输生产服务的设备等等)的平面位置也需要测绘。测量距离应用钢尺丈量,取位 cm。

13.5.5.4　横断面测量与地形测量

既有车站的站场横断面测量和站场地形测量,除按线路勘测细则有关规定进行外,尚有一些特殊要求。

1. 横断面测量

(1)横断面位置:车站范围内,在下述地点一般应测绘横断面:

①直线地段,横断面间距应不大于 100 m,曲线地段应不大于 40 m;

②车站中心,客、货站台坡顶坡脚处,平交道口及跨线桥中心,路基病害工点及地质不良地段等等。

（2）横断面宽度：站内横断面宽度应根据实际需要确定。一般应在取土坑或堑顶天沟外缘 5~10 m；在站场改、扩建一侧时，则应测至路基设计坡脚或堑顶以外 30 m。

（3）测绘内容：除区间横断面测绘内容外，各股道的轨顶、砟肩、砟脚、路肩、排水沟等均应有测点，各股道间隔、断面方向上所遇到的设备及其相互位置均应测量，如图 13.36 所示。

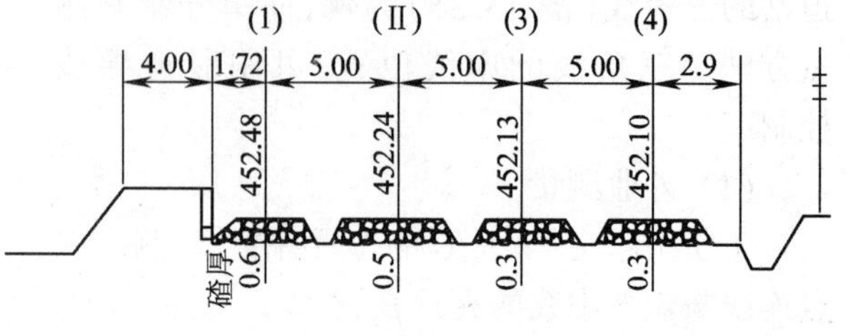

图 13.36　站场横断面测量

站内横断面测量，距离用钢尺丈量，高程用水准仪测量，距离、高程均取位 cm。

2. 地形测量

站场地形图比例尺一般为 1:2 000。

中间站及中间站以上大型站场，根据改建情况和要求，可酌情局部或全部测成比例尺为 1:1 000 的地形图。

地形图的测绘范围，应根据站场技术设备情况、改（扩）建设计要求及方案研究比选等实际需要而定。对于中间站测绘范围，一般横向为正线每侧150~200 m，纵向为改建设计进站信号机以外 300~500 m。

☞ 13.6
高速铁路测量

高速铁路的修建、运营和维护对测量工作提出了非常严格的精度要求。因此，建立高速铁路精密控制网及使用专门开发的测量设备进行高速铁路测量，成为建设高速铁路的关键技术之一。

根据《高速铁路工程测量规范》（TB 10601—2009）（适用于新建 250~350 km/h 高速铁路工程测量），高速铁路精密工程控制网分为平面控制网和高程控制网，按施测阶段、施测目的及功能又可分为勘测控制网、施工控制网、运营维护控制网。各阶段平面控制测量应以基础平面控制网（Control Points Ⅰ—CPⅠ）为基准，高程控制测量应以线路水准基点控制网为基准。

13.6.1　平面控制测量

高速铁路工程测量平面坐标系采用工程独立坐标系统，并引入 1954 年北京坐标系或 1980 西安坐标系，边长投影在对应的线路轨面设计高程面上，投影长度变形值不大于 10 mm/km，即高程归化、高斯正投影变形之和不大于 1/100 000。

13.6.1.1 平面控制网的组成

平面控制测量工作开展前,应首先采用 GPS 测量方法建立高速铁路框架控制网(Control Points 0—CP0),并在此基础上分三级布设平面控制网:

第一级——基础平面控制网(CPⅠ)主要为勘测设计、施工、运营维护提供坐标基准;

第二级——线路平面控制网(CPⅡ)主要为勘测设计和施工提供控制基准。

第三级——轨道控制网(CPⅢ)主要为轨道施工提供控制基准。

各级平面控制网之间的相互关系如图 13.37 所示。

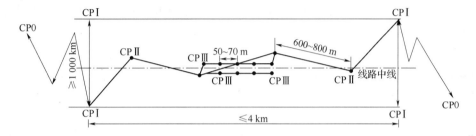

图 13.37　各级平面控制网示意图

平面控制网设计的主要技术要求见表 13.10。

表 13.10　各级平面控制网设计的主要技术要求

控制网	测量方法	测量等级	点间距	相邻点的相对中误差(mm)	备注
CP0	GPS	—	50 km	20	
CPⅠ	GPS	二等	=4 km 一对点	10	点间距=800 m
CPⅡ	GPS	三等	600~800 m	8	
	导线	三等	400~800 m	8	附合导线网
CPⅢ	自由测站边角交会	—	50~70 m 一对点	1	

注:①CPⅡ 采用 GPS 测量时,CPⅠ 可按 4 km 一个点布设。

②相邻点的相对点位中误差为平面 x、y 坐标分量中误差。

13.6.1.2 框架控制网(CP0)测量

CP0 控制网应在初测前采用 GPS 测量方法建立,全线一次性布网,统一测量,整体平差;CP0 控制点应沿线路走向每 50 km 左右布设一个点,在线路起点、终点或与其他线路衔接地段,应至少有 1 个 CP0 控制点。CP0 测量控制网最弱边相对中误差不大于 1/2 000 000。

CP0 观测应使用标称精度不低于 5 mm±1×10^{-6} 的双频 GPS 接收机,同步观测的 GPS 接收机不应少于 4 台。观测时段的分布尽可能昼夜均匀。

13.6.1.3 基础平面控制网(CPⅠ)测量

CPⅠ控制网在初测阶段建立,应按不小于 4 km 一对、每对间距不小于 800 m 的要求沿线路走向布设。CPⅠ应采用边联结方式构网,形成由三角形或大地四边形组成的带状网,并附合于 CP 0 控制网上。CPⅠ测量控制网最弱边相对中误差不大于 1/180 000。

CPⅠ控制点宜设在距线路中心 50~1 000 m 范围内不易被施工破坏、稳定可靠、便于测量的地方,并注意兼顾桥梁、隧道及其他大型构(建)筑物布设施工控制网的要求。

13.6.1.4 线路平面控制网(CPⅡ)测量

线路平面控制网(CPⅡ)一般应在定测阶段施测,使定测放线和线下工程施工测量都能以CPⅡ控制网作为的基准。

CPⅡ控制网按表 13.11 的要求沿线路布设,并附合于 CPⅠ控制网上(图 13.37)。CPⅡ测量控制网最弱边相对中误差不大于 1/100 000,控制点宜选在距线路中线 50~200 m 范围内、稳定可靠、便于测量的地方。

表 13.11 CPⅡ控制网导线测量技术要求

控制网	附合长度(km)	边长(m)	测距中误差(mm)	测角中误差(")	相邻点的相对中误差(mm)	导线全长相对闭合差限差	方位角闭合差限差(")	导线等级
CPⅡ	≤5	400~800 m	5	1.8	8	1/55 000	±3.6√n	三等

CPⅡ测量控制可采用 GPS 控制网或导线进行测量。当用 GPS 测量时,CPⅡ控制网应采用边联结方式构网,形成由三角形或大地四边形组成的带状网,并与 CPⅠ联测构成附合网。用导线测量时,导线起闭于 CPⅠ控制点。导线附合长度 2km 以上时,采用导线网方式布网,导线网的边数以 4~6 条边为宜。导线成果的平差计算应在方位角闭合差及导线全长相对闭合差满足要求后,采用严密平差方法进行。

13.6.1.5 轨道控制网(CPⅢ)测量

CPⅢ控制网是轨道铺设、精调以及运营维护的精密控制网,测量前需对全线的 CPⅠ、CPⅡ控制网进行复测,并采用复测后合格的 CPⅠ、CPⅡ成果进行 CPⅢ控制网测设。CPⅢ控制网的平面构网及观测图形如图 13.38 所示。

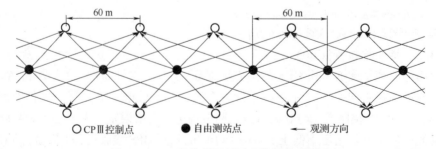

图 13.38 CPⅢ控制网的平面构网及观测图

CPⅢ平面网附合于 CPⅠ、CPⅡ控制点上,每 600 m 左右(400~800 m)联测一个CPⅠ或CPⅡ控制点,采用全站仪自由设站方式进行测量,测站至 CPⅠ、CPⅡ控制点的距离不宜大于300 m。当CPⅡ点位密度或位置不满足 CPⅢ联测要求时,按同精度扩展方式增设CPⅡ控制点。CPⅢ点设置强制对中标志,标志连接件的加工误差不大于 0.05 mm。CPⅢ平面网的主要技术要求见表 13.12。

表 13.12　CPⅢ平面网的主要技术要求

控制网名称	测量方法	方向观测中误差	距离观测中误差	相邻点的相对中误差
CPⅢ平面网	自由测站边角交会	±1.8	±1.0 mm	±1.0 mm

由表 13.12 可见,CPⅢ平面网的测量精度要求是很高的,为了满足测量精度,要求全站仪具有自动目标搜索、自动照准、自动观测、自动记录功能,标称精度应满足方向测量中误差不大于±1″,测距中误差不大于±(1 mm+2×10^{-6})。

13.6.2　高程控制测量

高程控制网测量采用 1985 国家高程基准。在高速铁路工程测量中,规定高程测量的等级依次分为二等、精密水准、三等、四等、五等。各等级技术要求见表 13.13 规定。

表 13.13　高程控制网技术要求

水准测量等级	每千米高差偶然中误差 M_Δ(mm)	每千米高差全中误差 M_W(mm)	附合路线或环线周长的长度(km)	
			附合路线长	环线周长
二等	≤1	≤2	≤400	≤750
精密水准	≤2	≤4	≤3	—
三等	≤3	≤6	≤150	≤200
四等	≤5	≤10	≤80	≤100
五等	≤7.5	≤15	≤30	≤30

高程控制网主要包括线路水准基点控制网和轨道控制网(CPⅢ),其主要技术指标见表13.14。长大桥梁、隧道及特殊路基结构等施工的高程控制网应根据相应专业要求,确定控制网测量等级和布点要求。

表 13.14　高程控制测量等级及布点要求

控制网级别	测量等级	点间距
线路水准基点测量	二等	2 km
CPⅢ控制点高程测量	精密水准	50~70 m

13.6.2.1　线路水准基点控制网

1. 控制网布设

线路水准基点应沿线路布设成附合路线或闭合环,每 2 km 布设一个水准基点,重点工程(大桥、长隧及特殊路基结构)地段应根据实际情况增设水准基点。点位距线路中线 50~300 m 为宜。水准点埋设按《高速铁路工程测量规范》(TB 10601—2009)附录 A.3 标石要求埋设。

水准路线一般 150 km 应与国家一、二等水准点联测,最长不超过 400 km。线路水准基点控制网应全线(段)一次布网测量。

2. 控制网测量

高程控制测量采用二等水准测量。山岭、沼泽及水网地区,水准测量有困难时,可采用精密光电测距三角高程测量。

各等级水准测量限差应符合表 13.15 的规定。

表 13.15　水准测量限差要求

水准测量等级	测段、路线往返测高差不符值 平原	测段、路线往返测高差不符值 山区	测段、路线的左右路线高差不符值	附合路线或环线闭合差 平原	附合路线或环线闭合差 山区	检测已测测段高差之差
二等	$\pm 4\sqrt{K}$	$\pm 0.8\sqrt{n}$	—	$\pm 4\sqrt{L}$		$\pm 6\sqrt{R_i}$
精密水准	$\pm 8\sqrt{K}$		$\pm 6\sqrt{K}$	$\pm 8\sqrt{L}$		$\pm 8\sqrt{R_i}$
三等	$\pm 12\sqrt{K}$	$\pm 2.4\sqrt{n}$	$\pm 8\sqrt{K}$	$\pm 12\sqrt{L}$	$\pm 15\sqrt{L}$	$\pm 20\sqrt{R_i}$
四等	$\pm 20\sqrt{K}$	$\pm 4\sqrt{n}$	$\pm 14\sqrt{K}$	$\pm 20\sqrt{L}$	$\pm 25\sqrt{L}$	$\pm 30\sqrt{R_i}$
五等	$\pm 30\sqrt{K}$		$\pm 20\sqrt{K}$	$\pm 30\sqrt{L}$		$\pm 40\sqrt{R_i}$

注:①K 为测段水准路线长度,单位为 km;L 为水准路线长度,单位为 km;R_i 为检测测段长度,以千米计;n 为测段水准测量站数。

②当山区水准测量每公里测站数 $n \geq 25$ 站以上时,采用测站数计算高差测量限差。

13.6.2.2　轨道控制网(CPⅢ)水准测量

CPⅢ控制点应附合于线路水准基点,水准路线附合长度不大于 3 km。按精密水准测量技术要求施测,与线路水准基点联测时,须进行往返观测。

在进行 CPⅢ 高程控制网测量时,需要对相邻 4 个 CPⅢ 点所构成的水准闭合环进行环闭合差检核,相邻 CPⅢ 点的水准环闭合差不得大于 1 mm。区段之间衔接时,前后区段独立平差重叠点高程差值应 ≤ ±3 mm。

若在桥面与地面间高差大于 3 m 的路段,线路水准基点高程直接传递到桥面 CPⅢ控制点上有困难时,宜采用不量仪器高和棱镜高的中间设站光电测距三角高程测量法传递高程。光电测距三角高程测量外业观测应符合表 13.16 的规定。仪器与棱镜的距离一般不大于100 m,最大不得超过 150 m,前、后视距差不应超过 5 m。前后视必须是同一个棱镜且观测时棱镜高度不变。

表 13.16　中间设站三角高程测量外业观测技术要求

垂直角测量				距离测量			
测回数	两次读数差 ('')	测回向指标差互差 ('')	测回差	测回数	每测回读数次数	四次读数差 (mm)	测回差 (mm)
4	5.0	5.0	5.0	4	4	2.0	2.0

13.6.2.3　内业计算及成果资料整理

观测和计算成果应做到记录真实、注记明确、格式统一,并装订成册归档管理。

各级控制网外业工作结束后,要求进行观测数据质量检核。检核的内容包括:测站数据、水准路线数据等。数据质量合格后,方可进行平差计算。

13.6.3　线路测量

高速铁路线路测量的内容通常包括控制测量、地形测量、中线测量、路基测量、专项调查测量、施工控制网加密测量及线路中线贯通测量等。

1. 控制测量

线路平面控制网按 CP0、CPⅠ和 CPⅡ控制测量的规定施测,高程控制测量按二等水准测量要求施测。若在初、定测阶段不具备建立 CPⅠ、CPⅡ平面控制网、二等水准测量条件时,可根据勘测设计的要求,建立满足初测、定测需要的平面控制及相应的高程控制。在线下工程施工前,全线应建立完整的 CPⅠ和 CPⅡ平面控制网及二等水准线路水准基点控制网。

2. 地形测量

地形测量一般采用摄影测量方法成图,测图精度参照《铁路工程摄影测量规范》(TB 10050—2010)的规定执行。地形图图例符号执行《国家基本比例尺地形图图式》和《铁路工程制图图形符号标准》的规定。在支线、专用线地段,也可采用全站仪数字化测图、GPS RTK 数字化测图等方法测图。

3. 中线测量

中线测量应在定测平面控制网和线路水准基点或四等高程控制网基础上进行。当控制点密度不能满足中线测量需要时,平面应按五等 GPS 或一级导线加密,导线长度不大于 5 km;高程按五等水准测量精度要求加密。线路中线桩可采用全站仪极坐标法、GPS RTK 法测设。中线上应钉设公里桩和加桩。直线上中桩间距不大于 50 m;曲线上中桩间距不大于 20 m,如地形平坦时中桩间距可为 40 m。在地形变化处或设计需要时,应设加桩。中桩桩位检测限差应满足纵向 $S/2\ 000 + 0.1$(S 为相邻中桩间距离,以 m 计)、横向±10 cm 的要求。

中桩高程可采用光电测距三角高程测量、水准测量或 GPS RTK 测量。中桩高程宜观测两次,两次测量成果的差值不应大于 0.1 m。

4. 路基测量

路基测量主要是横断面测量、地基加固工程施工放样。路基定测横断面间距一般为 20 m,不同线下基础之间过渡段范围应加密为 5~10 m。在曲线控制桩、百米桩和线路纵、横向地形明显变化以及大中桥头、隧道洞口、路基支挡及承载结构物起讫点等处,应测设横断面。路基加固范围施工放样可在恢复中线的基础上采用横断面法、极坐标法或 GPS RTK 法进行施工放样。

5. 专项调查测量

专项调查测量是对线路两侧工程影响范围内的给水、排水、燃气、电力、通信等管线的调查和测量,要详细调查并实测其平面位置、埋深或净空。内容包括:管线类型、性质、走向、用途、材料、直径及附属设施、产权单位以及对施工需要拆迁的建筑物进行实地调绘。

6. 施工控制网加密测量

当控制点不能满足施工需要时,应进行施工控制网加密。施工控制网加密前,应根据现场情况制定施工控制网加密测量技术设计书。控制网加密测量可根据施工要求采用同级扩展或向下一级发展的方法进行,可采用导线或 GPS 测量方法施测,就近附合到 CPⅡ或 CPⅠ控制点上。高程控制加密也应起闭于线路水准基点,采用同级扩展的方法按二等水准测量要求施测。

7. 线路中线贯通测量

线路中线贯通测量的目的是在线下工程竣工后、轨道施工前,通过线路中线贯通测量,利用中线和横断面竣工测量成果评估路基、桥梁和隧道是否满足限界要求。必要时应调整线路平纵面设计,以满足轨道铺设要求。

线路中线贯通测量内容包括线路水准基点贯通测量、线路中线和横断面竣工测量。中线上应钉设公里桩和百米桩,直线上中桩间距不大于 50 m;曲线上中桩间距为 20 m。在曲线起终点、变坡点、竖曲线起终点、立交道中心、涵洞中心、桥梁墩台中心、隧道进出口、隧道内断面变化处、道岔中心、支挡工程的起终点和中间变化点等处均应设置加桩。线路水准基点贯通测量沿线路进行全线二等水准测量。

13.6.4 轨道施工测量

我国常用的无砟轨道类型有 CRTS Ⅰ、CRTS Ⅱ、CRTS Ⅲ型板式无砟轨道和 CRTS Ⅰ、CRTS Ⅱ双块式无砟轨道,虽然它们在施工工艺、工序上有所差别,但就轨道施工测量而言,基本测量工作主要包括 CPⅢ轨道控制网的建立、混凝土底座及支承层、凸形挡台放样、加密基标测设、轨道安装(轨道板铺设、轨排粗调精调)及轨道精调等测量工作。高速铁路对轨道平顺性要求很高,轨道施工测量必须达到很高的精度,具体要求见表 13.17。

表 13.17 高速铁路轨道静态平顺度允许偏差

序号	项 目	无砟轨道		有砟轨道	
		允许偏差	检测方法	允许偏差	检测方法
1	轨距	±2 mm	相对于 1 435 mm	±2 mm	相对于 1 435 mm
		1/1 500	变化率	1/1 500	变化率
2	轨向	2 mm	弦长 10 m	2 mm	弦长 10 m
		2 mm/8a(m)	基线长 48a(m)	2 mm/5 m	基线长 30 m
		10/240a(m)	基线长 480a(m)	10 mm/150 m	基线长 300 m
3	高低	2 mm	弦长 10 m	2 mm	弦长 10 m
		2 mm/8a(m)	基线长 48a(m)	2 mm/5 m	基线长 30 m
		10/240a(m)	基线长 480a(m)	10 mm/150 m	基线长 300 m
4	水平	2 mm	—	2 mm	—
5	扭曲(基长 3 m)	2 mm	—	2 mm	—
6	与设计高程偏差	10 mm		10 mm	
7	与设计中线偏差	10 mm		10 mm	

注:①表中 a 为轨枕/扣件间距。

②站台处的轨面高程不应低于设计值。

1. CPⅢ 轨道控制网测量

在轨道施工测量阶段,第一步工作是建立 CPⅢ 轨道控制网,具体布设和施测法见本节13.6.1.5 轨道控制网(CPⅢ)测量。

2. 混凝土底座及支承层、凸形挡台放样

建立完成 CPⅢ轨道控制网后,以 CPⅢ控制网为基准,进行混凝土底座及支承层的测设。测设方法为全站仪自由设站极坐标法,要求全站仪测角精度不低于 2″、测距精度不低于 2 mm + $2×10^{-6}$。测量时,将仪器安置在路基上,观测 3 对以上 CPⅢ 控制点,解算出全站仪仪器中心位置,然后进行混凝土底座及支承层的测设工作,放样混凝土底座基准线和支承层的模版位置。注意测站间的重叠观测 CPⅢ控制点不宜少于 2 对。凸形挡台的测设和支模测量方法与混凝土底座及支承层测设方法相同。高程测量可采用全站仪自由设站三角高程或几何水准施测。

3. 加密基标测量

为了使高速铁路铺轨的精度到达设计要求,在进行轨道板和轨道铺设前,还要进一步加密轨道施工控制点。因此,需要进行加密基标的布设和测量。由于高速铁路轨道类型不同,施工工艺流程也不一样,加密基标设置应根据轨道类型和施工工艺要求而定。例如,根据《高速铁路工程测量规范》要求,对于 CRTS Ⅰ 型板式无砟轨道加密基标设于凸形挡台中心,测设精度满足:点位横向偏差 = 1.0 mm,相邻点距离偏差 = 2.0 mm,相邻点竖向偏差 = 1.0 mm。对 CRTS Ⅱ 型板式无砟轨道加密基标(基准点)应设于混凝土底座或支承层上,位于轨道板横接缝的中央、相应里程中心点的法线上,偏离轨道中线 0.10m。曲线地段,应置于轨道中线内侧;直线地段应置于线路中线同一侧。CRTS Ⅱ 型双块式无砟轨道加密基标(支脚)应设于混凝土底座或支承层上,位于轨道两侧,纵向和横向间距应分别为 3.27 m 和 3.2 m,特殊地段可适当调整纵向间距,但最大调整量不应超过 15 mm。

加密基标测设要求采用精度不应低于($1''$、1 mm+2×10^{-6})的全站仪,以 CP Ⅲ 控制点为基准,用全站仪自由设站极坐标法进行测设,自由设站观测的 CP Ⅲ 控制点不少于 4 对,全站仪设在线路中线附近,位于所观测的 CP Ⅲ 控制点的中间。更换测站后,相邻测站重叠观测的 CP Ⅲ 控制点不少于 2 对;高程测量应采用几何水准方法施测。使用的水准仪精度不低于 DS$_{05}$。

4. 轨道安装测量

高速铁路轨道铺设以精密控制网为基准按照线路设计坐标进行定位施工,具有精度高,整体性和严密性好的优点。

轨道安装测量具体步骤需要根据不同轨道板的施工安装工艺流程而具体确定,对于板式轨道而言,测量工作通常包括轨道板粗铺测量、基准点测量、轨道板精调测量、轨道板竣工测量、铺轨测量及轨道精调测量等工序,轨道板精调后板内各支点实测与设计值的横向、竖向允许偏差为 0.3 mm,相邻轨道板间横向、竖向允许偏差为 0.4 mm。对双块式无砟轨道,需要进行排轨安装测量,排轨粗调和精调测量,然后再进行铺轨测量及轨道精调测量。

轨道精调测量应在长钢轨应力放散并锁定后,采用全站仪自由设站方式配合轨道几何状态测量仪进行。测量前应对 CP Ⅲ 控制点进行复测,复测结果在限差以内时采用原测成果,超限时应检查原因,确认原测成果有错时,应采用复测成果。全站仪自由设站每一测站最大测量距离不大于 80 m。轨道几何状态测量仪测量步长:无砟轨道为 1 个扣件间距,有砟轨道不大于 2 m。更换测站后,应重复测量上一测站测量的最后 6~10 根轨枕(承轨台),完成精调后,轨道静态平顺性应符合表 13.17 的规定。

☞ 13.7
公路线路测量

根据现行的《公路工程技术标准》(JTG 1301—2014)以及有关技术文件的规定,我国公路的勘测设计工作分为两阶段设计和一阶段设计。公路和独立大桥勘测设计工作一般应采用两阶段设计;修建任务紧急的建设项目以及方案明确、工程简易的小型建设项目则采用一阶段设计。

不论线路采用哪一种阶段设计,都需要进行相应的勘测工作,公路线路勘测中的测量工作通常也分为初测和定测两阶段进行。

13.7.1　初　　测

根据已批准的计划任务书和勘察报告中已确定的路线走向、控制点、路线等级及主要技术指标,对有比较价值的方案进一步勘测落实,进行导线测量、水准测量和地形测量。

(1)导线测量。导线布设要求全线贯通,导线的位置应尽可能符合或接近线路将来通过的位置。导线点间的距离不大于 500 m,不小于 50 m。超过 500 m 时,中间应设置转点。在地形简单的地段,应做到导线即为选定的线路,并在现场拟定半径;在线路平、纵断面受限制的地区,导线可按规定的平均坡度布设,并通过反复放线比选,同时结合地形条件,初步拟定半径。地形复杂、设置线路有困难的地段,导线可在线路附近通过,利用控制性断面,在图上进行局部调整,确定线路;或以导线为控制,实测地形图,进行纸上定线。

导线边上应设置控制地形的加桩,并在通过河沟、重要地物、构筑物、占地分界点处加桩。导线测量中,通常施测右角,边长以钢尺量距或电磁波测距测定。

(2)水准测量。水准测量的任务是沿线路设置水准基点,并进行基平测量。导线点及导线边上的加桩的抄平可以用水准仪测量,也可以用经纬仪或全站仪作三角高程测量。

(3)地形测量。以导线为控制测绘全线带状地形图,以便在图上进行定线和布置工程。路线带状地形图的比例尺一般为 1:2 000,在人烟烯少的平原微丘区可用 1:500~1:1 000。路线带状地形图的宽度一般为 100~200 m。

13.7.2　定　　测

定测的基本任务是将初测后的线路测设于实地,然后根据定测后的线路进行纵、横断面测量,为公路的技术施工设计提供资料。

定测阶段的工作主要分以下方面进行:

(1)放线。两阶段定测的放线工作主要是根据初步设计时纸上所定线路与导线的相对几何关系,应用支距法、拨角放线法、全站仪、极坐标法或 GPS RTK 法,将纸上选定的线路放样到实地上去。当两交点的距离大于 500 m 或地形起伏较大不便于中桩穿线的地段,应增设转点桩或方向桩。放线过程中应每隔一定距离与原测导线进行联测,取得统一的坐标和方位角,并减少误差的累积。当纸上定线与实际地形有明显出入时,应根据实际情况进行改善。一阶段设计的定测放线工作,应根据任务书及视察报告所拟定线路的基本走向和方案,进行实地落实。对于需要实测比较的路线方案,应进行比选,提出采用方案。

(2)测角。采用测回法以一个测回观测右角,并推算偏角。前后半测回的角值较差在 1′

以内时取其平均值作为最后结果。水平角检测的允许误差或闭合差不得超过 $\pm 1' \sqrt{n}$。

角度测量后应根据设计的半径，计算出曲线元素，并放样出曲线的起点、中点及终点。

（3）中线测量。以经纬仪定向，用钢卷尺或竹尺丈量距离，也可用全站仪、GPS RTK 法测量中线。中线的标桩除必须钉出起、终点桩、百米桩、公里桩、平曲线主点桩、断链桩及转点桩外，还应在线路的纵横向坡度明显变化处、与既有线路交叉处、拆迁建筑物处、小桥涵、大中桥隧位置、土质明显变化处、不良地质地段的起终点以及行政区划分界处设置加桩。

（4）水准测量。沿线每隔 1 km 及大桥附近、隧道两端设置水准基点。此外，还要测定线路中桩的高程，绘制线路的纵断面图。

（5）横断面测量。应在线路所有中桩上进行横断面测量，每侧各 15～20 m，并按 1:200 的比例尺绘制横断面图。

（6）地形测量。测绘工程构筑物处的大比例尺地形图。此外还应对踏勘阶段所测绘的地形图核对和修测，并将详测的线路标绘在图上。

总之，公路的测量工作和程序与铁路的测量工作和程序大体相同，因此，公路线路测量中的许多内容和方法可以参考前述铁路线路测量的相关部分进行，只是铁路测量的精度相对高些。

☞ 13.8
公路施工测量

公路工程与铁路工程除路基上部建筑不同以外，其他方面基本相同。本节着重介绍其不同的方面。

公路线路的施工测量首要任务也是恢复线路中心线。这项工作包括恢复线路的交点、转点和中线标桩（百米标和加标）。如果在恢复后的交点上量得的转角与原设计表上所列的值相差不大，则可根据勘测设计时给定的半径和曲线元素用直角坐标法或偏角法放样曲线桩。假如量得的转角与原来的转角相差较大，应根据地形情况和原来的切线长，改动曲线半径，重新计算曲线元素，并放样曲线。

路基边坡桩的放样方法与 13.4 节中介绍的方法完全相同，此处不再重复。在公路施工测量中，除将路基边坡桩放样出来之外，为保证路基的正确施工，还常常对路基的边坡断面进行放样，当路堤填土不高时，可用竹杆和线绳一次挂线，给出断面形状，如图 13.39（a）所示。在路基填土高度较大的断面上，常采用分层挂线的方法，如图 13.39（b）所示。在每层挂线之前均应标定中线并用手水准抄平。

放样边坡断面的另一种方法是使用边坡放样板。边坡放样板有活动边坡尺和固定边坡样板两种，如图 13.40 所示。前者用于路堤的边坡放样，后者用于路堑的边坡放样。开挖路堑

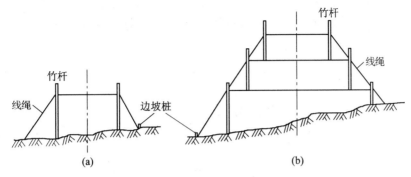

图 13.39 公路路堤边坡断面放样

时,在坡顶外侧立固定样板,施工时可以随时瞄准。

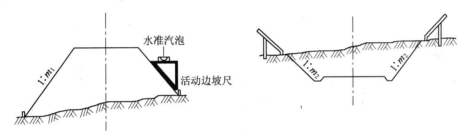

图 13.40 边坡板放样

路基施工之后,要进行路面的施工。在铺筑公路路面时,首先应进行路槽的放样。根据线路附近的水准点,在已恢复的路线中线的百米标及加标上,用水准测量的方法求出各桩的路基设计高。然后在线路中线上每隔 10 m 设立高程桩,并在每个桩上放样出铺筑路面的高程(图13.41)。由高程桩起沿横断面方向各量出路槽宽度之半的长度,钉出路槽边桩,使桩顶高程等于路槽底部的高程(考虑横坡),以指导路槽的开挖。

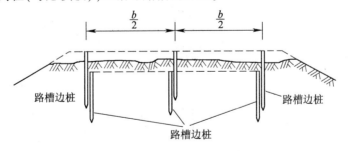

图 13.41 路槽放样

为有利于排水,路面均铺装成中间高两侧低的拱形,称为**路拱**。路拱分为抛物线形和圆曲线形。

图 13.42 为抛物线形的路拱。如将坐标系的原点 O 选在路拱中心,且过 O 点的水平线为 x 轴,铅垂线为 y 轴,根据抛物线的一般方程式 $x^2 = 2py$,可以求出由路拱中心向外侧不同距离上的 y 坐标值。

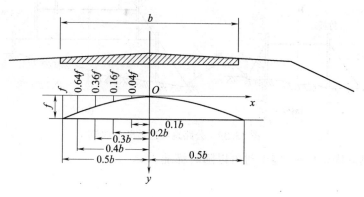

图 13.42 抛物线形的路拱

当 $x = \dfrac{b}{2}$ 时,y 坐标值等于路拱高度 f,代入抛物线方程后有

$$\frac{b^2}{4} = 2pf$$

于是

$$2p = \frac{b^2}{4f}$$

将 $2p$ 值代入抛物线方程式中,并解出 y 值,有

$$y = \frac{x^2}{2p} = \frac{4f}{b^2}x^2 \qquad (13.10)$$

如图 13.43 所示,当路拱为两个斜面中间插入的圆曲线时,路拱的高度 f 由式(13.11)计算:

$$f = \left(\frac{b}{2} - \frac{l_1}{4} \right) i_1 \qquad (13.11)$$

式中　b——铺装路面的宽度;

　　　l_1——曲线段的水平投影距离。

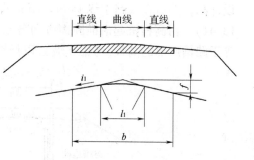

图 13.43 两斜面中间插入圆曲线的路拱

公路路面的放样,一般根据设计数据预先制成路拱样板,在放样过程中随时检查。对于碎石路面,放样误差不得超过 1 cm,对于混凝土和沥青路面则不应超过 2~3 mm,测量时应认真仔细操作。

思考题与习题

1. 线路初测的目的是什么？试简述初测阶段的主要工作程序。

2. 试述初测导线的布设原则。

3. 进行导线相对闭合差计算时，须对坐标增量总和进行两次改化，为什么？

4. 何谓坐标换带？在导线计算中，有哪些情况要进行坐标换带计算？

5. 水准点高程测量的任务是什么？线路水准点的设置、测量方法及精度有哪些具体要求？

6. 线路定测的目的是什么？

7. 定测放线常用的方法有哪些？各有何优缺点？

8. 简述拨角放线的程序与规则。

9. 定测时的高程测量任务与初测时相比，有哪些相同与不同？

10. 图 13.44 中，初测导线点 c_1 的坐标为 $x_0 =$ 10 117 m。$y_0 = 10\ 259$ m；$c_1 c_2$ 边的坐标方位角为 $120°14'07''$。从图上量得中线交点 JD_1 的坐标为 $x_1 =$ 10 045 m，$y_1 = 10\ 268$ m；JD_2 的坐标为 $x_2 = 10\ 086$ m，$y_2 =$ 120 94 m。试计算用拨角放线法测设 JD_1 和 JD_2 所需要的资料。

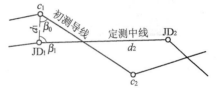

图 13.44　第 10 题图

11. 在定测线路上进行中桩水准测量，观测结果如图 13.45 所示，已知 BM_5 的高程为 501.276 m，BM_6 的高程为 503.795 m，试列表计算各点的高程，并检验其闭合差。

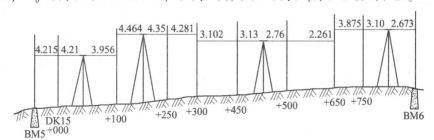

图 13.45　第 11 题图

12. 图 13.46 中要在圆曲线 DK13+140 处测设横断面，已知 $R = 600$ m，置仪器于 DK13+140 处后视 DK13+100 时，其水平角度盘读数为 $45°10'00''$，问横断面方向的度盘读数应为多少？

13. 试述用试探法测设路基边桩的方法和步骤。

14. 既有线测量的目的是什么？与新线测量有何不同之处？

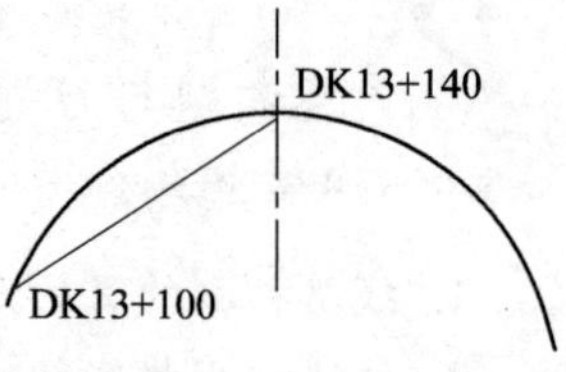

15. 在既有线的曲线测量中,所设置的"曲线测量起点"和"曲线测量终点"是否就是曲线实际的 ZH（或 ZY）点和 HZ（或YZ）点？它有什么作用？如何设置？

16. 用矢距法进行曲线测量时,对外移桩有何要求？外移桩是否就是置镜点？

17. 既有线高程测量的目的是什么？如何进行测量？

图 13.46　第 12 题图

18. 为什么要进行既有线站场横断面测量？它与新线站场横断面测量有何不同？

19. 既有线站场在测绘时,为什么要布设基线？基线布设的原则是什么？

20. 高速铁路平面控制网是如何分级的？各级控制网的作用是什么？

21. 高速铁路线路测量主要包括哪些内容？

22. 试述公路路基边坡断面、路槽和路面放样的方法和步骤。

14

桥梁施工测量

桥梁施工测量是线路施工测量的重要内容之一。本章主要介绍桥梁施工控制测量的基本概念及作用,包括平面和高程控制测量,桥梁墩、台中心的定位,墩台细部放样及梁部放样。

测量学

桥梁是道路工程的重要组成部分之一,有铁路桥梁、公路桥梁、铁路公路两用桥梁以及陆地上的立交桥和高架道路之分。在工程建设中,无论是投资比重、施工期限、技术要求等各个方面,桥梁都居于重要位置。特别是一般特大桥、复杂特大桥等技术较复杂的桥梁建设,对一条路线能否按期、高质量地建成通车,具有重要影响,有时甚至起着控制工程的关键作用。桥梁按其轴线长度一般分为特大型桥(>500 m)、大型桥(100~500 m)、中型桥(30~100 m)和小型桥(<30 m)四类。

一座桥梁的建设,在勘测设计、建筑施工和运营管理期间都需要进行大量的测量工作,其中包括:勘测选址、地形测量、施工测量、竣工测量;在施工过程中及竣工通车后,还要进行变形观测。本章主要讨论施工阶段的测量工作。桥梁施工测量的内容和方法,随桥长及其类型、施工方法、地形复杂情况等因素的不同而有所差别。概括起来主要有:桥轴线长度测量、桥梁控制测量、墩台定位及轴线测设、墩台细部放样及梁部放样等。对于小型桥一般不进行控制测量。

现代的桥梁施工方法日益走向工厂化和拼装化,尤其对于铁路桥梁,梁部构件一般都在工厂制造,在现场进行拼接和安装,这就对测量工作提出了十分严格的要求。

☞ 14.1
桥轴线长度的确定及控制测量

14.1.1 桥轴线长度所需精度估算

在选定的桥梁中线上,于桥头两端埋设两个控制点,两控制点间的连线称为**桥轴线**。由于墩、台定位时主要以这两点为依据,所以桥轴线长度的精度直接影响墩、台定位的精度。为了保证墩、台定位的精度要求,首先需要估算出桥轴线长度需要的精度,以便合理地拟定测量方案。

在现行的《测规》中,根据梁的结构形式、施工过程中可能产生的误差,推导出了如下的估算公式:

1. 钢筋混凝土简支梁

$$m_L = \pm \frac{\Delta_D}{\sqrt{2}}\sqrt{N} \tag{14.1}$$

式中　m_L——桥轴线(两桥台间)长度中误差(mm);

　　　N——联(跨)数;

　　　Δ_D——墩中心的点位放样限差(±10 mm)。

2. 钢板梁及短跨($l \leqslant 64$ m)简支钢桁梁

单跨：
$$m_l = \pm\frac{1}{2}\sqrt{\left(\frac{l}{5\,000}\right)^2 + \delta^2} \qquad (14.2)$$

多跨等跨：
$$m_L = m_l\sqrt{N} \qquad (14.3)$$

多跨不等跨：
$$m_L = \pm\sqrt{m_{l1}^2 + m_{l2}^2 + \cdots} \qquad (14.4)$$

式中　　m_{li}——单跨长度中误差(mm)，$i=1,2,\cdots$；

l——梁长；

δ——固定支座安装限差(±7 mm)；

1/5 000——梁长制造限差。

3. 连续梁及长跨($l>64$ m)简支钢桁梁

单联(跨)：
$$m_l = \pm\frac{1}{2}\sqrt{n\Delta_l^2 + \delta^2} \qquad (14.5)$$

多联(跨)等联(跨)：
$$m_L = m_l\sqrt{N} \qquad (14.6)$$

多联(跨)不等联(跨)：
$$m_L = \pm\sqrt{m_{l1}^2 + m_{l2}^2 + \cdots} \qquad (14.7)$$

式中　　n——每联(跨)节间数；

Δ_l——节间拼装限差(±2 mm)。

一般地，直线桥或曲线桥的桥轴线长度可用光电测距仪或钢卷尺直接测定。但如果精度需要时或对于复杂特大桥，则应布置三角网或小三角网进行平面控制测量，这时桥轴线长度的精度估算还应考虑利用三角点交会墩位的误差影响。

14.1.2 桥梁平面控制测量

桥梁平面控制测量的目的是测定桥轴线长度并据以进行墩、台位置的放样。同时，也可用于施工过程中的变形监测。

根据桥梁跨越的河宽及地形条件，平面控制网多布设成如图14.1所示的形式。

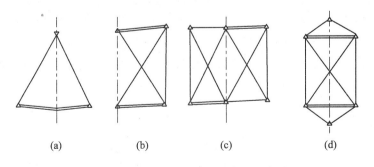

图 14.1　桥梁平面控制网

选择控制点时,应尽可能使桥的轴线作为三角网的一个边,以利于提高桥轴线的精度。如不可能,也应将桥轴线的两个端点纳入网内,以间接求算桥轴线长度,如图 14.1(d)所示。

对于控制点的要求,除了图形简单、图形强度良好外,还要求地质条件稳定,视野开阔,便于交会墩位,其交会角不致太大或太小。基线应与桥梁中线近似垂直,其长度宜为桥轴线的0.7 倍,困难时也不应小于 0.5 倍。在控制点上要埋设标石及刻有"+"字的金属中心标志。如果兼作高程控制点用,则中心标志的顶部宜做成半球状。

控制网可采用测角网、测边网或边角网。采用测角网时宜测定两条基线,如图 14.1 中的双线所示;测边网是测量所有的边长而不测角度;边角网则是边长和角度都测。一般说来,在边、角精度互相匹配的条件下,边角网的精度较高。

桥梁控制网分为五个等级,它们分别对测边和测角的精度有所规定,见表 14.1。

表 14.1　测边和测角的精度规定

三角网等级	桥轴线相对中误差	测角中误差(")	最弱边相对中误差	基线相对中误差
一	1/175 000	±0.7	1/150 000	1/400 000
二	1/125 000	±1.0	1/100 000	1/300 000
三	1/75 000	±1.8	1/60 000	1/200 000
四	1/50 000	±2.5	1/40 000	1/100 000
五	1/30 000	±4.0	1/25 000	1/75 000

上述规定是对测角网而言的,由于桥轴线长度及各个边长都是根据基线及角度推算的,为保证轴线有可靠的精度,基线精度要高于桥轴线精度 2~3 倍。如果采用测边网或边角网,由于边长是直接测定的,所以不受或少受测角误差的影响,测边的精度与桥轴线要求的精度相当即可。

由于桥梁三角网一般都是独立的,没有坐标及方向的约束条件,所以平差时都按自由网处理。它所采用的坐标系一般是**以桥轴线作为 x 轴,以桥轴线始端控制点的里程作为该点的 x值**。这样,桥梁墩台的设计里程即为该点的 x 坐标值,便于以后施工放样的数据计算。

在施工时如因机具、材料等遮挡视线,无法利用主网的点进行施工放样时,可以根据主网两个以上的点将控制点加密。这些加密点称为**插点**。插点的观测方法与主网相同,但在平差计算时,主网上点的坐标不得变更。

14.1.3　高程控制测量

在桥梁的施工阶段,为了作为放样的高程依据,应建立高程控制网,即在河流两岸建立若干个水准基点。这些水准基点除用于施工外,也可作为以后变形观测的高程基准点。

水准基点布设的数量视河宽及桥的大小而异。一般小桥可只布设一个;在 200 m 以内的大、中桥,宜在两岸各设一个;当桥长超过 200 m 时,由于两岸连测不便,为了在高程变化时易于检查,则每岸至少设置两个。水准基点是永久性的,必须十分稳固。除了它的位置要求便于保护外,根据地质条件,水准基点可采用混凝土标石、钢管标石、管柱标石或钻孔标石,在标石上方嵌以凸出半球状的铜质或不锈钢标志。

为了方便施工,也可在附近设立施工水准点,由于其使用时间较短,在结构上可以简化,但要求相对稳定,使用方便,且在施工时不致破坏。

桥梁水准点与线路水准点应采用同一高程系统。与线路水准点连测的精度不需要很高,当包括引桥在内的桥长小于 500 m 时,可用四等水准连测,大于 500 m 时可用三等水准进行测量。但桥梁本身的施工水准网则宜用较高精度,因为它直接影响桥梁各部放样精度。

当跨河距离大于 200 m 时,宜采用过河水准法连测两岸的水准点。跨河点间的距离小于 800 m 时,可采用三等水准测量,大于 800 m 时则采用二等水准进行测量。

☞ 14.2
桥梁墩、台中心定位及轴线测设

在桥梁施工过程中,最主要的工作是测设出墩、台的中心位置和它的纵横轴线。其测设数据由控制点坐标和墩、台中心的设计位置计算确定。测设方法则视河宽、水深及墩位的情况,可采用直接测距或角度交会的方法。墩、台中心位置定出以后,还要测设出墩、台的纵横轴线,以固定墩台方向,同时它也是墩台施工中细部放样的依据。

14.2.1　直线桥的墩、台中心定位

直线桥的墩、台中心都位于桥轴线的方向上。墩、台中心的设计里程及桥轴线起点的里程是已知的,如图 14.2 所示,相邻两点的里程相减即可求得它们之间的距离。根据地形条件,可采用直接测距法或交会法测设出墩、台中心的位置。

1. 直接测距法

这种方法适用于无水或浅水河道。

根据计算出的距离,从桥轴线的一个端点开始,用检定过的钢尺测设出墩、台中心,并附合于桥轴线的另一个端点上。若在限差范围之内,则依各段距离的长短按比例调整已测设出的距离。在调整好的位置上钉一小钉,即为测设的点位。

若用光电测距仪测设,则在桥轴线起点或终点架设仪器,并照准另一个端点。在桥轴线方向上设置反光镜,并前后移动,直至测出的距离与设计距离相符,则该点即为要测设的墩、台中心位置。为了减少移动反光镜的次数,在测出的距离与设计距离相差不多时,可用小钢尺测出

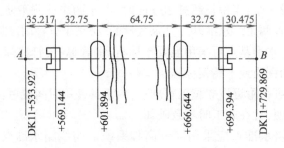

图 14.2　直线桥墩台(尺寸单位:m)

其差数,以定出墩、台中心的位置。

2. 角度交会法

当桥墩位于水中,无法直接丈量距离及安置反光镜时,则采用角度交会法。

如图 14.3 所示,C、A、D 为控制网的三角点,且 A 为桥轴线的端点,E 为墩中心设计位置。C、A、D 各控制点坐标已知,若墩心 E 的坐标与之不在同一坐标系,可将其进行改算至统一坐标系中。利用坐标反算公式即可推导出交会角 α、β。如利用计算器的坐标换算功能,则 α 的计算过程更为简捷。以 CASIO fx-4500P 为例:

$$\text{Pol}((x_E - x_C),(y_E - y_C))\hookleftarrow, \quad \alpha_{CE} = W$$

$$\text{Pol}((x_A - x_C),(y_A - y_C))\hookleftarrow, \quad \alpha_{CA} = W$$

则交会角 $\alpha = \alpha_{CA} - \alpha_{CE}$。其中:Pol 为直角坐标、极坐标的换算功能键;$W$ 为极角的存储区,$W<0$时,加 360° 赋予方位角。

同理可求出交会角 β。

当然也可以根据正弦定理或其他方法求算。

在 C、D 点上安置经纬仪,分别自 CA 及 DA 测设出交会角 α、β,则两方向的交点即为墩心 E 点的位置。为了检核精度及避免错误,通常还利用桥轴线 AB 方向,用三个方向交会出 E 点。

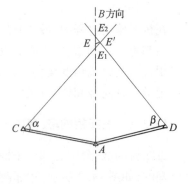

图 14.3　角度交会法

由于测量误差的影响,三个方向一般不交于一点,而形成一如图示的三角形,该三角形称为示误三角形。示误三角形的最大边长,在建筑墩台下部时不应大于 25 mm,上部时不应大于 15 mm。如果在限差范围内,则将交会点 E' 投影至桥轴轴线上,作为墩中心 E 的点位。

随着工程的进展,需要经常进行交会定位。为了工作方便,提高效率,通常都是在交会方向的延长线上设置标志,以后交会时可不再测设角度,而直接瞄准该标志即可。

当桥墩筑出水面以后,即可在墩上架设反光镜,利用光电测距仪,以直接测距法定出墩中心的位置。

14.2.2 曲线桥的墩、台中心定位

位于直线桥上的桥梁,由于线路中线是直的,梁的中心线与线路中线完全重合,只要沿线路中线测出墩距,即可定出墩、台中心位置。但在曲线桥上则不然,曲线桥的线路中线是曲线,而每跨梁本身却是直的,两者不能完全吻合,如图 14.4 所示。梁在曲线上的布置,是使各梁的中线联结起来,成为与线路中线基本吻合的折线,这条折线称为**桥梁工作线**。墩、台中心一般位于桥梁工作线转折角的顶点上,所谓墩台定位,就是测设这些转折角顶点的位置。

在桥梁设计时,为使列车运行时梁的两侧受力均匀,桥梁工作线应尽量接近线路中线,所以梁的布置应使工作线的转折点向线路中线外移动一段距离 E,这段距离称为**桥墩偏距**。偏距 E 一般是以梁长为弦线的中矢值的一半,这是铁路桥梁的常用布置方法,称为**平分中矢布置**。相邻梁跨工作线构成的偏角 α 称为**桥梁偏角**。每段折线的长度 L 称为**桥墩中心距**。E、α、L 在设计图中都已经给出结合这些资料即可测设墩位。

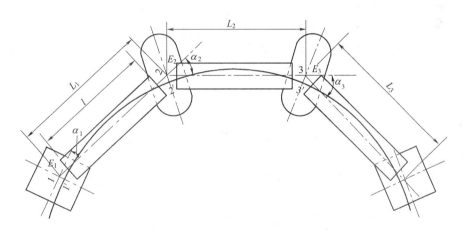

图 14.4　曲线桥墩台

从上面的说明可以看出,直线桥的墩、台定位,主要是测设距离,其所产生的误差,也主要是距离误差的影响;而在曲线桥时,距离和角度的误差都会影响到墩、台点位的测设精度,所以它对测量工作的要求比直线桥要高,工作也比较复杂,在测设过程中一定要多方检核。

在曲线上的桥梁是线路组成的一部分,故要使桥梁与曲线正确地联结在一起,必须以高于线路测量的精度进行测设。曲线要素要重新以较高精度取得。为此需对线路进行复测,重新测定曲线转向角,重新计算曲线要素,而不能利用原来线路测量的数据。

曲线桥上测设墩位的方法与直线桥类似,也要在桥轴线的两端测设出两个控制点,以作为墩、台测设和检核的依据。两个控制点测设精度同样要满足估算出的精度要求。在测设之前,首先要从线路平面图上弄清桥梁在曲线上的位置及墩台的里程。位于曲线上的桥轴线控制

桩,要根据切线方向用直角坐标法进行测设。这就要求切线的测设精度要高于桥轴线的精度。至于哪些距离需要高精度复测,则要看桥梁在曲线上的位置而定。

将桥轴线上的控制桩测设出来以后,就可根据控制桩及给出的设计资料进行墩、台的定位。根据条件,也是采用直接测距法或交会法。

1. 直接测距法

在墩、台中心处可以架设仪器时,宜采用这种方法。由于墩中心距 L 及桥梁偏角 α 是已知的,可以从控制点开始,逐个测设出角度及距离,即直接定出各墩、台中心的位置,最后再附合到另外一个控制点上,以检核测设精度。这种方法称为导线法。

利用光电测距仪测设时,为了避免误差的积累,可采用长弦偏角法(也称极坐标法)。因为控制点及各墩、台中心点在切线坐标系内的坐标是可以求得的,故可据以算出控制点至墩、台中心的距离及其与切线方向间的夹角 δ_i。架仪器于控制点,自切线方向开始拨出 δ_i,再在此方向上测设出 D_i,如图14.5 所示,即得墩、台中心的位置。该方法的特点是独立测设,各点不受前一点测设误差的影响;但在某一点上发生错误或有粗差也难于发现。所以一定要对各个墩台中心距进行检核测量,以检核相邻墩台中心间距,若误差在 2 cm 以内时,则认为成果是可靠的。

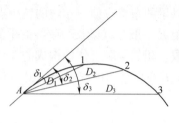

图 14.5　长弦偏角法

2. 角度交会法

当桥墩位于水中无法架设仪器及反光镜时,宜采用交会法。

与直线桥上采用交会法定位所不同的是,由于曲线桥的墩、台中心未在线路中线上,故无法利用桥轴线方向作为交会方向之一;另外,在三方向交会时,当示误三角形的边长在容许范围内时,取其重心作为墩中心位置。

由于这种方法是利用控制网点交会墩位,所以墩位坐标系与控制网的坐标系必须一致才能进行交会数据的计算。如果两者不一致时,则须先进行坐标转换。交会数据的计算与直线桥类似,根据控制点及墩位的坐标,通过坐标反算出相关方向的坐标方位角,再依此求出相应的交会角度。

14.2.3　墩台纵、横轴线的测设

为了进行墩、台施工的细部放样,需要测设其纵、横轴线。

纵轴线是指过墩、台中心平行于线路方向的轴线;横轴线是指过墩、台中心垂直于线路方向的轴线;桥台的横轴线是指桥台的胸墙线。

直线桥墩、台的纵轴线与线路的中线方向重合,在墩、台中心架设仪器,自线路中线方向测设 90°角,即为横轴线的方向(图 14.6)。

曲线桥的墩、台纵轴线位于桥梁偏角的分角线上,在墩、台中心架设仪器,照准相邻的墩、

台中心,测设 $\alpha/2$ 角,即为纵轴线的方向。自纵轴线方向测设 90° 角,即为横轴线方向(图 14.7)。

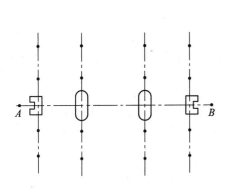

图 14.6 直线桥纵横轴线

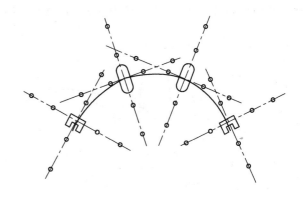

图 14.7 曲线桥纵横轴线

墩、台中心的定位桩在基础施工过程中要被挖掉,实际上,随着工程的进行,原定位桩常被覆盖或破坏,但又经常需要恢复以便于指导施工。因而需在施工范围以外钉设护桩,以方便恢复墩台中心的位置。

所谓**护桩**,即指在墩、台的纵、横轴线上,于两侧各钉设至少两个木桩,因为有两个桩点才可恢复轴线的方向。为防止破坏,可以多设几个。在曲线桥上相近墩台的护桩纵横交错,使用时极易弄错,所以在桩上一定注意要注明墩台的编号。

☞ 14.3
桥梁细部放样

所有的放样工作都遵循这样一个共同原则,即先放样轴线,再依轴线放样细部。就一座桥梁而言,应先放样桥轴线,再依桥轴线放样墩、台位置;就每一个墩台而言,则应先放样墩台本身的轴线,再根据墩台轴线放样各个细部。其他各个细部也是如此。这就是所谓"先整体,后局部"的测量基本原则。

在桥梁的施工过程中,随着工程的进展,随时都要进行放样工作。细部放样的项目繁多,桥梁的结构及施工方法千差万别,所以放样的内容及方法也各不相同。总的说来,主要包括基础放样、墩台细部放样及架梁时的测设工作。现择其要者简单说明。

对于中小型桥梁的基础,最常用的是明挖基础和桩基础。明挖基础的构造如图 14.8(a)所示。它是在墩、台位置处挖出一个基坑,将坑底平整后,再灌注基础及墩身。根据已经测设出的墩中心位置及纵、横轴线及基坑的长度和宽度,测设出基坑的边界线。在开挖基坑时,根据基础周围地质条件,坑壁需放有一定的坡度,可根据基坑深度及坑壁坡度测设出开挖边界线。边坡桩至墩、台轴线的距离 D 依式(14.8)计算:

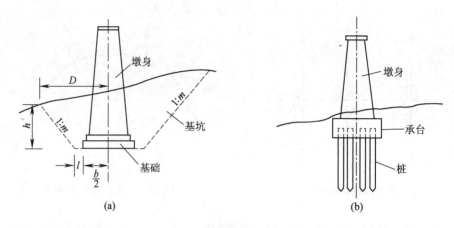

图 14.8　明挖基础和桩基础

$$D = \frac{b}{2} + h \cdot m + l \qquad (14.8)$$

式中　b——基础底边的长度或宽度;

　　　h——坑底与地面的高差;

　　　m——坑壁坡度系数的分母;

　　　l——基底每侧加宽度。

桩基础的构造如图 14.8(b)所示,它是在基础的下部打入基桩,在桩群的上部灌注承台,使桩和承台连成一体,再在承台以上灌注墩身。

基桩位置的放样如图 14.9 所示,它以墩、台纵横轴线为坐标轴,按设计位置用直角坐标法测设,或根据基桩的坐标依极坐标的方法置仪器于任一控制点进行测设。后者更适合于斜交桥的情况。在基桩施工完成以后,承台修筑以前,应再次测定其位置,以作竣工资料。

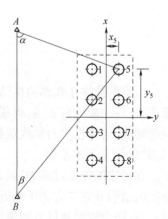

图 14.9　基桩放样

明挖基础的基础部分、桩基的承台以及墩身的施工放样,都是先根据护桩测设出墩、台的纵横轴线,再根据轴线设立模板。即在模板上标出中线位置,使模板中线与桥墩的纵横轴线对齐,即为其应有的位置。

架梁是建造桥梁的最后一道工序。无论是钢梁还是混凝土梁,无论是预制梁还是现浇梁,同样需要相应的梁部放样工作。

梁的两端是用位于墩顶的支座支撑,支座放在底板上,而底板则用螺栓固定在墩台的支撑垫石上。架梁的测量工作,主要是测设支座底板的位置,测设时也是先设计出它的纵、横中线的位置。支座底板的纵、横中心线与墩、台纵横轴线的位置关系是在设计图上给出的。因而在墩、台顶部的纵横轴线测设出以后,即可根据它们的相互关系,用钢尺将支座底板的纵、横中心线放样出来。对于现浇梁则其测设工作相对更多些,需要放样模板的位置并根据设计测设并检查模板不同部位的高程等等。

另外,桥梁细部放样过程中,除平面位置的放样外,还有高程放样。墩台施工中的高程放样,通常都是在墩台附近设立一个施工水准点,根据这个水准点以水准测量方法测设各细部的设计高程。但在基础底部及墩、台的上部,由于高差过大,难于用水准尺直接传递高程时,可用悬挂钢尺的办法传递高程。

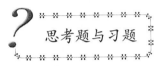

思考题与习题

1. 桥梁施工测量的主要内容有哪些?
2. 何谓桥轴线长度? 其所需精度与哪些因素有关?
3. 桥梁控制网主要采取哪些形式? 桥梁施工控制网的坐标系一般如何建立?
4. 何谓桥梁工作线、桥梁偏角、桥墩偏距? 画图示意。
5. 某桥梁施工三角网如图 14.10,各控制点及墩台中心的坐标值如下表:

编　号	x 坐标(m)	y 坐标(m)
Ⅰ 点	21.563	−316.854
Ⅱ 点	0.000	0.000
Ⅲ 点	−7.686	+347.123
Ⅳ 点	+473.435	0.000
0# 台	+11.120	0.000
2# 墩	+75.120	0.000
4# 墩	139.120	0.000

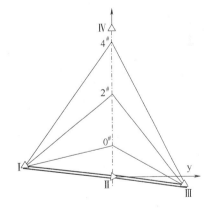

图 14.10　第 5 题图

现拟在控制点 Ⅰ、Ⅱ、Ⅲ 处安置经纬仪,用交会法测设墩台中心位置,试计算放样时的交会数据。

隧道测量

本章系统介绍了隧道测量的基本工作,即洞外控制测量、进洞测量、洞内控制测量、隧道施工测量、竣工测量等。为了保证工程的正确施工,隧道贯通精度预计也是本章的重点内容。

☛ **15.1**

概　述

15.1.1　隧道测量的内容和作用

随着经济建设的发展,地下隧道工程日益增多。隧道工程施工需要进行的主要测量工作包括:

(1)**洞外控制测量**。在洞外建立平面和高程控制网,测定各洞口控制点的位置。

(2)**进洞测量**。将洞外的坐标、方向和高程传递到隧道内,建立洞内、洞外统一坐标系统。

(3)**洞内控制测量**。包括隧道内的平面和高程控制。

(4)**隧道施工测量**。根据隧道设计要求进行施工放样、指导开挖。

(5)**竣工测量**。测定隧道竣工后的实际中线位置和断面净空及各建、构筑物的位置尺寸。

铁路隧道测量的主要目的是保证隧道相向开挖时,能按规定的精度正确贯通,并使建筑物的位置和尺寸符合设计规定,不得侵入建筑限界,以确保运营安全。

15.1.2　隧道贯通测量的含义

在长大隧道施工中,为加快进度,常采用多种措施增加施工工作面,如图 15.1 所示。

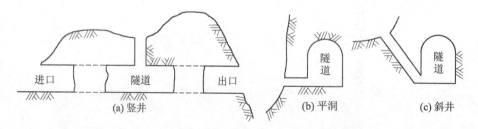

图 15.1　增加施工工作面方法

两个相邻的掘进面按设计要求在预定地点彼此接通,称为隧道贯通,为此而进行的相关测量工作称为**贯通测量**。贯通测量涉及大部分的隧道测量内容。由于各项测量工作中都存在误差,导致相向开挖中具有相同贯通里程的中线点在空间不相重合,此两点在空间的连接误差(即闭合差)称为**贯通误差**。该线段在线路中线方向的分量称为纵向贯通误差(简称纵向误差),在水平面内垂直于中线方向的分量称为横向贯通误差(简称横向误差),在高程方向的分量称为高程贯通误差(简称高程误差)。

纵向误差只对贯通在距离上有影响;高程误差对坡度有影响;而横向误差对隧道质量有影响。不同的隧道工程对贯通误差的容许值有各自具体的规定。如何保证隧道在贯通时,两相向开挖的施工中线的闭合差(包括横向、纵向及高程方向)不超过规定的限值,成为隧道测量的关键问题。

☞ 15.2
洞外控制测量

隧道的设计位置一般是以定测的精度初步标定在地面上。在施工之前必须进行施工复测,检查并确认两端洞口的中线控制桩(也称为洞口投点)的位置,它是进行洞内施工测量的主要依据。

《测规》规定,在每个洞口应测设不少于 3 个平面控制点(包括洞口投点及其相联系的三角点或导线点)和 2 个高程控制点。直线隧道上,两端洞口应各确定一个中线控制桩,以两桩连线作为隧道的中线;曲线隧道上,应在两端洞口的切线上各确定两个间距不小于 200 m 的中线控制桩,以两条切线的交角和曲线要素为依据,来确定隧道中线的位置。平面控制网应尽可能包括隧道各洞口的中线控制点,既可以在施工测量时提高贯通精度,又可减少工作量。同时进行高程控制测量,联测各洞口水准点的高程,以便引测进洞,保证隧道在高程方向准确贯通。

隧道洞外控制测量的目的是:在各开挖洞口之间建立精密的控制网,以便据此精确地确定各开挖洞口的掘进方向和开挖高程,使之正确相向开挖,保证准确贯通。洞外控制测量主要包括平面控制测量和高程控制测量两部分。

15.2.1　洞外平面控制测量

洞外平面控制测量应结合隧道长度、平面形状、线路通过地区的地形和环境等条件进行,可采用的方法有:**中线法、精密导线法、三角锁网法、GPS 测量法**。

1. 中线法

将隧道中线的平面位置测设在地表上,经反复核对改正误差后,把洞口控制点确定下来,施工时就以这些控制点为准,将中线引入洞内。在直线隧道,于地表沿勘测设计阶段标定的隧道中线,用经纬仪正倒镜延伸直线法测设中线;在曲线隧道,则按铁路曲线测设方法,首先精确标出两端切线方向,然后测出转向角,将切线长度正确地标定在地表上,再把线路中线测设到地面上。经反复校核,与两端线路正确衔接后,再以切线上的控制点(或曲线主点及转点等)为准,将中线引入洞内。

中线法平面控制简单、直观,但精度不高,适用于长度较短或贯通精度要求不高的隧道。

2. 精密导线法

在隧道进、出口之间,沿勘测设计阶段所标定的中线或离开中线一定距离布设导线,采用精密测量的方法测定各导线点和隧道两端控制点的点位。

在进行导线点的布设时,除应满足 6.2 节的要求外,导线点还应根据隧道长度和辅助坑道的数量及位置分布情况布设。导线宜采用长边,且尽量以直伸形式布设,这样可以减少转折角的个数,以减弱边长误差和测角误差对隧道横向贯通误差的影响。为了增加检核条件和提高测角精度评定的可行性,导线应组成多边形导线闭合环或具有多个闭合环的闭合导线网,导线环的个数不宜太少,每个环的边数不宜太多。《测规》规定,在一个控制网中,导线环的个数不宜少于 4 个;每个环的边数宜为 4~6 条。导线可以是独立的,也可以与国家高等级控制点相连。

导线水平角的观测,宜采用方向观测法,测回数应符合表 15.1 的规定。

表 15.1 测角精度、仪器型号和测回数

三角锁、导线测量等级	测角中误差(″)	仪器型号	测回数
二	1.0	DJ$_1$	6~9
		DJ$_2$	9~12
三	1.8	DJ$_1$	4
		DJ$_2$	6
四	2.5	DJ$_1$	2
		DJ$_2$	4
五	4.0	DJ$_2$	2

当水平角为两方向时,则以总测回数的奇数测回和偶数测回分别观测导线的左角和右角,左、右角分别取平均值后,按式(15.1)计算圆周角闭合差 Δ,其值应符合表 15.2 的规定。再将它们统一换算为左角或右角后取平均值作为最后结果,这样可以提高测角精度。

$$\Delta = [左角]_{中} + [右角]_{中} - 360° \tag{15.1}$$

表 15.2 测站圆周角闭合差的限差(″)

导线等级	二	三	四	五
Δ	2.0	3.6	5.0	8.0

导线环角度闭合差应不大于按式(15.2)计算的限差:

$$f_{\beta限} = 2m\sqrt{n} \tag{15.2}$$

式中 m——设计所需的测角中误差(″);

n——导线环内角的个数。

导线的实际测角中误差应按式(15.3)计算,并应符合控制测量设计等级的精度要求。

$$m_{\beta} = \pm\sqrt{\dfrac{[f_{\beta}^2/n]}{N}} \tag{15.3}$$

式中 f_β——每一导线环的角度闭合差(″);

　　　n——每一导线环内角的个数;

　　　N——导线环的总个数。

导线环(网)的平差计算一般采用条件平差或间接平差(可参考有关《测量平差》的教材)。当导线精度要求不高时,亦可采用近似平差。

用导线法进行平面控制比较灵活、方便,对地形的适应性强。我国长达 14.3 km 的大瑶山隧道和 8 km 多的军都山隧道,采用光电测距仪导线网作控制测量,均取得了很好的效果。

3. 三角锁网法

将三角锁布置在隧道进出口之间,以一条高精度的基线作为起始边,并在三角锁的另一端增设一条基线,以增加检核和平差的条件。三角测量的方向控制较中线法、导线法都好,如果仅从提高横向贯通精度的观点考虑,它是最理想的隧道平面控制方法。

由于光电测距仪和全站仪的普遍应用,三角测量除采用测角三角锁外,还可采用边角网和三边网作为隧道洞外控制。但从其精度、工作量等方面综合考虑,以测角单三角形锁最为常用。经过近似或严密平差计算可求得各三角点和隧道轴线上控制点的坐标,然后以这些控制点为依据,可计算各开挖口的进洞方向。

4. GPS 测量法

GPS 是全球定位系统的简称,它的原理和使用方法,可参阅本书第 7 章有关内容。

隧道洞外控制测量可利用 GPS 相对定位技术,采用静态测量方式进行。测量时仅需在各开挖洞口附近测定几个控制点的坐标,工作量小,精度高,而且可以全天候观测,因此是大中型隧道洞外控制测量的首选方案。

隧道 GPS 控制网的布网设计,应满足下列要求:

(1) 控制网由隧道各开挖口的控制点点群组成,每个开挖口至少应布测 4 个控制点。GPS 定位点之间一般不要求通视,但布设同一洞口控制点时,考虑到用常规测量方法检测、加密或恢复的需要,应当通视。

(2) 基线最长不宜超过 30 km,最短不宜短于 300 m。

(3) 每个控制点应有 3 个或 3 个以上的边与其连接,极个别的点才允许由两个边连接。

(4) 点位上空视野开阔,保证至少能接收到 4 颗卫星的信号。

(5) 测站附近不应有对电磁波有强烈吸收或反射影响的金属和其他物体。

(6) 各开挖口的控制点及洞口投点高差不宜过大,尽量减小垂线偏差的影响。

比较上述几种控制方法可以看出,中线法控制形式计算简单,施测方便,但由于方向控制较差,故只能用于较短的隧道(长度 1 km 以下的直线隧道,0.5 km 以下的曲线隧道)。三角测量方法方向控制精度高,故在测距效率比较低、技术手段落后而测角精度较高的时期,是隧道控制的主要形式,但其三角点的定点布设条件苛刻。精密导线法图形布设简单、选点灵活,地形适应性强,随着光电测距仪的测程和精度的不断提高,已成为隧道平面控制的主要形式。若在水平角测量时使用精度较高的经纬仪,适度增加测回数或组成适当的网形,可大大提高其方向控制精度,而且光电测距导线和光电测距三角高程还可同步进行,提高了效率,减小了野外劳动强度。GPS测量是近年发展起来的最有前途的一种全新测量形式,已在多座隧道的洞外平面控制测量中得到应用,效果显著。随着其技术的不断发展、观测精度的不断提高,必将成为未来既满足精度要求又效率最高的隧道洞外控制方式。

表 15.3 各等级水准测量的路线长度及仪器等级的规定

测量部位	测量等级	每公里水准测量的偶然中误差 M_Δ(mm)	两开挖洞口间水准路线长度(km)	水准仪等级/测距仪精度等级	水准标尺类型
洞 外	二	≤1.0	>36	$DS_{0.5}$、DS_1	线条式钢瓦水准尺
	三	≤3.0	13~36	DS_1	线条式钢瓦水准尺
				DS_3	区格式水准尺
	四	≤5.0	5~13	DS_3/Ⅰ、Ⅱ	区格式水准尺
	五	≤7.5	<5	DS_3/Ⅰ、Ⅱ	区格式水准尺
洞 内	二	≤1.0	>32	S_1	线条式钢瓦水准尺
	三	≤3.0	11~32	S_3	区格式水准尺
	四	≤5.0	5~11	DS_3/Ⅰ、Ⅱ	区格式水准尺
	五	≤7.5	<5	DS_3/Ⅰ、Ⅱ	区格式水准尺

15.2.2 洞外高程控制测量

洞外高程控制测量是按照设计精度施测各开挖洞口附近水准点之间的高差,以便将整个隧道的统一高程系统引入洞内,以保证在高程方向按规定精度正确贯通,并使隧道各附属工程按要求的高程精度正确修建。

高程控制常采用水准测量方法,但当山势陡峻采用水准测量困难时,四、五等高程控制亦可采用光电测距三角高程的方法进行。

高程控制路线应选择连接各洞口最平坦和最短的线路,以期达到设站少、观测快、精度高的要求。每一个洞口应埋设不少于2个水准点,以相互检核;两水准点的位置,以能安置一次仪器即可联测为宜,方便引测并避开施工的干扰。

高程控制水准测量的精度,一般参照表15.3的洞外部分即可。

☞ 15.3
隧道进洞测量

在隧道开挖之前,必须根据洞外控制测量的结果,测算洞口控制点的坐标和高程,同时按设计要求计算洞内待定点的设计坐标和高程,通过坐标反算,求出洞内待定点与洞口控制点

（或洞口投点）之间的距离和夹角关系。也可按极坐标方法或其他方法测设出进洞的开挖方向,并放样出洞门内的待定点点位,这也就是隧道洞外和洞内的联系测量(即进洞测量)。

15.3.1　正常进洞关系的计算和进洞测量

洞外控制测量完成之后,应把各洞口的线路中线控制桩和洞外控制网联系起来。如若控制网和线路中线两者的坐标系不一致,应首先把洞外控制点和中线控制桩的坐标纳入同一坐标系统内,即必须先进行坐标转换。一般在直线隧道上以线路中线作为 x 轴;曲线隧道上以一条切线方向作为 x 轴,建立施工坐标系。用控制点和隧道内待测设的线路中线点的坐标,反算两点的距离和方位角,从而确定进洞测量的数据,把中线引进洞内。

1. 直线隧道进洞

直线隧道进洞计算比较简单,常采用拨角法。

如图 15.2 所示,A、D 为隧道的洞口投点,位于线路中线上,当以 AD 为坐标纵轴方向时,可根据洞外控制测量确定的 A、B 和 C、D 点坐标进行坐标反算,分别计算放样角 β_1 和 β_2。测设放样时,仪器分别安置在 A 点,后视 B 点;安置在 D 点,后视 C 点,相应地拨角 β_1 和 β_2,就得到隧道口的进洞方向。

图 15.2　直线隧道进洞

2. 曲线隧道进洞

曲线隧道每端洞口切线上的两个投点的坐标在平面控制测量中已计算出,根据 4 个投点的坐标可算出两切线间的偏角 α(α 为两切线方位角之差),α 值与原来定测时所测得的偏角值可能不相符,应按此时所测得的 α 值和设计所采用的曲线半径 R 和缓和曲线长 l_0,重新计算曲线要素和各主点的坐标。

曲线进洞测量一般有两种方法,一是洞口投点移桩法,另一是洞口控制点与曲线上任一点关系计算法。

（1）洞口投点移桩法

即计算定测时原投点偏离中线(理论中线)的偏移量和移桩夹角,并将它移到正确的中线上,再计算出移桩后该点的隧道施工里程和切线方向,于该点安置仪器,就可按第 11 章的曲线测设方法,测设洞门位置或洞门内的其他中线点。

（2）洞口控制点与曲线上任一点关系计算法

将洞口控制点坐标和整个曲线转换为同一施工坐标系。无论待测设点位于切线、缓和曲线还是圆曲线上,都可根据其里程计算出施工坐标,在洞口控制点上安置仪器用极坐标法测设洞口待定点。

15.3.2 辅助坑道的进洞测量

1. 由洞外向洞内传递方向和坐标

如图 15.3 所示,当用斜井、横洞或竖井来增加隧道开挖工作面时,都要布设导线,把洞内外控制测量联系起来,从而把洞外控制的方向和坐标传递给洞内导线,构成一个洞内,外统一的控制坐标系,保证各施工段正确贯通,这种导线称为联系导线。联系导线是一种支导线,其测角误差和边长误差将直接影响洞内控制测量并进而影响隧道的贯通精度,故必须进行多次重复精密测定。

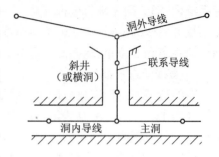

图 15.3　联系导线

当经由竖井传递方向和坐标进行联系测量时,由于不能直接布置联系导线,可采用联系三角形法。此法设备笨重、劳动强度大、效率低、精度差,已逐步被淘汰。现多采用垂准仪光学投点、陀螺经纬仪定向的方法向地下传递坐标和方位。若相近邻的竖井投点能够通过平洞相互通视,则可大大提高定向精度。此方法在地铁隧道和其他管线的盾构施工中已广泛采用。

2. 由洞外向洞内传递高程

经由斜井或横洞传递高程时,以往均采用水准测量方法进行。但由于斜井坡度较陡,使观测视线很短,测站数增多,加之观测环境差,故误差累积较大。应每隔 10 站在斜井边脚设一临时水准点,以便往返测量时校核,用以减少返工的工作量。近年来采用光电测距三角高程测量的方法在斜井内传递高程,大大提高了工作效率,使工作既简便快捷,又能满足精度要求,显示出很大的优越性。

经由竖井传递高程时,可采用悬挂钢尺的方法,即在井上悬挂一根带标准重锤的经过检定的长钢尺或者钢丝(井上需有比长器)至井下,并在井上、井下各安置一台水准仪,同时读取钢尺读数 l_1 和 l_2,然后再读取井上、井下水准点的标尺读数,由此求得井下水准点的高程(可参阅第 10 章内容)。井下水准点 B 的高程 H_B 可用式(15.4)计算:

$$H_B = H_A + a - [(l_1 - l_2) + \Delta t + \Delta k] - b \tag{15.4}$$

式中　H_A——井上水准点 A 的高程;

　　a,b——井上、井下水准尺读数;

　　l_1,l_2——井上、井下钢尺读数,$L = l_1 - l_2$;

　　Δk——钢尺尺长改正数;

　　Δt——钢尺温度改正数,其值为

$$\Delta t = \alpha L(t_{均} - t_0)$$

其中 α ——钢尺的线膨胀系数,取 $1.25 \times 10^{-5}/℃$,

   $t_{均}$ ——井上、井下的平均温度,

   t_0 ——钢尺检定时的温度。

如果在井上安装光电测距仪,装配一托架,使照准头向下直接瞄准井底的反光镜,测出井深 D_h ,然后在井上、井下分别同时用两台水准仪,测定井上水准点 A 与测距仪照准头转动中心的高差($a_{上}$-$b_{上}$)、井下水准点 B 与反射镜转动中心的高差($b_{下}$-$a_{下}$),即可将井上水准点 A 的高程 H_A 传递至井下,求得井下水准点 B 的高程 H_B(图 15.4):

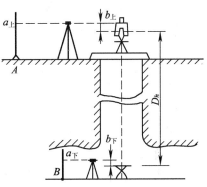

$$H_B = H_A + (a_{上} - b_{上}) - D_h + (b_{下} - a_{下})$$

$$(15.5)$$

用光电测距仪测井深的方法比悬挂钢尺的传统方法快捷、精确,大大减轻了劳动强度,提高了工效。尤其是对于 50 m 以上的深井测量,更显示出它的优越性。

图 15.4 光电测距仪传递高程

☞ 15.4
隧道洞内控制测量

在隧道施工中,随着开挖的延伸进展,需要不断给出隧道的掘进方向。为了正确完成施工放样,防止误差积累,保证最后的准确贯通,应进行洞内控制测量。此项工作是在洞外控制测量和洞、内外联系测量的基础上展开的,包括洞内平面控制测量和洞内高程控制测量。

15.4.1 洞内平面控制测量

隧道洞内平面控制测量应结合洞内施工特点进行。由于场地狭窄,施工干扰大,故洞内平面控制常采用中线或导线两种形式。

1. 中线形式

是指采用直接定线法,即以洞外控制测量定测的洞口投点为依据,向洞内直接测设隧道中线点,并不断延伸作为洞内平面控制。这是一种特殊的支导线形式,即把中线控制点作为导线点,直接进行施工放样。一般以定测精度测设出待定中线点,其距离和角度等放样数据由理论坐标值反算。这种方法一般适用于小于 500 m 的曲线隧道和小于 1 000 m 的直线隧道。若将上述测设的中线点辅以高精度的测角、量距,可以计算出新点实际的精确

点位,并和理论坐标相比较,根据其误差,再将新点移到正确的中线位置上,这种方法也可以用于较长的隧道。

缺点:受施工运输的干扰大,不方便观测,点位易被破坏。

2. 导线形式

是指隧道洞内平面控制采用布设精密导线进行。导线控制的方法较中线形式灵活,点位易于选择,测量工作也较简单,而且可有多种检核方法。当组成导线闭合环时,角度经过平差,还可提高点位的横向精度。施工放样时的隧道中线点依据临近导线点进行测设,中线点的测设精度能满足局部地段施工要求即可。洞内导线平面控制方法适用于长大隧道。

洞内导线与洞外导线相比,具有以下特点:洞内导线是随着隧道的开挖而向前延伸的,因此只能敷设支导线或狭长形导线环,而不可能将贯穿洞内的全部导线一次测完;测量工作间歇时间取决于开挖面的进展速度;导线的形状(直伸或曲折)完全取决于坑道的形状和施工方法;支导线或狭长形导线环只能用重复观测的方法进行检核,定期进行精确复测,以保证控制测量的精度;洞内导线点标石顶面最好比洞内地面低 20~30 cm,上面加设坚固护盖,然后填平地面,注意护盖不要和标石顶点接触,以免在洞内运输或施工中遭受破坏。

洞内导线可以采用下列几种形式:

(1)**单导线**。导线布设灵活,但缺乏检测条件。测量转折角时最好半数测回测左角,半数测回测右角,以加强检核。施工中应定期检查各导线点的稳定情况。

(2)**导线环**。如图 15.5 所示,导线环是长大隧道洞内控制测量的首选形式,有较好的检核条件,而且每增设一对新点,如 5 和 5′点,可按两点坐标反算 5—5′的距离,然后与实地丈量的 5—5′距离比较,这样每前进一步均有检核。

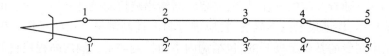

图 15.5　导线环

(3)**主、副导线环**。如图 15.6 所示,图中双线为主导线,单线为副导线。主导线既测角又测边长,副导线只测角不测边,以增加角度的检核条件。可按虚线形式形成第二闭合环,以便主导线在 2 点处能以平差角传算 2—3 边的方位角。主副导线环可对测量角度进行平差,提高

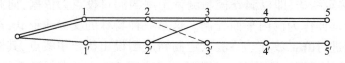

图 15.6　主、副导线环

了测角精度,对提高导线端点的横向点位精度非常有利。

此外,还有交叉导线、旁点闭合环等布线方式。

当有平行导坑时,还可利用横通道形成正洞和导坑联系起来的导线闭合环,重新进行平差计算,可进一步提高导线的精度。

在洞内进行平面控制时应注意:

(1) 每次建立新点,都必须检测前一个旧点的稳定性,确认旧点没有发生位移,才能用来发展新点。

(2) 导线点应布设在避免施工干扰、稳固可靠的地段,尽量形成闭合环。导线边以接近等长为宜,一般直线地段不短于 200 m,曲线地段不宜短于 70 m。

(3) 测角时,必须经过通风排烟,在空气澄清以后,能见度恢复时进行。根据测量的精度要求确定使用仪器的类型和测回数 。

(4) 洞内边长用钢尺丈量时,钢尺需经过检定;当使用光电测距仪测边时,应注意洞内排烟和漏水地段测距的状况,准确进行各项改正。

15.4.2　洞内高程控制测量

洞内高程控制测量是将洞外高程控制点的高程通过联系测量引测到洞内,作为洞内高程控制和隧道构筑物施工放样的基础,以保证隧道在竖直方向正确贯通。

洞内水准测量与洞外水准测量的方法基本相同,但有以下特点:

(1) 隧道贯通之前,洞内水准路线属于水准支线,故需往返多次观测进行检核。

(2) 洞内三等及以上的高程测量应采用水准测量,并进行往返观测;四、五等测量也可采用光电测距三角高程测量的方法,并应进行对向观测。

(3) 洞内应每隔 200~500 m 设立一对高程控制点以便检核。为了施工便利,应在导坑内拱部边墙至少每 100 m 处设立一个临时水准点。

(4) 洞内高程点必须定期复测。测设新的水准点前,注意检查前一水准点的稳定性,以免产生错误。

(5) 因洞内施工干扰大,常使用挂尺传递高程,如图 15.7 所示,高差的计算公式仍用 $h_{AB}=a-b$,但对于零端在顶上的挂尺(如图中 B 点挂尺),读数应作为负值计算,记录时必须在挂尺读数前冠以负号。

B 点的高程:$H_B=H_A+a-(-b)=H_A+a+b$

$$(15.6)$$

洞内高程控制测量的作业要求、观测限差和精度评定方法应符合洞外高程测量的有关规定。洞内测

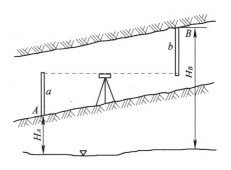

图 15.7　挂尺高程传递

量结果的精度必须符合洞内高程测量设计要求或规定等级的精度(参见表15.3)。

当隧道贯通之后,求出相向两支水准路线的高程贯通误差,在允许误差以内时可在未衬砌地段进行调整。所有开挖、衬砌工程应以调整后的高程指导施工。

☞ 15.5
隧道贯通精度的预计

15.5.1 贯通精度预计的意义

为了加快隧道的施工进度,一般均需增加开挖面,这就必需严格保证各开挖面的贯通质量。由于隧道施工是在洞内、外控制测量的基础上进行的,因此必须根据控制测量的设计精度或实测精度,在隧道施工前或施工中对其未来的贯通质量进行预计,以确保准确贯通,避免重大事故的发生,对于长大隧道尤其如此。

15.5.2 贯通误差预计概述

接到隧道测量任务之后,应先了解隧道设计的意图和要求,收集有关资料,进行实地踏勘,然后提出若干测量方案,经比较、筛选后,确定出一种方案(即确定布网形式、观测方法、仪器设备类型、控制网的等级、误差参数等)。根据确定的方案进行贯通误差预计,若预计误差在工程设计要求范围之内,即可按此方案实施;否则,需对原方案进行修改调整,重新预计,直到符合要求为止。

对于一些重要的或精度要求较高的隧道,还可在施工过程中,根据洞内、外控制测量的实际精度,进行贯通误差预计。根据我国铁路隧道工程建设的要求及多年来贯通测量的实践,各项贯通误差的允许数值可参考《测规》,如表15.4所示。

表15.4 贯通误差的限差(mm)

两开挖洞口间长度(km)	<4	4~8	8~10	10~13	13~17	17~20
横向贯通误差(mm)	100	150	200	300	400	500
高程贯通误差(mm)	50					

表中未对纵向误差做出具体规定,但通常应小于隧道长度的1/2 000。由于测距精度的提高,在纵向方面所产生的贯通误差,远远小于这一要求,且纵向误差对隧道施工和隧道质量不产生影响,因此规定这项限差没有实际意义。高程所要求的精度,使用一般等级水准测量方法即可满足。横向贯通误差的大小,直接影响隧道的施工质量,严重者甚至会导致隧道报废。所以一般意义上的贯通误差,主要是指隧道的横向贯通误差。

15.5.3 贯通误差预计

影响横向贯通误差的因素有:洞外平面控制测量误差、洞外与洞内之间的联系测量误差、洞内平面控制测量误差,而洞内、外的联系测量可以作为洞内控制的一部分来处理。

《测规》规定,洞外、洞内控制测量误差对每个贯通面上的贯通误差影响值应符合表15.5的规定。

表 15.5　洞外、洞内控制测量的贯通精度要求(mm)

测量部位	横 向 中 误 差						高程中误差
	相邻两开挖洞口间长度(km)						
	<4	4~8	8~10	10~13	13~17	17~20	
洞　　外	30	45	60	90	120	150	18
洞　　内	40	60	80	120	160	200	17
洞外内总影响	50	75	100	150	200	250	25

注:本表不适用于利用竖井贯通的隧道。

受洞外、洞内平面控制测量影响所产生的在贯通面上的横向中误差,按下列公式计算:

1. 导线测量

$$m = \pm\sqrt{m_{y\beta}^2 + m_{yl}^2} \qquad (15.7)$$

式中　$m_{y\beta}$——由于测角误差影响所产生的在贯通面上的横向中误差(mm),即

$$m_{y\beta} = \frac{m_\beta}{\rho}\sqrt{\sum R_x^2} \qquad (15.8)$$

m_{yl}——由于测边误差影响所产生的在贯通面上的横向中误差(mm),即

$$m_{yl} = \frac{m_l}{l}\sqrt{\sum d_y^2} \qquad (15.9)$$

其中　m_β——由导线环的闭合差求算的测角中误差("),

$\quad\quad R_x$——导线环在邻近隧道两洞口连线的一条导线上的各导线点至贯通面的垂直距离(m),

$\quad\quad \dfrac{m_l}{l}$——导线边边长相对中误差,

$\quad\quad d_y$——导线环在邻近隧道两洞口连线的一条导线上的各导线边在贯通面上的投影长度(m)。

2. 三角测量

三角测量的计算公式可参考《测规》中给出的有关公式,也可以按导线测量的误差影响公式计算。其方法是选取三角锁中沿中线附近的连续传算边作为一条导线进行计算。但式

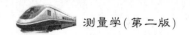

(15.8)、式(15.9)中的符号含义如下：

m_β——由三角锁闭合差求算的测角中误差($''$)；

R_x——所选三角锁中连续传算边形成的导线上各转折点至贯通面的垂直距离；

m_l/l——三角锁最弱边的相对中误差；

d_y——所选三角锁中连续传算边形成的导线各边在贯通面上的投影长度。

15.5.4 例 题

计算洞外、洞内导线控制测量误差对横向贯通的影响值。

首先按导线布点，以 1:1 000 比例尺绘制导线洞外平面图，如图 15.8 所示。隧道相邻两洞口间连线的一条导线为 A—B—C—D—E—F。坐标轴 y 平行于贯通面，由各导线点向贯通面方向作垂线，各点垂足为 A'、B'、C'、D'、E'、F'，除导线起终点 A、F 之外，量出其余各点垂距 R_{xB}、R_{xC}、R_{xD}、R_{xE}(用比例尺量，凑整至 10 m 即可)。然后以同样精度量出各导线边在贯通面方向上的投影长度 d_{y1}、d_{y2}、d_{y3}、d_{y4}、d_{y5}(即 $A'B'$，$B'C'$，$C'D'$，$D'E'$，$E'F'$ 的长度)，将各值填入表 15.6。

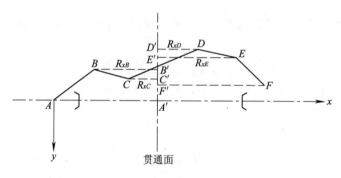

图 15.8　隧道贯通误差解算

表 15.6　贯通误差解算

各导线点至贯通面的垂距 R_x			各导线边的投影长度 d_y		
点 名	R_x(m)	R_x^2(m²)	导线边	d_y(m)	d_y^2(m²)
B	400	160 000	A—B	140	19 600
C	150	22 500	B—C	40	1 600
D	250	62 500	C—D	160	25 600
E	480	230 400	D—E	70	4 900
			E—F	130	16 900
$\sum R_x^2 = 475\ 400$ m²			$\sum d_y^2 = 68\ 600$ m²		

设导线环的测角中误差为

$$m_\beta = \pm \sqrt{\frac{\left[f_\beta^2/n \right]}{N}} = \pm 4''$$

式中各符号含义参见式(15.3)。

导线边长相对中误差为

$$\frac{m_l}{l} = \frac{1}{10\ 000}$$

则

$$m_{y\beta} = \frac{m_\beta}{\rho} \sqrt{\sum R_x^2} = \pm \frac{4}{206\ 265} \sqrt{475\ 400} = \pm 13.4\,(\text{mm})$$

$$m_{yl} = \frac{m_l}{l} \sqrt{\sum d_y^2} = \pm \frac{1}{10\ 000} \sqrt{68\ 600} = \pm 26.2\,(\text{mm})$$

$$m_{y\text{外}} = \pm \sqrt{m_{y\beta}^2 + m_{yl}^2} = \pm 29.4\,(\text{mm})$$

洞内平面控制测量误差对横向贯通精度影响的估算方法与洞外导线测量完全相同,但需注意两点:①两洞口处的控制点,在引入洞内导线时需要测角,因此这个测角误差算入洞内测量误差,即计算洞外导线测角误差时,不包括始终点的 R_x 值,而洞内估算时,则需加 R_{xA}、R_{xF}。②两洞口引入导线时不必单独计算,可以将贯通点当作一个导线点。如图 15.9 所示,把从一端洞口控制点到另一端洞口控制点的连线(A—a—b—c…—F)当成一条导线来估算。把贯通点 d 作为导线上的一点来进行估算。计算列于表 15.7 中。

表 15.7 贯通误差解算

	洞内导线点至贯通面的垂距 R_x		洞内导线边的投影长度 d_y		
点 名	$R_x(\text{m})$	$R_x^2(\text{m}^2)$	导线边	$d_y(\text{m})$	$d_y^2(\text{m}^2)$
A	690	476 100	A—a	0	0
a	510	260 100	a—b	0	0
b	330	108 900	b—c	0	0
c	110	12 100	c—d	0	0
d	0	0	d—e	0	0
e	170	28 900	e—f	0	0
f	350	122 500	f—g	0	0
g	510	260 100	g—F	60	3 600
F	630	396 900			
$\sum R_x^2 = 1\ 665\ 600\ \text{m}^2$			$\sum d_y^2 = 3\ 600\ \text{m}^2$		

图 15.9 洞内导线误差对贯通精度的影响

设洞内导线的测角中误差为 $m_\beta = \pm 4''$,导线边长相对中误差为

$$\frac{m_l}{l} = \frac{1}{5\ 000}$$

$$m_{y\beta} = \pm \frac{4}{206\ 265}\sqrt{1\ 665\ 600} = \pm 25\ (\text{mm})$$

$$m_{yl} = \pm \frac{1}{5\ 000}\sqrt{3\ 600} = \pm 12\ (\text{mm})$$

$$m_{y内} = \pm \sqrt{m_{y\beta}^2 + m_{yl}^2} = \pm 27.7\ (\text{mm})$$

$$m_y = \pm \sqrt{m_{y外}^2 + m_{y内}^2} = \pm 40.4\ (\text{mm})$$

按表 15.5 中的规定,两开挖洞口间长度小于 4 km 的隧道,横向贯通中误差应小于 ± 50 mm,现估算洞内外总的影响值为 ± 40.4 mm,故认为实测(或设计)的控制测量精度可以满足横向贯通精度的要求。

式(15.7)为我国隧道测量中一直采用的横向贯通误差的计算公式,它是根据支导线观测误差传播情况导出的。实际操作时都是将导线布置成导线环,按闭合条件进行平差计算,因此比支导线精度高,故可认为采用公式(15.7)来估算横向贯通误差偏于安全。

15.5.5 实 例

大瑶山隧道基本上是直线隧道,其进口位于曲线上,洞口在 YH 点附近(切线支距约 0.5 m),仍可沿切线方向进洞。洞外控制测量采用光电测距仪、精密导线环(5 个)沿线路中线布设和施测。仪器安置在导线点上测距,同时测角(分两组,每组测 12 个测回,取平均值)。导线环布网如图 15.10 所示。

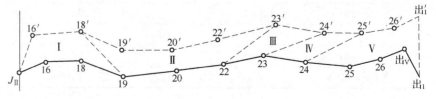

图 15.10 大瑶山导线环布网

使用"DM501"测距仪和"DKM$_2$-A"经纬仪进行施测。观测成果列于表 15.8 中。

表 15.8 导线环观测成果

导线环号	边数	角度闭合差 $f_{\beta i}$ (")	测角中误差 $m_{\beta i}=\pm\sqrt{\dfrac{f^2}{n}}$ (")	环边总长 $\sum D$ (m)	坐标相对闭合差 $K=\dfrac{f_D}{\sum D}$	三角高程闭合差 ω_h (mm)	备 注
I	6	+1.16	±0.47	12 806.2	1/44 万	-4.6	
II	8	+2.93	±1.04	10 234.1	1/26 万	19.95	测角中误差 $m_\beta=\pm\sqrt{(0.47^2+1.04^2+1.52^2+1.26^2+0.5^2)/5}$ $=\pm1.04''$
III	4	-3.04	±1.52	4 447.2	1/22 万	-3.9	
IV	4	+2.51	±1.26	5 078.6	1/24 万	1.25	光电测距仪三角高程单一闭合环的中误差:
V	8	+1.41	±0.50	11 651.3	1/92 万	-1.6	$m_h=\pm\sqrt{[\omega\omega/h]/N}=\pm3.40\,(\mathrm{mm})$ 每公里高程闭合中误差
$\overset{16'\ \text{出}'}{J_{II}\ \text{出}}$	22	+4.97	±1.06	31 281.5	1/95 万		$m_0=\pm\sqrt{[\omega\omega]/[L]}=\pm3.08\,(\mathrm{mm})$ $([L]=44.2\ \mathrm{km})$

测角中误差为

$$m_\beta=\pm\sqrt{[f^2/n]/N}=\pm1.04''$$

测距采用对向观测(每一方向测距 4 次,正倒镜读竖直角)取平均值,量距中误差经每年检测都小于±1/10 万(采用 $m_l/l=\pm1/10$ 万)。从进口 J_{II} 点到出口出$_V$点的坐标闭合差 $f_x=+0.028\ 4\ \mathrm{m}$,$f_y=-0.016\ 9\ \mathrm{m}$,$f_D=\pm\sqrt{f_x^2+f_y^2}=\pm0.033\,(\mathrm{m})$,则 $1/T=1/95$ 万。计算出各环光电测距仪三角高程及闭合差,均能满足三等水准测量要求。从 J_{II} 点到出$_V$点经二等水准测量测得高差为 28.759 m,光电三角高程沿主导线(全长 15.7 km)传递高程,测得高差为 28.754 m,两者之较差仅仅有 5 mm。

该隧道设三斜井、一竖井进行施工,最后经过实测,贯通精度甚高。

☞ 15.6
隧道施工测量

15.6.1 洞门的施工测量

进洞数据通过坐标反算得到后,应在洞口投点安置经纬仪,测设出进洞方向,并将此掘进方向标定在地面上,即测设洞口投点的护桩。如图 15.11 所示,在投点 A 的进洞方向及其垂直方向上的地面上测设护桩,量出各护桩到 A 的距离。在施工中若投点 A 被破坏,可以及时用护桩进行恢复。

在洞口的山坡面上标出中垂线位置,按设计坡度指导劈坡工作。劈坡完成后,在洞帘上测设出隧道断面轮廓线,就可以进行洞门的开挖施工了。

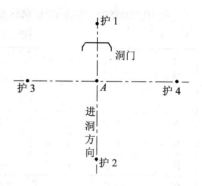

图 15.11　洞门施工测量

15.6.2　洞内中线测量

隧道洞内掘进施工是以中线为依据来进行的。当洞内敷设导线之后,导线点不一定恰好在线路中线上,也不可能恰好在隧道的轴线上。(隧道衬砌后两个边墙间隔的中心即为隧道中心轴线,其在直线部分与线路中线重合;而曲线部分由于隧道断面的内、外侧加宽值不同,所以线路中心线与隧道中心线并不重合。)施工中线分为永久中线和临时中线,永久中线应根据洞内导线测设,中线点间距应符合表 15.9 的规定。

表 15.9　永久中线点间距(m)

中线测量	直线地段	曲线地段
由导线测设中线	150~250	60~100
独立的中线法	不小于100	不小于50

1. 由导线测设中线

用精密导线进行洞内控制测量时,应根据导线点位的实际坐标和中线点的理论坐标,反算出距离和角度,用极坐标法测设出中线点。为方便使用,中线桩可同时埋设在隧道的底部和顶板,底部宜采用混凝土包木桩,桩顶钉一小钉以示点位;顶板上的中线桩点可灌入拱部混凝土中或打入坚固岩石的钎眼内,且应能悬挂垂球线以标示中线。测设完成后应进行检核,确保无误。

2. 独立的中线法

对于较短隧道,若用中线法进行洞内控制测量,则在直线隧道内应用正倒镜分中法延伸中线。在曲线隧道内一般采用弦线偏角法,也可采用其他曲线测设方法延伸中线。

3. 洞内临时中线的测设

隧道的掘进延伸和衬砌施工应测设临时中线。随着隧道掘进的深入,平面测量的控制工作和中线测量也需紧随其后。当掘进的延伸长度不足一个永久中线点的间距时,应先测设临时中线点,如图 15.12 中的 1、2…,点间距离一般在直线上不大于 30 m,曲线上不大于 20 m。为方便掌子面的施工放样,当点间距小于此长度时,可采用串线法延伸标定简易中线,超过此长度时,应该用仪器测设临时中线。当延伸长度大于永久中线点的间距时,就可以建立一个新的永久中线点,如图中的 e 点。永久中线点应根据导线或用独立中线法测设,然后根据新设的永久中线点继续向前测设临时中线点。当采用全断面法开挖时,导线点和永久中线点都应紧

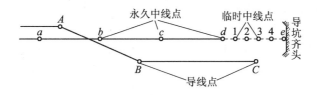

图 15.12　洞内临时中线的测设

跟临时中线点,这时临时中线点要求的精度也较高。供衬砌用的临时中线点,在直线上应采用正倒镜压点或延伸,曲线上可用偏角法、长弦支距法等方法测定,宜每 10 m 加密一点。

15.6.3　腰线的测设

在隧道施工中,为了随时控制洞底的高程,以及进行断面放样,通常在隧道侧面岩壁上沿中线前进方向每隔一定距离(5~10 m),标出比洞底设计地坪高出 1 m 的抄平线,称为腰线。由于隧道有一定的设计坡度,因此腰线也按此坡度变化,它和隧道底设计地坪高程线是平行的。腰线标定后,对于隧道断面的放样和指导开挖都十分方便。

洞内测设腰线的临时水准点应设在不受施工干扰、点位稳定的边墙处,每次引测时都要和相邻点检核,确保无误。

15.6.4　掘进方向指示

应用激光定向经纬仪或激光指向仪来指示掘进方向。利用它发射的一束可见光,指示出中线及腰线方向或它们的平行方向。它具有直观性强、作用距离长,测设时对掘进工序影响小,便于实现自动化控制的优点。如采用机械化掘进设备,则配以装在掘进机上的光电跟踪靶,当掘进方向偏离了指向仪的激光束,光电接收装置将会通过指向仪表给出掘进机的偏移方向和偏移量,并能为掘进机的自动控制提供信息,从而实现掘进定向的自动化。激光指向仪可以被安置在隧道顶部或侧壁的锚杆支架上,如图 15.13 所示,以不影响施工和运输为宜。

还可应用经纬仪,根据导线点和待定点的坐标反算数据,用极坐标的方法测设出掘进方向。

   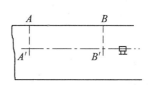

　（a）安装在横梁上　　（b）安装在锚杆上　（c）安装在侧面钢架上　　　　　（d）指向仪定向

图 15.13　激光指向仪的安置

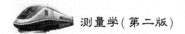

15.6.5　开挖断面的放样

开挖断面的放样是在中垂线和腰线基础上进行的,包括两侧边墙、拱顶、底板(仰拱)三部分。根据设计图纸给出的断面宽度、拱脚和拱顶的高程、拱曲线半径等数据放样,常采用断面支距法测设断面轮廓。

全断面开挖的隧道,当衬砌与掘进工序紧跟时,两端掘进至距预计贯通点各100 m时,开挖断面可适当加宽,以便于调整贯通误差,但加宽值不应超过该隧道横向预计贯通误差的一半。

15.6.6　结构物的施工放样

在结构物施工放样之前,应对洞内的中线点和高程点加密。中线点加密的间隔视施工需要而定,一般为5~10 m一点,加密中线点应以铁路定测的精度测设。加密中线点的高程,均以五等水准精度测定。

在衬砌之前,还应进行衬砌放样,包括立拱架测量、边墙及避车洞和仰拱的衬砌放样、洞门砌筑施工放样等一系列的测量工作。由于本书篇幅所限,不能一一详述,请参阅相关书籍。

☞ 15.7
隧道竣工测量

隧道竣工后,为了检查主要结构物及线路位置是否符合设计要求并提供竣工资料,为将来运营中的检修工作和设备安装等提供测量控制点,应进行竣工测量。

隧道竣工测量时,首先从一端洞口至另一端洞口检测中线点,检测闭合后,应在直线上每200~250 m和各曲线主点上埋设永久中线桩;洞内高程点应在复测的基础上每公里埋设一个永久水准点。永久中线点、水准点经检测后,除了在边墙上加以标示之外,需列出实测成果表,注明里程,必要时还需绘出示意图,作为竣工资料之一。

竣工测量另一主要内容是测绘隧道的实际净空断面,应在直线地段每50 m、曲线地段每20 m或需要加测断面处施测。如图15.14所示,净空断面测量应以线路中线为准,测量拱顶高程、起拱线宽度、轨顶面以上1.1 m、3.0 m、5.8 m处的宽度。

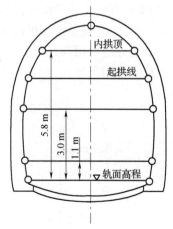

图 15.14　净空断面测量

竟工测量后一般要求提供下列图表:隧道长度表、净空表、隧道回填断面图、水准点表、中桩表、断链表、坡度表。

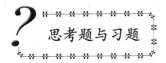

思考题与习题

1. 如图 15.15 所示,A、C 投点在线路中线上,导线坐标计算如下:$A(0,0)$,$B(238.820,-42.376)$,$C(1\,730.018,0)$,$D(1\,876.596,0.007)$,问仪器安置在 A、C 点时怎样进行进洞测设。

图 15.15 第 1 题图

2. 求洞外导线的测量误差对横向贯通误差影响的估算值。设 $m_\beta = \pm 1.4''$,$\dfrac{m_l}{l} = \dfrac{1}{100\,000}$,贯通长度 4.6 km,其导线点垂距及边的投影值见下表:

点号	各导线点至贯通面的垂距 R_x(m)	导线边	各导线边的投影长度 d_y(m)
B	3 160	A—B	120
C	2 010	B—C	430
D	510	C—D	70
E	1 540	D—E	420
F	240	E—F	210
G	450	F—G	170
H	320	G—H	360
		H—K	150

3. 贯通测量误差包括哪些误差?什么误差是主要的?

4. 为什么要进行隧道洞内、外的联系测量?

5. 隧道洞内平面控制测量有何特点?常采用什么形式?

管道工程测量

16

本章主要介绍管道工程测量的基本工作,包括管道中线测量及管道纵横断面的测量,管道施工测量和顶管施工测量,最后介绍了管道竣工测量和竣工图的编绘。

☞ 16.1
概　　述

由于生产不断发展和城市人口的高度集中,在城市和工矿企业中敷设的各种管道愈来愈多。管道包括给水(又称上水)、排水(又称下水)、热力、煤气、输油等管道。管道工程测量是为各种管道的设计和施工服务,它主要包括中线测量,纵、横断面测量,地形图测绘,施工测量和竣工测量等。从上述内容来看,管道工程测量与道路工程测量有很多相似之处,因此有些相同的内容可参看有关线路章节的内容。

管道工程一般属于地下构筑物,特别是在较大的城镇街道或厂矿地区,管道互相上下穿插,纵横交错。在测量、设计或施工时如果出现问题,往往会造成很大损失,在进行管道工程测量以前必须充分做好准备工作。熟悉管道设计图纸,了解设计意图、精度和工程进度安排等;为了防止错误,应注意对图纸进行校核;如发现问题,应与设计人员联系处理。深入现场,了解设计管线的走向和管线沿途已有的平面控制点,以及高程控制点的分布情况。如已有控制点过少不够用或没有控制点能直接用于管线定位时,应先进行补点或布设控制点。根据管道平面图和已有的控制点,结合实际地物、地貌情况,确定管线测量的具体方法,计算放样数据,并绘制施测草图。管线测设的放样数据需经检核无误后方可进行施测,防止造成返工现象。根据管道在生产上的不同要求、工程性质、所在位置和管道种类等因素,确定施测精度。如厂区内部管道比外部要求精度高,永久性管道比临时性管道要求精度高等。

☞ 16.2
管道中线和纵横断面测量

16.2.1　中线测量

管道中线测量就是将已确定的管线位置测设到实地上。其内容包括主点测设、管线转向角测量、中桩测设及里程桩手簿的绘制等。

管道的起点、终点和转向点通称为**主点**。主点的位置及管线方向在设计中已确定。

1. 主点测量的基本方法

(1)图解法

在规划图或设计图纸上,量取线路中线与邻近地物相对关系的图解数据,在实地上直接依据这些图解数据来确定其主点位置,此法称为**图解法**。其精度与图的比例尺有关,因此要采用比例尺较大的管道规划设计图,而且管道主点附近要有明显可靠的地物。

如图 16.1 所示,MN 是原有管道检查井位置,Ⅰ、Ⅱ、Ⅲ点是设计管道的主点,现要在地面上定出 Ⅰ、Ⅱ、Ⅲ等主点。先根据比例尺在图上量出 D、a、b、c、d、e、f,化为实地长,即得测设数据,然后沿管道 MN 方向,由 M 点量取 D 即得 Ⅰ 点,用直角坐标法测设 Ⅱ 点,用距离交会法测设 Ⅲ 点。此外测设主点时要进行校核,如用直角坐标法由 a、b 测设 Ⅱ 点后,还要量出 c 作为校核,同理用交会法由 d、e 测设 Ⅲ 出点后,还要量出 f 作为校核。

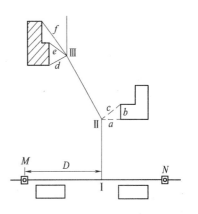

图 16.1　图解法测设主点

(2)解析法

根据管道规划设计图上已给出的主点及附近控制点的坐标,通过计算和测量,将其数据测设到实地上,这种定点方法称为**解析法**。

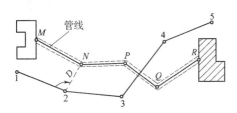

图 16.2　解析法测设主点

图 16.2 中 1、2、3 等为导线点,M、N、P 等为管道设计主点。如用极坐标法测设 N 点,可根据 1、2 和 N 点坐标,计算出 $\angle 12N$ 和 D,测设时将经纬仪置于 2 点,后视 1 点,转 $\angle 12N$ 角得 2N 方向,在此方向上用钢尺丈量出 D 即得 N 点,其他各主点可照此法进行测设。

测设的主点需要进行校核,即以主点坐标计算相邻主点间长度,然后再检查已测设的主点间距,看其是否与算得的长度相符。

2. 中桩测设

中桩测设即从管道起点开始,沿管道中心在地面上设置整桩和加桩,其目的是为了测定管线长度及测绘纵横断面图。

中桩测设时,要测定里程桩,包括整桩和加桩,简述如下:

(1)整桩。从起点开始,按里程每隔某一整数设一桩,并注明里程及桩号。不同的管线,整桩之间距离亦不相同,一般为 20 m、30 m,最长不超过 50 m。

(2)加桩。相邻整桩间遇重要地物穿越处(如铁路、桥梁、公路、房屋、旧管道等)及地面坡度变化处时,均须设加桩,并注明里程及桩号。

中桩测设中一般用钢尺丈量距离两次,相对误差一般不大于 1/2 000,如要求精度不高,也可用皮尺丈量。此外,勘测设计阶段的管道中线测量,是为给管道设计提供必须的依据,如果管线已有完整的设计资料,一般不需进行此项工作。

3. 转折角测量

转折角即管线转变方向后与原方向之间的夹角,如图 16.3 所示的 θ_1(左偏)、θ_2(右偏)…。一般用经纬仪观测一测回即可。

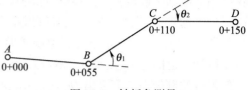

图 16.3　转折角测量

4. 绘制里程桩手簿

里程桩手簿即在现场测绘管线两侧带状地区的地物和地貌。它是绘制纵断面图和设计管线时的主要参考资料。

如图 16.4 所示,管道中心线用粗线表示,0+000 为管线的起点,0+270 及 0+290 是管线越过公路的加桩,而 0+180 是管线越过铁路的加桩,0+120 是地面坡度变化的加桩,其他均是间距为 50 m 的整桩。

测绘管线带状地形图时,主要用交会法或直角坐标法配合皮尺进行;也可用皮尺配合罗盘仪以极坐标法测绘。测绘宽度一般以管线为准,左右各测 20 m,如有大比例尺地形图,某些地物和地貌可从图上摘取利用。

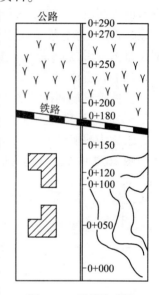

图 16.4　里程桩手簿

16.2.2　纵断面测量

管道纵断面测量工作内容可分为以下三项。

1. 布设水准点

当管道中线较长时,则沿管道中线方向每 1～2 km 设一个永久水准点,以保证全线高程测量的精度。在较短的线路上和较长线路的永久水准点之间,一般每隔 300～500 m,还要设立临时水准点,作为纵断面水准测量分段附合和施工时引测高程的依据。

2. 纵断面水准测量

纵断面水准测量一般从一个水准点出发,测量地面上各中桩点高程后,附合到另一水准点上作为校核。一般采用中桩为转点,但也可另设。在转点间的中间点高程可用视线高程法求得。因为转点起传递高程的作用,所以转点上的读数要读至 mm,而中间点读至 cm 即可。

表 16.1 是由水准点 M 到 0+300 一段纵断面水准测量的记录手簿。

高差闭合差的计算:纵断面水准测量附合在两水准点间所组成的附合水准路线,高差闭合差若小于 $\pm 40\sqrt{L}$ mm(L 为路线长度,以 km 计算),就认为成果合格。一般情况下闭合差不必调整。

当管线较短时,纵断面水准测量可与测水准点的高程一起进行,由一水准点开始,测中线上各桩的高程后,附合到高程未知的另一水准点上,然后返测到起始水准点,以资校核。若往返闭合差在允许范围内,取高差的平均数。

表 16.1　纵断面水准测量记录手簿

测站	桩号	水准尺读数			高差		仪器视线高程	地面高程
		后视	前视	中间视	+	−		
1	水准点 M	1.204						55.800
	0+000		0.895		0.309			56.109
2	0+000	1.054						56.109
	0+050			0.81			57.163	56.35
	0+100		0.566		0.488			56.597
3	0+100	0.970					57.567	56.597
	0+150			0.70				56.87
	0+182			0.55				57.02
	0+200		1.048			0.078		56.519
4	0+200	1.674					58.193	56.519
	0+250			1.78				56.41
	0+265			3.08				55.11
	0+300		3.073			1.399		55.120

有关施测方法,可参考前述有关章节中线路纵断面测量的内容。但由于管线的纵断面图绘制与一般的纵断面图绘制不完全相同,例如要计算出管底高程及埋设深度等,并往往附有管线平面图,需加以注意。

3. 纵断面图的绘制

绘制纵断面图时,以管线各桩间水平距离为横坐标,以各桩的地面高程为纵坐标,为明显表示地面起伏,纵断面图的高程比例尺要比水平比例尺放大 10 倍或 20 倍。绘制法简述如下:

（1）如图 16.5 所示,水平线上绘管线纵断面图,水平线下注记实测、设计和计算有关数据。

（2）在距离、桩号和管线平面图各栏内,标明整桩和加桩位置。在地面高程栏内注明各桩高程,凑整到 cm（排水管道技术设计的断面图上应注记到 mm）。

（3）水平线上部,按高程比例尺,依各桩的地面高程,在相应的垂直线上确定各点位置,用直线连接各点,即得纵断面图。根据设计要求,在纵断面图上绘出管道设计线。

（4）在坡度栏内注明坡度方向,用"/""\"表示上、下坡,坡度线上注明坡度值,以千分数表示,线下注明这段坡度距离。

（5）管底高程的计算是根据管道起点的高程、设计坡度以及各桩之间的距离,逐点推算出来的。如 0+000 的管底高程为 54.31 m（管道起点高程一般由设计者决定）,管道坡度为+5‰（+号表示上坡）,求得 0+050 管底高程为

$$54.31+5‰×50 = 54.31+0.25 = 54.56（m）$$

（6）管道埋置深度为地面高程减去管底高程。

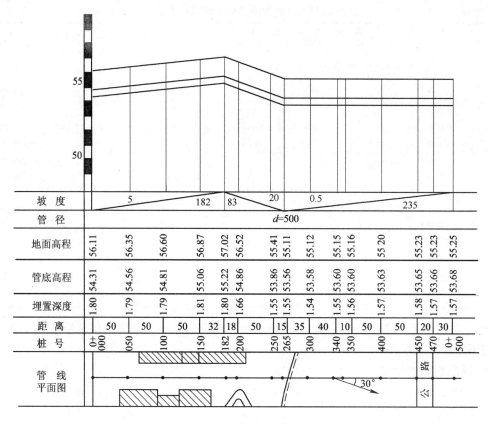

图 16.5　纵断面图绘制

16.2.3　横断面测量

横断面测量是在中线各桩处,作垂直于中线的方向线,测出该方向线上各特征点距中线的平距和高差,然后根据这些数据绘制横断面图。横断面图表示了垂直于管线中线方向上一定距离内(一般每侧为 20 m)的地面起伏情况,它是管线设计时计算土方量和施工时确定开挖边界的依据。在管径较小,地形变化不大或管道埋设较浅时,一般不做横断面测量,只依据纵断面图估算土方量。有关横断面测量的方法可参见 13.3.3 的横断面测量内容,此处不再详述。

☞ 16.3
管道施工测量

施工前除熟悉图纸和现场情况、校核管道线路中线、定出施工控制桩外,在引测水准点时,应同时校测现有管道出入口与本线交叉管线的高程,若与设计图上数据不符时,要及时研究解决。现就管道施工过程中的主要测量工作分述如下。

16.3.1 地下管道施工测量

在设计阶段所定出的管道中线位置,如与管线施工时所需要的中线位置一致,且主点桩完好无损,则不必重设,否则需重新测设管道中线。

测设中线时,应同时定出井位等附属构筑物的位置。

由于管道中线桩在施工中要挖掉,为了便于恢复中线和检查井位置,应在引测方便、易于保存桩位的地方测设施工控制桩。管线施工控制桩分为中线控制桩和井位控制桩两种,如图16.6(a)所示。中线控制桩一般测设在管道起止点及各转折点处中心线的延长线上,井位控制桩则测设于管道中线的垂直线上。

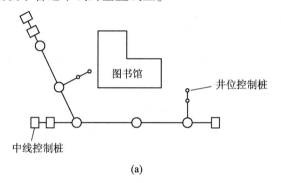
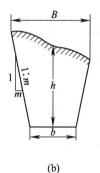

图 16.6 管道施工测量

根据土质情况、管径大小、埋设深度,在地面上定出槽边线的位置作为开槽的依据。当横断面坡度较平缓时,通常用下述方法求槽口宽度[图16.6(b)]:

$$B = b + 2mh \qquad (16.1)$$

式中,b 为槽底宽度;$1:m$ 为槽边坡的坡度;h 为中线上挖土深度。

管道施工是按照管道中线和高程进行的,所以在开槽前应设置控制管道中线和高程的施工标志,一般有以下两种方法。

1. 龙门板法

龙门板法是控制中线及掌握管道设计高程的常用方法,它由坡度板和高程板组成。一般沿中线每隔 10~20 m 埋设一龙门板。

中线测设时,将经纬仪置于中线控制桩上,把管道中线投影到坡度板上,再用小钉标定其点位,如图16.7所示。为了控制管道中线,可将中线位置投影到管槽内。

从已知水准点开始,用水准仪测出各坡度板顶高程,以控制管槽开挖的深度。再根据管道坡度,计算得出该处管底的设计高程,二者相减得**下返数**,即

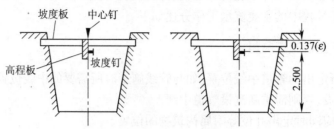

板顶高程-管底高程=下返数

图 16.7　管道中线控制龙门板法

由于各坡度板的下返数都不一致,无论施工或者检查都不方便,为了使下返数为一整数值 M,则须由下式算出每一坡度板顶应向下或向上量的**改正数** ε:

$$\varepsilon = M - (H_{板顶} - H_{管底}) \tag{16.2}$$

先在高程板上定出点位,根据计算的改正数 ε,再钉上小钉,这个钉称为坡度钉,见图 16.7 所示。如改正数 $\varepsilon = -0.137$ m,则在高程板上向下量 0.137 m 即为该点坡度钉,再向下量下返数(整数值 M),便是管底设计高程。

现举例说明管底高程施工测量的方法。

【例 16.1】　将水准仪测出的各坡度板顶高程列入表 16.2 第 4 栏内,现求第 5 栏管底高程。

【解】　已知 0+000 到 0+020 的距离为 20 m,及 0+000 的管底高程为 119.796 m,则 0+020 的管底高程为 119.796 - 3‰×20 = 119.736 m。同法可求出其他各点的管底高程。

第 6 栏 $H_{板顶} - H_{管底}$ = 下返数 M'。如 0+000 的下返数 M' 为

$$M' = H_{板顶} - H_{管底} = 122.433 - 119.796 = 2.637（m）$$

其余类推。由第 6 栏可知各点的下返数都不一致,施工检查不方便,因此在第 7 栏内预先选定下返数 $M = 2.500$ m 为一常数,则施工检查极为方便。

表 16.2　坡度钉测设记录

工程名称＿＿＿＿　　　　　　　　日期＿＿＿＿　　　　　　　观测＿＿＿＿

桩 号	距 离 (m)	坡 度	$H_{板顶}$ (m)	$H_{管底}$ (m)	$H_{板顶}-H_{管底}$ (m)	固定下返数 (m)	改正数 ε +	改正数 ε −	坡度钉高程
1	2	3	4	5	6	7	8		9
0+000			122.433	119.796	2.637			0.137	122.296
0+020	20	-3%	122.360	119.736	2.624	2.500		0.124	122.236
0+040	20		122.306	119.676	2.630			0.130	122.176
0+060	20		122.264	119.616	2.648			0.148	122.116
⋮	⋮		⋮					⋮	⋮

第 8 栏为每个坡度板顶向下量(负数)或向上量(正数)的改正数,如 0+000 的改正数为

$$\varepsilon = 2.500 - 2.637 = -0.137 \text{ m}$$

如图 16.7 所示,由坡度板顶向下量 0.137 m,便是坡度钉位置,由各个点的坡度钉向下量取下返数为固定值 2.500 m,便是管底高程。

2. 平行轴腰桩法

对现场坡度较大、管径较小,精度要求不高的管道,可用平行轴腰桩法来控制管道中线和坡度,其步骤如下:

(1) 测设平行轴线。开工前先在中线一侧或两侧,定一排平行于中线的平行轴线桩,桩位要落在槽边线外,如图 16.8 中 A 点,各平行轴线桩与管道中线桩的平距为 a,各桩间距约在 20 m 左右,各检查井位也应在平行轴线上定桩。

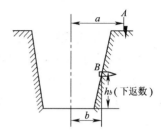

(2) 钉腰桩。为了比较准确地控制管道中线的高程,在槽坡上(距槽底约 1 m 左右)再定一排与 A 轴对应的平行轴线桩 B,其与槽底中线的间距为 b,这排槽坡上的平行轴线桩称为腰桩,如图 16.8 所示。

图 16.8　平行轴腰桩法

(3) 引测腰桩高程。腰桩上钉一小钉,用水准仪测出腰桩上小钉的高程。小钉高程与该处管底设计高程之差为 h_b,用各腰桩的 b 和 h_b 即可控制埋设管道的中线和高程。

腰桩上小钉与管底设计高程之差 h_b 为下返数,由于各点的下返数不一样,故腰桩法在施工和检查中较麻烦,容易出错。为此先确定到管底的下返数为一整数 M,在每个腰桩沿垂直方向量出该下返数 M 与腰桩下返数 h_b 之差 ε($\varepsilon = M - h_b$),打一木桩,并钉小钉,此时各小钉的连线与设计坡度线平行,而小钉的高程与管底高程相差为一常数 M,从小钉查该下返数,即可知道是否挖到管底设计高程,应用十分简便。

16.3.2 架空管道的施工测量

1. 管架基础施工测量

架空管道主点测设与地下管道相同。

管架基础中心桩测设后,一般采用骑马桩法进行控制,如图 16.9 所示。因管线上每个支架中心桩(如 1 点)都要在开挖时被挖掉,所以要将其位置引测到互为垂直的 4 个控制桩上,先在主点 A 置经纬仪,然后在 AB 方向上钉出 a、b 两控制桩,仪器移至 1 点,在垂直于管线方向标定 c、d 点,有了控制桩,即可决定开挖边线进行施工。

架空管道支架基础开挖测量工作,与基础模板定位、厂房柱子基础的测设相同。

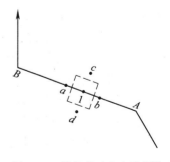

图 16.9　管架基础中心控制桩

2. 架空管道的支架安装测量

架空管道系安装在钢筋混凝土支架、钢支架上,安装管道支架时,应配合施工进行柱子垂直校正和标高测量工作,其方法、精度要求与厂房柱子安装测量相同。

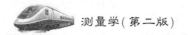

16.4
顶管施工测量

在管道穿越铁路、公路、河流或建筑物时,由于不能或不允许开槽施工,所以常采用顶管施工方法。顶管施工技术随着机械化程度的提高而不断发展并被广泛采用。

采用顶管施工时,应在欲设顶管的两端先挖工作坑,在坑内安装导轨(铁轨或方木),将管材放在导轨上,用顶镐将管材沿管线方向顶进土中,然后将管内土方挖出,砌成管道。

顶管施工精度要求高,比开挖沟槽施工复杂,常采用 1/200~1/500 大比例尺平面图作为设计依据,管道的中心线,顶管起、终点位及前后管道位置,应在图上精确绘出。顶管施工测量工作的主要任务是测设好管道中线方向、高程及坡度。

16.4.1 顶管测量的准备工作

1. 顶管中线桩的设置

中线桩是工作坑放线和测设坡度板中心钉的依据,测设时首先根据设计图上管线要求,在工作坑的前后钉立两个桩,称为中线控制桩,然后确定开挖边界。开挖到设计高程后,再根据中线控制桩,用经纬仪将中线引测到坑壁上,并钉立木桩,此桩称为顶管中线桩,以标定顶管中线位置。中线控制桩及顶管中线桩应与已建成的管线在一条直线上。测设中线桩,如需穿过障碍物时,测量工作应有足够的校核,中线桩要钉牢,并妥善保护以免丢失或碰动。

2. 坡度板和水准点的测设

当工作坑开挖到一定深度时,在其两端应牢固地埋设坡度板,并在其上测设管道中线(钉中心钉),再按设计要求在高程板上测设坡度钉。中心钉是管材顶进过程中的中线依据,坡度钉用于控制挖槽深度和安装导轨。坡度板应单独埋设,不要与撑木等连在一起。其位置可选在管顶以上,距槽底 1.8~2.2 m 处为宜。

工作坑内的水准点是安装导轨和顶管顶进过程中掌握高程的依据。一般在坑内顶进起点的一侧设一大木桩,使桩顶或桩一侧钉的高程与顶管起点管底设计高程相同(图 16.10)。为确保水准点高程准确,应尽量设法由施工水准点一次引测(不设转点),并需经常校核,其高程误差应不大于±5 mm。

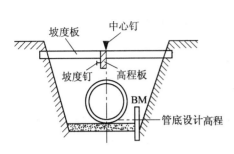

图 16.10　坡度板和水准点测设

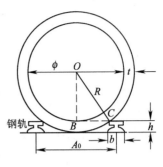

图 16.11　钢轨导轨

3. 导轨的计算和安装

顶管时,坑内要安装导轨以控制顶进的方向和高程。导轨常用钢轨(图 16.11)或断面为 15 cm×20 cm 的方木(图 16.12)。为了正确地安装导轨,应先算出导轨的轨距 A_0。使用木导轨时,应求出导轨抹角的 x 值和 y 值(y 值一般规定为 50 mm)。

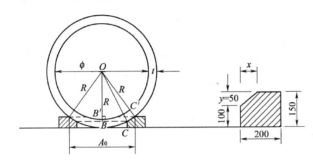

图 16.12　木质导轨

(1)钢导轨距 A_0 的计算

由图 16.11 可知:

$$A_0 = 2 \times BC + b \tag{16.3}$$

$$BC = \sqrt{R^2 - (R-h)^2} \tag{16.4}$$

式中　R——管外壁半径;

$\qquad b$——轨顶宽度;

$\qquad h$——钢轨高度。

以 18 kg/m 轻便钢轨($h = 90$ mm、$b = 40$ mm)为例,其不同管径的 A_0 值如表 16.3 所示。

(2)木导轨轨距 A_0 及抹角 x 值的计算

从图 16.12 中(木导轨断面为 150 mm×200 mm)可看出:

$$BC = \sqrt{R^2 - (OB)^2} = \sqrt{R^2 - (R-100)^2} = \sqrt{200R - 100^2} = 10\sqrt{2R-100}$$

$$B'C' = \sqrt{R^2 - (OB')^2} = \sqrt{R^2 - (R^2-150)^2} = \sqrt{300R - 150^2} = 10\sqrt{3R-225}$$

$$A_0 = 2(BC+x)$$

$$x = B'C' - BC = 10\sqrt{3R-225} - 10\sqrt{2R-100}$$

式中　A_0——木导轨轨距(mm);

　　　　x——抹角横距(mm)。

由上式计算得各种管径的 A_0 及 x 值,见表 16.4。

表 16.3　18 kg/m 轻便钢轨不同管径的 A_0 值

管内径 φ (mm)	管壁厚 t (mm)	轨距 A_0 (mm)
900	155	675
1 000	155	703
1 100	155	729
1 250	155	767
1 600	155	849
1 800	155	893

表 16.4　计算得各种管径的 A_0、x 值

管内径 φ (mm)	管壁厚 t (mm)	抹角(mm) 横距 x	抹角(mm) 纵距 y	轨距 A_0 (mm)
900	155	66	50	866
1 000	155	69	50	896
1 100	155	73	50	924
1 250	155	78	50	964
1 600	155	88	50	1 051
1 800	155	94	50	1 097

(3) 导轨的安装

导轨一般安装在木基础或混凝土基础上。基础面的高程和纵坡都应符合设计要求(中线处高程应稍低,以利于排水和减少管壁摩擦)。根据 A_0 及 x 值稳定好钢轨或方木(要削好方木的抹角),然后根据中心钉和坡度钉用与管材半径一样大的样板检查中心线和高程,无误后,将导轨稳定牢固。

16.4.2　顶进过程中的测量工作

1. 中线测量

如图 16.13 所示,以顶管中线桩为方向线,挂好两个垂球,两垂球的连线即为管道方向线,这时拉一小线以两垂球线为准延伸于管内,在管内安置一个水平尺,其上有刻划和中心钉,通过拉入管内的小线与水平尺上的中心钉比较,可知管中心是否有偏差,尺上中心钉偏向哪一侧,即表明管道也偏向哪个方向,为了及时发现顶进的中线是否有偏差,中线测量以每顶进 0.5 m 量一次为宜。

此法在短距离顶管(一般在 50 m 以内)是可行的,结果也较可靠。当距离较长时,如大于 100 m 以上时,可在中线上每 100 m 设一工作坑,分段施工,或采用激光导向仪定向。

2. 高程测量

如图 16.14 所示,以工作坑内水准点为依据,按设计纵坡用比高法检验,例如 5‰ 的纵坡,每顶进 1 m 就应升高 5 mm,该水准点的应读数应小 5 mm,表 16.5 是某污水管道在顶管施工中的一段实测记录。

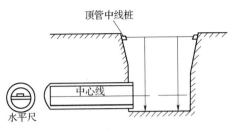

图 16.13 顶管施工中心线测量

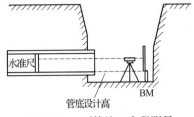

图 16.14 顶管施工高程测量

表 16.5 顶管施工测量记录

井 号	里 程	中心偏差	水准点读数	应读数	实读数	高程误差	备 注
井 8	0+380.0	0.000	0.522	0.522	0.522	0.000	
	380.5	右 0.002	0.603	0.601	0.602	-0.001	
	381.0	右 0.002	0.519	0.514	0.516	-0.002	$i = 5‰$
	381.5	左 0.001	0.547	0.540	0.541	-0.001	
	⋮	⋮	⋮	⋮	⋮	⋮	
	400.0	左 0.004	0.610	0.514	0.510	+0.004	

　　表 16.5 也反映了顶进过程中的中线及高程情况,是分析施工质量的重要依据。根据规范要求,施工中应做到:

　　(1)高程偏差:高不得超过设计高程 10 mm,低不得低于设计高程 20 mm。

　　(2)中线偏差:不得超过设计中线 30 mm。

　　(3)管子错口:一般不超过 10 mm,对顶时不得超过 30 mm。

☞ 16.5
管道竣工测量和竣工图的编绘

　　管道工程竣工后,为了如实反映施工成果,应及时进行竣工测量,整理并编绘全面的竣工资料和竣工图。竣工资料和竣工图是工程交付使用后管理和维修以及今后改建和扩建时的可靠依据。

　　地下管线必须在回填土以前测量出转折点、起止点、管井的坐标和管顶标高,并根据测量资料编绘竣工平面图和纵断面图。竣工平面图应全面地反映管道及其附属构筑物的平面位置,竣工纵断面图应全面反映管道及其附属构筑物的高程。竣工图一般根据室外实测资料进行编绘,如工程较小或不甚重要时,也可在施工图上,根据施工设计变更和测量验收资料,在室内修绘。

地上管线的起止点和转折点,如按设计坐标定位施工时,则按设计数据提交,否则应现场实测。架空管道应测管底高程。

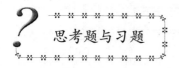

思考题与习题

1. 如图 16.15 所示,已知设计管线的主点 A、B、C 的坐标,在此管线附近有导线 1、2…,其坐标也已知。(1)试根据 1、2 两点用极坐标法测设 A 点所需的数据;(2)如何检查 A 点的设置精度。

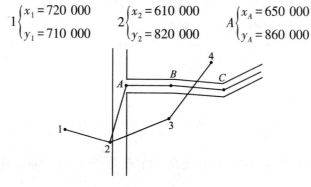

图 16.15 第 1 题图

2. 根据纵断面水准测量记录(表 16.6),计算各点的高程。

表 16.6 纵断面水准测量记录手簿

测 站	桩 号	水 准 尺 读 数			高 差		仪器视线高程	高 程
		后 视	前 视	中间视	+	−		
1	0+000	1.480						34.050
	0+033			1.63				
	0+070			1.83				
	0+100		0.905					
2	0+100	1.379						
	0+200		0.278					
3	0+200	1.278						
	0+224			0.94				
	0+268			1.48				
	0+300		0.159					
4	0+300	1.466						
	0+335			1.69				
	0+400		1.032					

3. 根据第 2 题计算的水准测量成果,绘出纵断面图(水平比例尺 1:1 000,高程比例尺 1:50),画出管道起点设计高程为 32.40 m(即管底高程)坡度为+7‰的设计管线。

4. 表 16.7 中,已知管道起点 0+000 的管底高程为 37.52 m,管线坡度为 10‰的下坡,在下表中计算出各坡度板处的管底设计高程,并按实测的板顶高程选定下返数,再根据选定下返数计算各坡度板顶高程的调整数和坡度钉高程。

表 16.7　坡度钉测设记录

桩　号	距　离	坡　度	$H_{板顶}$	$H_{管底}$	$H_{板顶}-H_{管底}$	下返数 M	改正数 ε	坡度钉高程
1	2	3	4	5	6	7	8	9
0+000			40.110	37.52				
0+020			39.900					
0+040			39.625					
0+060			39.534					
0+080			39.192					
0+100			39.083					
0+120			38.851					
0+140			38.694					

参 考 文 献

［1］合肥工大等四校合编．测量学［M］.4 版．北京:中国建筑工业出版社,1995.

［2］朱成麟．铁道工程测量学（下册）［M］．北京:中国铁道出版社,1997.

［3］王兆祥．铁道工程测量［M］．北京:中国铁道出版社,1998.

［4］过静君．土木工程测量学［M］．武汉:武汉工业大学出版社,2000.

［5］杨德麟,高飞.建筑测量学［M］．北京:测绘出版社,1999.

［6］同济大学测量系,清华大学测量教研组．测量学［M］．北京:测绘出版社,1991.

［7］刘基余．全球定位系统原理及其应用［M］．北京:测绘出版社,1993.

［8］李永树．工程测量学［M］．北京:中国铁道出版社,2012.

［9］覃辉,马德富,熊友谊．测量学［M］．北京:中国建筑工业出版社,2007.

［10］黄声享,郭英起,易庆林.GPS 在测量工程中的应用［M］．北京:测绘出版社,2007.

［11］徐绍铨,张华海.GPS 测量原理及应用［M］.3 版．武汉:武汉大学出版社,2008.

［12］王侬,过静珺．现代普通测量学［M］.2 版．北京:清华大学出版社,2009.

［13］住房和城乡建设部．工程测量标准:GB 50026—2020［S］．北京:中国计划出版社,2020.

［14］国家质量监督检验检疫总局．国家三、四等水准测量规范:GB/T 12898—2009［S］．北京:中国标准出版社,2009.

［15］国家铁路局．铁路工程测量规范:TB 10101—2018［S］．北京:中国铁道出版社,2019.

［16］中华人民共和国铁道部．高速铁路工程测量规范:TB 10601—2009［S］．北京:中国铁道出版社,2010.